天视通系列·面向“十二五”高职高专精品规划教材(土建大类)

U0960180

建筑工程招投标

(修订版)

王光炎　等编著

天津大学出版社
TIANJIN UNIVERSITY PRESS

内容提要

根据高职高专教育的特点，我们设计了新的内容体系，教材编写时根据高职高专教育的特点，力求在体系上系统完整，内容上通俗易懂，表述上清晰精炼，积极探索有中国高职特色、适合高职院校学情、符合中国高职院校的大学生土建类专业的教育模式，教材将单独把建筑工程招投标单独分出来进行学习，形成了自己的特色，国内目前没有同类教材。

通过本书的学习，读者可以掌握建筑工程招投标基本理论和操作技能，能够完成某特定工程的招投标文件的编制、合同的签订，并具有初步的工程谈判、案例分析能力。本书为高职高专土建大类专业教材，也可供相近专业选择使用，同时可作为成人教育、相关职业岗位培训教材以及工程技术人员的参考或自学用书。

图书在版编目(CIP)数据

建筑工程招投标/王光炎等编著. —天津：天津大学出版社，2012. 1(2014. 8 重印)
(天视通系列)
面向"十二五"高职高专精品规划教材(土建大类)
ISBN 978-7-5618-4273-7

Ⅰ. ①建… Ⅱ. ①王… Ⅲ. ①建筑工程－招标－高等职业教育－教材②建筑工程－投标－高等职业教育－教材
Ⅳ. ①TU723

中国版本图书馆 CIP 数据核字(2012)第 008383 号

出版发行 天津大学出版社
出 版 人 杨欢
地　　址 天津市卫津路 92 号天津大学内(邮编:300072)
电　　话 发行部:022-27403647　邮购部:022-27402742
网　　址 publish. tju. edu. cn
印　　刷 天津泰宇印务有限公司
经　　销 全国各地新华书店
开　　本 185mm×260mm
印　　张 27. 25
字　　数 668 千
版　　次 2012 年 2 月第 1 版
印　　次 2014 年 8 月第 3 次
定　　价 48. 00 元

《建筑工程招投标》编委会成员名单

王光炎　枣庄科技职业学院
张　凯　枣庄科技职业学院
田　雷　枣庄科技职业学院
朱溢楠　枣庄科技职业学院
张英兰　烟台职业学院
程　刚　四川工程职业技术学院
柳婷婷　枣庄科技职业学院
郭春梅　延安职业技术学院
甘信广　山东城市建设职业学院
庞红梅　济宁市明正工程建设监理有限公司
王　丽　平度市职业教育中心

再版前言

本书结合高职高专教育的特点，设计了新的内容体系，形成了一本融“教、学、做”于一体，理论与实践相结合的项目式教材。2012 年 2 月教材出版以后，在全国土建领域产生了较大的影响力，很受师生的欢迎。时间已经过去两年多，我国的建设工程招标与投标及合同管理又有了新的发展。

2013 年 7 月 1 日，《建筑工程施工合同（示范文本）》（GF－2013－0201）（以下简称《示范文本》）颁布实施，对建筑合同的 8 项管理制度、建筑合同的 20 个要素、建筑合同的价格形式分类、资金来源证明、担保、建筑现场统一管理协议、工程变更、工程造价调整、暂估价项目、工程索赔、甩项验收、工程缺陷责任期、工程质量保证金、建筑工程合同纠纷解决等 14 个方面做出了更改或修正。

2013 年 7 月 1 日，经中华人民共和国住房和城乡建设部主编和批准，最新版国家标准《建设工程工程量清单计价规范》（GB 50500－2013）正式施行，该规范总结了《建设工程工程量清单计价规范》（GB 50500－2008）实施以来的经验，针对实际工作中普遍反映的各项问题修订了原规范不尽合理、操作性不强的格式条款，特别增加了采用清单计价如何编制工程量清单和招标控制价、投标报价、合同条款以及工程价款的支付和调整、索赔、竣工结算、工程计价争议处理等内容。

无论是最新《建筑工程施工合同（示范文本）》的修订，还是 2013 版清单计价规范的正式施行，都将对规范我国建设市场的运行和管理起到极大的推动作用，并将产生深远的影响。为了反映本书出版以来，我国在建设工程招投标和合同管理中的新变化、新发展、新创造，贯彻落实新版《建筑工程施工合同（示范文本）》和《中华人民共和国招标投标法》（以下简称《招标投标法》），推动国家标准《建设工程工程量清单计价规范》（GB 50500－2013）普遍施行，本书编委会成员多次召开修订会议，认为对本书的内容进行修订和更新是完全必要的，经过多次讨论最终确定了本书的修订提纲和最新章节内容，并确定了编写人员名单。

本书依据最新实施的《建筑工程施工合同（示范文本）》和《招标投标法》的相关规定，完全反映了自 2012 年首版以来我国在建设工程招投标和合同管理中的新变化，结合建筑工程管理实际，以建筑工程招投标分类及其工作过程为编写主线，系统、科学地阐述了建筑工程各类招投标的主要内容，同时做到了主次分明，以建筑工程施工招标和投标作为重点，详细介绍了建筑工程招标、投标、开标、评标、定标，以及其他类型的招投标的工作内容和流程。本书设置了 12 个教学单元，每一个单元均明确给出了知识目标和能力目标，并各自独立地以一个实际工程作为贯穿招标、投标、评标部分的背景资料。各单元下每一个项目均以一个具体任务来作为问题的提出，并对完成该任务做了提示和分析。每一个项目后都附有之前相关知识点的内容拓展、课堂实训以及课后习题，同时配有强化理论内容掌握的复习思考题。

本书的最大特色是与企业相互合作，制订了突出专业职业能力的课程标准，反映了行业新规范、新技术和新工艺，打破传统学科体系教材的编写模式，添加了紧扣核心内容的典型工程案例并以之为载体系统设计课程内容，融“教、学、做”于一体，体现高职教育“工学结合”教学要求。

本书的再版发行，既是国家建设市场新形势对编委成员的督促，也是编委成员对本书坚持自身特色，努力做到培养更加全面专业的高素质技术技能人才这一目标的内在要求。通过本书的学习，读者可以掌握建筑工程招投标基本理论和操作技能，能够完成常见工程的招投标文件的编制、合同签订，并具备初步的工程谈判和索赔能力。

本书为高职高专土建大类专业教材，也可供相近专业选择使用，同时可以作为成人教育、相关职业岗位培训教材以及工程技术人员的参考或自学用书。

编者

2014 年 6 月 18 日

前　言

根据高职高专教育的特点，我们设计了新的内容体系。教材编写时，为了探索具有中国高职特色、适合高职院校学情、符合高职院校土建类专业的教育模式，力求在体系上系统完整，内容上通俗易懂，表述上清晰精炼。教材将建筑工程招投标部分单独分出详细论述，形成了自己的特色，国内目前未见同类教材。

本书根据最新的建筑工程法律法规，结合建筑工程管理实际，以建筑工程招投标分类及工作过程为主线来系统阐述建筑工程各类招投标的主要内容，包括建筑工程相关法律的介绍，建筑工程招标、投标、开标、评标、定标，以及各种类型的建筑工程招投标，共12个单元的内容。每一个单元都给出了能力目标和知识目标，以一个实际工程作为贯穿招标、投标、评标部分的背景资料；单元下的每一个项目均以一个具体的任务来作为问题提出，并对完成该任务作了提示与分析来引出知识链接部分内容。每一个项目后均附有供学生知识拓展、巩固知识的课堂实训以及课后习题，同时配有强化理论部分内容的复习思考题。书中添加了很多紧扣核心内容的典型工程案例，增加了可读性和实用性。本教材最大的特点是：与企业密切合作，制定了突出专业职业能力培养的课程标准，反映了行业新规范、新技术和新工艺；打破了传统的学科体系教材编写模式，以实际工程项目为载体，系统设计课程的内容，融“教、学、做”于一体，体现了高职教育“工学结合”的特色。

通过本书的学习，读者可以掌握建筑工程招投标基本理论和操作技能，能够完成某特定工程的招投标文件的编制、合同的签订，并具有初步的工程谈判、案例分析能力。

本书为高职高专上建大类专业教材，也可供相近专业选择使用，同时可作为成人教育、相关职业岗位培训教材以及工程技术人员的参考或自学用书。

编者

2011年10月

目　录

单元一 建筑工程交易市场

内容提要

本单元主要介绍建筑工程发包与承包的内容、方式和有关法律规定;建筑工程市场的概念、特点,市场主体和客体,建筑工程市场体系;建筑工程市场许可制度,建筑工程市场的勘察设计、施工、监理、咨询企业的资质管理;建筑工程交易中心的性质、作用和功能,建筑工程交易中心的运行原则和运行程序。

教学目标

掌握建筑工程发包与承包的内容、方式;熟悉建筑工程的发包与承包的法律规定;了解和熟悉建筑工程市场的特点,掌握建设市场的主体和客体及市场体系的构成;了解建筑工程市场管理的许可制度,熟悉工程勘察、设计、监理、咨询企业资质管理,掌握建筑业企业资质管理,建设从业人员的资格管理;熟悉建筑工程交易中心的性质、作用和功能,掌握建筑工程交易中心的运行原则和运行程序。

项目一 建筑工程的发包与承包

教学目标

- 了解建筑工程发包与承包的概念。
- 熟悉建筑工程发包与承包的内容。
- 掌握建筑工程发包与承包的方式。
- 熟悉建筑工程发包与承包的法律规定。

能力标准及要求

- 能够掌握建筑工程发包与承包的内容和方式。
- 能够熟悉有关发包与承包的法律法规。

一、基础知识

(一)建筑工程发包与承包的概念

工程发包是指建设单位遵循公开、公正、公平的原则,通过采用公告或邀请书等方式提出项目内容及其条件和要求,约请有兴趣参与竞争的单位按规定条件提出实施计划、方案和价格等,再采用一定的评价方法择优选定承包单位,最后以合同形式委托其完成项目的活动。建筑工程发包分为招标发包和直接发包两类。

工程承包是具有施工资质的承包者通过与工程项目的项目法人(业主)签订承包合同,负责承建工程项目的过程。

建筑工程的发包是指建筑工程的建设单位(或总承包单位)将建筑工程任务(勘察、设计、施工、材料设备供应、监理、咨询等)的全部或部分通过招标或其他方式,交付给具有从事建筑活动的法定从业资格的单位完成,并按约定支付报酬的行为。

建筑工程的承包即建筑工程发包的对称,是指具有从事建筑活动的法定从业资格的单位,通过投标或其他方式,承揽建筑工程任务,并按约定取得报酬的行为。

建筑工程项目承包、发包双方之间存在着的经济上、行为上的权利和义务关系,必须通过签订合同或协议予以明确。合同双方的权利和义务受法律保护。《中华人民共和国建筑法》(以下简称《建筑法》)明确规定:建筑工程的发包单位与承包单位应当依法订立书面合同,明确双方的权利和义务;发包单位和承包单位应当全面履行合同约定的义务;不按照合同约定履行义务的,依法承担违约责任。

(二)建筑工程的发包与承包的内容

建筑工程项目发包承包的内容非常广泛,可以对工程项目建设的全过程进行总发包、承包,也可以对不同阶段的不同工作内容(包括:项目建议书、可行性研究、勘察设计、材料设备采购、建筑安装施工、工程监理等)进行阶段性发包、承包。可以对工程建设项目的多个单项工程实行总发包、承包,也可以对工程建设项目的每个单项工程、单位工程实行发承包。下面就建筑工程项目各个阶段的发包、承包内容做简单介绍。

1. 项目建议书

项目建议书是建设单位向国家提出要求建设某一建设项目的建设文件,主要内容为项目的性质、用途、基本内容、建设规模及项目的必要性和可行性分析等。项目建议书可以由建设单位自行编制,也可以委托工程咨询机构代为编制。

2. 可行性研究

建设项目获得批准后,应进行项目可行性研究。可行性研究是国内外广泛采用的一种研究工程建设项目的技术先进性、经济合理性和建设可能性的科学方法。

可行性研究的主要内容是对拟建项目的一些重大问题,如市场需求、资源条件、原料燃料及动力供应条件、厂址方案、拟建规模、生产方法、设备选型、环境保护、资金筹措等,从技术和经济两方面进行详尽的调查研究、分析计算和方案比较,并对这个项目建成后可能取得的技术效果和经济效益进行预测,从而提出该工程项目是否值得投资建设和怎样进行建设的意见,为投资决策提供可靠的依据。此阶段的任务,可以委托工程咨询机构完成。

3. 勘察设计

勘察与设计两者之间既有密切联系,又有显著区别。

1)工程勘察

其主要内容为工程测量、水文地质勘察和工程地质勘察。其任务是查明工程项目建设地点的地形地貌、地层土壤岩性、地质构造、水文条件等自然地质条件,并作出鉴定和综合评价,为建设项目的选址、工程设计和施工提供科学的依据。

2)工程设计

工程设计是工程建设的重要环节,是从技术上和经济上对拟建工程进行全面规划的工作。大、中型项目一般采用两阶段设计,即初步设计和施工图设计。重、大型项目和特殊项目,采用三阶段设计,即初步设计、技术设计和施工图设计。

该阶段可通过方案竞选、招标投标等方式进行发包、承包。

4. 材料及设备的采购供应

建设项目所需的材料和设备,涉及面广、品种多、数量大、费用高。材料和设备的采购供应是工程建设过程中的重要环节。建筑材料的采购供应方式有公开招标、询价报价、直接采购等,设备的采购供应方式有委托承包、设备包干、招标投标等。

5. 建筑、安装、装饰工程施工

建筑、安装、装饰工程的施工是工程建设过程中的一个重要环节,是把设计图纸付诸实施的决定性阶段,其任务是把设计图纸变成现实的建筑产品(如工厂、学校、医院、住宅等),使预期的生产能力或使用功能得以实现。建筑、安装、装饰工程的施工内容包括施工准备、施工过程、竣工验收、投产试用等。

此阶段主要采用招标投标的方式进行工程发包、承包。

6. 建筑工程监理

建筑工程监理是专业从事工程监督管理的机构受建设单位委托,对建设项目的全过程(包括可行性研究、勘察设计、材料设备采购、建筑安装施工、竣工投产等)或者某一阶段进行监督管理的技术服务。施工阶段监理工作的主要内容是:三控制(投资控制、进度控制和质量控制)、三管理(合同管理、信息管理、安全管理)、一协调(建设方和施工方之间的协调)。

此阶段主要采用直接委托和招标投标的方式进行发包、承包。

(三)建筑工程承发包的方式

建筑工程发包、承包方式是指工程发包、承包双方之间经济关系的形式。从发包承包的范围、承包人所处的地位、合同的计价方式等不同角度,可以对建筑工程发包、承包方式进行不同的分类。

1. 按对建筑工程项目承包的范围划分

承包可分为全过程承包、阶段承包和专项承包等。

(1)全过程承包又称为“交钥匙”工程承包,是指承包单位按照发包单位提出的使用要求和竣工日期,对建筑工程的全过程总承包,直到建筑工程达到交付使用要求。

(2)阶段承包是指承包单位承包建设过程中某一阶段的任务或工程项目的承包方式。如勘察设计任务承包、施工监理任务的承包、施工任务的承包等。

(3)专项承包是指对建设阶段中某一专项任务的承包方式。如施工阶段的装饰项目、消防项目的承包等。

2. 按承包人之间的相互关系划分

承包可分为总承包、分承包、独立承包、联合承包和平行承包等。

(1)总承包是指由一个承包人承包一个或几个建设项目的全部、全过程的承包方式。

(2)分承包是指总承包人将工程项目中非主体、非关键部分分包给专业施工企业的方式。

(3)独立承包是指承包人依靠自身的力量完成施工任务,不实行分包的方式。

(4)联合承包是指由两个以上承包人联合向发包人承包一项建筑工程,由参加联合的各单位统一与发包人签订承包合同,共同对发包人负责的承包方式。

(5)平行承包是指不同承包人在同一工程项目上分别与发包人签订承包合同,各自对发包人负责的承包方式。

3. 按承包合同计价方式划分

承包可分为固定总价合同承包、计量估价合同承包、单价合同承包、成本加酬金合同承包。

(1)固定总价合同是指发包人与承包人按照商定的总价承包工程的全部费用的承包方式。其主要做法是以施工图纸和有关技术资料为依据,明确承包内容和计算承包总价,总价一般不予变更。总价承包方式通常适用于规模较小、风险不大、技术简单、工期较短的工程。

(2)计量估价合同是指以工程量清单和单价表为计算承包价依据的承包方式。通常的做法是,由发包人提出工程量清单,列出分部、分项工程量,由承包人根据工程量填上适当的单价,再算出总价。发包人只要审核单价是否合理即可。这种承包方式,结算时单价一般不做变化,工程量则按照实际工程量计算,承包人承担风险小,操作也比较方便。

(3)单价合同是指以工程单价结算工程价款的承包方式,其特点是以实际完成的工程量乘以单价计算总价,包括按分部分项工程单价承包和按最终产品单价承包方式。

(4)成本加酬金合同是指成本按实际发生的结算,酬金按双方商定的方式结算的承包方式。包括成本加固定酬金承包、成本加固定百分比酬金承包、成本加浮动酬金承包和目标成本加奖罚承包方式。

综上所述,工程建设项目不同,承发包方式有不同的特点,不管采取哪一种方式,都应该遵循公开、公平、公正、诚实守信的原则,力求协商一致、互利互惠。

(四)建筑工程的发包与承包的法律规定

1. 建筑工程发包的法律规定

《建筑法》规定:建筑工程依法实行招标发包,对不适于招标发包的可以直接发包;建筑工程实行招标发包的,发包单位应当将建筑工程发包给依法中标的承包单位;建筑工程实行直接发包的,发包单位应当将建筑工程发包给具有相应资质条件的承包单位;政府及其所属部门不得滥用行政权力,限定发包单位将招标发包的建筑工程发包给指定的承包单位;提倡对建筑工程实行总承包,禁止将建筑工程肢解发包;建筑工程的发包单位可以将建筑工程的勘察、设计、施工、设备采购一并发包给一个工程总承包单位,也可以将建筑工程的勘察、设计、施工、设备采购的一项或者多项发包给一个工程总承包单位,但得将应当由一个承包单位完成的建筑工程肢解成若干部分发包给几个承包单位。

按照合同约定,建筑材料、建筑构配件和设备由工程承包单位采购的,发包单位不得指定承包单位购入用于工程的建筑材料、建筑构配件和设备或者指定生产厂、供应商。

2. 建筑工程承包的法律规定

1)承包单位的资质管理

承包建筑工程的单位应当持有依法取得的资质证书,并在其资质等级许可的业务范围内承揽工程。禁止建筑施工企业超越本企业资质等级许可的业务范围或者以任何形式用其他建筑施工企业的名义承揽工程。禁止建筑施工企业以任何形式允许其他单位或者个人使用本企业的资质证书、营业执照,以本企业的名义承揽工程。

2)关于联合承包

大型建筑工程或者结构复杂的建筑工程,可以由两个以上的承包单位联合共同承包。共同承包的各方对承包合同的履行承担连带责任。两个以上不同资质等级的单位实行联合共同承包的联合体资质“就低不就高”,即应当按照资质等级低的单位的业务许可范围承揽工程。

3)禁止转包

禁止承包单位将其承包的全部建筑工程转包给他人,禁止承包单位将其承包的全部建筑工程肢解以后以分包的名义分别转包给他人。

4)关于分包

建筑工程总承包单位可以将承包工程中的部分工程发包给具有相应资质条件的分包单位;但是,除总承包合同中约定的分包外,必须经建设单位认可。施工总承包的,建筑工程主体结构的施工必须由总承包单位自行完成。

建筑工程总承包单位按照总承包合同的约定对建设单位负责;分包单位按照分包合同的约定对总承包单位负责。总承包单位和分包单位就分包工程对建设单位承担连带责任。

禁止总承包单位将工程分包给不具备相应资质条件的单位。禁止分包单位将其承包的工程再分包。

《建筑法》规定:建筑工程的发包单位与承包单位应当依法签订书面合同,明确双方的权利和义务。

二、课堂实训

【案例讨论】《××大学楼群建筑工程承包合同》签订后,作为总包单位的某市建筑施工总承包集团经建设单位同意,把部分工程内容分包给了其下属的三分公司,并签订了《××单体工程内部承包协议书》,对工程工期和施工质量做了约定,并对施工工期提前奖励和延期处罚款做了说明。在以后的工程建设施工过程中,三分公司为了加快施工进度,争取提前奖励,将分包的工程部分分包给了临时组建的A农民施工队。

根据本工程实例,以5个人为一个小组,讨论以下问题。

(1)三分公司的行为是否合法?为什么?

(2)临时组建的A农民施工队如何参与本工程的施工?

(3)《建筑业企业资质管理规定》对施工总承包企业、专业承包企业的工程分包是如何规定的?

三、知识拓展

建筑工程分包

所谓的建筑工程的分包,是指总承包人或者勘察、设计、施工承包人承包建筑工程后,将其承包的某一部分工程或某几部分工程,再发包给其他承包人,与其签订承包合同项下的分包合同。总承包人、勘察承包人、设计承包人、施工承包人在分包合同中即成为分包合同的发包人。总承包人、勘察承包人、设计承包人、施工承包人只能将部分工程分包给具有相应资质条件的单位。根据我国有关法律规定,从事建设活动的建设勘察人、设计人和施工人必须具备以下资质条件:一是有符合国家规定的注册资本;二是有与其从事的建设活动相适应的具有法定执业资格的专业技术人员;三是有从事相关建设活动所应有的技术装备;四是满足法律、行政法规规定的其他条件。从事建设活动的建设勘察人、设计人和施工人,按照其拥有的注册资本、专业技术人员、技术装备和已完成的建筑工程业绩等资质条件划分为不同的资质等级,经资质审查合格,取得相应等级的资质证书后,方可在其资质等级许可的范围内从事建设活动。总承包人在将工程分包时,应当审查分包人是否具备承包该部分工程建设的资质条件。总承包人将工程分包给不具备相应资质条件的分包人,该分包合同无效。

为防止总承包人、勘察承包人、设计承包人、施工承包人擅自将应当由自己完成的工程分包出去或者将工程分包给发包人所不信任的第三人,分包工程必须经过发包人的同意。避免因层层分包造成责任不清以及因中间环节过多造成实际用于工程的费用减少的问题,分包单位承包工程后不得将其承包的工程再分包,即对工程建设项目只能实行一次分包。

在承包与分包相结合的承包形式中,存在承包合同与分包合同两个不同的合同关系。承包合同是发包人与总承包人、勘察承包人、设计承包人、施工承包人之间订立的合同,总承包人、勘察承包人、设计承包人、施工承包人应当就承包合同的履行向发包人承担全部的责任,即使总承包人、勘察承包人、设计承包人、施工承包人根据合同约定或者经发包人同意后将承包合同范围内的部分建设项目分包给他人,总承包人、勘察承包人、设计承包人、施工承包人也得对分包的工程向发包人负责。分包合同是承包合同中的总承包人、勘察承包人、设计承包人、施工承包人与分包人之间订立的合同,通常说来,分包人仅就分包合同的履行向总承包人、勘察承包人、设计承包人、施工承包人负责,并不直接向发包人承担责任,但为了维护发包人的利益,保证工程的质量,《合同法》适当地加重了分包人的责任,即分包人就其完成的工作成果与总承包人、勘察承包人、设计承包人、施工承包人向发包人承担连带责任。因分包的工程出现问题,发包人既可以要求总承包人、勘察承包人、设计承包人、施工承包人承担责任,也可以直接要求分包人承担责任。

项目二 建筑工程市场概述

教学目标

- 了解市场和建筑工程市场的概念。
- 熟悉建设市场的特点。
- 掌握建设市场的主体和客体。
- 熟悉建设市场体系的构成。

能力标准及要求

- 能够熟练掌握我国建筑工程市场体系的构成要素。
- 能够熟悉建设市场许可法律法规和有形建设市场的有序竞争。

一、基础知识

(一)建筑工程市场的概念

1. 市场的概念

市场通常是指商品交易的场所,如商场、超市等。但随着商品交换的发展,市场已经突破了固定场所的范围,如地区之间跨省、市贸易,国家之间的世界贸易以及不需要场所的网上贸易等,所以我们把市场广义地定义为:市场是买卖双方交换关系的总和。

2. 建筑工程市场的概念

建筑工程市场也称为建设市场,建筑工程市场是进行建设商品和相关要素交换的市场,是工程建设生产和交易关系的总和;工程建设市场交易贯穿于建设产品生产的全过程。建筑工程市场的形成是市场经济的产物,随着我国社会主义市场经济的完善和发展,一个完整的建筑工程市场体系也将逐步形成。

建筑工程市场分为有形建设市场和无形建设市场。

(1)有形建设市场是指有固定的交易场所(建筑工程交易中心),以建筑工程发承包交易活动为主要内容的建设市场。

(2)无形建设市场是指在有形建设市场(建筑工程交易中心)以外进行的与建筑工程有关的各种交易活动及处理各种关系的场所。

随着我国建筑工程市场体系的不断完善,要逐步地将市场主体各方行为纳入到统一的市场体系中进行管理和规范,变无形市场为有形市场,变无序竞争为有序竞争。

(二)建筑工程市场的特点

建筑工程市场是工程建设生产和交易关系的总和,建筑工程市场的交易贯穿于建设产品生产的全过程。在这个过程中,不仅存在发包方与承包商之间的交易,还有承包商与分包商、材料设备供应商之间的交易,建设单位还要与勘察设计单位、监理单位、工程咨询单位、设备材料供应单位等进行交易,还包括与工程建设有关的商品混凝土供应、构配件生产、建筑机械租赁等交易活动。这些交易活动,在生产过程中的各个不同阶段按照不同要求采用不同的方式进行,使得建筑工程市场具有以下特点:

(1)建筑工程市场的交易活动贯穿于产品生产全过程。

(2)建筑工程市场交易方式以招投标为主。

(3)建筑工程市场交易过程竞争激烈(涉及价格、质量、工期、企业信誉等)。

(4)建筑工程市场交易行为受法律、规章、制度的严格约束和监督。

(三)建筑工程市场的主体

市场主体是指在市场中从事交换活动的当事人,包括组织和个人。按照参与交易活动的目的不同,当事人可分为卖方、头方和中介机构等。

建筑工程市场的主体是指参与建设生产交易活动的各方,即建设单位、施工单位、工程咨询服务机构、设备材料供应机构、金融机构和市场组织管理者等。

1. 建设单位(发包方)

建设单位是指既有某项工程建设需求,又具有该项工程建设相应的建设资金、各种准建手续证件和在建筑市场中发包工程项目的建设任务(勘察、设计、施工等),并最终得到建筑产品、达到其投资目的的法人组织或自然人。业主可以是学校、医院、厂矿企业、房地产开发公司,或是政府及政府委托的资产管理部门,也可以是自然人。我国工程建设合同中通常将建设单位(发包方)称为业主(甲方)。

业主在项目建设过程中的主要职责是:进行建设项目立项决策;筹措与管理建设项目资金;办理建设项目的有关手续(如征地、建筑许可等);组织建设项目的招投标活动(或委托招标代理机构进行);委托监理机构对建设项目进行投资控制、质量控制和进度控制及合同管理和信息管理;组织竣工验收和投产试运行。

2. 施工单位(承包方)

承包方是指拥有一定数量的建筑装备、流动资金、工程技术经济管理人员及一定数量的工人等生产能力,取得建设行业相应资质证书和营业执照的,能够按照业主的要求提供不同形态的建筑产品并最终得到相应工程价款的建筑施工企业。我国工程建设合同中常将施工单位称为乙方。

承包方按其所从事的专业不同可分为土建、水电、道路、铁路、市政等专业施工企业；按照承包方式不同也可分为施工总承包企业、专业承包企业和劳务分包企业。

相对于业主，承包方作为建设市场主体是长期和持续存在的。因此，无论是国内还是国际惯例，对承包方一般都要实行从业资格管理。承包商从事建设产品的生产，一般需具备4个方面条件：①有符合国家规定的注册资本；②有与其从事建筑活动相适应的具有法定执业资格的专业技术人员；③有从事相应建筑活动所应有的技术装备；④经资格审查合格，取得资质证书和营业执照。原建设部于2007年颁布实施了《建筑业企业资质管理规定》，对建筑业企业的从业条件、资格管理、资格序列、营业范围、资格类别、等级等均做了相应的明确规定。

3. 工程咨询服务机构

工程咨询服务机构是指具有一定注册资金和一定数量的工程技术、经济管理人员，取得建设咨询证书和营业执照，能为工程建设提供估算测量、管理咨询、建设监理等智力型服务并取得相应咨询服务费用的独立法人企业。

在国际上，工程咨询服务机构一般称为咨询公司。在我国，工程咨询服务企业一般包括勘察设计企业、工程监理企业和工程造价（测量）咨询单位、招标代理机构、工程项目管理机构等。工程咨询企业虽然不是工程承、发包的当事人，但受业主委托或聘用，与发包人订有协议或合同，从事工程监理或工程咨询工作，在工程建设项目的实施过程中承担重要的责任。工程咨询工作可以贯穿于从项目立项到竣工验收乃至使用阶段的整个项目建设过程，也可以只限于项目建设的某个阶段，如可行性研究限于建设项目的投资立项阶段，施工图设计限于勘察设计阶段，而工程项目管理则可以贯穿于从项目立项到竣工验收乃至使用阶段的整个建设过程。

（四）建筑工程市场的客体

建筑工程市场的客体即建设产品，是建设市场交易的对象，它既包括有形建设产品（如建筑材料、建筑构配件、商品混凝土、建筑物、构筑物等），也包括无形建设产品（如咨询、监理等智力型服务）。

建设产品本身及其生产过程都有别于其他工业产品。在不同的生产交易阶段，建设产品可以表现为不同的形态，它可以是中介机构提供的咨询报告、咨询意见或其他服务，也可以是勘察设计单位提供的设计方案、施工图纸、勘察报告，还可以是承包商生产的各类建筑物、构筑物，或是生产厂家提供的混凝土构件、非标准预制件等产品。

（五）建筑工程市场体系

建设市场是我国社会主义市场经济体系中一个非常重要的生产部门和消费市场，建设市场体系包括工程市场和要素市场。工程市场有勘察设计、建筑安装、装饰装修、房屋设施、基础设施、项目管理等；要素市场有劳务市场、资本市场、技术市场、设备租赁市场、建筑材料市场等。建筑市场的主体和客体，构成了完整的建筑市场体系。

二、课堂实训

【案例讨论】××市某大学因扩大规模需要建设15 000 m^2的教学楼，建设资金为政府拨款和学校自筹，已经通过有关部门批准，相关建设手续完备，于2008年9月在××市建筑工程交易中心发布教学楼设计招标公告。经过评标，江苏省某设计院中标，其将于2009年2月完成施工图设计和审查。于是该学校又于2009年3月在××市建筑工程交易中心发布教学楼施工招标公告，经过资格预审，南通某建筑公司等7个单位参加投标，于2009年4月在××市建筑工程交易中心组织开标、评标，根据招标文件规定的综合评标办法，经过评标，南通某建筑公司中标。双方于2009年4月签订施工合同，工程于2009年5月开工。

根据本工程实例，以5个人为一个小组，讨论建筑工程交易市场中的市场主体、客体、交易方式和交易过程。

三、知识拓展

建筑工程转包

转包，是指承包单位承包建筑工程后，不履行合同约定的责任和义务，将其承包的全部建筑工程转给他人或者将其承包的全部建筑工程肢解以后以分包的名义分别转给其他单位承包的行为。

转包的法律后果是承包人成为新的发包人，而第三人成为承包人。第三人就其所承担的工程部分对承包人负责，承包人就整个工程对筹建单位负责，对其转包给第三人的部分，承包人首先要承担责任，然后再由第三人向承包人承担责任。我国法律禁止承包人向第三人转包。

项目三　建筑工程市场的管理

教学目标

- 了解建筑工程市场管理的许可制度。
- 熟悉工程勘察、设计、监理、咨询企业资质管理。
- 掌握建筑业企业资质管理。
- 熟悉建设从业人员的资格管理。

能力标准及要求

- 能够掌握建筑工程市场许可制度。
- 能够掌握建设企业资质申报的条件和从业范围。
- 能够熟悉有关法律法规，参与建筑工程市场相关交易活动。

一、基础知识

建筑工程项目投资大、周期长，建设活动的专业性及技术性都很强，建设产品的质量和安全事关人们生活质量的提高和生命财产安全。为保证建筑工程质量和安全，我国《建筑法》规定，对从事建设活动的企业实行从业资质许可制度，对从事建设活动的个人实行执业资格许可制度。

（一）建设从业企业的资质管理

从事建设活动的企业从业资质制度是指建设行政主管部门对从事建设活动的建设施工企业、勘察设计企业、工程监理企业和咨询服务企业的人员素质、管理水平、资金资产和业务能力进行审查,以确定其承担相关业务的能力和范围,并发给相应资质证书的一种管理制度。

1. 建筑业企业资质管理

1)建筑业企业及划分序列

建筑业企业是指从事土木工程、建筑工程、线路管道及设备安装工程、装修工程等的新建、扩建、改建活动的企业。自2007年9月1日起原建设部颁布实施的《建筑业企业资质管理规定》,将我国的建筑业企业分为施工总承包、专业承包和劳务分包三个序列。

施工总承包企业是指对工程实行施工全过程承包或主体工程施工承包的建筑业企业。按工程类别将其划分为房屋、公路、铁路、港口与航道、水利、电力、矿山、冶金、化工石油、市政公用、通信、机电等12个类别。在此基础上设特级、一级、二级、三级共4个等级。获得施工总承包资质的企业,可以对工程实行施工总承包或者对主体工程实行施工承包。承担施工总承包的企业可以对所承接的工程全部自行施工,也可以将非主体工程或者劳务作业分包给具有相应专业承包资质或者劳务分包资质的其他建筑业企业。

专业承包企业是指具有专业化施工技术能力,主要在专业分包市场上承接专业施工任务的建筑业企业,根据工程类别划分为基础与地基工程等60个资质类别,并设一级、二级、三级共3个等级。获得专业承包资质的企业,可以承接施工总承包企业分包的专业工程或者建设单位按照规定发包的专业工程。专业承包企业可以对所承接的工程全部自行施工,也可以将劳务作业分包给具有相应劳务分包资质的劳务分包企业。

劳务分包企业是指具有一定数量的技术工人和工程管理人员,专门在建筑劳务分包市场上承接任务的建筑业企业,划分为木工作业等13个类别,设一级、二级共两个等级。获得劳务分包资质的企业,可以承接施工总承包企业或者专业承包企业分包的劳务作业。

2)建筑业企业的资质申请

(1)资质的申请。建筑业企业申请资质,应当按照属地管理原则,向企业注册所在地县级以上地方人民政府建设行政主管部门申请。其中,省(自治区、直辖市)所属和地(州、盟、市)所属建筑业企业的申请渠道,由各省、自治区、直辖市人民政府建设行政主管部门规定。

对需要报送原建设部审批的企业资质,各省、自治区、直辖市人民政府建设行政主管部门应当由建设管理职能处(室)统一归口,向原建设部建设管理司申报。

(2)主项资质和增项资质。建筑业企业可以申请一项资质或者多项资质。允许总承包企业选择一项资质作为主项资质,同时申请本序列内的其他类别作为增项,但从严控制专业承包和劳务分包资质企业的资质增项。凡涉及专业资质的,中间要再加一道初审程序。

企业的增项资质级别不得高于主项资质级别。施工总承包企业可以申请施工总承包序列内各类别资质,也可以申请不超过5项的专业承包类别资质,但不得申请劳务分包类别资质。专业承包企业除主项资质外,还可以申请不超过5项的相近专业类别资质,但不得申请施工总承包序列、劳务分包序列各类别资质。劳务分包企业可以申请本序列内各类别资质,但不得申请施工总承包、专业承包序列各类别资质。

建筑业企业申请多项资质的,本企业的资本金、资产应达到各项资质条件最高的指标。企业的专业技术人员、工程业绩、机械设备等,应当满足各类资质标准中所要求的条件。

3)建筑业企业的资质审批及管理

建筑业企业应当按照其拥有的注册资本、净资产、专业技术人员、技术装备和已完成的建筑工程业绩等资质条件申请资质,经审查合格,取得相应等级的资质证书后,方可在其资质等级许可的范围内从事建筑活动。国务院建设行政主管部门负责全国建筑业企业资质的归口管理工作。国务院铁道、交通、水利、信息产业、民航等有关部门配合国务院建设行政主管部门实施相关资质类别建筑业企业资质的管理工作。

施工总承包特级和一级企业、专业承包一级企业资质经省级建设行政主管部门审核同意后,由国务院建设行政主管部门审批;其中铁道、交通、水利、信息产业、民航等方面的建筑业企业资质,由省级建设行政主管部门商同级有关部门审核同意后,报国务院建设行政主管部门,经国务院有关部门初审同意后,由国务院建设行政主管部门审批。审核部门应当对建筑业企业的资质条件和申请资质提供的资料审查核实。

施工总承包和专业承包二级及二级以下企业资质,由企业注册所在地省、自治区、直辖市人民政府建设行政主管部门审批;其中交通、水利、通信等方面的建筑业企业资质,经同级有关部门初审同意后,由省级建设行政主管部门审批。劳务分包企业资质由企业所在地省、自治区、直辖市人民政府建设行政主管部门审批。

新设立的建筑业企业资质等级,按照最低等级核定,并设一年的暂定期。

关于建筑业企业类别的划分、资质等级的划分和承包范围的划分详见国家有关规定。

4)建筑业企业的资质年检

建筑业企业资质年检是检查企业资质条件是否符合资质等级标准,是否存在质量、安全、市场行为等方面的违法违规行为。建筑业企业年检结论分为合格、基本合格和不合格3种。

(1)建筑业企业资质条件符合资质等级标准,且在过去一年内未发生《建筑业企业资质管理规定》第十四条所列行为的,年检结论为合格。

(2)建筑业企业资质条件中,净资产、人员和经营规模未达到资质等级标准,但不低于资质等级标准的80%,其他各项均达到标准要求,且过去一年未发生《建筑业企业资质管理规定》第十四条所列行为的,年检结论为基本合格。

(3)有下列情况之一的,建筑业企业的资质年检结论为不合格:①资质条件中净资产、人员和经营规模未达到资质等级标准的80%,或者其他任何一项未达到资质等级标准的;②有《建筑业企业资质管理规定》第十四条所列行为之一的。已经按照法律、法规的规定予以降低资质等级处罚的行为,年检中不再重复追究。

上述《建筑业企业资质管理规定》第十四条规定的行为包括:

①与建设单位或者企业之间相互串通投标,或者以行贿等不正当手段谋取中标的;

②未取得施工许可证擅自施工的;

③将承包的工程转包或者违法分包的;

④严重违反国家工程建设强制性标准的;

⑤发生过三级以上工程建设重大质量安全事故或者发生过两起以上四级工程建设质量安全事故的;

⑥隐瞒或者谎报、拖延报告工程质量安全事故或者破坏事故现场、阻碍对事故调查的;

⑦按照国家规定需要持证上岗的技术工种的作业人员未经培训、考核,未取得证书上岗,情节严重的;

⑧未履行保修义务,造成严重后果的;

⑨违反国家有关安全生产规定和安全生产技术规程,情节严重的;

⑩其他违反法律、法规的行为。

建筑业企业资质年检不合格或者连续两年基本合格的,建设行政主管部门应当重新核定其资质等级。新核定的资质等级应当低于原资质等级,达不到最低资质等级标准的,取消资质。

建筑业企业连续3年年检合格,方可申请晋升上一级资质等级。

在规定时间内没有参加资质年检的建筑业企业,其资质证书自行失效,且一年内不得重新申请资质。

2. 工程勘察、设计企业资质管理

1)勘察、设计企业及序列划分

建筑工程勘察企业是指为满足工程建设规划、设计、施工等需要,从事地形、地质及水文等状况的测绘、勘探测试工作,并提供相应成果和资料的企业。我国建筑工程勘察企业资质分为工程勘察综合资质、专业资质和劳务资质。

建筑工程设计企业是指根据建筑工程项目的安全、功能和美观的要求,对建筑工程项目所需的技术、经济、资源、环境等条件进行综合分析、论证,编制并提供设计文件和技术资料的企业。我国建筑工程设计企业资质分为工程设计综合资质、行业资质和专项资质。

2)勘察、设计企业的资质及业务范围

工程勘察综合资质有甲级1个资质等级;工程勘察专业资质有甲、乙、丙级3个资质等级;工程勘察劳务资质不分级别。取得工程勘察综合资质的企业,承接工程勘察业务范围不受限制;取得工程勘察专业资质的企业,可以承接同级别相应专业的工程勘察业务;取得工程勘察劳务资质的企业,可以承接岩土工程治理、工程钻探、凿井工程勘察劳务工作。

工程设计综合资质有甲级1个资质等级;工程设计行业资质有甲、乙、丙级3个资质等级;工程设计专项资质有甲、乙级2个资质等级。取得工程设计综合资质的企业,其承接工程设计业务范围不受限制;取得工程设计行业资质的企业,可以承接同级别相应行业的工程设计业务;取得工程设计专项资质的企业,可以承接同级别相应的专项工程设计业务。取得工程设计行业资质的企业,可以承接本行业范围内同级别的相应专项工程设计业务,不需再单独领取工程设计专项资质。

3)勘察设计企业的资质申请及管理

建筑工程勘察、设计企业应当按照其拥有的注册资本、专业技术人员、技术装备和业绩等条件申请资质,经审查合格,取得建筑工程勘察、设计资质证书后,方可在资质等级许可的范围内从事建筑工程勘察设计活动。国务院建设行政主管部门及各地建设行政主管部门负责工程勘察、设计企业资质的审批、晋升和处罚。

3. 工程监理企业的资质管理

1)工程监理企业

建筑工程监理企业是指依据国家有关法律法规及工程建设项目的技术文件、合同文件,对工程建设过程的投资、质量和进度等实施监督管理,提供技术服务的企业。

2)工程监理企业的资质及业务范围

工程监理企业应当按照其拥有的注册资本、专业技术人员和工程监理业绩等资质条件申请资质,经审查合格,取得相应等级的资质证书后,方可在其资质等级许可的范围内从事工程监理活动。国务院建设行政主管部门负责全国工程监理企业资质的归口管理工作。国务院铁道、交通、水利、信息产业、民航等有关部门配合国务院建设行政主管部门实施相关资质类别工程监理企业资质的管理工作。

工程监理企业的资质等级分为甲级、乙级和丙级,并按照工程性质和技术特点划分为若干工程类别。甲级工程监理企业可以监理经核定的工程类别中的一、二、三等工程;乙级工程监理企业可以监理经核定的工程类别中的二、三等工程;丙级工程监理企业可以监理经核定的工程类别中的三等工程。

3)工程监理企业的资质管理

甲级工程监理企业资质,经省、自治区、直辖市人民政府建设行政主管部门审核同意后,由国务院建设行政主管部门组织专家评审,并提出初审意见;其中涉及铁道、交通、水利、信息产业、民航工程等方面工程监理企业资质的,由省、自治区、直辖市人民政府建设行政主管部门商同级有关专业部门审核同意后,报国务院建设行政主管部门,由国务院建设行政主管部门送国务院有关部门初审,国务院建设行政主管部门根据初审意见审批。乙、丙级工程监理企业资质,由企业注册所在地省、自治区、直辖市人民政府建设行政主管部门审批;其中交通、水利、通信等方面的工程监理企业资质,由省、自治区、直辖市人民政府建设行政主管部门征得同级有关部门初审同意后审批。

4.工程咨询企业的资质管理

1)工程咨询企业

工程咨询企业包括勘察设计、工程监理、招标代理、工程造价等企业。勘察设计和工程监理在前面已做过介绍。

工程招标代理是指对工程的勘察、设计、施工、监理以及与工程建设有关的重要设备(进口机电设备除外)、材料采购招标的代理。

工程造价咨询单位是指接受委托,对建设项目工程造价的确定与控制提供专业服务,出具工程造价成果文件的中介组织或咨询服务机构。

2)工程咨询企业的资质及业务范围

从事工程招标代理业务的机构,必须依法取得国务院建设行政主管部门或者省、自治区、直辖市人民政府建设行政主管部门认定的工程招标代理机构资格。工程招标代理机构资质等级划分为甲级和乙级。乙级招标代理机构只能承担工程投资额(不含征地费、市政配套费和拆迁补偿费)3 000 万元以下的工程招标代理业务,地区不受限制;甲级招标代理机构承担工程招标代理业务的范围和地区不受限制。

工程造价咨询单位应当取得《工程造价咨询单位资质证书》,并在资质证书核定的范围内从事工程造价咨询业务。工程造价咨询机构资质等级划分为甲级和乙级。乙级工程造价咨询机构在本省、自治区、直辖市所属行政区域范围内承接中、小型建设项目的工程造价咨询业务;甲级工程造价咨询机构承担工程造价咨询业务的范围和地区不受限制。

3)工程咨询企业的资质管理

甲级工程招标代理机构资格按行政区划,由省、自治区、直辖市人民政府建设行政主管部门初审,报国务院建设行政主管部门认定。乙级工程招标代理机构资格由省、自治区、直辖市人民政府建设行政主管部门认定,报国务院建设行政主管部门备案。国务院建设行政主管部门负责全国工程招标代理机构资格认定的管理。

申请甲级工程造价咨询单位资质的,由国务院建设行政主管部门认可的特殊行业主管部门或者省、自治区、直辖市人民政府建设行政主管部门进行资质初审,初审合格后报国务院建设行政主管部门审批。申请乙级工程造价咨询单位资质的,由省、自治区、直辖市人民政府建设行政主管部门或同级有关专业部门审批。

(二)建设从业人员的资格管理

从事建设活动的个人执业资格制度是建设行政主管部门对从事建设活动的个人,依法进行考试、注册并颁发执业资格证书的一种管理制度。建筑工程执业人员主要有注册建筑师、注册结构工程师、注册监理工程师、注册造价工程师、注册建造师以及法律、法规规定的其他人员。

二、课堂实训

【案例讨论】××同学系大学建筑工程专业毕业生,毕业后和几位同学合资成立××建筑工程有限公司,在当地工商行政管理部门登记注册后便开始营业,承揽建筑工程。但是没过多久,当地建设行政主管部门便找上门来,说他们只有营业执照而没有办理相应的资质证书是不能承揽工程的。

根据本工程实例,以5个人为一个小组,讨论以下问题。

(1)建筑工程公司只有营业执照是否可以承揽建筑工程?

(2)具备什么条件才能在政府许可的范围内承包建筑工程项目?

(3)《建筑业企业资质管理规定》对新设立的建筑业企业资质等级是如何规定的?

三、知识拓展

建筑工程肢解发包

肢解发包是指建设单位将应当由一个承包单位完成的建筑工程分解成若干部分发包给不同的承包单位的行为。

《建筑法》第24条、《中华人民共和国合同法》(以后简称《合同法》)第272条、《建筑工程质量管理条例》(以后简称《条例》)第7条都明确规定禁止建筑工程肢解发包。其中《条例》第55条规定,建设单位将建筑工程肢解发包的,责令改正,处工程合同价款0.5%~1%的罚款;对全部或者部分使用国有资金的项目,并可以暂停项目执行或者暂停资金拨付。值得注意的是,《上海市建筑市场管理条例》第53条第(三)项规定,违反总包规定发包建筑工程的处罚是责令停止建筑活动、予以警告或者没收违法所得,并可处以承发包合同价1%~3%的罚款,但最低不低于5 000元,最高不超过20万元。《上海市建筑工程承发包管理办法》(上海市人民政府第37号令)第31条第(一)项规定,违反本办法第十五条规定的,责令其限期改正,予以警告,并可处以2 000元以上2万元以下的罚款。第(三)项规定,违反本办法第十七条规定的,责令其限期改正,予以警告,并可处以2 000元以上2.5万元以下的罚款。上述地方性法规、地方政府规章,与《条例》不一致的,应以效力等级较高的《条例》为准。

肢解发包除可能导致业主受到行政处罚的不利后果外,所造成的质量及工期延误等损失应由业主和承担被肢解工程的承包商承担相应责任,总承包商一般不再承担责任。

项目四　建筑工程交易中心

教学目标

- 了解建筑工程交易中心的性质和作用。
- 熟悉建筑工程交易中心的功能。
- 掌握建筑工程交易中心的运行原则。
- 掌握建筑工程交易中心的运行程序。

能力标准及要求

- 能够熟悉建筑工程交易中心的运行程序。
- 能够掌握参与建筑工程市场的招标投标活动的方法和程序。
- 能够掌握办理工程报建的有关条件和手续。
- 能够掌握办理施工许可证的有关条件和手续。

一、基础知识

(一)建筑工程交易中心的性质

建筑工程交易中心是我国社会主义市场经济的产物,是建筑工程市场发展完善的过渡形式,是建筑工程市场有形化的管理方式。我国是社会主义公有制为主体的国家,政府部门、国有企事业单位投资在社会投资中占有主导地位。按照国家有关规定,在工程项目建设的各个不同阶段,把应该进行招标投标的建设项目统一安排在建设有形市场——建筑工程交易中心进行招标投标活动,并设置专门的监督机构,其目的是通过建设有形市场的模式,规范建筑工程的承发包行为,促使参与建筑工程项目交易的单位和人员在法律法规的范围内从事交易活动,增加透明度,制约在建筑工程项目交易过程中的一些违法和违规的行为。

建筑工程交易中心是依据国家法律法规成立,为建筑工程交易活动提供相关服务,依法自主经营、独立核算、不以营利为目的,收取相应服务费用,具有法人资格的服务性机构。建筑工程交易中心作为服务性机构,其设立需得到政府或政府授权主管部门的批准,具备一定的条件,并非任何单位和个人可以随意成立的。建筑工程交易中心不以营利为目的,旨在为建立公开、公正、公平竞争的招投标制度服务,只可经批准收取一定的服务费,工程交易行为一般在场内进行。

(二)建筑工程交易中心的作用

按照我国有关规定,所有建设项目都要在建筑工程交易中心内报建、发布招标信息、授予合同、申领施工许可证等。招投标活动一般都需在场内进行,并接受政府有关管理部门的监督。建筑工程交易中心的设立,对建立国有投资的监督制约机制、规范建筑工程承发包行为、将建筑市场纳入法制化的管理轨道起到了重要作用。建筑工程交易中心设立以来,由于实行集中办公、公开办事制度和程序以及一条龙的"窗口"服务,不仅有力地促进了工程招投标制度的推行,而且遏制了违法违规行为,对于防止腐败、提高管理透明度都起到了显著的作用。

(三)建筑工程交易中心的功能

1. 信息服务功能

建筑工程交易中心收集、存储和发布各类工程信息、法律法规、造价信息、建材价格信息、承包商信息、咨询单位和专业咨询人员信息等。在办工设备上配备大型电子墙、计算机网络工作站,为承发包交易提供广泛的信息服务。建筑工程交易中心一般要定期公布工程造价指数和建筑材料价格、人工费、机械租赁费、工程咨询服务费以及各类工程指导价等,指导业主和承包商、咨询单位进行投资控制和投标报价。但在市场经济条件下,建筑工程交易中心公布的价格指数仅是一种参考,投标最终报价还是需要依靠承包商根据本企业的经验或企业定额、企业机械装备和生产效率、管理能力和市场竞争的需要来决定。

2. 场所服务功能

建筑工程交易中心为建筑工程交易活动提供固定的场所和设施,使建设市场成为有形市场。建筑工程交易中心设有信息发布厅、开标室、洽谈室、会议室和其他有关设施,以满足业主、承包商、分包商、设备材料供应商等相互交易的需要。对于政府部门、国有企事业单位的投资项目,我国明确规定,一般情况下都必须进行公开招标,只有特殊情况下才允许采用邀请招标。所有建设项目进行的招投标必须在有形建筑市场内进行,必须由有关管理部门进行监督。按照这个要求,建筑工程交易中心必须为工程承发包交易双方进行的建筑工程招标、评标、定标、合同谈判等提供设施和场所服务。原建设部《建筑工程交易中心管理办法》规定,建筑工程交易中心应具备信息发布大厅、洽谈室、开标室、会议室及相关设施以满足业主和承包商、分包商、设备材料供应商之间的交易需要,同时,要为政府有关管理部门进驻集中办公、办理有关手续和依法监督招投标活动提供场所服务。

3. 集中办公功能

由于众多建设项目要进入有形建筑市场进行报建、投标交易和办理有关批准手续,这样就要求政府有关建设管理部门进驻建筑工程交易中心集中办理有关审批手续和进行管理,受理申报的内容一般包括:工程报建、招标登记、承包商资质审查、合同登记、质量报监、施工许可证发放等。进驻建筑工程交易中心的相关管理部门集中办公、公布各自的办事制度和程序,既能按照各自的职责依法对建筑工程交易活动实施有力监督,也方便办事人办事,提高了办公效率。建筑工程交易中心一般要求实施"窗口"服务,这种集中办公方式决定了建筑工程交易中心只能集中设立,而不能像其他商品市场那样随意设立。按照我国有关规定,每个城市原则上只能设立一个建筑工程交易中心,特大城市可增设若干个分中心,但分中心的上述3项基本功能必须健全。

4. 咨询服务功能

建筑工程交易中心为建筑工程承发包交易活动等提供各类技术、经济、法律等中介咨询服务。

(四)建筑工程交易中心的运行原则

为了保证建筑工程交易中心能够有良好的运行秩序,充分发挥市场功能,建设工程交易中心的运行必须坚持市场运行的一些基本原则。

1. 信息公开原则

有形建筑市场必须充分掌握政策法规、工程发包承包商和咨询单位的资质、造价指数、招标规则、评标标准、专家评委库等各项信息,并保证市场各方都能及时获得所需的信息。

2. 依法管理原则

建筑工程交易中心应严格按照法律、法规开展工作，尊重建设单位依照法律规定选择投标单位和选定中标单位的权利，尊重符合资质条件的建筑业企业提出的投标要求和接受邀请投标的权利。任何单位和个人不得非法干预交易活动的正常进行。监察机关应当进驻建筑工程交易中心实施监督。

省辖市、地区和县级市以及固定资产投资规模较大和工程数量较多的县，应建立建筑工程交易中心。建筑工程交易中心要逐步建成包括建设项目、工程报建、招标投标、承包商、中介机构、材料设备价格和有关法律法规等的信息中心。

各级建设行政主管部门依法对建筑工程交易活动进行管理，并协调有关职能管理部门进驻建筑工程交易中心联合办公，维护交易中心正常秩序，查处建筑工程交易活动中的违法违规行为。各级建筑工程招标投标监督管理机构负责建筑工程交易中心的具体管理工作。

新建、改建、扩建的限额以上建筑工程，包括各类房屋建筑、土木工程、设备安装、管道线路铺设、装饰装修和水利、交通、电力等专业工程的施工、监理、中介服务、设备材料采购，都必须在有形建设市场进行交易。凡应进入建筑工程交易中心而在场外交易的，建设行政主管部门不得为其办理有关工程建设手续。

3. 公平竞争原则

建立公平竞争的市场秩序是建筑工程交易中心运行的一项重要原则。进驻的有关行政监督管理部门应严格监督招标、投标单位的行为，防止行业、部门垄断、不正当竞争或侵犯交易活动参与方的合法权益的行为发生。

4. 属地进入原则

按照我国有形建筑市场的管理规定，建筑工程交易实行属地进入。对于跨省、自治区、直辖市的铁路、公路、水利等工程，可在政府有关部门的监督下，通过公告由项目法人组织招标、投标。

5. 办事公正原则

建筑工程交易中心是政府建设行政主管部门批准建立的服务性机构，须配合进场的各行政管理部门做好相应的工程交易活动管理和服务工作。建立监督制约机制，公开办事规则和程序，制定完善的规章制度和工作人员守则。发现建筑工程交易活动中的违法违规行为建筑工程交易中心应当向政府有关管理部门报告，并协助进行处理。

(五)建设项目在建筑工程交易中心的运行程序

按照有关规定，建设项目进入建筑工程交易中心后，一般按下列程序进行。

(1)拟建工程得到计划管理部门立项批准后，由建设单位到交易中心办理报建备案手续。工程建设项目的报建内容包括：工程名称、建设地点、投资规模、资金来源、当年投资额、工程规模、工程筹建情况、计划开工和竣工日期等。

(2)交易中心对已完成报建手续的建设项目公开发布信息。

(3)对建设单位管理建设项目的资格进行审查，凡不符合资格的均须委托具有相应资格的招标代理机构组织招标。

(4)报建工程由招标监督部门依据《中华人民共和国招标投标法》(以下简称《招标投标法》)的有关规定确认招标方式，核定工程类别。

(5)招标人在建设工程交易中心统一发布招标公告，招标公告载明招标人的名称和地址,招标项目的性质、数量、实施地点和时间以及获取招标文件的办法等事项。

(6)经审查凡符合资质条件的投标企业,可根据交易中心发布的建设工程信息,在交易中心申请参加工程交易。

(7)采用公开招标的建设工程,招标单位对提出参加交易申请投标的企业进行资格预审,并将预审结果公开发布,符合条件的投标企业可参加交易活动;采用邀请招标的建设工程,被邀请且符合资质条件的投标企业应不少于3家。

(8)建设工程招标投标活动必须遵循《招标投标法》等有关法律、法规、规章,在交易中心开展开标、评标、定标活动,并服从招标投标管理机构的管理和接受招标投标管理机构的监督。

(9)建设单位与中标单位应在中标通知书签发后30日内签订合同。

(10)按规定进行质量、安全监督登记。

(11)统一交纳有关工程前期费用。

(12)领取建筑工程施工许可证。申请领取施工许可证,应具备以下条件:

①已经办理该建筑工程用地批准手续;

②在城市规划区的建筑工程,已经取得规划许可证;

③施工场地已经基本具备施工条件,需要拆迁的,其拆迁进度符合施工要求;

④已经确定建设施工单位,按照规定应该招标的工程没有招标,应该公开招标的没有公开招标,或者肢解发包工程,以及将工程发包给不具备相应资质条件的,所确定的施工单位无效;

⑤有满足施工需要的施工图纸及技术资料,施工图设计文件已按规定进行了审查;

⑥有保证工程质量和安全的具体措施,施工单位编制的施工组织设计中有根据建筑工程特点制定的相应质量、技术、安全措施,专业性较强的工程项目编制了专项质量、安全施工组织设计,并按照规定办理了工程质量、安全监督手续;

⑦按照规定应该委托监理的工程已委托监理;

⑧建设资金已经落实,建设工期不足一年的,到位资金原则上不得少于工程合同价的50%,建设工期超过一年的,到位资金原则上不得少于30%;建设单位应当提供银行出具的到位资金证明,有条件的可以实行银行付款保函或者第三方担保;

⑨法律、行政法规规定的其他条件。

二、课堂实训

【案例讨论一】1999年1月4日18:50,32名群众正走在重庆市綦江县彩虹桥上,当另有22名武警战士列队跑步至桥上2/3处时,整座大桥突然垮塌,桥上群众和武警战士全部坠入河中。40人遇难,14人生还,直接经济损失631万元。

事故调查分析:重庆市綦江县彩虹桥桥长140米,主拱净跨120米,该桥1994年11月开工,1996年2月竣工。在建设过程中,严重违反建设程序,未办理立项及计划审批手续,未进行设计审查,未办理工程报建手续,未进行施工招投标,设计、施工单位主体资质不合格;私人设计,非法出图;挂靠承包,严重违规。由此导致惨剧的发生。

事故责任人承担的法律责任:原綦江县委书记张开科因受贿、玩忽职守罪被判处无期徒刑;原綦江县委副书记林世元因受贿罪、玩忽职守罪被判处死缓;原綦江县城建委主任张基碧因玩忽职守罪被判处有期徒刑6年;原重庆市市政工程质量监督站站长赵祥忠因重大安全事故罪被判处有期徒刑5年;原綦江县人大常委会副主任贺际慎(女)因玩忽职守罪被判处有期徒刑3年;"虹桥"工程组织承建者费上利因重大安全事故罪被判处有期徒刑10年。此外,李蒙泽、孙立、段浩、夏福利、阎珂、刘泽均、胡开明、王远凯等人,以及重庆通用工业技术服务部的相关人员,因重大安全事故罪、玩忽职守罪、生产销售不符合安全标准的产品罪等罪名,被分别判处6~10年有期徒刑,并分别处以3万~25万元罚金。

分析以上案例,查找有关资料,回答下列问题:

(1)这一事故发生的主要原因有哪些?

(2)如何按照建筑工程交易中心的运行程序,办理本工程项目的相关建设手续?

(3)以上案例留给我们的启示是什么?

【案例讨论二】以下是××市建筑工程交易中心建筑工程项目招标投标交易流程,以5人为一个小组,认真阅读,并就下列问题进行讨论:

(1)招标单位、投标单位如何在建筑工程交易中心进行信息登记?

(2)招标单位如何在建筑工程交易中心发布招标公告?

(3)投标单位如何在建筑工程交易中心进行投标报名?

(4)如何确定潜在投标人?

(5)投标保证金如何提交和退还?

(6)如何确定专家评委?

(7)如何进行开标、评标?

(8)中标结果如何进行公告?

(9)建筑工程交易中心的流程是否有不完善的方面?

附:××市建筑工程交易中心招标投标交易流程

一、基础信息登记

1. 首次进行工程项目招标的建设单位,需持单位法人证书及组织机构代码证书到交易中心信息部进行登记。

2. 首次进入××市场参与投标的施工单位,需持营业执照、企业资质证书、组织机构代码证书、项目经理(建造师)资质证书到交易中心信息部进行登记。

3. 依法应招标的工程建设项目立项批准后,建设单位或代理机构(以下简称招标人)应按××市建筑工程交易信息系统(以下简称系统)要求的内容和格式,将立项批文的电子图片如实登记填报和上传。

项目注册信息、发包方案信息、自行招标信息、招标公告信息等数据在系统上填写准确齐全后,可通过信息系统上传,并直接打印出需提交招投处备案的《建筑工程项目发包情况登记表》、《建筑工程项目招标人自行招标备案表》、《建筑工程项目招标公告发布备案表》、《建筑工程项目招标文件备案表》等资料。

注:提供的相关证明材料须备齐复印件。

二、发布招标公告

招标人确定招标方案后,应通过系统发布招标公告,同时向建设系统政务大厅备案立项批文、项目发包情况登记表、招标公告发布备案表等材料,还必须向交易中心提交一份盖有招标人单位法人章的招标公告正式文本在交易中心招标公告栏张贴。招标公告的法定发布时间为5个工作日。招标人必须确保提供的公告文本与在政务大厅备案的文本完全一致，如不一致，有可能导致重新发布公告的后果。

办理流程如下。

1. 招标人登陆××市建筑工程交易信息系统，根据相关文件内容录入项目、发包标段信息。

2. 根据发包方案，通过系统录入一个或多个标段的招标公告信息并提交，系统将自动生成标段编号，招标人通过该系统打印出招标公告的正式文本。

3. 招标人携带立项批文、项目发包情况登记表、招标公告发布备案表、招标公告正式文本等材料到交易中心信息部，在核对文本与网上信息无误后，信息部将公告发布于××市建筑工程招标投标信息网。

4. 招标人将上述资料递交建设系统政务大厅进行备案。

5. 如招标公告内容未获招标处审核通过，招标处将通过交易系统将结果反馈给招标人，招标人到政务大厅4号窗口领取招标处书面反馈材料，招标人在修改后按上述程序重新发布。

三、投标报名

1. 拟参与报名的投标人必须是已在交易中心完成基础信息登记的单位。

2. 招标公告发布之日即为投标人投标报名及获取资格预审文件之日。投标人可选择通过建筑工程信息网进行网上报名并下载资格预审文件，也可选择在招标公告发布的前4个工作日到招标人处报名和领取资格预审文件，还可以选择在招标公告发布的最后一个工作日到交易中心的报名处进行报名和领取资格预审文件。

3. 招标人在本单位或在交易中心报名处接受报名时，均必须将投标报名单位的名单录入××市建筑工程交易信息系统，在录入过程中如发现系统中无某投标单位的基础信息，必须提醒该单位到交易中心办理基础信息登记后再进行报名。

4. 接受报名期间，招标人可登录××市建筑工程交易信息系统，随时查询网上和现场报名情况。

5. 招标公告载明的报名时间截止后，招标人通过××市建筑工程交易信息系统打印出的报名表，不再接受任何形式的报名。

6. 如发生报名不足3家的情况，交易系统将在报名截止后自动提示招标人重新发布招标公告。如两次报名仍不足3家，招标人可通过交易系统选择重新发布招标公告，或选择打印不招标申请表，转入竞争性发包程序，但需经招标处批准。

四、通过随机抽签方式确定潜在投标人

当资格预审合格的投标人过多时，招标人可以选择随机抽签方式确定一定数量的潜在投标人。

办理程序：

1. 招标人应在招标公告中确定是否使用随机抽签方式确定潜在投标人；

2. 资格预审结束后，如合格投标人达到一定数量需使用随机抽签方式的，招标人应将抽签的签到时间和地点等内容向交易中心明确；

3. 交易中心确认抽签的时间和地点后，招标人须在发出的资格预审结果通知书中明确随机抽签确定潜在投标人的会议签到时间、地点、投标人未参加抽签(不到、迟到等)的处理方法、抽取数以及抽签规则等内容；

4. 抽签过程如需委托公证的，抽签前招标人与公证处签署公证委托书，公证处负责将委托书复印件交交易中心；

5. 招标人(或委托的公证人员)须准备好签到表、配号单等相关材料，在规定的抽签时间前半小时到达抽签地点，投标人应在签到时间前到达抽签现场并签到；

6. 签到时间截止后，招标人宣布抽签规则、抽取数及未参加抽签投标人的处理办法等；

7. 通过交易中心信息系统逐一进行配号并登记；

8. 通过摇号机随机抽出事先确定数量的潜在投标人；

6. 将抽签情况登记并记入资格预审报告；

7. 确定潜在投标人后，招标人须将资格审查结果录入系统，确认无误后提交。

五、投标保证金代收代退

1. 投标保证金的委托。

招标人(招标代理机构)在发布招标公告时，到政务服务大厅4号窗口或者在××市建筑工程信息网下载中心下载投标保证金委托书范本。

招标人(招标代理机构)在建筑工程交易信息系统上传《招标文件》前，应在"新增招标文件备案"界面中的"本次开标委托中心代收保证金"栏目中打勾确认。

2. ××市建筑工程交易中心设立投标保证金提交窗口，并委托托管银行负责收取和退还投标保证金。市建筑工程交易中心负责监督投标保证金的提交和退还工作。

3. 招标人应当在招标文件中明确投标保证金的数额和提交要求。投标人据此将投标保证金提交托管银行，并持托管银行开具的"投标保证金到账确认函"复印件随投标文件提交招标人。

4. 提交投标保证金账号(省略)。

5. 提交投标保证金地点和时间(省略)。

6. 提交和退还投标保证金方式。

(1)提交方式：现金、支票、银行本票、银行汇票、电汇和银行保函提交。

现金、支票、银行本票、银行汇票、电汇的付款人必须是投标人(或者是投标人驻××市分公司)。银行保函的申请人必须是投标人。提交现金的，请同时提供投标人账号和开户行，用于退还保证金本金及利息。不得使用经过背书转让的支票、银行本票、银行汇票。银行保函采用标准样式。

(2)退还方式：原则上按照提交时的路径、银行账号返还。以现金提交投标保证金的，银行仍转账退还至投标人提供的账号上。

7. 投标保证金利息计算和划付。

(1)计息利率：执行中国人民银行规定的利率。

(2)结息方式：按投标保证金的付款人分别设立账户，按中心文件规定的时间退还本息。

8. 提交投标保证金程序。

(1)采用现金、银行本票、银行保函方式提交。

投标人提交现金或银行凭证由托管银行审核确认后开具《投标保证金到账确认函》或《投标保函代保管确认函》。

(2)采用支票、银行汇票方式提交。

投标人提交支票、银行汇票,托管银行审核后提供票据回单。投标人可根据托管银行提供的资金到账查询电话,在银行工作时间进行电话查询。投标人在保证金到账后到托管银行凭回单换取《投标保证金到账确认函》。

(3)采用电汇方式提交。

投标人可通过电话查询保证金到账情况,保证金到账后,投标人提交经办人有效身份证件(原件),托管银行审核后开具《投标保证金到账确认函》。

9. 退还投标保证金程序。

(1)未中标。

①采用现金、支票、银行本票方式投标的,在交易中心和银行双方确认后,保证金由银行以转账方式退还至投标单位提供的单位账号。

②采用电汇、银行汇票方式投标的,经交易中心和银行双方确认后,保证金由银行以电汇或转账方式退还至投标单位提供的单位账号。

③采用银行保函方式退还:投标人凭招标人发出的《未中标通知书》、《投标保函代保管确认函》和经办人有效身份证件(原件),保证金由托管银行审核后进行保函退还。

(2)中标。

①采用现金、支票、银行本票方式投标的,在交易中心和银行双方确认后,保证金由银行以转账方式退还至投标单位提供的单位账号。

②采用电汇、银行汇票方式投标的,经交易中心和银行双方确认后,保证金由银行以电汇或转账方式退还至投标单位提供的单位账号。

③采用银行保函方式退还:投标人凭招标人发出的《中标通知书》、《投标保函代保管确认函》和经办人有效身份证件(原件),保证金由托管银行审核后进行保函退还。

10.《投标保证金到账确认函》一式五联,一联为银行留存联、一联为递交招标单位联、一联为交易中心留存联、一联为投标单位留存联、一联为留存备用联。

11. 托管银行咨询电话(省略)。

12. 注意事项。

(1)采用支票等方式交付保证金的,须在法定工作日下午17:00前提交至托管银行,以确保能参加当天的银行票据交换。

(2)除银行保函户名为招标人全称外,其余收款人均为××市建筑工程交易中心投标保证金。

(3)银行保函必须正确填写受益人和申请人的全称,并与投标文件规定的名称相一致,以免造成投标无效(保函格式应符合招标文件要求)。

(4)投标人须按照招标文件的要求如数提交投标保证金,不得提供虚假、无效的票函,由此产生的责任由投标人自行承担。

(5)投标人应充分考虑资金的在途时间,确保投标保证金在招标文件规定的递交时间前到达专用账户,并承担其未能及时到账的后果。

六、开标室申请

招标人(或代理机构)应先通过系统录入招标文件备案所需要的相关信息,然后通过系统选择开标时间及开标室(必须在标段潜在投标人信息已录入并提交后)并提交。在提交后的48小时内,将载有开标时间和地点的招标文件递交政务大厅4号窗口办理备案手续,同时办理开标时间、地点确认手续,如提交后的48小时内未能办理确认及备案手续的,所预定的开标地点和时间将可能被其他项目占用。

注:招标文件备案时间必须付合《招标投标法》的规定。

招标人变更开标时间的,须持变更开标通知书至交易中心综合部办理开标室变更手续。

七、招标人评委备案

招标人在开标前一天,向交易中心综合部提交招标人评委备案表,招标人评委必须符合省招标办[2007]360号文规定。

八、缴纳评委劳务费

招标人在交易中心综合部领取缴费表格后,到政务大厅35号办理缴费手续,缴费标准(省略)。

九、抽取专家评委

招标人于开标前一天到交易中心办理抽取专家评委手续。所有依法必须招标的项目,经济标的评标专家不得少于2人,技术标的评标专家不得少于3人。采用综合评估法推荐中标候选人的或国有投资建设项目,评标委员会成员不得少于7人(技术评委不得少于5人)。

十、进入监控室

建设单位的纪检、监察人员需进入监控室监督评标过程的,在开标前持盖有纪检部门公章的介绍信到交易中心办理审批手续,进入监控室的人员不得超过2人。

十一、开标

1. 开标活动由招标人主持并组织,招标人如委托公证处的,公证人员应在开标前出具招标人的书面《委托公证书》,并提交《委托公证书》的复印件后参加开标、评标活动。

2. 招标人必须在招标文件确定的投标截止时间前30分钟到达开标室,做好投标文件的签收和各投标人的联系方法登记等工作,签收表应随评标报告一并备案。

3. 招标人(或招标代理机构)应准备数本招标文件、评标报告表格、图纸等资料。

十二、评标

评标活动由招标人依法组建的评标委员会负责,招标人可以有1~2名工作人员进行现场服务,进入评标区前在交易中心负责开标的工作人员处统一领取工作牌,凭工作牌进入评标区,进入评标区人员的通信工具应在进入前统一存放在手机柜中。

1. 评标准备工作。

(1)发放评标资料。

(2)打印评委名单。

(3)评委介绍。

(4)由交易中心经办人播放《评标纪律》录音。

(5)评委会成员分别在《评标声明书》上签字承诺。

(6)由招标人(招标代理机构)代表向评委会介绍工程情况、特殊技术要求,以及招标文件主要条款、评标标准和方法等内容。

2. 评标工作。

(1)初步评审阶段。

(2)详细评审阶段。

(3)评标委员会推荐中标候选人和完成评标报告。

3. 评标结束前工作。

(1)由交易中心综合部经办人统一发放评标劳务费,发放标准(省略)。

(2)评标结束后招标人如需要封存评标相关资料的,向交易中心综合部提出申请,并在《评标资料封存登记本》登记后按招标人要求或招标文件要求进行封存,交易中心将在条件许可的情况下为招标人提供15天的免费保管。

十三、中标公示申请

交易中心综合部在接到招标人的《书面公示申请书》后,按照申请书所确定的起止时间在××市建筑工程信息网上进行中标结果公示。招标人和投标人可在××市建筑工程信息网上查询中标结果(公示时间为3个工作日,公示截止时间为第3个工作日的23时的最后一秒)。

十四、领取《××建筑工程项目进场交易证明书》和《中标通知书》的格式文档

招标人提交《书面公示申请书》后和中标人一同到政务大厅35号窗口收费处缴纳建筑工程交易综合服务费,并领取《××建筑工程项目进场交易证明书》和《中标通知书》的打印件。

十五、工程竣工销号

投标人在工程竣工验收后,应及时到交易中心信息部办理项目经理销号。对已竣工项目,持竣工验收报告(备案表)原件办理即可(复印件留存);对主体已完工但尚未竣工项目,投标人必须在信息网上下载(或在信息部领取)《工程主体完工证明》,由建设、监理、投标单位加盖单位法人公章后办理。

十六、项目经理更换

报名结束前,投标单位登录建筑工程交易信息系统后可自行完成变更,报名结束后,投标单位如须更换报名项目经理,必须说明原因并经招标单位重新确认签署意见。如该项目资格审查已结束,招标单位还需对更换的项目经理重新进行资格审查并签署意见。

十七、网员入网办理

需要加入××市建筑工程信息网的单位,可在网上下载或信息部领取有关表格,填写后在交易中心307室办理相关手续,并在收费窗口缴纳网员费后即可开通。

十八、其他

招标代理机构工作人员办理招投标有关事项,必须持省招标办培训合格证书。

三、知识拓展

资质挂靠

资质挂靠就建筑业而言,是指一个施工企业允许他人在一定期间内以自己企业的名义对外承接工程的行为。允许他人使用自己名义的企业为被挂靠企业,相应的使用被挂靠企业名义从事经营活动的企业或自然人为挂靠人。最高人民法院在制定《最高人民法院关于审理建筑工程施工合同纠纷案件适用法律问题的解释》时并没有直接将该行为定义为“挂靠”,而是表述为“借用”,即没有资质的实际施工人借用有资质的建筑施工企业的名义从事施工,“挂靠”与“借用”实际上系同一概念。

建筑业不允许资质挂靠行为,此类行为容易造成工程质量低劣,安全重大隐患,项目严

重亏损,如果一旦发生纠纷,被挂靠企业成为被告,挂靠企业则逍遥法外。所以资质挂靠在建筑行业中历来被我国的部分规章、规范性文件、法律法规所禁止。

建筑业"挂靠"的 3 大法律后果如下。

(1)《建筑法》对挂靠行为作出了禁止性规定。《建筑法》明确禁止挂靠行为,该法第二十六条明确规定"禁止建筑施工企业超越本企业资质等级许可的业务范围或者以任何形式用其他建筑施工企业的名义承揽工程。禁止建筑施工企业以任何形式允许其他单位或者个人使用本企业的资质证书、营业执照,以本企业的名义承揽工程"。

(2)挂靠人与被挂靠企业之间的"挂靠"行为的效力。各地法院在审理涉及挂靠纠纷时,对于挂靠人与被挂靠企业签订的《合作协议》、《分包协议》或《内部承包协议》一般都认定为无效。《最高人民法院关于审理建筑工程施工合同纠纷案件适用法律问题的解释》第四条也明确规定"承包人非法转包、违法分包建筑工程或者没有资质的实际施工人借用有资质的建筑施工公司名义与他人签订建筑工程施工合同的行为无效。人民法院可以根据民法通则第一百三十四条规定,收缴当事人已经取得的非法所得"。

(3)关于被挂靠企业与业主方签订的总承包施工合同效力问题。关于被挂靠企业与业主方签订的施工合同效力,法学界主流观点均认同司法解释的意见,该解释第一条明确规定"建筑工程施工合同具有下列情形之一的,应当根据合同法第五十二条第(五)项的规定,认定无效:……(二)没有资质的实际施工人借用有资质的建筑施工企业名义的"。因此,只要是确有证据证明没有资质的实际施工人借用有资质的建筑施工企业名义与业主方签订总承包施工合同,则该施工合同将被认定为无效。

单元小结

通过本单元的学习,应掌握以下内容。

(1)建筑工程项目的发包承包是针对建筑工程项目买卖的交易行为,建设单位作为发包方(买方),勘察、设计、施工、材料设备供应、监理、咨询等单位作为承包方(卖方)。建筑工程项目的发包方和承包方是市场交易的主体,缺一不可。

(2)建筑工程项目承发包双方之间存在着经济上、行为上的权利和义务关系,必须通过签订合同或协议予以明确。

(3)建筑工程项目发承包的内容非常广泛,可以对工程项目建设的全过程进行总发承包,也可以对不同阶段的不同工作内容(包括项目建议书、可行性研究、勘察设计、材料设备采购、建筑安装施工、工程监理等)进行阶段性发承包。

(4)建筑工程的承发包方式:

①按对建筑工程项目承包的范围划分可分为全过程承包、阶段承包和专项承包等;

②按承包人之间的相互关系划分可分为总承包、分承包、独立承包、联合承包和平行承包;

③按承包合同计价方式划分可分为固定总价合同、计量估价合同、单价合同、成本加酬金合同等。

(5)建筑工程市场是进行建设商品和相关要素交换的市场,是工程建设生产和交易关系的总和,工程建设市场交易贯穿于建设产品生产的全过程。建筑工程市场分为有形建设市场和无形建设市场。

(6)建设市场的主体是指参与建设生产交易活动的各方,即建设单位、施工单位、工程咨询服务机构、设备材料供应机构、金融机构和市场组织管理者等。

(7)建设市场的客体即建设产品,是建设市场交易的对象,它既包括有形建设产品(如建筑材料、建筑构配件、商品混凝土、建筑物、构筑物等),也包括无形建设产品(如咨询、监理等智力型服务)。

(8)建设市场是我国社会主义市场经济体系中一个非常重要的生产部门和消费市场,建设市场体系包括工程市场和要素市场。工程市场有勘察设计、建筑安装、装饰装修、房屋设施、基础设施、项目管理等;要素市场有劳务市场、资本市场、技术市场、设备租赁市场、建筑材料市场等。

(9)《建筑业企业资质管理规定》将我国的建筑业企业分为施工总承包、专业承包和劳务分包3个序列。要熟悉建筑业企业的资质申报和管理。

(10)熟悉勘察设计、工程监理、工程咨询企业的资质申报和管理方法。

(11)从事建设活动的个人执业资格制度是建设行政主管部门对从事建设活动的个人,依法进行考试、注册并颁发执业资格证书的一种管理制度。建筑工程执业人员主要有注册建筑师、注册结构工程师、注册监理工程师、注册造价工程师、注册建造师以及法律、法规规定的其他人员。

(12)建筑工程交易中心是一种有形建筑市场,为建筑工程(建筑商品)交易提供了固定的交易场所。

(13)建筑工程交易中心的功能:信息服务功能、场所服务功能、集中办公功能、咨询服务功能。

(14)建筑工程交易中心的运行原则:信息公开原则、依法管理原则、公平竞争原则、属地进入原则、办事公正原则。

(15)熟悉建筑工程交易中心的运行程序。

复习思考题

(1)简述建筑工程发包与承包的概念。

(2)建筑工程的发包与承包的内容包括哪些?

(3)建筑工程发包与承包的方式有哪些?

(4)简述建筑工程承包的法律规定。

(5)简述工程勘察与工程设计两者之间的关系。

(6)建筑市场的概念和特点是什么?

(7)简述我国建筑工程市场概况。

(8)建筑市场的主体包括哪些?

(9)建筑工程市场的客体包括哪些?

(10)我国建筑工程市场体系的构成要素是什么?

(11)有形建筑市场的性质是什么?它具有哪些基本功能?

(12)建筑业企业资质是如何规定的?

(13)勘察设计企业及监理企业的资质等级是如何划分的?

(14)建筑工程市场管理的许可制度是指什么?

(15)建筑工程交易中心的性质和作用是什么?

(16)建筑工程交易中心的功能有哪些?

(17)建筑工程交易中心的运行原则是什么?

(18)建筑工程交易中心的运行程序有哪些?

(19)简述办理工程报建的有关条件和手续。

(20)简述申请建筑工程施工许可证应具备的条件。

单元二　建筑工程招投标的相关法律

内容提要

本单元学习建筑工程招投标相关法律,包括《中华人民共和国民法通则》(以后简称《民法通则》)、《合同法》、《建筑法》和《招标投标法》。《民法通则》是调整公民之间、法人之间及公民与法人之间的财产关系和人身关系的基本法律。《合同法》是调整平等主体的公民、法人、其他组织之间设立、变更、终止民事权利义务关系的法律规定。《建筑法》是调整建筑活动的法律规定,其目的是加强监督管理,维护建筑市场秩序,保证工程质量与安全和促进建筑业健康发展。《招标投标法》是调整建筑工程招标投标活动的法律规定。了解学习建筑工程承包发包制度、建筑工程招标法规、建筑工程投标法规、建筑工程决标法规、建筑工程招投标法律责任;学习招投标配套法规。

教学目标

通过本章的学习,要求了解《民法通则》的基本原则、民事权利和民事责任;了解《建筑法》的立法目的和主要内容;熟悉《招标投标法》中的主要法律规定;掌握《合同法》中订立合同应遵守的基本原则,以及合同的订立、履行与违约责任等内容;了解建筑工程承包发包制度、建筑工程招投标法规、建筑工程决标法规、建筑工程招投标法律责任;熟悉招投标配套法规。

项目一　《民法通则》简介

教学目标

- 了解民法的概念及《民法通则》的主要内容。
- 熟悉《民法通则》的基本原则、民事主体、民事权利和民事责任。
- 熟悉民事法律行为和代理的概念。
- 掌握《民法通则》的诉讼时效。

能力标准及要求

- 能够熟悉《民法通则》的相关条款。
- 能够在招标投标和合同管理中运用民法通则的相关条款。

一、基础知识

(一)民法的概念

民法是调整平等主体的公民之间、法人之间及公民与法人之间的财产关系和人身关系的法律规范的总称。

1986年4月12日第六届全国人民代表大会第四次会议通过并公布,自1987年1月1日起施行的《中华人民共和国民法通则》是我国现行的民法基本法律。该法共9章156条,主要对我国民法的基本原则、民事主体、民事权利、民事责任、民事法律行为、诉讼时效等作出了规定,反映了社会主义经济制度的特点和要求,为保护和促进以公有制为主体的多种经济成分的共同发展,规范民事行为,保护民事主体的合法权益提供了法律依据。

民法涉及面十分广泛。它关系到国家的经济建设和每个公民的衣、食、住、行、用、生、养、病、死、葬等一切生产和生活的各个方面。民法是一个重要的法律,它主要解决以下几个方面的问题。

(1)财产所有权。这是指对财产的占有、使用、收益、处分的权利。当这种权利发生争议或者被侵犯的时候,可以通过人民法院予以确认和保护。保护合法所有权主要采取:恢复原状、返还原物、排除妨害、赔偿损失、确认产权等方法。

(2)财产流转中的合同关系。合同是产生财产流转的根据。依法签订的合同具有法律效力,双方都必须遵守。如果一方不履行合同规定的义务,在法律上要承担经济责任,会受到法律制裁,如罚违约金、罚款、赔偿损失等。合同制度在我国适用范围很广,常见的有买卖、供销、农副产品收购、信贷、借贷、租赁、借用、承揽、运输、基本建设包工、信托、保险等。

(3)知识产权。这是指个人或集体对其智力成果享有的专有权,如著作权、发明权、专利权、商标权等。这些智力成果,本身是精神财富,没有直接的经济内容,但有些又与物质财产联系密切。我国通过《发明奖励条例》、《技术改进奖励条例》、《专利法》、《商标法》等法规,调整上述人身非财产关系,确保作者、发明人等对智力成果的专有权,以及转让和继承的权利。

(二)《民法通则》基本原则

《中华人民共和国民法通则》的基本原则,是民事立法、司法及民事活动应遵循的准则。《民法通则》规定了5项基本原则:①当事人民事地位平等的原则;②自愿、公平、等价有偿、诚实信用原则;③保护公民、法人合法民事权益的原则;④遵守法律和国家政策原则;⑤维护国家和社会公共利益原则。

(三)《民法通则》的主要内容

《民法通则》的主要内容:①公民和法人的法律地位;②民事法律行为;③民事代理;④民事权利;⑤民事责任;⑥诉讼时效;⑦涉外民事关系如何适用法律等。

《民法通则》是我国民事方面的基本法,其他单项民事法律属于民事特别法,根据特别法优于基本法的原则,若民事单项法律不违背《民法通则》的规定或者《民法通则》允许单项法律另有规定的,应当优先适用单项法律。

(四)民事主体

民事主体,即民事法律关系的主体,依照我国法律,民事主体包括自然人、法人及其他组织以及个别情形下的国家(如国家成为无主财产的所有人)。

民事主体是民法中最基本的概念之一,它直接涉及民法的调整对象和规范的对象。确立了民事主体制度,民法其他的制度涉及的诸如法律行为制度、物权制度、债权制度才得以展开。民事主体示意如图2-1所示。

1. 公民(自然人)

任何公民都可以是民事主体,都有民事主体资格。我国公民,即具有中华人民共和国国

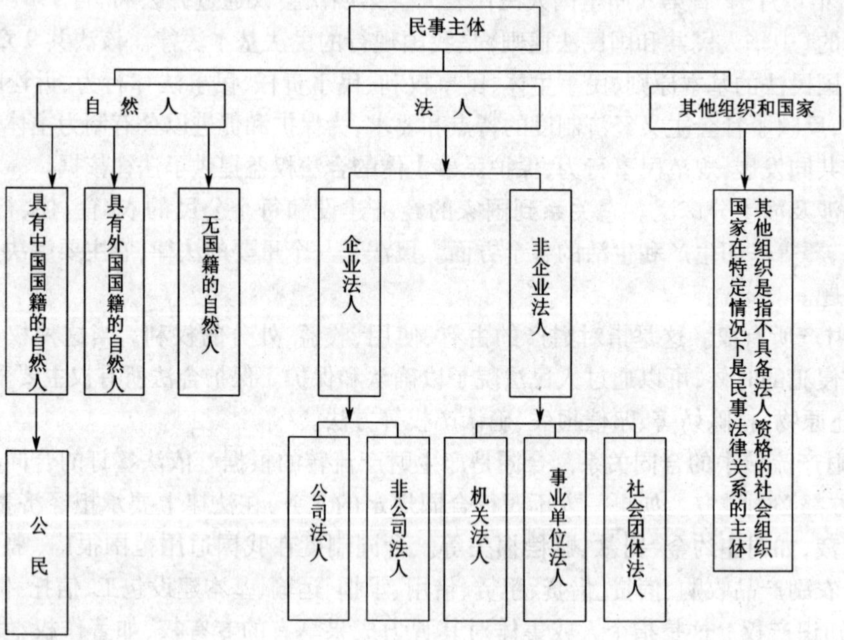

图 2-1 民事主体示意图

籍的人,当然可以作为我国民事关系的主体,外国公民和无国籍人同样也可以作为我国民事关系的主体。外国公民和无国籍人依照我国民法规范取得的权利,同样受我国民法保护。作为民事主体的公民,也称做自然人。

公民的民事权利能力指公民享有民事权利、承担民事义务的资格。

公民的民事行为能力指公民通过自己的行为取得民事权利或者设定民事义务的能力。

2. 法人

法人是具有民事权利能力和民事行为能力,依法独立享有民事权利和承担民事义务的组织。法人是一种组织,是具有民事权利能力和民事行为能力,依法独立享有民事权利和承担民事义务的组织。并非任何组织都能成为法人,能够作为法人的组织必须具备法律规定的条件。法人是与公民对应的另一类民事主体,其特征主要有 3 个方面:独立的组织、独立的财产和独立的责任。

3. 其他组织和国家

其他组织是指不具备法人资格的社会组织。在一定情况下,国家也可以是民事主体。国家不是一般的民事主体,而是特殊的民事主体。

(五)民事法律行为和代理

1. 民事法律行为

民事法律行为是民事主体设立、变更、终止民事权利和民事义务的合法行为。

在我国,民事立法确认民事法律行为可以采用的形式包括要式法律行为和不要式法律行为两大类。

民事法律行为的有效条件有:①行为人具有相应的民事行为能力;②意思表示真实;③不违反法律或者社会公共利益;④行为形式合法。

2.代理

代理是指代理人以被代理人的名义,在代理权限内,在其授权范围内实施民事法律行为,所产生的民事法律责任直接归属被代理人。

1)代理的种类

根据《民法通则》第64条第1款的规定,依代理权产生的根据不同,可将代理分为委托代理、法定代理和指定代理3种。

(1)委托代理是基于被代理人的委托授权而发生的代理关系。委托合同是产生代理权的基础,当事人未在委托合同中明确授权的,必须由被代理人再进行授权。委托授权行为,可以用书面形式,也可以用口头形式,法律规定用书面形式的,应采用书面形式。书面委托代理的授权委托书应当载明代理人的姓名或者名称、代理事项、权限和期间,并由委托人签名或者盖章。

(2)法定代理是根据法律的直接规定而产生的代理关系。法定代理主要是为无民事行为能力人或者限制行为能力人设立的代理方式。法定代理的设定是以一定社会关系的存在为根椐的。

(3)指定代理是根据人民法院和有关单位的指定而产生的代理关系。指定代理人按照人民法院或者指定单位的指定行使代理权。指定代理在本质上也属于法定代理,其与法定代理的区别在于前者的代理无须指定,而后者则需要有指定的过程。

2)代理人与被代理人的责任承担

(1)授权不明确的责任承担。委托书授权不明确的,被代理人应当向第三人承担民事责任,代理人负连带责任。

(2)无权代理是指没有代理权而以他人名义进行代理活动的民事行为。其表现形式有3种:①没有代理权而进行的代理行为;②超越代理权限而进行的代理行为;③代理权终止后而进行的代理行为。

(3)无权代理人进行的代理行为,只有经过被代理人的追认,被代理人才承担民事责任,未经追认的行为,由行为人承担民事责任。但是,本人知道他人以自己的名义实施民事行为而不做否认表示的,视为同意。

3)代理权的终止

我国法律对委托代理的终止、法定代理和指定代理的终止分别做了规定,其中委托代理的终止事由规定如下:①代理期限届满或者代理事务完成;②被代理人取消委托或者代理人辞去委托;③代理人死亡;④代理人丧失民事行为能力;⑤作为被代理人或者代理人的法人终止。

(六)诉讼时效

诉讼时效是指权利人在法定期间内不行使权利就丧失请求人民法院保护其民事权益的权利的法律制度。

根据我国法律规定,诉讼时效有普通诉讼时效、特别诉讼时效和最长诉讼时效之分。普通诉讼时效适用于一般民事权利,诉讼时效期限为2年。特别诉讼时效仅适用于法律指定的某些民事权利,其效力优于普通诉讼时效。最长诉讼时效为20年,《民法通则》规定,“诉讼时效期间从知道或者应当知道权利被侵害时起计算,从权利被侵害之日起超过20年的,人民法院不予保护”。

二、课堂实训

【案例讨论】读小学的赵勇在市教委组织的儿童绘画比赛中获得了一等奖。市教委下属的一家美术杂志社闻讯后即来信表示，他们将出一期儿童作品专刊，希望赵勇能寄来几幅作品供他们挑选。赵勇的父亲赵量收信后给杂志社寄去了3幅作品，但之后一直没有回音。第2年6月，赵勇在该杂志社的期刊上发现有赵勇的两幅作品但没有给赵勇署名，他和父亲便立即找到杂志社，质问为何不通知他们作品已被选用，而且既不支付稿酬也不署名。然而该杂志社称，赵勇年仅8岁，还是未成年人，还不能享有著作权，因此没必要署名；杂志社发表赵勇的作品是教委对其成绩的肯定，没有必要支付稿酬。

根据本案例，以5个人为一个小组，讨论以下问题。

(1)根据我国法律，赵勇是否有署名的权利和获得报酬的权利？

(2)杂志社发表赵勇作品的行为是否为教委对赵勇成绩的肯定？

三、知识拓展

招投标中的不可抗力

按照我国《民法通则》和《合同法》等法律的定义，不可抗力是指不能预见、不能避免并不能克服的客观情况。它包括自然现象和社会现象两种，自然现象诸如地震、台风、洪水、海啸，社会现象如战争、海盗、罢工、政府行为等。《民法通则》第107条规定，“因不可抗力不能履行合同或者造成他人损害的，不承担民事责任”。《合同法》第117条规定，“因不可抗力不能履行合同的，根据不可抗力的影响，部分或者全部免除责任”。

事实上，招标投标过程中的不可抗力影响是客观存在的。例如有一大型水利工程，在一期工程施工过程中，二期工程的某一标段又开始招标，一期工程中的某一承包商也参加了投标。但就在评标过程中，突然发生了超设计标准的洪水，该承包商的很多施工设备被冲洗一空，无奈之下该承包商只好申请撤回投标。又譬如，在一次印刷项目招标过程中，有一家崇明岛的印刷厂到上海市区来投标时，正巧遇上刮台风，轮渡停航，因而未能在截止时间之前将投标文件送达指定地点。在上述第一个例子中，法律关于不可抗力的免责规定毫无疑问是可以适用的，即投标人可以依据《民法通则》第107条的规定，向招标人申请撤回投标而投标保证金不会被没收(免除侵权责任)。第二个例子的情况则比较复杂。因为投标人投标延误损害的是其自身的权益，所以无法直接援引法律的免责规定。但是，《招标投标法》规定迟到的投标文件招标人应拒收，这是因为在正常情况下，迟延投标是投标人自己的过错，由此而产生的不利后果当然应该由投标人自己承担。可是在因不可抗力而造成投标延误的情况下，投标人主观上并没有过错，如果也一定要他承担迟延投标的不利后果，这似乎有悖于我国民法的一个基本原则——公平原则。对于这种情况的处理，我国《民法通则》第139条的规定似可借鉴，“在诉讼时效的最后6个月内，因不可抗力或其他障碍不能行使请求权的，诉讼时效中止”。另外，从国际上通行的关于政府采购、招标投标的几种主要规则来看，对于因不可抗力而造成的投标延误，投标人均不承担责任。例如，联合国贸易法委员会的《货物、工程和服务采购示范法》规定，“如果一个或多个供应商或承包商因其无法控制的任何情况而无法在截止日期前提交标书，采购实体完全可自行决定在投标截止日期之前展延该截止日期”；亚洲开发银行的《贷款采购准则》规定，“若延误交标非投标商之过，而且延迟投标不会影响到其他有关的投标商，可经商亚行后再对该投标予以考虑”；WTO的《政府采购协议》规定，"如完全是因采购实体处理不当而造成投标逾期，则供应商不应受罚，如采购实体的有关程序有规定，也可以在其他例外情况下考虑这些投标"。

对于招标投标中的不可抗力影响，特别是因不可抗力因素而造成投标延误这一情况，应该参照我国法律关于不可抗力有关规定的原则精神以及国际通行的招投标规则中的相关规定。对因不可抗力而造成的投标延误，投标人可不承担相应的责任，招标人可以酌情决定适当延长投标截止日期，或者接受投标人以传真等方式提交的投标文件。在招投标实践中对不可抗力因素的认定，一定要以法律规定为准，而且不可抗力因素和投标延误之间必须存在法律上的因果关系，以防借不可抗力之名而行串通投标之实的情况发生。

项目二　《建筑法》简介

教学目标

- 了解《建筑法》的立法宗旨。
- 掌握建筑工程许可制度。
- 掌握建筑工程的发包和承包制度。
- 熟悉建筑工程监理制度。
- 掌握建筑工程质量和安全管理法规。

能力标准及要求

- 能够掌握建筑工程许可制度，参与建设有形市场的报建活动。
- 能够掌握发包与承包的法律法规，参与建筑工程交易中心的招投标活动。
- 能够掌握建筑工程质量和安全管理法规。

一、基础知识

（一）《建筑法》及其立法宗旨

1.《建筑法》的概念

《建筑法》是指调整建筑活动的法律规范的总称。建筑活动是指各类房屋及其附属设施的建造和与其配套的线路、管道、设备的安装活动。

《建筑法》是调整我国建筑活动的基本法律，以规范建筑市场行为为出发点，以建筑工程质量和安全为主线，包括总则、建筑许可、建筑工程发包与承包、建筑工程监理、建筑安全生产管理、建筑工程质量管理、法律责任、附则等内容，并确定了建筑活动中的一些基本法律制度。

2.《建筑法》的立法宗旨

《建筑法》的立法宗旨是"为了加强对建筑活动的监督管理，维护建筑市场秩序，保证建筑工程的质量和安全，促进建筑业健康发展"。

（二）建筑工程许可

1. 建筑工程许可制度

1）建筑工程发包许可和施工许可

《建筑法》规定："建设单位必须在建筑工程立项批准后，工程发包前，向建设行政主管部门或其授权的部门办理报建登记手续。未办理报建登记手续的工程,不得发包,不得签订工程合同。”

《建筑法》规定:“建筑工程开工前,建设单位应当按照国家有关规定向工程所在地县级以上人民政府建设行政主管部门申请领取施工许可证;但是,国务院建设行政主管部门确定的限额以下的小型工程除外:工程投资额在30万元以下或者建筑面积在300平方米以下的建筑工程,可以不申请办理施工许可证。”

2)申请建筑工程施工许可证的条件

(1)已经办理该建筑工程用地批准手续。

(2)在城市规划区的建筑工程,已经取得规划许可证。

(3)需要拆迁的,其拆迁进度符合施工要求。

(4)已经确定建筑施工企业。

(5)有满足施工需要的施工图纸及技术资料。

(6)有保证工程质量和安全的具体措施。

(7)建设资金已经落实。

(8)法律、行政法规规定的其他条件。

3)领取建筑工程施工许可证的法律后果

(1)建设单位应当自领取施工许可证之日起3个月内开工。因故不能按期开工的,应当向发证机关申请延期;延期以两次为限,每次不超过3个月。既不开工又不申请延期或者超过延期时限的,施工许可证自行废止。

(2)在建的建筑工程因故中止施工的,建设单位应当自中止施工之日起1个月内,向发证机关报告,并按照规定做好建筑工程的维护管理工作。建筑工程恢复施工时,应当向发证机关报告;中止施工满1年的工程恢复施工前,建设单位应当报发证机关核验施工许可证。

(3)按照国务院有关规定需要批准开工报告的建筑工程,因故不能按批准日期开工或者中止施工的,应当及时向批准机关报告情况,因故不能按期开工超过6个月的,应当重新办理开工报告的批准手续。

2. 建筑工程从业者资格许可

1)国家对建筑工程从业者实行资格管理

从事建筑工程活动的企业或单位,应当向工商行政管理部门申请设立登记,并由建设行政主管部门审查,颁发资质证书。

从事建筑工程活动的人员,要通过国家任职资格考试、考核,由建设行政主管部门注册并颁发资格证书。

2)国家对建筑工程从业单位实行资质许可

建筑工程从业的经济组织包括:建筑工程总承包企业;建筑工程勘察、设计单位;建筑工程施工企业;建筑工程监理单位;法律、法规规定的其他企业或单位。以上组织应具备下列条件:①有符合国家规定的注册资本;②有与其从事的建筑活动相适应的具有法定执业资格的专业技术人员;③有从事相关建筑活动所应有的技术装备;④法律、行政法规规定的其他条件。

3)国家对建筑工程从业人员实行资格许可

(1)建筑工程的从业人员。建筑工程的从业人员包括建筑师、建造师、结构工程师、监理工程师、造价师、法律及法规规定的其他人员。

(2)建筑工程从业者资格证件的管理。建筑工程从业者的资格证件,严禁出卖、转让、出借、涂改、伪造。违反上述规定的,将视具体情节,追究其法律责任。建筑工程从业者资格的具体管理办法,由国务院及建设行政主管部门另行规定。

(三)建筑工程发包与承包

1. 建筑工程发包

建筑工程发包方式有公开招标、邀请招标、议标。

《建筑法》规定:"建筑工程实行公开招标的,发包单位应当依照法定程序和方式,发布招标公告,提供载有招标工程的主要技术要求、主要的合同条款、评标的标准和方法以及开标、评标、定标的程序等内容的招标文件。"

《建筑法》规定:"建筑工程招标的开标、评标、定标由建设单位依法组织实施,并接受有关行政主管部门的监督。"

2. 建筑工程承包

详见本书第4页内容。

(四)建筑工程监理制度

建筑工程监理是指工程监理单位受建设单位的委托对建筑工程进行监理的活动。《建筑法》规定:"国家推行建筑工程监理制度。"

1. 建筑工程监理的范围

建筑工程监理是一种特殊的中介服务活动。《建筑法》规定:"国务院可以规定实行强制监理的建筑工程的范围。"《工程建设监理规定》中对建筑工程实施强制监理的范围包括:大、中型工程项目;市政、公用工程项目;政府投资兴建和开发建设的办公楼、社会发展事业项目和住宅工程项目;外资、中外合资、国外贷款、赠款、捐款建设的工程项目。

2. 工程监理人员的权利与义务

(1)工程施工不符合工程设计要求、施工技术标准和合同约定的质量要求的,有权要求建筑施工企业改正。

(2)工程设计不符合建筑工程质量标准或合同约定的质量要求的,应当报告建设单位,要求设计单位改正。

3. 建筑工程监理合同

(1)监理合同的概念。监理合同是监理单位与建设单位之间为完成特定的建筑工程监理任务,明确相互权利义务关系的协议。

(2)监理合同示范文本的构成。中华人民共和国住房和城乡建设部、国家工商行政管理总局于2012年3月27日制定了《建设工程监理合同(示范文本)》(GF-2012-0202)(以后简称《示范文本》),该《示范文本》由《协议书》、《通用条件》、《专用条件》三部分组成。《协议书》由8条内容组成,是监理合同的基本情况条款;《通用条件》由8部分一级条款,38条二级条款,若干条三级条款组成;《专用条件》由9部分内容;另有附录A、B组成《示范为本》,《专用条件》是对《通用条件》中的某些条款进行补充、修正。

4. 监理单位的责任

(1)工程监理单位不按照委托监理合同的约定履行监理义务,对应当监督检查的项目不检查或不按规定检查,给建设单位造成损失的,应当承担相应的赔偿责任。

(2)工程监理单位与承包单位串通,为承包单位谋取非法利益,给建设单位造成损失的,应与承包单位承担连带赔偿责任。

(五)建筑工程质量制度

1. 建筑工程质量的概念

建筑工程质量是指在国家现行的有关法律、法规、技术标准、设计文件和合同中,对工程的安全、适用、经济、美观等特性的综合要求。

《建筑法》规定:“建筑工程勘察、设计、施工的质量必须符合国家有关建筑工程安全标准的要求,具体管理办法由国务院规定。有关建筑工程安全的国家标准不能适应确保建筑安全要求时,应当及时修订。”

《建筑法》规定:“建设单位不得以任何理由要求设计单位或者建筑施工企业在工程设计或者施工作业中,违反法律、行政法规和建筑工程质量、安全标准、行政法规和建筑工程质量、安全标准,降低工程质量。”“建筑设计单位和建筑施工企业对建设单位违反前款规定提出的降低工程质量的要求,应当予以拒绝。”

2. 建筑工程质量政府监督

国家实行建筑工程质量政府监督制度。

建筑工程质量政府监督由建设行政主管部门或国务院工业、交通等行政主管部门授权的质量监督机构实施。

国家对从事建筑工程的勘察、设计、施工企业推行质量体系认证制度。企业质量体系认证的实施管理,依照有关法律、行政法规的规定执行。

3. 建筑工程质量责任

1)建设单位的质量责任和义务

(1)建设单位应对其选择的设计、施工单位和负责供应的设备等原因发生质量问题承担相应责任。

(2)建设单位应根据工程特点,配备相应的质量管理人员,或委托工程建设监理单位进行监理。委托监理单位的,建设单位应与工程监理单位签订监理合同,明确双方的责任、权利和义务。

(3)建设单位必须根据工程特点和技术要求,按有关规定选择相应资格(质)等级的勘察、设计、施工单位,并签订工程承包合同。工程承包合同中必须有质量条款,明确质量责任。

(4)建设单位在工程开工前,必须办理有关工程质量监督手续,组织设计和施工单位认真进行设计交底和图纸会审;施工中应按照国家现行有关工程建设法律、法规、技术标准及合同规定,对工程质量进行检查;工程竣工后,应及时组织有关部门进行竣工验收。

(5)建设单位按照工程承包合同中规定供应的设备等产品的质量,必须符合国家现行的有关法律、法规和技术标准的要求。

2)工程勘察设计单位的质量责任和义务

(1)勘察设计单位应对本单位编制的勘察设计文件的质量负责。

(2)勘察设计单位必须按资格等级承担相应的勘察设计任务,不得擅自超越资格等级及业务范围承接任务,应当接受工程质量监督机构对其资格的监督检查。

(3)勘察设计单位应按照国家现行的有关规定、技术标准和合同进行勘察设计。建立健全质量保证体系,加强设计过程的质量控制,健全设计文件的审核会签制度,参与图纸会审和做好设计文件的技术交底工作。

(4)勘察设计文件必须符合下列基本要求:

①设计文件应符合国家现行有关法律、法规、工程设计技术标准和合同的规定;

②工程勘察文件应反映工程地质、地形地貌、水文地质状况,评价准确,数据可靠;

③设计文件的深度,应满足相应设计阶段的技术要求,施工图应配套,细部节点应交待清楚,标准说明应清晰、完整;

④设计中选用的材料、设备等,应注明其规格、型号、性能、色泽等,并提出质量要求,但不得指定生产厂家。

(5)对大型建筑工程、超高层建筑,以及采用新技术、新结构的工程,应在合同中规定设计单位向施工现场派驻设计代表。

3)施工单位的质量责任和义务

(1)施工单位应当对本单位施工的工程质量负责。

(2)施工单位必须按资质等级承担相应的工程任务,不得擅自超越资质等级及业务范围承包工程;必须依据勘察设计文件和技术标准精心施工;应当接受工程质量监督机构的监督检查。

(3)实行总包的工程,总包单位对工程质量和竣工交付使用的保修工作负责。实行分包的工程,分包单位要对其分包的工程质量和竣工交付使用的保修工作负责。

(4)施工单位应建立健全质量保证体系,落实质量责任制,加强施工现场的质量管理,加强计量、检测等基础工作,抓好职工培训,提高企业技术素质,广泛采用新技术和适用技术。

(5)竣工交付使用的工程必须符合下列基本要求:

①完成工程设计和合同中规定的各项工作内容,达到国家规定的竣工条件;

②工程质量应符合国家现行有关法律、法规、技术标准、设计文件及合同规定的要求,并经质量监督机构核定为合格或优良;

③工程所用的设备和主要建筑材料、构件应具有产品质量出厂检验合格证明和技术标准规定必要的进场试验报告;

④具有完整的工程技术档案和竣工图,已办理工程竣工交付使用的有关手续;

⑤已签署工程保修证书;

⑥已提供有关工程使用、保养、维护的说明。

4)建筑材料、构配件生产及设备供应单位的质量责任和义务

(1)建筑材料、构配件生产及设备供应单位对其生产或供应的产品质量负责。

(2)建筑材料、构配件生产及设备的供需双方均应订立购销合同,并按合同所规定的质量条款进行供货。

(3)建筑材料、构配件生产及设备供应单位必须具备相应的生产条件、技术装备和质量保证体系,具备必要的检测人员和设备,把好产品看样、制作、储存、运输和核验的质量关。

(4)建筑材料、构配件及设备质量应当符合下列要求:

①符合国家或行业现行有关技术标准规定的合格标准和设计要求;

②符合在建筑材料、构配件及设备说明书或其包装上所注明采用的标准,符合以建筑材

料、构配件及设备说明及实物样品等方式标明的质量状况。

(5)建筑材料、构配件及设备或者包装上的标记应符合下列要求:

①有产品质量检验合格证明;

②有中文标明的产品名称、生产厂厂名和厂址;

③产品包装和商标样式符合国家有关规定和标准要求;

④设备应有产品详细的使用说明书,电气设备还应附有线路图;

⑤实施生产许可证或使用产品质量认证标志的产品,应有许可证或质量认证的编号、批准日期和有效期限。

5)返修和损害赔偿

(1)保修期限。《建筑法》规定:"建筑工程的保修范围应当包括地基基础工程、主体结构工程、屋面防水工程和其他土建工程,以及电气管线、上下水管线的安装工程,供热、供冷系统工程等项目;保修的期限应当按照保证建筑物合理寿命年限内正常使用,维护使用者合法权益的原则确定。具体的保修范围和最低保修期限由国务院规定。"在新规定尚未出台前,保修期限按如下规定:

在正常使用下,房屋建筑工程的最低保修期限为:

①地基基础和主体结构工程,为设计文件规定的该工程的合理使用年限;

②屋面防水工程、有防水要求的卫生间、房间和外墙面的防渗漏,为5年;

③供热与供冷系统,为2个采暖期、供冷期;

④电气系统、给排水管道、设备安装为2年;

⑤装修工程为2年;

其他项目的保修期限由建设单位和施工单位约定。

(2)返修。依据《建筑工程质量管理办法》的规定:建筑工程自办理竣工验收手续后,在法律规定的期限内,因勘察设计、施工、材料等原因造成的质量缺陷(质量缺陷是指工程不符合国家或行业现行的有关技术标准、设计文件以及合同中对质量的要求),应当由施工单位负责维修。施工单位对工程负责维修,其维修的经济责任由责任方承担。

①施工单位未按国家有关规定、标准和设计要求施工,造成的质量缺陷,由施工单位负责返修并承担经济责任;

②由于设计方面的原因造成的质量缺陷,由设计单位承担经济责任,由施工单位负责维修,其费用按有关规定通过建设单位索赔,不足部分由建设单位负责;

③因建筑材料、构配件和设备质量不合格引起的质量缺陷,属于施工单位采购的或经其验收同意的,由施工单位承担经济责任,属于建设单位采购的,由建设单位承担经济责任;

④因使用单位使用不当造成的质量缺陷,由使用单位自行负责;

⑤因地震、洪水、台风等不可抗力造成的质量问题,施工单位、设计单位不承担经济责任;

⑥施工单位自接到保修通知书之日起,必须在两周内到达现场与建设单位共同明确责任方,商议返修内容;

⑦属施工单位的返修,如施工单位未能按期到达现场,建设单位应再次通知施工单位,施工单位自接到再次通知起的一周内仍不能到达时,建设单位有权自行返修,所发生的费用由原施工单位承担。

(3)损害赔偿。因建筑工程质量缺陷造成人身及缺陷工程以外的其他财产损害的，侵害人应按有关规定，给予受害人赔偿。因建筑工程质量存在缺陷造成损害要求赔偿的诉讼时效期限为1年，自当事人知道或应当知道其权益受到损害时起计算。因建筑工程质量责任发生民事纠纷，当事人可以通过协商或调解解决。当事人不愿通过协商、调解解决或者协商、调解不成的，可以根据当事人双方的协议，向仲裁机构申请仲裁；当事人双方没有达成仲裁协议的，可以向人民法院起诉。

(六)建筑安全生产管理

1. 建筑安全生产管理的概念

建筑安全生产管理是指建设行政主管部门、建筑安全监督管理机构、建筑施工企业及有关单位对建筑生产过程中的安全工作，进行计划、组织、指挥、控制、监督等一系列的管理活动，其目的在于保证建筑工程安全和建筑职工的人身安全。

2. 建筑安全生产管理的内容

建筑安全生产管理包括纵向、横向、施工现场3个方面的管理。纵向管理是指建设行政主管部门及其授权的建筑安全监督管理机构对建筑安全生产的行业监督管理。横向管理是指建筑生产有关各方，包括建设单位、设计单位、建筑施工企业等的安全管理。施工现场管理是指在施工现场控制人的不安全行为和物的不安全状态。施工现场管理是建筑安全生产管理的关键。

3. 建筑安全生产管理方针和基本制度

建筑工程安全生产管理必须坚持安全第一、预防为主的方针，建立健全安全生产的责任制度和群防群治制度。这体现了国家对建筑安全生产过程中“以人为本”、保护劳动者权益、保护社会生产力、保护建筑生产的高度重视，确立了建筑安全生产管理在建筑活动管理中的首要位置。

安全生产责任制度是建筑生产中最基本的安全管理制度，是所有安全规章制度的核心。

4. 建筑安全生产的基本要求

1)建筑工程设计要保证工程的安全性

建筑工程设计应当符合按照国家规定制定的建筑安全规程和技术规范，保证工程的安全性能。

2)建筑施工企业要采取安全防范措施

建筑施工企业在编制施工组织设计时，应当根据建筑工程的特点制定相应的安全技术措施；应当在施工现场采取维护安全、防范危险、预防火灾等措施；有条件的，应当对施工现场实行封闭管理；施工现场对毗邻的建筑物、构筑物和特殊作业环境可能造成损害的，建筑施工企业应当采取安全防护措施。

建筑施工企业应当遵守有关环境保护和安全生产方面法律法规的规定，采取控制和处理施工现场的各种粉尘、废气、废水、固体废物以及噪声、振动对环境的污染和危害的措施。建筑施工企业的法定代表人对本企业的安全生产负责。

建筑施工企业和作业人员在施工过程中，应当遵守有关安全生产的法律、法规和建筑行业安全规章、规程，不得违章指挥或者违章作业。

建筑施工企业必须为从事危险作业的职工办理意外伤害保险，支付保险费。

5. 建筑施工安全事故报告制度

施工中如发生安全事故，建筑施工企业应采取紧急措施，抢救伤亡人员，排除险情，尽量制止事故蔓延扩大，减少人员伤亡和事故损失，同时按照国家有关规定及时向有关部门报告。

二、课堂实训

【案例讨论一】某机械厂新建一车间，分别与某市设计院签订设计合同，与某市建筑工程公司签订施工合同。工程竣工后，厂房北侧墙壁发生裂缝，为此，机械厂向当地人民法院起诉市建筑公司。经勘验，裂缝是由于地基不均匀沉降引起。结论是结构设计图纸所依据的地质资料不准。于是机械厂又起诉市设计院。市设计院答辩称，设计院是根据机械厂提供的地质资料进行结构设计的，不应该承担事故责任。经法院查证：机械厂提供的地质资料不是新建车间的地质资料，而是与该车间相邻的另一车间的地质资料，事故前设计院也不知道该情况。

根据本案例，以5个人为一个小组，讨论以下的问题。

(1)根据《建筑法》，应该判定事故的责任者是谁?

(2)厂房北侧墙壁裂缝的维修费用应由谁承担?

(3)机械厂所发生的诉讼费用应由谁承担?

【案例讨论二】2005年8月，某大学(甲方)为建设学生宿舍，通过招标的方式与某建筑公司(乙方)签订了一份《建筑工程施工合同》，采用固定总价的合同形式。工程款支付方式为：开工前预付总价款的10%；余款在竣工验收合格后一次结清。同时合同约定：在验收合格后6个月内，如果发生质量问题，由乙方负责维修。

工程于2006年7月30日竣工，经甲方组织相关部门参加竣工验收，发现3至5层内墙裂缝较多，甲方要求乙方维修后再验收，乙方对裂缝部分做了简单的修补，经验收合格。由于临近开学，甲方接收并开始使用学生宿舍。由于工程质量存在隐患，该学生宿舍于2007年3月，位于第5层的内承重墙倒塌，致使3人受伤，其中1人致残。受害人和甲方起诉到法院，受害人要求甲方和乙方赔偿损失，甲方要求乙方赔偿损失，并承担保修责任。乙方以甲方使用不当和超过6个月的保修期限而拒绝赔偿。

根据本案例，以5个人为一个小组，讨论以下的问题。

(1)本事故属于安全生产事故还是质量缺陷事故?

(2)受害人要求乙方赔偿损失是否合理？为什么?

(3)乙方以甲方使用不当和超过6个月的保修期限而拒绝赔偿是否合理？为什么?

三、知识拓展

房屋建筑工程质量保修办法

本办法于2000年6月26日经建设部第24次部常务会议讨论通过，2000年6月30日建设部令第80号发布，自发布之日起施行。

第一条　为保护建设单位、施工单位、房屋建筑所有人和使用人的合法权益，维护公共安全和公众利益，根据《中华人民共和国建筑法》和《建筑工程质量管理条例》，制定本办法。

第二条　在中华人民共和国境内新建、扩建、改建各类房屋建筑工程(包括装修工程)的质量保修，适用本办法。

第三条　本办法所称房屋建筑工程质量保修，是指对房屋建筑工程竣工验收后在保修期限内出现的质量缺陷，予以修复。

本办法所称质量缺陷，是指房屋建筑工程的质量不符合工程建设强制性标准以及合同的约定。

第四条　房屋建筑工程在保修范围和保修期限内出现质量缺陷，施工单位应当履行保修义务。

第五条　国务院建设行政主管部门负责全国房屋建筑工程质量保修的监督管理。

县级以上地方人民政府建设行政主管部门负责本行政区域内房屋建筑工程质量保修的监督管理。

第六条　建设单位和施工单位应当在工程质量保修书中约定保修范围、保修期限和保修责任等，双方约定的保修范围、保修期限必须符合国家有关规定。

第七条　在正常使用下，房屋建筑工程的最低保修期限为：

（一）地基基础和主体结构工程，为设计文件规定的该工程的合理使用年限；

（二）屋面防水工程、有防水要求的卫生间、房间和外墙面的防渗漏，为5年；

（三）供热与供冷系统，为2个采暖期、供冷期；

（四）电气系统、给排水管道、设备安装为2年；

（五）装修工程为2年。

其他项目的保修期限由建设单位和施工单位约定。

第八条　房屋建筑工程保修期从工程竣工验收合格之日起计算。

第九条　房屋建筑工程在保修期限内出现质量缺陷，建设单位或者房屋建筑所有人应当向施工单位发出保修通知。

施工单位接到保修通知后，应当到现场核查情况，在保修书约定的时间内予以保修。发生涉及结构安全或者严重影响使用功能的紧急抢修事故，施工单位接到保修通知后，应当立即到达现场抢修。

第十条　发生涉及结构安全的质量缺陷，建设单位或者房屋建筑所有人应当立即向当地建设行政主管部门报告，采取安全防范措施；由原设计单位或者具有相应资质等级的设计单位提出保修方案，施工单位实施保修，原工程质量监督机构负责监督。

第十一条　保修完成后，由建设单位或者房屋建筑所有人组织验收。涉及结构安全的，应当报当地建设行政主管部门备案。

第十二条　施工单位不按工程质量保修书约定保修的，建设单位可以另行委托其他单位保修，由原施工单位承担相应责任。

第十三条　保修费用由质量缺陷的责任方承担。

第十四条　在保修期内，因房屋建筑工程质量缺陷造成房屋所有人、使用人或者第三方人身、财产损害的，房屋所有人、使用人或者第三方可以向建设单位提出赔偿要求。建设单位向造成房屋建筑工程质量缺陷的责任方追偿。

第十五条　因保修不及时造成新的人身、财产损害，由造成拖延的责任方承担赔偿责任。

第十六条　房地产开发企业售出的商品房保修，还应当执行《城市房地产开发经营管理条例》和其他有关规定。

第十七条　下列情况不属于本办法规定的保修范围：

（一）因使用不当或者第三方造成的质量缺陷；

（二）不可抗力造成的质量缺陷。

第十八条　施工单位有下列行为之一的，由建设行政主管部门责令改正，并处1万元以上3万元以下的罚款。

（一）工程竣工验收后，不向建设单位出具质量保修书的；

（二）质量保修的内容、期限违反本办法规定的。

第十九条　施工单位不履行保修义务或者拖延履行保修义务的，由建设行政主管部门责令改正，处10万元以上20万元以下的罚款。

第二十条　军事建筑工程的管理，按照中央军事委员会的有关规定执行。

第二十一条　本办法由国务院建设行政主管部门负责解释。

第二十二条　本办法自发布之日起施行。

质量保修书

发包人（全称）：____

承包人（全称）：____

发包人、承包人根据《中华人民共和国建筑法》、《建设工程质量管理条例》和《房屋建筑工程质量保修办法》，经协商一致，对____（工程全称）签定工程质量保修书。

一、工程质量保修范围和内容

承包人在质量保修期内，按照有关法律、法规、规章的管理规定和双方约定，承担本工程质量保修责任。

质量保修范围包括地基基础工程、主体结构工程，屋面防水工程、有防水要求的一卫生间、房间和外墙面的防渗漏，供热与供冷系统，电气管线、给排水管道 设备安装和装修工程，以及双方约定的其他项目。具体保修的内容，双方约定如下：____。

二、质量保修期

双方根据《建设工程质量管理条例》及有关规定，约定本工程的质量保修期如下：

1. 地基基础工程和主体结构工程为设计文件规定的该工程合理使用年限；

2. 屋面防水工程、有防水要求的卫生间、房间和外墙面的防渗漏为____年；

3. 装修工程为____年；

4. 电气管线、给排水管道、设备安装工程为________年；

5. 供热与供冷系统为________个采暖期、供冷期；

6. 住宅小区内的给排水设施、道路等配套工程为________年；

7. 其他项目保修期限约定如下：________________。

质量保修期自工程竣工验收合格之曰起计算。

三、质量保修责任

1. 属于保修范围、内容的项目，承包人应当在接到保修通知之日起7天内派人保修。承包人不在约定期限内派人保修的，发包人可以委托他人修理。

2. 发生紧急抢修事故的，承包人在接到事故通知后，应当立即到达事故现场抢修。

3. 对于涉及结构安全的质量问题，应当按照《房屋建筑工程质量保修办法》的规定，立即向当地建设行政主管部门报告，采取安全防范措施；由原设计单位或者具有相应资质等级的设计单位提出保修方案,承包人实保修。

4.质量保修完成后,由发包人组织验收。

四、保修费用

保修费用由造成质量缺陷的责任方承担。

五、其他

双方约定的其他工程质量保修事项:＿＿＿＿＿＿＿＿＿＿＿＿＿＿。

本工程质量保修书,由施工合同发包人、承包人双方在竣工验收前共同签署,作为施工合同附件其有效期限至保修期满。

发包人(公章):　　　　承包人(公章):

法定代表人(签字):　　　　法定代表人(签字):

年　月　日

项目三　建筑工程招标投标法律法规

教学目标

- 了解招标投标的基本概念、《招标投标法》立法的宗旨。
- 熟悉建筑工程招标法规、建筑工程投标法规、建筑工程评标法规。
- 熟悉评标的程序。
- 掌握招标投标活动应遵循的原则。

能力标准及要求

- 能够通过对国家和地区各招标投标法律、法规的理解,培养学生依法进行招标投标的素质。
- 能够根据具体工程项目的特点选择适宜招标的方式。

一、基础知识

(一)招标投标的基本概念

招标投标是市场经济条件下进行大宗货物的买卖、工程建设项目的发包与承包以及其他项目的采购与供应时所采用的一种商品交易方式。建筑产品也是商品,工程项目的建设以招标投标的方式选择承包商,是运用竞争机制来体现价值规律的科学管理模式。

工程招标,是指招标人用招标文件将委托的工程内容和有关要求告之有意参与竞争的投标人,让他们按规定条件提出实施计划和价格,然后通过评审比较选出信誉可靠、技术能力强、管理水平高、报价合理的可信赖单位(设计单位、监理单位、施工单位、供货单位),以合同形式委托其完成工程内容。

(二)我国《招标投标法》立法的宗旨

《招标投标法》的立法宗旨:规范招标投标活动,保护国家利益和招标投标活动当事人的合法权益,提高经济效益,保证项目质量。

1.规范招标投标活动

为了规范招标投标活动,《招标投标法》作了如下一系列规定:必须进行招标的范围规定；招标投标活动应当遵循公开、公平、公正和诚实信用原则的规定；应满足对招标投标活动的行政监督管理的具体规定、招标方式的规定、招标代理机构的规定、招标投标程序的具体规定、关于法律责任的规定。以上的有关规定将使招标投标活动有法可依，有章可循，并逐步进入规范管理的轨道。

2. 保护国家利益、社会公共利益和当事人的合法权益

《招标投标法》规定：大型基础设施、公用事业等项目，使用国有资金投资或国家融资项目，使用国际组织或外国政府贷款项目以及法律和国务院规定的项目，达到规定的规模标准的，都应当依法进行招标。通过招标投标展开公开竞争，使财政资金的使用商业化，降低采购成本和工程成本，增加财政资金使用的透明度。由此可见，实行招标投标是保护国家利益和社会公共利益的一项重要措施。

3. 提高经济效益

经济效益是指经济活动中投入和产出的关系，即劳动消耗或资金占用与劳动成果相互比较的关系。《招标投标法》对招标投标的原则、程序等作了明确规定，以求达到提高经济效益的目的。

4. 保证工程项目的质量

《招标投标法》的立法目的之一就是通过严格的招投标制度，选择技术力量强、管理水平高的承包人承担工程项目任务，从而保证工程项目质量。

（三）《招标投标法》的效力

《招标投标法》的效力，是指《招标投标法》在什么地点、什么时间和对什么人适用，即《招标投标法》的空间效力、时间效力和对人的效力。

1.《招标投标法》的空间效力

《招标投标法》规定："在中华人民共和国境内进行招标投标活动，适用本法。"这说明《招标投标法》在全国范围内有效，凡在中华人民共和国境内进行的招标投标活动，都要执行《招标投标法》。但同时该法也指出，对于法律有特别规定的除外，如在香港特别行政区的范围内进行的招标投标活动，应当执行香港特别行政区关于招标投标的法律。澳门特别行政区和我国台湾地区也属于这种情况。

2.《招标投标法》的时间效力

法的时间效力，是指该法何时生效、何时终止和有无溯及力的问题。《招标投标法》自2000年1月1日起施行。《招标投标法》施行后一切与该法有抵触的以该法为准，旧法规自然失效。

3.《招标投标法》对人的效力

《招标投标法》对人的效力以属地原则为基础，适用于我国境内的单位和人员。也就是说，不论什么人只要在中华人民共和国境内进行招标投标活动均适用《招标投标法》，即该法对其产生法律效力。

（四）建筑工程招标法规

1. 招标概述

1）招标人

招标人是指依照《招标投标法》的规定提出招标项目进行招标的法人或者其他组织。招标人的资格要求如下：

①是法人或依法成立的其他组织；

②有与招标工作相适应的经济、法律咨询和技术管理人员；

③有组织编制招标文件的能力；

④有审查投标单位资质的能力；

⑤有组织开标、评标、定标的能力。

2）招标代理机构的资质条件（见单元三）

3）招标范围的法律规定

《招标投标法》规定，实施工程项目建设，包括项目的勘察、设计、施工、监理以及与工程建设有关的重要设备、材料等的采购，必须进行招标，其范围包括如下。

（1）大型基础设施、公用事业等关系社会公共利益、公众安全的项目。

（2）全部或者部分使用国有资金投资或者国家融资的项目。全部或者部分使用国有资金投资或者国家融资的项目情况比较复杂，包括以下几种情形：

①使用财政资金的项目；

②使用政策性银行贷款的项目；

③通过发行建设债券融资的项目。

（3）使用国际组织或者外国政府贷款、援助资金的项目。

以上范围的具体细目由国务院有关部门制定。

4）招标投标活动应遵循的原则

《招标投标法》规定："招标投标活动应当遵循公开、公平、公正和诚实信用的原则。"

（1）公开原则。公开原则是指招标投标的程序要有透明度，招标人应当将招标信息公布于众，以招引投标人作出积极反应。

（2）公平原则。公平原则是指所有投标人在招标投标活动中机会都是平等的，享有同等的权利，招标人对所有投标人要一视同仁，不得歧视任何投标人。

（3）公正原则。公正原则是指要求招标人按照事先公布的条件和标准对待各位投标人。

（4）诚实信用原则。诚实信用原则是市场经济交易当事人应当严格遵循的道德准则。《招标投标法》规定的诚实信用原则，要求招标投标活动当事人必须具有诚实、守信、善意的心理状况；要求当事人在招标投标活动中，应当实事求是，忠于事实真相，不得欺骗他人，损人利己。

5）招标投标活动的行政监督管理

行政监督管理是指国家行政机关和行使行政管理权的单位，对所监督的对象执行法律、法规、行政决定的情况进行调查、统计、监察、督促并提出处理意见的行政行为。

《招标投标法》规定："招标投标活动及其当事人应当接受依法实施的监督。""有关行政监督部门依法对招标投标活动实施监督，依法查处招标投标活动中的违法行为。"并且还规定了有关行政监督部门应接受投标人和其他利害关系人的有关投诉等，从而使招标投标活动有章可循、有法可依。

国务院以及省、自治区、直辖市和计划单列市的有关行业管理部门负责监督其各自管辖范围内的单位及项目的招标投标活动，其主要职责如下。

（1）执行关于招标投标的政策、法律和规定。

(2)制定相关的监督方法和程序。

(3)监督和指导招标投标活动。

(4)宣传关于招标活动的信息并协调招投标工作。

(5)对招标投标活动中的违法行为进行查处。

(五)建筑工程投标法规

投标人是指响应招标、参加投标竞争的法人或者其他组织。所谓响应招标,主要是指投标人对招标人在招标文件中提出的实质性要求和条件作出响应。《招标投标法》把投标人限制在法人和其他组织的范围内。

《招标投标法》规定:"投标人不得相互串通投标报价,不得排挤其他投标人的公平竞争,损害招标人或者其他投标人的合法权益。"还规定:"投标人不得与招标人串通投标,损害国家利益、社会公共利益或者他人的合法权益。"这两款明确规定了投标人之间、投标人与招标人之间不得串通投标。

1. 投标人之间在招标投标活动中不得串通投标

1)投标人串通投标行为的构成要件

(1)从主体上看,行为人是投标人,且行为人是两人或两人以上。

(2)从主观上看,行为人是故意的,即具有希望相互串通改变投标报价的故意。

(3)从后果上看,投标人的行为可抬高或者压低报价。

2)投标人串通投标行为的类型

(1)投标人之间相互约定,一致抬高或压低投标报价。

(2)投标人之间相互约定,在类似招标项目中轮流以高价位或者低价位中标。

(3)投标人之间就投标报价之外的其他事项进行串通,以排挤其他竞争对手。

(4)其他损害招标人利益或者社会公共利益的行为。

2. 投标人与招标人之间不得串通投标

1)投标人与招标人之间串通投标行为的构成要件

(1)从主体上看,行为主体是招标人和与招标人串通的投标人。

(2)从主观上看,招标人和投标人是故意实施串通投标的。

(3)从后果上看,投标人与招标人之间串通投标行为损害国家利益、社会公共利益或他人合法权益。

2)投标人与招标人之间串通投标行为的类型

(1)擅自开启投标文件,获取其他投标人的报价或者其他投标条件信息。

(2)非法获取或者泄露招标项目的标底等不公开的信息。

(3)通过贿赂等不正当手段,在审查、评选投标文件时,对同样的投标文件实行区别对待。

(4)招标人在要求投标人就其投标文件澄清事项时,故意作引导性提问,以促使与其勾结的投标人中标。

(5)投标人与中标人商定在公开投标时压低标价,中标后再给投标人部分额外补偿。

(6)在招标投标过程中招标人与投标人的其他串通投标、营私舞弊的行为。

3)投标人不得以行贿的手段谋取中标

《招标投标法》规定:"禁止投标人以向招标人或者评标委员会成员行贿的手段谋取中

标。”投标人以行贿手段谋取中标是违背招标投标活动基本原则的行为，对其他投标人也是不公平的，应当按照《招标投标法》的“法律责任”中的规定追究其法律责任。

4）投标人不得以低于成本的报价竞标和骗取中标

（1）投标人以低于成本的报价竞标，其目的是为了排挤竞争对手，满足招标人的最低价中标的愿望而中标，从而达到占领或扩大市场份额的目的。《招标投标法》规定，投标人以低于成本的报价竞标的竞争手段是不允许的。

（2）投标人不得以他人名义投标或者以其他方式弄虚作假、骗取中标。

（六）建筑工程评标法规

建筑工程招投标程序中的后期工作就是评标、定标与签订合同。评标标准应事先在招标文件中约定，确定中标单位发放中标通知书后，应该在规定时间内签订合同。

1. 评标概述

评标是指评标委员会根据招标文件规定的评标标准和方法，对投标人递交的投标文件进行审查、比较、分析和评判，以确定中标候选人或直接确定中标人的过程。

国家发展计划委员会根据 2013 年 4 月修订版《评标委员会和评标方法暂行规定》中的有关规定，其中指出评标活动应遵循公平、公正、科学、择优的原则。评标活动依法进行，任何单位和个人不得非法干预或者影响评标过程和结果。

1）客观公正，科学合理

对投标文件的评价、比较和分析，要客观公正，不以主观好恶为标准，不带成见，真正在投标文件的响应性、技术性、经济性等方面客观地评定其差别和优劣。

2）实事求是，择优定标

对投标文件的评审，要从实际出发，尊重现实，实事求是。评标定标活动既要全面，也要有重点，不能泛泛进行。招标评标办法可根据具体情况，侧重于工期或价格、质量、信誉等一两个重点，在全面评审的基础上做合理取舍。

施工评标定标的主要原则包括：标价合理、工期适当、施工方案科学合理，施工技术先进，质量、工期、安全保证措施切实可行，有良好的施工业绩和社会信誉。

2. 评标组织的形式

评标组织由招标人的代表和有关经济、技术等方面的专家组成，其具体形式为评标委员会。

1）设立评标委员会的法规依据

《招标投标法》明确规定：评标委员会由招标人负责组建，评标委员会成员名单一般应于开标前确定。评标委员会成员名单在中标结果确定前应当保密。

《评标委员会和评标方法暂行规定》规定：依法必须进行施工招标的工程，其评标委员会由招标人的代表和有关技术、经济等方面的专家组成，成员人数为 5 人以上的单数，其中招标人、招标代理机构以外的技术、经济等方面专家不得少于成员总数的 2/3。评标委员会的专家成员，应当由招标人从建设行政主管部门及其他有关政府部门确定的专家名册或者工程招标代理机构的专家库内相关专业的专家名单中确定。确定专家成员一般应当采取随机抽取的方式，特殊招标项目可以由招标人直接确定。与投标人有利害关系的人不得进入相关工程的评标委员会。

国家发展计划委员会制定的自 2003 年 4 月 1 日起实施的《评标专家和评标专家库管理

暂行办法》作出了组建评标专家库的规定,指出:评标专家库由省级(含,下同)以上人民政府有关部门或者依法成立的招标代理机构依照《招标投标法》的规定自主组建。

评标专家库的组建活动应当公开,接受公众监督。政府投资项目的评标专家,必须从政府有关部门组建的评标专家库中抽取。省级以上人民政府有关部门组建评标专家库,应当有利于打破地区封锁,实现评标专家资源共享。入选评标专家库的专家,必须具备如下条件。

(1)从事相关专业领域工作满8年并具有高级职称或同等专业水平。

(2)熟悉有关招标投标的法律法规。

(3)能够认真、公正、诚实、廉洁地履行职责。

(4)身体健康,能够承担评标工作。

(5)法规规章规定的其他条件。

《评标委员会和评标方法暂行规定》规定,评标委员应了解和熟悉以下内容:招标的目标;招标项目的范围和性质;招标文件中规定的主要技术要求、标准和商务条款;招标文件规定的评标标准、评标方法和在评标过程中考虑的相关因素。

2)评标委员会的工作原则

(1)推荐招标文件规定数量的中标候选人,并标明排名次序。

(2)根据招标人的授权,直接确定中标人。

(3)建议招标人重新招标。

3. 评标方法

房屋建筑及市政基础设施工程施工招标评标方法一般分为综合评估法和经评审的最低投标价法两大类。(详见:(九)招投标配套法规——常用评标办法)

《招标投标法》第四十一条所规定的中标的投标文件应该具备下列条件之一。

(1)能够最大限度地满足招标文件中规定的各项综合评价标准。

(2)能够满足招标文件的实质性要求,并且经评审的投标价格最低。

两类评标办法都必须遵守"投标价格低于成本的除外"之规定。

1)综合评估法

(1)综合评估法的主要特征。综合评估法是以投标文件能否最大限度地满足招标文件规定的各项综合评价标准为前提,在全面评审商务标、技术标、综合标等内容的基础上,评判投标人关于具体招标项目的技术、施工、管理难点把握的准确程度、技术措施采用的恰当和适用程度、管理资源投入的合理及充分程度等。一般采用量化评分的办法,商务部分不得低于60%,技术部分不得高于40%,综合投标价格、施工方案、进度安排、生产资源投入、企业实力和业绩、项目经理等各项因素的评分,按最终得分的高低确定中标候选人排序,原则上综合得分最高的投标人为中标人。

(2)综合评估法的适用范围。综合评估法强调的是最大限度地满足招标文件的各项要求,将技术和经济因素综合在一起决定投标文件质量优劣,不仅强调价格因素,也强调技术因素和综合实力因素。综合评估法一般适用于招标人对招标项目的技术、性能有特殊要求的招标项目。同时,也适用于建设规模较大,履约工期较长,技术复杂,质量、工期和成本受不同施工方案影响较大,工程管理要求较高的工程项目的招标的评标。

2)经评审的最低投标价法

(1)经评审的最低投标价法的主要特征。评审的内容基本上与综合评估法一致,是以投标文件是否能完全满足招标文件的实质性要求和投标报价是否低于成本价为大前提,以经评审的、不低于成本的最低投标价为标准,由低向高排序而确定中标候选人。技术部分一般采用合格制评审的方法,在技术部分满足招标文件要求的基础上,最终以投标价格作为决定中标人的唯一因素。

(2)经评审的最低投标价法的适用范围。经评审的最低投标价法强调的是优惠而合理的价格。适用于具有通用技术、性能标准或者招标人对其技术、性能没有特殊要求、工期较短、质量、工期、成本受不同施工方案影响较小,工程管理要求一般的施工招标的评标。

4. 评标的程序

1)初步评审

初步评审为符合性评审,主要是包括检验投标文件的符合性和核对投标报价,确保投标文件响应招标文件的要求,剔除法律法规所规定的废标。

(1)投标文件有下述情形之一的,属重大投标偏差,或被认为没有对招标文件作出实质性响应。评标委员会应当根据招标文件,审查并逐项列出投标文件的全部投标偏差。投标文件存在重大偏差时,按废标来处理。下列情况属于重大偏差:

①没有按照招标文件要求提供投标担保或者所提供的投标担保有瑕疵;

②投标文件没有投标人授权代表签字和加盖公章;

③投标文件载明的招标项目完成期限超过招标文件规定的期限;

④明显不符合技术规格、技术标准的要求;

⑤投标文件载明的货物包装方式、检验标准和方法等不符合招标文件的要求;

⑥投标文件附有招标人不能接受的条件;

⑦不符合招标文件中规定的其他实质性要求。

招标文件对重大偏差另有规定的,从其规定。

(2)关于投标人的报价明显低于其他投标报价等的规定。《评标委员会和评标方法暂行规定》中规定:在评标过程中,评标委员会发现投标人的报价明显低于其他投标报价或者在设有标底时明显低于标底,使得其投标报价可能低于其个别成本的,应当要求该投标人作出书面说明并提供相关证明材料。投标人不能合理说明或者不能提供相关证明材料的,由评标委员会认定该投标人以低于成本报价竞标,其投标应作废标处理。

(3)投标人资格条件不符合国家有关规定和招标文件要求的,或者拒不按照要求对投标文件进行澄清、说明或者补正的,评标委员会可以否决其投标。

(4)评标委员会应当审查每一个投标文件是否对招标文件提出的所有实质性要求和条件作出响应。未能在实质上响应的投标,应作废标处理。

初步评审的具体内容主要包括下列4项。

(1)投标书的有效性。审查投标人是否与资格预审名单一致;递交的投标保函的金额和有效期是否符合招标文件的规定;如果以标底衡量有效标时,投标报价是否在规定的标底上下百分比幅度范围内。

(2)投标书的完整性。投标书是否包括了招标文件规定应递交的全部文件。例如,除报价单外,是否按要求提交了工作进度计划表、施工方案、合同付款计划表、主要施工设备清单等招标文件中要求的所有材料。如果缺少一项内容,则无法进行客观公正的评价,则该投标书只能按废标处理。

(3)投标书与招标文件的一致性。如果招标文件指明是反应标,则投标书必须严格地对招标文件的每一空白格作出回答,不得有任何修改或附带条件。如果投标人对任何栏目的规定有说明要求时,只能在原标书完全应答的基础上,以投标致函的方式另行提出自己的建议。对原标书私自作修改或用括号注明条件,都将与招标人的招标要求不一致或违背,也按废标来处理。

(4)标价计算的正确性。由于只是初步评审,不详细研究各项目报价金额是否合理、准确,而仅审核是否有计算统计错误。若出现的错误在规定的允许范围内,则可由评标委员会予以改正,并请投标人签字确认。若投标人拒绝改正,不仅要按废标处理,而且按投标人违约对待。当错误值超过允许范围时,按废标对待。修改报价统计错误的原则如下:

①如果数字表示的金额与文字表示的金额有出入时,以文字表示的金额为准;

②如果单价和数量的乘积与总价不一致,要以单价为准,若属于明显的小数点错误,则以标书的总价为准;

③副本与正本不一致,以正本为准。

经过审查,只有合格的标书才有资格进入下一轮的详细评审。对合格的标书,再按报价由低到高重新排列名次。因为排除了一些废标和对报价错误进行了某些修正,这个名次可能和开标时的名次排列不一致。一般情况下,评标委员会将把新名单中的前几名作为初步备选的潜在中标人,并在详细评审阶段将他们作为重点评价的对象。

2)详细评审

详细评审的内容一般包括以下5个方面(如果未进行资格预审,则在评标时同时进行资格审查)。

(1)价格分析。价格分析不仅要对各标书的报价数额进行比较,还要对主要工作内容和主要工程量的单价进行分析,并对价格组成各部分比例的合理性进行评价。分析投标价的目的在于鉴定各投标价的合理性。

①报价构成分析。用标底价与标书中各单项合计价、各分项工程的单价以及总价进行比照分析,对差异比较大的地方找出其产生的原因,从而评定报价是否合理。

②计日工报价分析。分析投标报价时难以明确计量的工程量以及计日工报价的机械台班费和人工费单价的合理性。

③分析不平衡报价的变化幅度。虽然允许投标人为了解决前期施工中资金流通的困难采用不平衡报价法投标,但不允许有严重的不平衡报价,否则会大大提高前期工程的付款要求。

④资金流量的比较和分析。审查所列数据的依据,进一步复核投标人的财务实力和资信可靠程度;审查其支付计划中预付款和滞留金的安排与招标文件是否一致;分析投标人资金流量和其施工进度之间的相互关系;分析招标人资金流量的合理性。

⑤分析投标人提出的财务或付款方面的建议和优惠条件,如延期付款、垫资承包等,并估计接受其建议的利弊,特别是接受财务方面建议后可能导致的风险。

(2)技术评审。技术评审主要是对投标人的实施方案进行评定,包括以下内容。

①施工总体布置。着重评审布置的合理性。对分阶段实施还应评审各阶段之间的衔接

方式是否合适,以及如何避免与其他承包人之间(如果有的话)发生作业干扰。

②施工进度计划。首先要看进度计划是否满足招标要求,进而再评价其是否科学和严谨,以及是否切实可行。招标人有阶段工期要求的工程项目对里程碑工期的实现也要进行评价。评审时要依据施工方案中计划配置的施工设备、生产能力、材料供应、劳务安排、自然条件、工程量大小等诸因素,将重点放在审查作业循环和施工组织是否满足施工高峰月的强度要求,从而确定其总进度计划是否建立在可靠的基础上。

③施工方法和技术措施。主要评审各单项工程所采取的方法、程序技术与组织措施。包括所配备的施工设备性能是否合适、数量是否充分;采用的施工方法是否既能保证工程质量,又能加快进度并减少干扰;安全保证措施是否可靠等。

④材料和设备。规定由承包人提供或采购的材料和设备,是否在质量和性能方面满足设计要求和招标文件中的标准。必要时可要求投标人进一步报送主要材料和设备的样本、技术说明书或型号、规格、地址等资料,评审人员可以从这些材料中审查和判断其技术性能是否可靠和达到设计要求。

⑤技术建议和替代方案。对投标书中提出的技术建议和可供选择的替代方案,评标委员会应进行认真细致的研究,评定该方案是否会影响工程的技术性能和质量,在分析技术建议和替代方案的可行性和技术经济价值后,考虑是否可以全部采纳或部分采纳。

(3)管理和技术能力的评价。管理和技术能力的评价重点放在承包人实施工程的具体组织机构和施工鼓励的保障措施方面,即对主要施工方法、施工设备以及施工进度进行评审,对所列施工设备清单进行审核。审查投标人拟投入到本工程的施工设备数是否符合施工进度要求,以及施工方法是否先进、合理,是否满足招标文件的要求,目前缺少的设备是采用购置还是租赁的方法来解决等。此外,还要对承包人拥有的施工机具在其他工程项目上的使用情况进行分析,预测能转移到本工程上的时间和数量,是否与进度计划的需求量相一致;重点审查投标人所提出的质量保证体系的方案、措施等是否能满足本工程的要求。

(4)对拟派该项目主要管理人员和技术人员的评价。要拥有一定数量有资质、有丰富工作经验的管理人员和技术人员。

对投标人的经历和财力,在资格预审时已通过,一般不作为评比条件。

(5)商务标法律评审。这部分是对招标文件的响应性检查,主要包括以下内容:

①投标书与招标文件是否有重大实质性偏离,投标人是否愿意承担合同约定的全部义务;

②合同文件某些条款修改建议的采用价值。

③审查商务优惠条件的实用价值。

在评标过程中,如果发现投标人在投标文件中存在没有阐述清楚的地方,一般可召开澄清会议,由评标委员会提出问题,要求投标人提交书面正式答复。澄清问题的书面文件不允许对原投标书作出实质上的修改,也不允许变更报价,因为《招标投标法》第29条规定,投标人只能在提交投标文件的截止日期前才可对招标文件进行修改和补充。

《工程建设施工招标投标管理办法》规定在有下列情形时,评标委员会可以要求投标人作出书面说明并提供相关材料:设有标底的,投标报价低于标底合理幅度的;不设标底的,投标报价明显低于其他投标报价,有可能低于其企业成本的。

经评标委员会论证,认定该投标人的报价低于其企业成本的,不能推荐为中标候选人或者中标人。

5. 评标报告

根据《招标投标法》第40条和《评标委员会和评标方法暂行规定》，评标委员会完成评标后，应向招标人提出书面评标报告。评标报告应当如实记载以下内容：①基本情况和数据表；②评标委员会成员名单；③开标记录；④符合要求的投标人一览表；⑤废标情况说明；⑥评标标准、评标方法或者评标因素一览表；⑦经评审的价格或者评分比较一览表；⑧经评审的投标人排序；⑨推荐的中标候选人名单与签订合同前要处理的事宜；⑩澄清、说明、补正事项纪要。

评标报告由评标委员会全体成员签字。评标委员会成员拒绝在评标报告上签字且不陈述其不同意见和理由的，视为同意评标结论。

6. 关于禁止串标的有关规定

我国的《建筑法》、《招标投标法》、《评标委员会和评标方法暂行规定》、《工程建设项目施工招标投标办法》都有禁止串标的有关规定。其中，《招标投标法》第32条指出："投标人不得相互串通投标报价，不得排挤其他投标人的公平竞争，损害招标人或者其他投标人的合法权益。投标人不得与招标人串通投标，损害国家利益、社会公共利益或者他人的合法权益。禁止投标人以向招标人或者评标委员会成员行贿的手段谋取中标。"《招投标法》第33条指出："投标人不得以低于成本的报价竞标，也不得以他人名义投标或者以其他方式弄虚作假，骗取中标。"对于禁止串标的详细规定如下。

(1)《工程建设项目施工招标投标办法》第47条规定下列行为均属招标人与投标人串通投标：

①招标人在开标前开启投标文件，并将投标情况告知其他投标人，或者协助投标人撤换投标文件，更改报价；

②招标人向投标人泄露标底；

③招标人与投标人商定，投标时压低或抬高标价，中标后再给投标人或招标人额外补偿；

④招标人预先内定中标人；

⑤其他串通投标行为。

(2)1998年1月6日实施的国家工商局依据《中华人民共和国反不正当竞争法》的有关规定制定的《关于禁止串通招标投标行为的暂行规定》第3条指出，投标者不得违反《反不正当竞争法》第15条第1款的规定，实施下列串通投标行为：

①投标者之间相互约定，一致抬高或者压低投标报价；

②投标者之间相互约定，在招标项目中轮流以高价位或者低价位中标；

③投标者之间先进行内部竞价，内定中标人，然后再参加投标；

④投标者之间的其他串通投标行为。

(3)《关于禁止串通招标投标行为的暂行规定》第4条又规定，投标者和招标者不得违反《反不正当竞争法》第15条第2款的规定进行相互勾结，实施下列排挤竞争对手的不公平竞争行为：

①招标者在公开开标前开启标书，并将投标情况告知其他投标者，或者协助投标者撤换标书，更改报价；

②招标者向投标者泄露标底；

③投标者与招标者商定，在招标投标时压低或者抬高标价，中标后再给投标者或者招标者额外补偿；

④招标者预先内定中标者，在确定中标者时以此决定取舍；

⑤招标者和投标者之间其他串通招标投标行为。

在评标过程中，评标委员会发现投标人以他人的名义投标、串通投标、以行贿手段谋取中标或者以其他弄虚作假方式投标的，该投标人的投标应作废标处理。

（七）建筑工程定标法规

1. 定标

定标是指招标人以评标委员会提出的书面报告为依据，对评标委员会推荐的中标候选人进行比较，从中择优确定中标人的过程。

评标委员会推荐的中标候选人应当限定 2 至 3 个，并标明排列顺序。招标人应当接受评标委员会推荐的中标候选人，不得在评标委员会推荐的中标候选人之外确定中标人。依法必须招标的工程项目，招标人应当按照评标委员会推荐的中标候选人排序确定中标人。当确定的中标人放弃中标或者因不可抗力不能履行合同的，招标人可以依序确定其他中标候选人为中标人。

招标人可以授权评标委员会直接确定中标人。

经评标委员会论证，认定该投标人的报价低于其企业成本的，不能推荐为中标候选人或者中标人。

评标委员会经评审，认为所有投标都不符合招标文件要求的，可以否决所有投标。依法必须进行招标的项目所有投标被否决的，招标人应当按照《招标投标法》重新招标。重新招标后投标人少于 3 个的，属于必须审批的工程建设项目，报经原审批部门批准后可以不再进行招标；其他工程项目，招标人可自行决定不再进行招标。

2. 中标通知书

中标人确定后，招标人应当向中标人发出中标通知书，并同时将中标结果通知所有未中标的投标人。中标通知书对招标人和中标人具有法律效力。中标通知书发出后，招标人改变中标结果，或者中标人放弃中标项目的，都应当依法承担法律责任。

3. 签订工程合同

招标人和中标人应当自中标通知书发出之日起 30 日内，按照招标文件和中标人的投标文件签订书面合同。招标人和中标人不得再行签订背离合同实质性内容的其他协议。

招标人与中标人签订合同后 5 个工作日内，应当向中标人和未中标的投标人退还投标保证金。

4. 招标投标的备案

依法必须进行公开招标的项目，招标人应当自发出中标通知书之日起 15 日内，向有关行政监督部门提交招标投标情况的书面报告。

（八）建筑工程招投标法律责任

1. 违反《招标投标法》的法律责任

招标投标活动必须依法实施，任何违法行为都要承担相应的法律责任。《招标投标法》在“法律责任”一章中明确规定应承担违法责任的情况如下。

1)招标人的责任

(1)必须进行招标的项目不招标,将项目化整为零或以其他任何方式规避招标的,责令限期改正,可以处以项目合同金额0.5%以上1%以下的罚款;对全部或部分使用国有资金的项目,可以暂停执行或者暂停资金拨付;对单位直接负责的主管人员和其他直接责任人员依法给予处分。

(2)以不合理条件限制或排斥潜在投标人,对潜在投标人实行歧视性待遇,强制投标人组成联合体共同投标,或者限制投标人之间竞争的,责令改正,可以处1万元以上5万元以下的罚款。

(3)向他人透露已获取招标文件潜在投标人的名称、数量或者可能影响公平竞争的有关其他情况,或者泄露标底的,给予警告,可以并处1万元以上10万元以下的罚款;对单位直接负责的主管人员和其他直接责任人员依法给予处分;构成犯罪的,依法追究刑事责任。如果影响中标结果,中标无效。

(4)违反《招标投标法》规定的定标程序,与投标人就投标价格、投标方案等实质性内容进行谈判的,给予警告,对单位直接负责的主管人员和其他直接责任人员依法给予处分。如果影响中标结果,中标无效。

(5)在评标委员会依法推荐的中标候选人之外确定中标人,依法必须进行招标项目在所有投标被评标委员会否决后自行确定中标人的,中标无效,责令改正,可以处中标项目金额0.5%以上1%以下的罚款。

2)投标人的责任

(1)投标人相互串通投标或与招标人串通投标,投标人以向招标人或评标委员会成员行贿的手段谋取中标的,中标无效,处中标项目金额0.5%以上1%以下的罚款;对单位直接负责的主管人员和其他直接责任人员处单位罚款数额5%以上10%以下的罚款;有违法所得的,并处没收违法所得;情节严重的,取消1~2年内参加依法必须进行招标的项目的投标资格并予以公告,直至吊销营业执照;构成犯罪的,依法追究刑事责任;给他人造成损失的,依法承担赔偿责任。

(2)以他人名义投标或以其他方式弄虚作假骗取中标的,中标无效,给招标人造成经济损失的,依法承担赔偿责任;构成犯罪的,依法追究刑事责任。

(3)将中标项目转让给他人,将中标项目肢解后分别转让给他人,将中标项目的部分主体、关键性工作分包给他人,或分包人再次分包的,转让、分包无效,处转让、分包项目金额0.5%以上1%以下的罚款;有违法所得的,并处没收违法所得;可以责令停业整顿,情节严重的,由工商行政管理机关吊销营业执照。

(4)中标人不履行与招标人订立的合同,履约保证金不予退还,给招标人造成的损失超过履约保证金数额的,还应当对超过部分予以赔偿;没有提供履约保证金的,应当对招标人的损失承担赔偿责任。不按照与招标人订立的合同履行义务情节严重的,取消其2~5年内参加依法必须进行招标项目的投标资格并予以公告,直至由工商行政管理机关吊销营业执照。

3)其他相关人的责任

(1)招标代理机构泄露应当保密的与招标投标活动有关情况和资料的,或者与招标人、投标人串通损害国家利益、社会公共利益或他人合法权益的,处以5万元以上25万元以下的罚款；对单位直接负责的主管人员或其他直接责任人员处单位罚款数额5%以上10%以下的罚款；有违法所得的，并处没收违法所得；情节严重的，暂停直至取消招标代理资格；构成犯罪的，依法追究刑事责任。如果影响中标结果，中标无效。

（2）评标委员会成员接受投标人的财物或其他好处，评委或参加评标的有关工作人员向他人透露对投标文件的评审和比较、中标候选人的推荐以及与评标有关的其他情况的，给予警告，没收收受的财物，并处3 000元以上5万元以下的罚款；对有上述违法行为的评标委员会成员取消担任评标委员的资格，不得再参加任何依法必须进行招标的项目评标；构成犯罪的，依法追究刑事责任。

（3）任何单位违反《招标投标法》的规定，限制或排斥本地区、本系统以外的法人或其他组织投标，为招标人指定招标代理机构，强制招标人委托招标代理机构办理招标事宜，或以其他方式干涉招标投标活动的，对单位直接的主管人员和其他直接责任人员依法给予警告、记过、记大过的处分。情节较重的，依法给予降级、撤职、开除的处分。个人利用职权进行上述违法行为的，依照上述规定追究责任。

（4）对招标投标活动依法负有行政监督职责的国家机关工作人员徇私舞弊、滥用职权或玩忽职守，构成犯罪的，依法追究刑事责任；不构成犯罪的，依法给予行政处分。

另外，《招标投标法》第六十四条规定，依法必须进行招标的项目违反本法规定，中标无效的，应当依据中标条件从其余投标人中重新确定中标人或重新进行招标。

4）相关单位的法律责任

（1）任何单位违反《招标投标法》规定，限制或者排斥本地区、本系统以外的法人或者其他组织参加投标的，为招标人指定招标代理机构的，强制招标人委托招标代理机构办理招标事宜的，或者以其他方式干涉招标投标活动的，责令改正；对单位直接负责的主管人员和其他直接责任人员依法给予警告、记过、记大过的处分，情节较重的，依法给予降级、撤职、开除的处分。个人利用职务进行前款违法行为的，依照前款规定追究责任。

（2）对招标投标活动依法负有行政监督职责的国家机关工作人员徇私舞弊、滥用职权或者玩忽职守，构成犯罪的，依法追究刑事责任；不构成犯罪的，依法给予行政处分。

（3）依法必须进行招标的项目违反本法规定，中标无效的，应当依照《招标投标法》规定的中标条件从其余投标人中重新确定中标人或者依照《招标投标法》重新进行招标。

（九）招投标配套法规——常用评标办法

建筑工程评标方法有很多种，我国目前常用的评标办法有经评审的最低投标价法、综合评估法等。根据评标办法中设立的评价指标，可以对其进行定性评价、定量评价或定性、定量相结合进行评价。为了避免主观因素造成评价的差异，一般应考虑对指标的评价采用定量方法进行评价。

1. 经评审的最低投标价法

1）经评审的最低投标价法的含义

经评审的最低投标价法，是指能够满足招标文件的实质性要求，并经评审的投标价最低（低于成本的除外）的投标应推荐为中标人的方法。这种方法在比较投标价格时必须考虑一些修正因素，将这些因素折算成价格，然后依此价格评定投标书的次序，确定次序中价格最低的投标为中标候选人。采用这种方法的前提是，投标人必须满足招标文件规定的技术要求和标准，通过了资格预审，具有质量保证的可靠基础。

2）适用范围

经评审的最低投标价法的适用范围是具有通用技术、性能标准或者招标人对于其技术、性能没有特殊要求的普通招标项目，如一般住宅工程的施工项目。

此方法最能体现招投标宗旨，招标人可获得最为经济的投标，投标人可靠竞争优势获得承包任务。而且经评审的最低投标价只有一个，无充分理由否定，则应由他中标。因此可抑制人为因素的影响，并可在制度上铲除腐败的根源。

3）具体方法的应用

一般是在评审过程中以该投标书的报价为基准，将预先的报价之外需要评定要素按预先规定的折算办法换算成货币价值，按照投标书对招标人有利或不利的原则，在其报价上扣减或增加一定金额，最终构成一个评标价格，评标价格最低的投标书为最优投标书。

由于评审比较内容中有些项目直接用价格表示，但也有某些要素的基本单位不是价格，如投标工期等，所以需要用一定的方法将其折算为价格，以便在投标价上予以增减。可以折算成价格的评审要素包括以下几项。

（1）投标书承诺的工期提前给项目带来的超前收益，以月为单位按预定计算规则折算为相应的货币值，从该投标人的报价内扣减此值。

（2）实施过程中必然发生而投标书中又属明显漏项部分，给予相应的补项，增加到报价上去。如施工现场所在地必须缴纳的某些地方税在报价中未包括，而在工程施工过程中一定会发生且将作为施工成本出现，则应把此笔费用加到报价中，以评定投标人漏报这笔费用在实施过程中可能会给发包人带来的风险。

（3）技术建议可能带来的实际经济效益，按一定的比例折算后，在投标价内减去该值。

（4）投标书内提出的优惠条件可能给招标人带来的好处，以开标日为准，按一定的方法折算后，作为评审价格因素之一。如招标文件中说明工程预付款为合同价的20%，投标人在投标书内承诺只要求发包方支付15%的工程预付款，这样对于发包人就减少了5%预付款的银行贷款利息，也可以按一定的方法或比例折算为若干费用从报价中减去。

（5）其他可以折算为价格的要素，如考虑对国内投标人的优惠等。

根据经评审的最低投标价法完成详细评审后，评标委员会应当拟定一份“标价比较表”，连同书面评标报告提交招标人。“标价比较表”应当载明投标人的投标报价、对商务偏差的价格调整和说明以及经评审的最终投标价。

2. 综合评估法

1）含义

综合评估法是指将评审内容分类后分别赋予不同权重，评标委员会根据评分标准对各类内容进行相应打分，最后计算的累计分值反映投标人的综合水平，以得分最高的投标书为最优。这种方法需要评分的内容涉及面宽，可以全面衡量投标人实施招标项目的综合能力。

大型复杂工程的评分标准最好设置几级评分目标，以利于评委控制打分标准，减小随意性。评分的指标体系及权重应根据招标工程项目特点设定。

2）比较内容和标准的设定

（1）技术标和商务标标准分值和权重的设定。较为简单的工程项目由于评比要素相对较少，通常采用百分制法评标，但应预先设定技术标和商务标的满分值；大型工程的评审要素较多，简单的百分制法不能满足要求，所以通常将评审要素划分为几大类并分别给予不同的权重，每一类再采用百分制计分。技术部分和商务部分分值的分配比例，应按照工程项目的特点和招标人对投标人要求不同具体设定。如普通工程项目，一般将商务部分的分值比例定得较高（如70%～90%）；而大型复杂的工程，则应更强调技术标的质量，降低商务标分值的比例。

（2）评审要素的设定。为了能够对各投标书进行客观公正的比较，应合理地选择对招标工程有较大影响的要素进行比较，既不要过于简单，以免使条件不是最优的投标人中标，也不应过于繁多，导致评审比较的重点不够突出。

为了保证评标委员之间主观评审的差异不致过大，分值的分配范围应有细化标准。

3）具体评分办法的应用

考虑报价部分的比较，按照评分基准不同，可以划分为用标底作为衡量基准、用修正标底值作为衡量基准和不用标底而考虑投标人报价水平计算衡量基准三大类。

（1）以标底作为标准值计算报价得分的综合评分法。评标委员会首先用标底作为衡量标准，以预先确定的允许报价浮动范围（如偏离标底上5%下7%）筛选入围的有效投标，然后按照评标规则计算各项得分，最后以累计得分比较投标书的优劣。应注意，若某投标书的总分较高，但其中一项得分低于该项及格分时，也应充分考虑授标给此投标人在实施过程中可能发生的风险。

（2）以修正标底值作为报价评分衡量标准的综合评分法。以标底作为报价评定标准时，有可能因编制的标底没有反映出较为先进的施工技术水平和管理水平，导致报价分的评定不合理。为了弥补这一缺陷，采用标底的修正值作为衡量标准。它是将投标人报价的平均水平与标底进行综合考虑的一种方法，也称为$A+B$法，A值为投标人报价的平均值，既可以是简单算术平均值，也可以是加权平均值，B值为标底。具体步骤如下。

①淘汰报价不合格的投标书。

◆ 计算经过审查认为可以接受的各投标书报价的算术平均值，以这个平均值考察报价的平均水平；

◆ 将各投标报价平均值与标底再做算术平均；

◆ 以各投标报价平均值与标底再次做的算术平均值为中心，按预先确定的允许浮动范围确定入围的有效投标书。此范围作为第一次对报价合理性的判断标准，将所有投标人分成高于和低于此值的两类，超过设定范围的投标书将被认为报价不合理，予以淘汰。

②计算报价项的评分基准。

◆ 计算所有入围有效标书报价的平均值A：低于标底入围报价的平均值为X，加权系数为α，高于标底入围报价的平均值为Y，加权系数为β，则$A=\alpha X+\beta Y$，式中α的取值建议在0.3～0.7范围内，且应满足$\alpha+\beta=1$。

◆ 以标底为B；

◆ 最佳分点$=\zeta A+\eta B$，式中ζ的取值建议在0.35～0.65范围内，且应满足$\zeta+\eta=1$。

③计算有效投标书报价项的得分。

◆ 以评分基准为标准，再将入围标书分成高于和低于此值的两类。

◆ 依据评标规则确定的计算方法，按报价与标准的偏离度计算各投标书的该项得分。

目前在国内工程的施工招标评审过程中，为了减少评标的计算工作量经常将第一步简化，以标底为基数用某一预定浮动范围（如上5%下7%）直接作为入围投标书的衡量标准。

(3)不用标底衡量的综合评分法。前两种方法在商务评标过程中对报价部分的评审都以预先设定的标底作为衡量条件,如果标底编制不够合理,有可能对某些投标书的报价评分不公平。为了鼓励投标人的报价竞争,可以不预先制定标底,用反映投标人报价平均水平的某一值作为衡量基准评定各投标书的报价部分得分。但此种方法又不同于评标价法中鼓励低报价,而且仍然设置一个标准值,视报价与其偏离度的大小确定分值高低。采用较多的方法有如下两种。

(1)以最低报价为标准值。在所有投标书的报价中以报价最低者为标准,其他投标人的报价预先确定的偏离百分比计算相应得分。但应注意,最低的投标报价低于次低投标人的报价如果相差悬殊(如20%以上),则应首先考虑最低报价者是否有低于其企业成本的竞标,只有报价的费用组成合理,才可以作为标准值。

(2)以平均报价为标准值。开标后,首先计算各主要报价项的标准值。可以采用简单的算术平均值或平均值下浮某一预先规定的百分比作为标准值。标准值确定后,再按预先确定的规则,视各投标书的报价与标准值的偏离程度,计算各投标书的该项得分。

二、课堂实训

【案例讨论一】某单位办公楼工程实行公开招标,评标委员会共5人,该单位领导聘请了上级主管部门的两位领导来参加评标,同时请本单位刚从某大学建筑工程管理专业毕业的小王同志也参加评标。其余两个人为技术和经济专家。在确定并宣布中标单位后,被当地建设行政主管部门告知本次评标无效。

根据本案例,以5个人为一个小组,讨论以下的问题。

(1)根据《招标投标法》,评标委员会应该如何组成?

(2)为什么当地建设行政主管部门告知本次评标无效?

(3)评标委员会是否需要上级主管部门领导参加?为什么?

【案例讨论二】甲单位的某办公楼工程施工项目经过严格的招标程序后,决定乙施工单位为中标人,双方经过合同谈判后签订了施工合同。一周后,甲方以合同价过高为由,要求乙施工单位与其另行签订一份总价格下降5%的合同,乙施工单位无奈答应并签订了该合同。

根据本案例,以5个人为一个小组,讨论以下问题。

(1)根据《招标投标法》,合同价应该以什么价为依据?

(2)本案例是否可以根据《合同法》,用后面的合同否定前面的合同?

(3)按照当前的通用说法,前后两个合同各是什么性质的合同?

【案例讨论三】某工程项目的建设单位通过招标选择了一家具有相应资质的监理单位承担施工招标代理和施工阶段的监理工作,并在监理中标通知书发出后第45天,与该监理单位签订了委托监理合同。之后双方又另行签订了一份监理酬金比监理中标价降低10%的协议。在施工公开招标中,有A、B、C、D、E、F、G、H等施工单位报名投标,经监理单位资格预审均符合要求,但建设单位以A施工单位是外地企业为由不同意其参加投标,而监理单位坚持认为A施工单位有资格参加投标。

评标委员会由5人组成,其中当地建设行政管理部门的招投标管理办公室主任1人、建设单位代表1人、从政府提供的专家库中抽取的技术经济专家3人。评标时发现,B施工单位投标报价明显低于其他投标单位报价且未能合理说明理由;D施工单位投标报价大写金额小于小写金额;F 施工单位投标文件提供的检验标准和方法不符合招标文件的要求;H 施工单位投标文件中某分项工程的报价有个别漏项;其他施工单位的投标文件均符合招标文件要求。建设单位最终确定 G 施工单位中标,并按照《建筑工程施工合同(示范文本)》与该施工单位签订了施工合同。

根据本案例,以 5 个人为一个小组,讨论以下问题。

(1)指出建设单位在监理招标和委托监理合同签订过程中的不妥之处,并说明理由。

(2)在施工招标资格预审中,监理单位认为 A 施工单位有资格参加投标是否正确?说明理由。

(3)指出施工招标评标委员会组成的不妥之处,说明理由,并写出正确做法。

(4)判别 B、D、F、H 这 4 家施工单位的投标是否为有效标?说明理由。

三、知识拓展

串标、围标、陪标的含义

串标,顾名思义就是串通投标,它的含义有广义和狭义之分。广义上讲,串标即投标人为获取中标而互相串通,损害项目业主利益,或是投标人与发标人、代理机构互相串通,损害其他投标人或项目业主利益。串标是招投标领域常见的一种企图非法获取中标的手段和行为。狭义上讲,串标一般所指除围标外的串通投标,即排除围标现象的一般串通投标行为,包括投标人与招标人或招标代理机构之间串通,或两个以上投标人未达到围标的操纵强度与影响的合谋投标(有的学者将这种合谋投标称为不完全围标)。

围标是指几个投标人之间相互约定,一致抬高或压低投标报价进行投标,通过限制竞争,排挤其他投标人,使某个利益相关者中标,从而谋取利益的手段和行为。围标行为的发起者称为围标人,参与围标行为的投标人称为陪标人。围标是不成熟的建筑招投标市场发展到一定阶段所产生的。陪标不是一种独立的串通投标类型,其与围标相对应,和围标是参与人和发起人的关系。

狭义上的串标与围标处于平行关系,是同为串通投标的两种类型,即狭义串标加围标等于广义串通投标,通常所说的串标可理解为狭义串标。围标首先表现为串标,即围标以串标为基础又高于串标,围标是串标的发展和深化。

串标、围标、陪标等不正当竞争行为,都是通过不正当手段,排挤其他竞争者,以达到使某个利益相关者中标,从而谋取利益的目的。这种不正当竞争行为的存在,直接影响了招投标的健康发展,严重干扰了公平竞争的市场秩序和社会主义经济秩序。

单元小结

通过本单元的学习,学生应掌握以下知识。

(1)《民法通则》是调整公民之间、法人之间及公民与法人之间的财产关系和人身关系的基本法律。

(2)《民法通则》规定了 5 项基本原则:①当事人民事地位平等的原则;②自愿、公平、等价有偿、诚实信用原则;③保护公民、法人合法民事权益的原则;④遵守法律和国家政策原则;⑤维护国家和社会公共利益原则。

五项基本原则是民事立法、司法及民事活动应遵循的准则。

(3)《民法通则》的主要内容:①公民和法人的法律地位;②民事法律行为;③民事代理;④民事权利;⑤民事责任;⑥诉讼时效;⑦涉外民事关系如何适用法律。

(4)公民、法人构成民事主体。民事权利主要有财产所有权、债权、知识产权和人身权等。民事责任分有违约责任和侵权责任,违约责任按《合同法》有关规定处理,侵权责任包括侵犯财产权、人身权、知识产权以及执行公务、质量缺陷、危险作业等致人损害的民事责任。

(5)民事法律行为是民事主体设立、变更、终止民事权利和民事义务的合法行为。

(6)代理分为委托代理、法定代理和指定代理3种。

(7)《建筑法》是调整建筑活动的法律规定。其目的是加强监督管理,维护建筑市场秩序,保证工程质量与安全,促进建筑业健康发展。

(8)《建筑法》内容包括建筑工程许可制度、建筑工程发包与承包规定、建筑工程监理制度、建筑工程质量与安全生产制度等。

(9)《招标投标法》是调整建筑工程招标投标活动的法律规定。

(10)《招标投标法》立法目的是为了规范招标投标活动,保护国家利益、社会公共利益及当事人合法权益,提高经济效益和保证项目质量。

(11)《招标投标法》包括总则、招标、投标、开标、议标和中标、法律责任6个部分。

复习思考题

(1)什么是民法?《民法通则》的基本原则是什么?

(2)民事主体有哪些?按我国法律规定他们必须具备什么条件?

(3)什么是民事法律行为?其有效条件是什么?

(4)什么叫代理?有何特征?有哪些种类?

(5)民事权利是哪些权利?民事责任又包括哪些责任?承担民事责任的主要方式是什么?

(6)《建筑法》的立法目的是什么?

(7)申请建筑许可证应具备哪些条件?

(8)《建筑法》对建筑工程承发包和建筑工程质量是如何规范的?

(9)我国《招标投标法》的立法目的是什么?

(10)《招标投标法》对招标人和投标人的资质条件及要求有何具体规定?

(11)《招标投标法》对招标范围有何规定?招标投标活动应遵循的原则是什么?

(12)《招标投标法》对投标人不得从事的行为有何规定?对违反者的处罚有哪些规定?

单元三　建筑工程招标与招标代理

内容提要

建筑工程招标是招标人标明自己的目的,发出招标文件,招揽投标人并从中选定工程项目承包人的一种经济行为。本单元的内容主要有:建筑工程招标概述,建筑工程招标、开标、评标、定标,建筑工程招标代理等。重点阐述建筑工程招标与招标代理的相关理论和实际操作方法。

教学目标

了解招标原则和招标类型、招标人和招标代理机构具备的条件;理解建筑工程招标的概念和招标方式;理解建筑工程招标程序;理解建筑工程招标代理机构及招标代理的法律基础;掌握建筑工程招标文件的编制方法;掌握建筑工程招标各阶段的工作内容、公开招标的程序、招标文件的内容组成等。

项目一　建筑工程招标概述

教学目标

- 了解建筑工程招标的含义。
- 熟悉建筑工程招标的范围、条件。
- 掌握建筑工程招标的方式。

能力标准及要求

- 能够掌握建筑工程招标的范围和招标条件。
- 能够掌握建筑工程招标的各种方式。
- 能够掌握各种招标方式的优缺点、区别和适用条件。
- 能够查阅、掌握有关招标范围的规定。

一、基础知识

(一)建筑工程招标的概念

建筑工程招标是招标人在不同的建设阶段,为完成工程项目建设全部或某一项任务,发出招标文件,招揽投标人参与投标,并从中选定工程项目承包人的一种经济活动。进行建筑工程招标,可使招标人通过投标人的竞争,选择出工程项目的最佳承包商,获得最优的经济效益。

建筑工程招投标是在市场经济条件下,建筑工程承包市场上为买卖特殊商品而进行的、由一系列特定环节组成的特殊交易活动。这些特定环节包括招标、投标、开标、评标、决标、中标、签约和履约。

（二）建筑工程招标范围

建筑工程招标包括：建筑工程勘察设计招标、建筑工程监理招标、建筑工程施工招标和建筑工程物资采购招标等。必须招标的工程范围见单元二项目三中的相关内容。

（三）建筑工程招标条件

为了建立和维护建筑工程招标秩序，建设单位必须在正式招标前做好必要的准备来满足招标条件。建筑工程招标的主要条件如下。

（1）按照国家有关规定已经履行审批手续。

①已经取得立项批准文件和固定资产投资许可证；

②已经办理该建筑工程用地批准手续；

③已经取得土地规划许可和工程规划许可。

（2）工程所需资金或资金来源已经落实。

（3）有满足招标需要的技术资料。

（4）法律、法规规定的其他条件。

根据建筑工程招标的内容不同，招标条件也有所不同。

建筑工程勘察设计招标条件侧重于：设计任务书或可行性研究报告已获批准；具有可靠的设计基础资料等。

建筑工程监理招标条件侧重于：设计任务书或初步设计已获批准；工程建设的主要技术和工艺要求已确定。

建筑工程施工招标条件侧重于：建设项目已列入年度投资计划；建设资金已到位；施工前期工作基本完成；有施工图纸等技术资料。

建筑工程物资采购招标条件侧重于：建设项目已列入年度投资计划；建设资金到位；具有批准的物资采购所需的设计图纸和技术资料。

（四）建筑工程招标方式

《招标投标法》第十条规定，招标分为公开招标和邀请招标。

1. 公开招标

公开招标又称无限竞争性招标，是指由招标单位通过公众媒介（报刊、广播、电视、场所等）发布招标公告，吸引投标的单位（设计院、监理公司、承包商、供应商等）参加资格审查和投标竞争的经济活动。

2. 邀请招标

邀请招标又称有限竞争性招标或选择性招标，是指招标单位根据自己的经验和信息资料，用投标邀请书的方式，邀请特定的承包单位参加投标竞争的经济活动。邀请投标的单位，通常为 5 至 10 个，但不得少于 3 个。

3. 公开招标和邀请招标的比较

（1）发布信息的方式不同。公开招标采用招标公告的形式发布，邀请招标采用投标邀请书的形式发布。

（2）选择的范围不同。公开招标采用招标公告的形式，所有对招标项目感兴趣的法人或其他组织都可参加投标，吸引了众多的投标人参加投标竞争，招标人事先不知道投标人的多少。但招标人也存在一定的风险，在卖方市场的情况下，当感兴趣的投标人过少，参与投标的投标人数量不够时,招标竞争无法有效进行。邀请招标针对已经了解的法人或其他组织,招标人事先已经知道投标者的数量。

(3)竞争的范围不同。由于公开招标使所有符合条件的法人或其他组织都有机会参加投标,竞争范围较广,竞争力加大,竞争性体现也比较充分。参加竞争的投标人越多,投标人中标的机会越小,风险越大。招标人拥有绝对的选择余地,可以从中择优选定中标单位,容易获得最佳招标效果。但如果投标人数量不够,招标竞争就不能有效进行,就会导致公开招标难以起到提高资源使用效率的作用。邀请招标由于获邀请参加竞争性投标的投标人数量有限,限制了竞争范围,提高了投标人的中标率,但招标人拥有的选择余地相对较小,有可能把许多符合资格条件要求的、愿意参加竞争的投标人排除在外,有可能将某些在技术上或报价上更有竞争力的投标人遗漏,也有可能造成中标合同价的提高。如果邀请投标人陪标或邀请的投标人串通投标、借机抬高标价等,不但不利于公平竞争,也失去了招标的意义。

(4)公开的程度不同。公开招标中,所有的活动都必须严格按照预先指定并为大家所知的程序和标准公开进行,大大减少了作弊的可能。相比而言,邀请招标的公开程度差一些,可能产生不法行为的机会也相对多一些。

(5)时间和费用不同。公开招标的程序比较复杂,从发布招标公告(有的还要有资格预审时间)、投标、开标、评标、定标到签订合同,有许多时间上的要求,应当有足够的时间保证,同时还要准备相当多的文件,费用也相对比较高。邀请招标由于不需要发布招标公告,投标邀请书是直接送交受邀请的投标人,整个招标投标活动时间相对较短,减少了招标活动中的一些具体事务性工作,降低了工程建设的社会成本,招标费用也相应减少。

公开招标和邀请招标都必须按规定的招标程序进行,必须按招标文件的规定进行投标。

4. 关于议标

《招标投标法》已经明确取消了议标。但对于有些特殊工程,目前可能还会采用议标,所以简述如下。

议标是一种谈判性采购,指建设单位指定少数几家承包单位,分别就承包范围内的有关事宜进行协商,直到与某一承包商达成协议,将工程任务委托其完成。对于一些小型项目(如小型新建项目、改造维修、装饰工程等)来说,采用议标方式目标明确、省时省力。但采用议标方式容易发生幕后交易。

为了规范建筑市场的行为,议标方式仅适用于不宜公开招标或邀请招标的特殊工程或特殊条件下的工作内容,而且必须报请建设行政主管部门批准后才能采用。参加议标的单位一般不应少于两家,只有在限定条件下才能只与一家议标单位签订合同。议标通常适用的情况包括以下几种。

(1)军事工程或保密工程。

(2)专业性强,需要专门技术、经验或特殊施工设备的工程,以及涉及使用专利技术的工程,此时只能选择少数几家符合要求的承包商。

(3)与已发包工程有联系的新增工程(承包商的劳动力、机械设备都在施工现场,既可以减少初期费用和缩短准备时间,又便于现场的协调管理工作)。

(4)性质特殊、内容复杂,发包时工程量或者生产技术细节尚难确定的紧急工程(如灾后维修等)。

(5)工程实施阶段采用新技术或新工艺,承包商从设计阶段就已经参与工作,实施阶段还需要其继续合作的工程。

几种招标方式在选择承包商的程序上有较大差异,公开招标和邀请招标在程序上的差异体现在两个方面:一是承包商获得招标信息的方式不同;二是对投标人资格审查的方式不同。但这两种招标方式均要通过招标、开标、评标、定标等程序选择实施单位,最后与之签订承包合同;而议标则没有开标、评标程序,建设单位与投标人进行协商,双方意见达成一致即可签订承包合同。

二、课堂实训

【案例讨论一】某学校对学生宿舍楼施工进行招标。由于该学校与一家建筑公司有长期的业务往来,故此次仍然希望这家建筑公司中标。于是双方达成默契,在招标时,该学校要求该建筑公司在投标报价时尽量压低投标报价,以确保中标,在签合同时,再将工程款提高,果然在开标时,该公司的报价为最低价,经评委审议,最终推荐此公司为中标候选人。学校向该公司发中标通知书。在签合同前,该公司以材料涨价为由,将原投标报价提高了10%,结果提高后的工程造价高于开标时所有投标人的报价,而后与招标学校签订了施工合同。

根据本案例,以5个人为一个小组,讨论以下问题。

(1)此次招标是否属于串通招标?

(2)双方签订的合同是否属于“黑白合同”?

(3)根据《招标投标法》,此次招标,违反了哪些规定?

(4)此次招标,应该承担什么法律责任?

【案例讨论二】某化学公司为了扩大生产,想在某地区内建造一新厂房,于是向有关部门申请办理各项审批手续。为了赶工期,在各项审批未批准前,该公司对新厂房的建设进行了招标。公司请了代理公司编制招标文件,发布招标公告。有6家单位看了招标文件后,决定参与投标。于是潜在投标人在踏勘现场后,认真制作了标书。在投标的当日,6家潜在投标人按时来到投标地点,却被化学公司的工作人员告知,由于该项目的审批未批准,故本次招标取消。原来新厂房的厂址临近市区,由于污染问题,市政府不批准在该地区建立化工厂。

根据本案例,以5个人为一个小组,讨论以下问题。

(1)此次招标活动是否合法?

(2)根据《招标投标法》,此次招标,违反了哪些规定?

(3)此次招标活动,招标人应该承担什么法律责任?

三、知识拓展

上网查找《招标投标法》案例的资料;查找关于“串通招标”、“黑白合同”、“议标”和“邀请招标”的案例,并进行分析,以此熟悉我国当前招投标活动中存在的问题,并提出应该如何加大对招标投标活动的监管力度。

项目二　建筑工程招标的阶段与程序

教学目标

- 了解建筑工程招标的3个阶段及其工作内容。
- 熟悉建筑工程招标的基本程序。
- 掌握在不同招标阶段招标工作的法律规定。
- 掌握招标单位在不同阶段的工作要求。

能力标准及要求

- 能够通过对招标投标法律、法规的理解，培养学生依法进行招标投标的素质。
- 能够初步具备发布招标公告的基本能力。
- 能够初步具备资格预审的基本能力。
- 能够掌握招标单位在不同阶段的工作要求。

一、基础知识

(一)建筑工程招标的3个阶段

建筑工程招标包括建筑工程勘察设计招标、建筑工程监理招标、建筑工程施工招标和建筑工程物资采购招标等。由于招标的内容不同，招标的程序也不尽相同。公开招标和邀请招标通常分为3个阶段。

(1)招标准备阶段。从办理招标申请开始，到发出招标公告或邀请招标函为止。这阶段的主要工作是：成立招标组织或者委托招标代理单位，项目报建，确定招标方式，发布招标公告或发送邀请招标函。

(2)招标阶段。从发布招标公告之日起到投标截止之日为止。这阶段的主要工作是：招标单位对投标单位进行资格预审，编制招标文件，编制标底，发放招标文件，组织现场踏勘和招标答疑，接收投标文件。投标单位进行投标决策，编制投标文件和递交投标文件。

(3)决标成交阶段。从开标之日起到与中标人签订合同为止的时间段。这阶段的主要工作是：招标单位邀请所有投标单位参加开标，组织开标、评标，确定中标单位，发送中标通知书，与中标单位签订合同。

(二)建筑工程项目报建

建筑工程项目报建是工程项目招标活动的前提。建筑工程项目完成勘察设计和有关手续后，在发包工程项目之前，按照规定，须向建设行政主管部门的招标投标行政监管机关报建。办理报建手续并具备招标条件的工程项目，即可以开始办理招标事宜。工程建设项目施工招标报建的主要内容包括工程名称、建设地点、投资规模、资金来源、当年投资额、工程规模、发包方式、计划开工竣工时间和工程筹建情况等。各地对工程项目报建的要求略有不同，具体要求可查找各地建筑工程交易中心的项目报建程序和要求。

(三)发布招标公告或送交投标邀请

实行公开招标的，应在国家或地方指定的报刊、信息网或者其他媒介发布招标公告和资格预审公告；实行邀请招标的，应向3个以上符合资质条件的投标人发送投标邀请书。

《招标投标法》规定:“招标人采用公开招标方式的,应当发布招标公告。”国家发展计划委员会关于《招标公告发布暂行办法》的有关规定如下。

1. 发布招标公示的媒介

(1)指定《中国日报》、《中国经济导报》、《中国建设报》和中国采购与招标网(http://www.chinabidding.com.cn)为发布依法必须招标项目招标公告的媒介。其中,依法必须招标的国际招标项目的招标公告应在《中国日报》发布。

(2)各地方人民政府依照审批权限审批的依法必须招标的民用建筑项目的招标公告,可在省、自治区、直辖市人民政府发展计划部门指定的媒介发布。

(3)使用国际组织或者外国政府贷款、援助资金的招标项目,贷款方、资金提供方对招标公告的发布另有规定的,适用其规定。

2. 发布招标公告的要求

(1)拟发布的招标公告文本应当由招标人或其委托的招标代理机构的主要负责人签名并加盖公章。

(2)招标人或其委托的招标代理机构发布招标公告,应当向指定媒介提供营业执照(或法人证书)、项目批准文件的复印件等证明文件。

(3)招标人或其委托的招标代理机构应至少在一家指定的媒介发布招标公告。

(4)招标人或其委托的招标代理机构在两个以上媒介发布的同一招标项目的招标公告的内容应当相同。

(5)指定报纸和网络应当在收到招标公告文本之日起7日内发布招标公告。指定媒介应与招标人或其委托的招标代理机构就招标公告内容进行核实,经双方确定无误。在指定报纸免费发布的招标公告所占的版面一般不超过整版的四十分之一,且字体不小于六号字。

3. 发布招标公告的内容

招标公告应当载明招标人的名称和地址、招标项目的性质、数量、实施地点和时间、投标截止日期以及获取招标文件的办法等事项。

招标人或其委托的招标代理机构应当保证招标公告内容的真实、准确和完整。

(四)资格预审,确定合格的投标申请人

采用资格预审的,招标人编制资格预审文件,向参加投标的申请人发放资格预审文件。投标人按资格预审文件要求,填写资格预审申请书(如是联合投标应分别填报每个成员的情况),并递交审查。招标人分析投标申请人报送的资格预审申请书的内容,确定合格的投标申请人,向合格投标申请人发放资格预审合格通知书,合格投标申请人获得资格预审通知书,并提交书面回执。投标人资格审查的要求如下。

(1)招标人可以根据招标项目要求,在招标公告或者投标邀请书中,要求潜在投标人提供有关资质证明文件和业绩情况,并对潜在投标人进行资格审查;国家对投标人的资格条件有规定的,依照其规定。

招标人不得以不合理的条件限制或者排斥潜在投标人,不得对潜在投标人实行歧视待遇。对投标申请人的资格进行审查,是为了在招标过程中剔除那些资质(资格)条件不适合承担招标工程的投标申请人。

采用资格审查,可以缩减招标人评审和比较投标文件的数量,节约费用和时间。因此,对投标申请人进行资格审查,既是招标人的一项权利,也是大多数招标活动中经常采用的一道程序。资格审查,对保障招标人的利益、促进招标活动的顺利进行具有非常重要的意义。

(2)招标人采用邀请招标方式的,应当向3个以上具备承担招标项目的能力、资信良好的特定法人或者其他组织发出投标邀请书。

(3)两个以上法人或者其他组织可以组成一个联合体,以一个投标人的身份共同投标。联合体各方均应当具备承担招标项目的相应能力。国家有关规定或者招标文件对投标人资格条件有规定的,联合体各方均应具备规定的相应资格条件。同一专业的投标人组成的联合体,按照资质等级较低的单位确定资质等级。

联合体各方应当签订共同投标协议,明确约定各方拟承担的工作和责任,并将共同投标协议连同投标文件一并提交招标人。联合体中标的,联合体各方应当共同与招标人签订合同,就中标项目向招标人承担连带责任。

招标人不得强制投标人组成联合体共同投标,不得限制投标人之间的竞争。

(五)编制建筑工程招标文件

建筑工程招标文件是建筑工程招标投标活动中最重要的法律文件之一,它不仅规定了完整的招标程序,而且提出了各项技术标准和交易条件,拟列了合同的主要条款。招标文件既是投标单位编制投标书的依据,也是招标阶段招标单位的行为准则;既是评标委员会评审的依据,也是签订承发包合同的基础,它是构成合同双方履约的依据。

在建筑工程的勘察设计、监理、施工和物资采购等招标中,由于招标内容不同,所以招标文件的编制也不尽相同。

1. 招标文件的内容

招标人应当根据招标项目的特点和需要编制招标文件。招标文件应当包括招标项目的技术要求、工期质量要求、投标报价要求和评标标准等所有实质性要求和条件以及拟签订合同的主要条款。实行工程量清单报价的,招标文件中应提供工程量清单。国家对招标项目的技术、标准有规定的,招标人应当按照其规定在招标文件中提出相应要求。招标项目需要划分标段、确定工期的,招标人应当合理划分标段、确定工期,并在招标文件中载明。

2. 对招标人的要求

(1)招标文件不得要求或标明特定的生产供应者,不得含有倾向或者排斥潜在投标人的其他内容。

(2)招标人不得向他人透露已获取招标文件的潜在投标人的名称、数量以及可能影响公平竞争的有关招标投标的其他情况。

(3)招标人设有标底的,标底必须保密。

(4)招标人应当确定投标人编制投标文件所需要的合理时间。依法必须进行招标的项目,自招标文件开始发出之日起至投标人提交投标文件截止之日止,最短不得少于20日。

(六)踏勘项目现场和答疑

招标人根据招标项目的具体情况,可以组织投标人踏勘项目现场和对投标人提出的问题进行公开书面答疑。

1. 踏勘现场

踏勘现场是指招标人组织投标人对工程现场场地和周围环境等客观条件进行的现场勘察,招标人根据招标项目的具体情况,可以组织投标人踏勘项目现场。投标人到现场调查,可进一步了解招标人的意图和现场周围的环境情况,以获取有用的信息并据此作出是否投标或投标策略以及投标报价。招标人应主动向投标申请人介绍所有工程现场的有关情况。

2. 答疑

投标人在踏勘现场中如有疑问,应在招标人答疑前以书面形式向招标人提出,以便得到招标人的解答。投标人踏勘现场发现的问题,招标人可以书面形式答复,也可以在投标预备会上解答。

答疑一般采取书面形式进行,必要时也可召开招标文件答疑会。投标人对招标文件的疑问、勘察现场的疑问等,都可以在答疑会上得到澄清。答疑会结束后,由招标人整理会议记录和解答内容(包括会上口头提出的询问和解答),并以书面形式将所有问题及解答内容在投标文件提交截止日15天前向所有获得招标文件的投标人发放。

(七)澄清或修改招标文件

招标人对已发出的招标文件进行必要的澄清或者修改的,应当在招标文件要求提交投标文件截止时间至少15日前,以书面形式通知所有招标文件收受人。该澄清或者修改的内容为招标文件的组成部分。

二、课堂实训

【案例讨论一】某招标项目属于大型基础设施,关系到社会公共利益,根据《中华人民共和国招标投标法》必须进行招标。因某种原因,该项目的招标人希望A单位中标。但如果通过正常途径进行招标,招标人无法掌控招标的结果,于是招标人利用了公告发布这一环节:招标人将招标公告只发布在某一发行量不大的不知名的地方报纸上。结果只有少数几家单位来投标,除了A单位,其他两家投标单位的实力比较弱。在评标的时候,评委推荐A单位中标,招标人如愿以偿地让自己事先内定的A单位中标。

根据本案例,以5个人为一个小组,讨论以下问题。

(1)此招标公告的发布方式是否达到了相应的公开要求?

(2)此招标公告能否为招标活动的充分竞争提供基本的信息公开基础?

(3)根据《招标投标法》,此次招标,违反了哪些规定?

(4)此次招标活动,招标人应该承担什么法律责任?

【案例讨论二】某工程项目,经过有关部门批准后,决定由业主自行组织施工公开招标。该工程项目为政府的公共工程,已经列入地方的年度固定资产投资计划,概算已由主管部门批准,但征地工作尚未完成,施工图及有关技术资料齐全。因估计除本市施工企业参加投标外,还可能有外省市施工企业参加投标,因此业主委托咨询公司编制了两个标底,准备分别用于对本市和外省市施工企业投标的评定。业主要求将技术标和商务标分别封装。某承包商在封口处加盖了本单位的公章,并由项目经理签字后,在投标截止日期的前1天将投标文件报送业主,当天下午,该承包商又递交了一份补充材料,声明将原报价降低5%,但是业主的有关人员认为,一个承包商不得递交2份投标文件,因而拒收承包商的补充材料。开标会议由市招投标管理机构主持,市公正处有关人员到会。开标前,市公正处人员对投标单位的资质进行了审查,确认所有投标文件均有效后正式开标。业主在评标之前组建了评标委员会,成员共8人,其中业主人员占5人。招标工作主要内容如下:①发投标邀请函;②发放招标文件;③进行资格后审;④召开投标质疑会议;⑤组织现场勘察;⑥接收投标文件;⑦开标;⑧确定中标单位;⑨评标;⑩发出中标通知书;⑪签订施工合同。

根据本案例,以5个人为一个小组,讨论以下问题。

(1)本次招标中有哪些不当之处?

(2)招标工作的内容是否正确?如果不正确请改正,并按正确程序排列。

三、知识拓展

上网查找《招标投标法》案例的资料;查找关于“发布招标公告”、“资格预审”、“标底编制”和“招标程序”的案例,并进行分析,以此熟悉与招标投标有关的法律法规。

项目三　建筑工程开标、评标和中标

教学目标

- 了解建筑工程项目开标的概念。
- 熟悉建筑工程项目开标活动中的无效标。
- 熟悉评标委员会的组成、评标专家的条件。
- 掌握建筑工程项目评标的程序和工作内容。
- 掌握建筑工程项目定标和签订合同。

能力标准及要求

- 能够编制建筑工程施工招标文件,能够通过对国家和地区各招标投标法律、法规的理解,培养学生依法进行招标投标的素质。
- 初步具备评标的基本能力,能够根据具体工程项目的特点选择适宜的招标方式。

一、基础知识

(一)建筑工程项目开标

所谓开标,就是到投标人提交投标截止时间后,由招标人主持,邀请所有投标人参加,招标人依据招标文件规定的时间和地点,开启投标人提交的投标文件,公开宣布投标人的名称、投标价格及投标文件中的其他主要内容的活动。

开标应当在招标文件确定的提交投标文件截止时间的同一时间公开进行,开标地点也应当为招标文件中预先确定的地点。

开标时,由投标人或者其推选的代表检查投标文件的密封情况,也可以由招标人委托的公证机构检查并公证;经确认无误后,由工作人员当众拆封,宣读投标人名称、投标价格和投标文件的其他主要内容。招标人在招标文件要求提交投标文件的截止时间前收到的所有有效投标文件,开标时都应当当众予以拆封、宣读。开标过程应当记录,并存档备查。

在开标时,投标文件出现下列情形之一的,应当作为无效投标文件,不得进入评标。

(1)投标文件未按照招标文件的要求予以密封;

(2)投标文件中的投标函未加盖投标人的企业及企业法定代表人印章的,或者企业法定代表人委托代理人没有合法、有效的委托书(原件)及委托代理人印章;

(3)投标文件的关键内容字迹模糊、无法辨认;

(4)投标人未按照招标文件的要求提供投标保函或者投标保证金;

(5)组成联合体投标的,投标文件未附联合体各方共同投标协议。

(二)建筑工程项目评标

评标是由招标人依法组建的评标委员会对投标人编制的投标文件进行审查,并根据招标文件提供的评标办法对投标文件进行技术经济评价,向招标人推荐中标候选人或者根据招标人的授权直接确定中标人。

1. 评标委员会及其职责

为了有效地规范评标活动,切实保证评标公正,总结近几年来,特别是《招标投标法》施行以后评标实际中出现的新情况、新问题,借鉴世(亚)行等国际通行办法,国家发展计划委员会、国家经济贸易委员会、建设部、铁道部、交通部、信息产业部、水利部于 2013 年 4 月修订版《评标委员会和评标方法暂行规定》,对评标活动进一步细化,以增强其可操作性。

1)评标委员会的组建

(1)评标委员会由招标人负责组建。

(2)评标委员会由招标人或其委托的招标代理机构熟悉相关业务的代表,以及有关技术、经济等方面的专家组成,成员人数为 5 人以上单数,其中技术、经济等方面的专家不得少于成员总数的 2/3。

(3)评标委员会设负责人的,评标委员会负责人由评标委员会成员推举产生或者由招标人确定。评标委员会负责人与评标委员会的其他成员有同等的表决权。

(4)评标委员会的专家成员应当从省级以上人民政府有关部门提供的专家名册或者招标代理机构的专家库内的相关专家名单中确定。一般项目,可以采取随机抽取的方式;技术特别复杂、专业性要求特别高或者国家有特殊要求的招标项目,采取随机抽取方式确定的专家难以胜任的,可以由招标人直接确定。

(5)评标委员会成员名单一般应于开标前确定。评标委员会成员名单在中标结果确定前应当保密。

评标专家应具备以下条件:

①从事相关专业领域工作满 8 年并具有高级职称或者同等专业水平;

②熟悉有关招标投标的法律法规,并具有与招标项目相关的实践经验;

③能够认真、公正、诚实、廉洁地履行职责。

2)评标委员会成员应回避的情形

评标委员会成员有下列情形之一的,应当主动提出回避。

(1)系招标人或者投标人主要负责人的近亲属。

(2)系项目主管部门或者行政监督部门的人员。

(3)与投标人有经济利益关系,可能影响对投标公正评审的。

(4)曾因在招标、评标以及其他与招标投标有关活动中从事违法行为而受过行政处罚或刑事处罚的。

3)评标委员会的纪律

(1)评标委员会成员应当客观、公正地履行职责,遵守职业道德,对所提出的评审意见承担个人责任。

(2)评标委员会成员不得与任何投标人或者与招标结果有利害关系的人进行私下接触,不得收受投标人、中介人、其他利害关系人的财物或者其他好处。

(3)评标委员会成员不得透露对投标文件的评审和比较、中标候选人的推荐情况以及与评标有关的其他情况。

4)评标委员会的职责

评标委员会负责评标活动,向招标人推荐中标候选人或者根据招标人的授权直接确定中标人。

2.评标

1)初步评审

(1)评标准备。

①招标人或者其委托的招标代理机构应当向评标委员会提供评标所需的重要信息和数据(包括设有标底的标底)。

②评标委员会成员应认真研究招标文件,至少应了解和熟悉以下内容:招标的目标;招标项目的范围和性质;招标文件中规定的主要技术要求、标准和商务条款;招标文件规定的评标标准、评标方法和在评标过程中考虑的相关因素。

③编制供评标使用的相应表格。

④评标委员会应当按照投标报价的高低或者招标文件规定的其他方法对投标文件排序。以多种货币报价的,应当按照中国银行在开标日公布的汇率中间价换算成人民币。

(2)要求澄清、说明或补正。

评标委员会可以书面方式要求投标人对投标文件中含义不明确、对同类问题表述不一致或者有明显文字和计算错误的内容做必要的澄清、说明或者补正。澄清、说明或者补正应以书面方式进行并不得超出投标文件的范围或者改变投标文件的实质性内容。

投标文件中:总价金额与单价金额不一致的,以单价金额为准,但单价金额小数点有明显错误的除外;对不同文字文本投标文件的解释发生异议的,以中文文本为准。

(3)开列投标偏差。

评标委员会应当根据招标文件,审查并逐项列出投标文件的全部投标偏差。投标偏差分为重大偏差和细微偏差。

①重大偏差可参见本书47页相关内容。

②细微偏差是指投标文件在实质上响应招标文件要求,但在个别地方存在漏项或者提供了不完整的技术信息和数据等情况,并且补正这些遗漏或者不完整不会对其他投标人造成不公平的结果。细微偏差不影响投标文件的有效性。

评标委员会应当书面要求存在细微偏差的投标人在评标结束前予以补正。拒不补正的,在详细评审时可以对细微偏差做不利于该投标人的量化,量化标准当大写金额和小写金额不一致时,以大写金额为准。

(4)符合性鉴定。

在评标过程中,评标委员会发现投标人以他人的名义投标、串通投标、以行贿手段谋取中标或者以其他弄虚作假方式投标的,该投标人的投标应作废标处理。

其他相关条款见本书47页内容。

评标委员会否决不合格投标或者界定为废标后,因有效投标不足3个使得投标明显缺乏竞争的,评标委员会可以否决全部投标。

投标人少于3个或者所有投标被否决的,招标人应当依法重新招标。

2)详细评审

经初步评审合格的投标文件,评标委员会应当根据招标文件确定的评标标准和方法,对其技术部分和商务部分作进一步评审、比较。

(1)最低投标价法评审。

①经评审的最低投标价法一般适用于具有通用技术、性能标准或者招标人对其技术、性能没有特殊要求的招标项目。

②根据经评审的最低投标价法,能够满足招标文件的实质性要求,并且经评审的最低投标价的投标,应当推荐为中标候选人。

③采用经评审的最低投标价法的,评标委员会应当根据招标文件中规定的评标价格调整方法,对所有投标人的投标报价以及投标文件的商务部分做必要的价格调整。

采用经评审的最低投标价法的,中标人的投标应当符合招标文件规定的技术要求和标准,但评标委员会无须对投标文件的技术部分进行价格折算。

④根据经评审的最低投标价法完成详细评审后,评标委员会应当拟定一份《标价比较表》,连同书面评标报告提交招标人。《标价比较表》应当载明投标人的投标报价、对商务偏差的价格调整和说明以及经评审的最终投标价。

(2)综合评估法评审。

①不宜采用经评审的最低投标价法的招标项目一般应当采取综合评估法进行评审。

②根据综合评估法,最大限度地满足招标文件中规定的各项综合评价标准的投标,应当推荐为中标候选人。衡量投标文件是否最大限度地满足招标文件中规定的各项评价标准,可以采取折算为货币的方法、打分的方法或者其他方法。需量化的因素及其权重应当在招标文件中明确规定。

③评标委员会对各个评审因素进行量化时,应当将量化指标建立在同一基础或者同一标准上,使各投标文件具有可比性。对技术部分和商务部分进行量化后,评标委员会应当对这两部分的量化结果进行加权,计算出每一投标的综合评估价或者综合评估分。

④根据综合评估法完成评标后,评标委员会应当拟定一份《综合评估比较表》,连同书面评标报告提交招标人。《综合评估比较表》应当载明投标人的投标报价、所做的任何修正、对商务偏差的调整、对技术偏差的调整、对各评审因素的评估以及对每一投标的最终评审结果。

3.招标投标情况书面报告及备案

评标委员会完成评标后,应当向招标人提出书面评标报告。评标报告应当如实记载相关内容,具体见本书第49页。

评标报告由评标委员会全体成员签字。对评标结论持有异议的评标委员会成员可以书面方式阐述其不同意见和理由。评标委员会成员拒绝在评标报告上签字且不陈述其不同意见和理由的,视为同意评标结论。评标委员会应当对此作出书面说明并记录在案。

向招标人提交书面评标报告后,评标委员会即告解散。评标过程中使用的文件、表格以及其他资料应当及时归还招标人。

(三)建筑工程项目中标

(1)招标人根据评标委员会提出的书面评标报告和推荐的中标候选人确定中标人。招标人也可以授权评标委员会直接确定中标人。

(2)中标人确定后,招标人应当向中标人发出中标通知书,并同时将中标结果通知所有未中标的投标人。

中标通知书对招标人和中标人具有法律约束力。中标通知书发出后,招标人改变中标结果的,或者中标人放弃中标项目的,应当依法承担法律责任。

(3)依法必须进行招标的项目,招标人应当自确定中标人之日起15日内,向有关行政监督部门提交招标投标情况的书面报告。

(四)建筑工程项目合同签订

招标人和中标人应当自中标通知书发出之日起30日内,按照招标文件和中标人的投标文件订立书面合同。招标人和中标人不得再订立背离合同实质性内容的其他协议。招标文件要求中标人提交履约保证金的,中标人应当提交。

中标人应当按照合同约定履行义务,完成中标项目。中标人不得向他人转让中标项目,也不得将中标项目肢解后分别向他人转让。中标人按照合同约定或者经招标人同意,可以将中标项目的部分非主体、非关键性工作分包给他人完成。接受分包的人应当具备相应的资格条件,并不得再次分包。中标人应当就分包项目向招标人负责,接受分包的人就分包项目承担连带责任。

二、课堂实训

【案例讨论一】某企业为扩建厂房进行招标,但其只想让几个关系好的施工单位来参加投标,于是该企业在资格预审时对所有报名的单位进行评分。由于资格预审的程序、评审方式不公开,又是采用打分的方式进行,个人操作的空间很大,最后该企业只让跟自己关系好的几个施工单位通过了资格预审。

根据本案例,以5个人为一个小组,讨论以下问题。

(1)此招标活动的资格审查是否符合《招标投标法》规定?

(2)此招标公告的资格审查是否形成对潜在投标人的歧视?

(3)根据《招标投标法》,此次招标,违反了哪些规定?

(4)此次招标活动,招标人应该承担什么法律责任?

【案例讨论二】某国有企业计划投资700万元新建一栋办公大楼,建设单位委托了一家符合资质要求的监理单位进行该工程的施工招标代理工作,由于招标时间紧,建设单位要求招标代理单位采取内部议标的方式选取中标单位,共有A、B、C、D、E5家投标单位参加了投标,开标时出现了如下情形。

(1)A投标单位的投标文件未按招标文件的要求而是按该企业的习惯做法密封;

(2)B投标单位虽按招标文件的要求编制了投标文件但有一页文件漏打了页码;

(3)C投标单位投标保证金超过了招标文件中规定的金额;

(4)D投标单位投标文件记载的招标项目完成期限超过招标文件规定的完成期限;

(5)E投标单位某分项工程的报价有个别漏项。

为了在评标时统一意见,根据建设单位的要求,评标委员会由6人组成,其中3人是建设单位的总经理、总工程师和工程部经理,3人由建设单位以外的评标专家库中抽取。经过评标委员会评标,最终由低于成本价格的投标单位确定为中标单位。

根据本案例,以5个人为一个小组,讨论以下问题。

(1)该企业采取的内部招标方式是否妥当?说明理由。

(2)5 家投标单位的投标文件是否有效或应被淘汰?分别说明理由。

(3)评标委员会的组建是否妥当?若不妥,请说明理由。

(4)确定的中标单位是否合理?说明理由。

三、知识拓展

上网查找《招标投标法》相关案例的资料;查找关于"废标"、"无效标"、"经评审的最低价法"、"综合评分法 "和"合同签订 "的案例,并进行分析,以此熟悉与招标投标有关的法律法规。

项目四　建筑工程招标代理

教学目标

- 了解招标代理机构的概念。
- 熟悉招标代理机构的性质。
- 掌握招标代理机构成的立条件。

能力标准及要求

- 能够通过对招标代理机构的了解与掌握,为市场主体提供招标服务。
- 能够选择具备相应专业力量的招标代理机构。

一、基础知识

(一)工程招投标代理概述

工程招投标代理机构是中介服务机构。在市场经济中,中介服务机构是指受当事人的委托,向当事人提供有偿服务,以代理人的身份,为委托方(即被代理人)与第三方进行某种活动的社会组织,如监理公司、造价师事务所、律师事务所、招投标代理中心等。

建筑工程招标投标中为当事人提供有偿服务的社会中介代理机构包括各种招标公司、招标代理中心、标底编制单位等。它们必须是依法成立的法人或经济组织,并取得建设行政部门核发的招标代理、标底编制等资质证书等。

建筑工程招标代理是指建筑工程招标人(即建设单位、业主)将建筑工程招标事务委托给相应的中介服务机构,由该中介服务机构在招标人委托授权的范围内,以委托的招标人的名义,同他人独立进行建筑工程招标投标活动,由此产生的法律效果直接归属于委托的招标人。此时,代替他人进行建筑工程招标活动的中介服务机构称为代理人,委托他人代替自己进行建筑工程招标活动的招标人称为被代理人,与代理人进行建筑工程招标活动的人称为第三人。

(二)工程招标代理机构的性质、特征、权利和义务

1. 招标代理机构的性质

工程招标代理机构是独立于政府和企业之外,为市场主体提供招标服务的专业机构,属

于社会中介组织。

在组织招标的过程中，招标代理机构不仅要接受招标人和投标人的监督，还要接受政府和社会的监督以及执业资格考核和职业道德的约束。同时，招标代理机构还是招标人与投标人之间联系的桥梁，是政府管理招标人招标行为的纽带。

2. 建筑工程招标代理机构的特征

(1)招标代理人必须以被代理人的名义办理招标事务。

(2)招标代理人应具有独立进行意思表示的职能。

(3)招标代理人的行为应在委托授权的范围内实施。

(4)建筑工程招标代理行为的法律效果由被代理人承担。

3. 建筑工程招标代理机构的权利

(1)组织和参与招标活动。

(2)依据招标文件的要求，审查和报送投标人的资质。

(3)按规定标准收取代理费用，代理费用的收费标准一般按工程造价、标底、合同价或中标价的一定百分率确定。

(4)招标人授予的其他权利。

4. 建筑工程招标代理机构的义务

(1)遵守国家法律法规和方针政策。

(2)维护委托的招标人的合法权益。

(3)组织编制、解释招标文件，对代理过程中提出的技术方案、数据和分析计算、建议和决策等的科学性和正确性负责。

(三)工程招标代理机构成立的条件及资格申请

1. 工程招标代理机构的成立条件

(1)有从事招标代理业务的营业场所和相应资金。

(2)有能够编制招标文件和组织评标的相应专业力量。

(3)有符合《招标投标法》规定条件、可以作为评标委员会成员人选的技术、经济等方面的专家库。

(4)招标代理机构与行政机关和其他国家机关不得有隶属关系或者其他利益关系。

2. 申请工程招标代理机构的资格条件

(1)是依法设立的中介组织，具有独立法人资格。

(2)与行政机关和其他国家机关没有行政隶属关系或者其他利益关系。

(3)有固定的营业场所和开展工程招标代理业务所需的设施及办公条件。

(4)有健全的组织机构和内部管理的规章制度。

(5)具备编制招标文件和组织评标的相应专业力量。

(6)具有可以作为评标委员会成员人选的技术、经济等方面的专家库。

(7)法律、行政法规规定的其它条件。

(四)工程招标代理机构的资格认定和管理

建设部于2007年3月1日发布的《工程建设项目招标代理机构资格认定办法》(第154号令)，对工程招标代理机构的条件、资质等级、业务范围等作出明确规定。

1. 工程招标代理机构的资格等级条件

工程招标代理机构资格等级分甲、乙、暂定3个级别。

（1）甲级工程招标代理机构资格应当具备下列条件：取得乙级工程招标代理资格满3年；近3年内累计工程招标代理中标金额在16亿元人民币以上（以中标通知书为依据，下同）；具有中级以上职称的工程招标代理机构专职人员不少于20人，其中具有工程建设类注册执业资格人员不少于10人（其中注册造价工程师不少于5人），从事工程招标代理业务3年以上的人员不少于10人；技术经济负责人为本机构专职人员，具有10年以上从事工程管理的经验，具有高级技术经济职称和工程建设类注册执业资格；注册资本金不少于200万元。

（2）乙级工程招标代理机构资格应当具备下列条件：取得暂定级工程招标代理资格满1年；近3年内累计工程招标代理中标金额在8亿元人民币以上；具有中级以上职称的工程招标代理机构专职人员不少于12人，其中具有工程建设类注册执业资格人员不少于6人（其中注册造价工程师不少于3人），从事工程招标代理业务3年以上的人员不少于6人；技术经济负责人为本机构专职人员，具有8年以上从事工程管理的经历，具有高级技术经济职称和工程建设类注册执业资格；注册资本金不少于100万元。

（3）暂定资格招标代理机构应具备下列条件：首先应符合申请工程招标代理机构的资格条件；具有中级以上职称的工程招标代理机构专职人员不少于12人，其中具有工程建设类注册执业资格人员不少于6人（其中注册造价工程师不少于3人），从事工程招标代理业务3年以上的人员不少于6人；技术经济负责人为本机构专职人员，具有8年以上从事工程管理的经历，具有高级技术经济职称和工程建设类注册执业资格；注册资本金不少于100万元。

2. 工程招标代理机构资格的申请

（1）资格申请的前置。申请新成立工程招标代理机构，符合条件的由资质管理部门核定其申请，并办理工商注册登记。

（2）资格申请的属地原则。新成立工程招标代理机构资格申请，根据属地原则，应向固定营业场所所在地建设行政主管部门提出。

（3）工程招标代理机构资格的分级审批。工程招标代理机构资格实行分级审批。

①甲级招标代理机构由省、自治区、直辖市人民政府建设行政主管部门进行初审，国务院建设行政主管部门负责审定，并向社会公布。

②乙级、暂定级招标代理机构，由省、自治区、直辖市人民政府建设行政主管部门审定，并在当地公布。审定后的乙级、暂定级招标代理机构名单，应当报送国务院建设行政主管部门备案。

（4）申请工程招标代理机构资格需提供的资料。

①工程招标代理机构资格申请报告；

②《工程招标代理机构资格申请表》及电子文档；

③企业法人营业执照；

④工程招标代理机构章程以及内部管理规章制度；

⑤专职人员身份证复印件、劳动合同、职称证书或工程建设类注册执业资格证书、社会保险缴费凭证以及人事档案代理证明；

⑥法定代表人和技术经济负责人的任职文件、个人简历等材料，技术经济负责人还应提供从事工程管理经历证明；

⑦办公场所证明，主要办公设备清单；

⑧出资证明及上一年度经审计的企业财务报告（含报表及说明，下同）；

⑨评标专家库成员名单；

⑩法律、法规要求提供的其他有关资料。

申请甲级、乙级工程招标代理机构资格的，还应当提供工程招标代理有效业绩证明（工程招标代理合同、中标通知书和招标人评价意见）。工程招标代理机构应当对所提供资料的真实性负责。

3. 工程招标代理机构资格管理

1）工程招标代理机构资格的升级

（1）新设立的招标代理机构暂定资格等级，在满 1 年后经核审评定正式等级。

（2）招标代理机构在资格正式定级 1 年后，完成 2 项及其以上本等级业务范围规定的上限代理业务，其他条件均达到上一资格等级标准的，可以申请晋升资质等级。

2）工程招标代理机构资格的复审

甲级、乙级工程招标代理机构资格证书的有效期为 5 年，暂定级工程招标代理机构资格证书的有效期为 3 年。甲级、乙级工程招标代理机构的资格证书有效期届满，需要延续资格证书有效期的，应当在其工程招标代理机构资格证书有效期届满 60 日前，向原资格许可机关提出资格延续申请。暂定级工程招标代理机构的资格证书有效期届满，需继续从事工程招标代理业务的，应当重新申请暂定级工程招标代理机构资格。复审申请，应提供下列资料。

（1）《工程招标代理机构资格申请表》。同时需提供下列资料。

①《工程招标代理机构资格申请表》表五所列专职人员名单中造价工程师的执业资格证书、在本企业的注册证书和身份证复印件；《工程招标代理机构资格申请表》表五所列专职人员名单中中级以上专业技术职称人员的职称证书或者工程建设类执业注册资格证书、身份证复印件。

②《工程招标代理机构资格申请表》所列专职人员的社会保险凭证和聘用证明，其中社会保险凭证指社会保险管理机构颁发的资格有效期内（甲级和乙级资格为近 3 年，暂定级为近 1 年，下同）社会养老保险手册或者出具的企业在资格有效期内参加社会保险缴费人员名单；聘用证明指人事档案管理组织出具的企业聘用人员名单；专职人员不得超过法定退休年龄。

③《工程招标代理机构资格申请表》中所列的资格有效期内招标代理业绩的证明材料，每项业绩的证明材料均应当包括委托代理合同、中标通知书和业主评价意见；最近一个年度财务报表（即损益表、资产负债表）及报表说明；资格有效期内的奖罚情况；需要出具的其他有关证明资料。

（2）附件资料，包括：企业原资格证书正、副本复印件；企业法人营业执照或者合伙企业营业执照复印件；企业章程或者合伙人协议；验资报告（含所有附件）；主要办公设备清单和办公场所的产权证书或者 1 年以上办公场所房屋租赁合同；企业法定代表人或者合伙企业执行人和企业技术经济负责人的任职（聘任）文件、个人简历、身份证和职称证书或者工程建设类执业注册资格证书。

(3)一个有代表性的项目的资料。资格有效期内完成的工程投资额在1 000万元以上的一个有代表性项目的完整资料一套,内容包括委托代理合同、招标公告或者投标邀请书、资格审查文件、招标文件、标底、开标评标记录、评标报告、中标通知书、中标人的投标文件、合同、质疑答复、投诉处理决定和招标人的评价意见。

对于在资格有效期内遵守有关法律、法规、规章、技术标准,信用档案中无不良行为记录,且业绩、专职人员满足资格条件的甲级、乙级工程招标代理机构,经原资格许可机关同意,有效期延续5年。

3)工程招标代理机构分支机构的资格

具有独立法人资格,独立开展业务的招标代理机构分支机构,非独立法人的招标代理机构的分支机构,应当以原单位名义承接业务并承担法律责任,不得以分支机构的名义独立承接业务。

4)工程招标代理机构的公告与变更

(1)招标代理机构的升级、降级实行公告制度。公告由批准部门在指定报刊或者信息网上发布。

(2)工程招标代理机构在资格证书有效期内发生下列情形之一的,应当自情形发生之日起30日内,到原资格许可机关办理资格证书变更手续,原资格许可机关在2日内办理变更手续:

①工商登记事项发生变更的;

②技术经济负责人发生变更的;

③法律法规规定的其他需要变更资格证书的情形。

(3)工程招标代理机构发生分立或者合并,应当按照有关规定重新核定资格等级。

5)行政监督

国务院建设行政主管部门负责全国工程招标代理活动的监督管理。

县级以上地方人民政府建设行政主管部门负责本行政区域内的工程招标代理活动的监督管理。

(五)工程招标代理业务的委托

工程招标代理业务的委托分两类情况,一类是招标人认为社会中介机构的专业技术水平有利于提高投资效益而自愿委托代理机构提供咨询服务;另一类是招标人不具备编制招标文件和组织评标的能力,按照强制性规定必须委托招标代理机构。但对代理机构的选择是招标人的权利,任何单位和个人不得以任何方式为招标人指定招标代理机构。

1. 工程招标代理机构的业务限制

工程招标代理机构应当持有依法取得的《工程招标代理机构资格证书》,并在其资质等级许可的范围内承接工程招标代理业务。工程招标代理机构不得无证或者越级承接工程招标代理业务。应当按照资质等级条件另行申请资格证书。

2. 业务范围

(1)甲级工程招标代理机构可以承担各类工程的招标代理业务。

(2)乙级工程招标代理机构只能承担工程总投资1亿元人民币以下的工程招标代理业务。

(3)暂定级工程招标代理机构,只能承担工程总投资6 000万元人民币以下的工程招标代理业务。

工程招标代理机构可以跨省、自治区、直辖市承担工程招标代理业务;任何单位和个人不得限制或者排斥工程招标代理机构依法开展工程招标代理业务。

3、业务委托

(1)招标人委托招标代理机构代理招标的,招标代理机构在代理的权限内以招标人的名义实施的招标活动,由招标人承担责任。

(2)招标人可以采取直接委托代理,也可以采取招标委托代理。

(3)任何单位和个人不得以任何方式为招标人指定招标代理机构,禁止任何部门、单位和个人利用行政手段或者以任何理由分割、封锁或者垄断招标代理市场。

4. 工程招标代理业务的内容

招标人可以委托招标代理机构承担勘察、设计、施工、监理招标的下列业务。

(1)协助招标人报建。

(2)协助招标人审查投标人资格。

(3)拟订工程招标方案,编制招标文件。

(4)编制工程标底或工程量计算。

(5)组织投标人踏勘现场和答疑。

(6)组织开标、评标和定标。

(7)草拟工程合同,监督合同的执行。

(8)其他与工程招标有关的代理咨询业务。

5. 工程招标代理业务合同

招标代理机构接受招标代理业务的,应当与招标人签订委托合同,招标代理机构应当在招标人委托代理的权限内办理招标事宜,委托合同应当载明招标人、招标代理机构名称、代理事项、代理权限、代理期限、酬金、地点、方式、违约责任、解决争议方法,并有招标人和招标代理机构及其双方法定负责人的盖章、签名。

(六)工程招标代理机构违规责任

(1)工程招标代理机构隐瞒有关情况或者提供虚假材料申请工程招标代理机构资格的,资格许可机关不予受理或者不予行政许可,并给予警告,该机构1年内不得再次申请工程招标代理机构资格。

(2)工程招标代理机构以欺骗、贿赂等不正当手段取得工程招标代理机构资格的,由资格许可机关给予警告,并处3万元罚款;该机构3年内不得再次申请工程招标代理机构资格。

(3)未取得工程招标代理资格或者超越资格许可范围承担工程招标代理业务的,该工程招标代理无效,由原资格许可机关处以3万元罚款。

(4)工程招标代理机构涂改、倒卖、出租、出借或者以其他形式非法转让工程招标代理资格证书的,由原资格许可机关处以3万元罚款。

(5)工程招标代理机构不及时办理资格证书变更手续的,由原资格许可机关责令限期办理;逾期不办理的,可处以1 000元以上1万元以下的罚款。

(6)工程招标代理机构未按照规定提供信用档案信息的,由原资格许可机关给予警告,责令限期改正;逾期未改正的,可处以1 000元以上1万元以下的罚款。

(七)工程招标委托代理合同

1.工程招标代理委托合同

建筑工程招标代理委托合同是指建设单位(业主)为完成建筑工程的招标任务,委托招标代理单位,代理建设单位完成工程项目招标任务,为明确双方权利和义务而签订的服务性合同。

2.工程招标代理委托合同的示范文本

示范文本是由协议书、通用条款和专用条款3个部分组成。

1)协议书

协议书是示范文本的总纲性文件,规定了合同当事人双方最主要的权利义务,规定了组成合同的文件及合同当事人对履行合同义务的承诺,并由合同当事人在这份文件上签字盖章,具有很高的法律效力,具有最优先的解释权。协议书内容包括:①工程概况,工程名称、地点、规模、招标规模、总投资额;②委托人、受托人;③合同价款;④组成本合同的文件;⑤有关协议的其他说明。

2)通用条款

通用条款是根据《合同法》、《招标投标法》等法律、法规对委托方和受委托方的权利义务作出的规定,除双方协商一致可对其中的某些条款进行修改、补充或取消外,双方都必须履行。它是将建筑工程招标代理委托合同中共性的一些内容抽象出来编写的一份完整的合同文件。通用条款具有很强的通用性,通用条款包括:①词语定义和适用法律;②双方一般权利和义务;③委托代理报酬与收取;④违约、索赔和争议;⑤合同变更、生效与终止;⑥其他。

3)专用条款

专用条款是针对不同的工程项目的具体情况而对通用条款所作出的修改和补充,这两份条款共同成为双方统一意愿的体现。专用条款的条款编号应与通用条款的条款编号保持一致,互相对应。专用条款的解释优于通用条款。

(八)基础知识拓展

机电产品国际招标机构资格认定

机电产品国际招标机构是指依法成立、经商务部审定并赋予国际招标资格、从事机电产品国际招标业务的法人。商务部审议通过的自2005年3月1日起施行的《机电产品国际招标机构资格审定办法》,具体规定如下:

1.申请预乙级机电产品国际招标资格的法人应当具备以下条件:

(1)与行政机关和其他国家机关不得存在隶属关系或其他利益关系;

(2)具有相应资金;

(3)具备固定的营业场所(含开标大厅)和开展国际招标业务所需的设施以及连通专业信息网络的现代化办公条件;

(4)具备能够编制招标文件和组织评标的相应专业力量:

①具有中级职称以上的专职招标人员不得少于从事招标业务人员总数的70%;

②具有3年以上机电产品国内招标经验,且近3年年均机电产品国内公开招标业绩在2亿元以上;或从事3年以上外贸经营业务,且近3年年均机电产品进出口总额在6亿美元

以上。

2. 资格等级条件

机电产品国际招标机构的资格等级分为甲级、乙级和预乙级。甲级国际招标机构从事机电产品国际招标业务不受委托金额限制；乙级国际招标机构只能从事1次性委托金额在4 000万美元以下的机电产品国际招标业务；预乙级国际招标机构只能从事1次性委托金额在2 000万美元以下的机电产品国际招标业务。

1）甲级资格等级

甲级资格，除具备基本条件外，还需具备以下条件：

（1）具有5年以上机电产品国际招标业绩，或具有5年以上外贸经营权，且进出口商品主要为机电产品、高新技术产品；

（2）注册资本800万元（人民币）以上；

（3）近3年年均外贸进出口总额在8亿美元以上，或近三年机电产品国际招标业绩累计在1.2亿美元以上；

（4）中级职称及以上外贸专业人员、专职招标人员不得少于职工总数的70%。

甲级招标机构，可从事利用国外贷款和国内资金采购机电产品的国际招标业务和其他国际招标采购业务，具有与国外中标厂商签订招标项下合同的进出口经营权。

2）乙级资格等级

乙级资格，除具备基本条件外，还需具备以下条件：

（1）具有3年以上机电产品国际招标业绩，或具有3年以上外贸经营权，且进出口商品主要为机电产品、高新技术产品；

（2）注册资本500万元（人民币）以上；

（3）近3年年均外贸进出口总额在5亿美元以上，或近3年机电产品国际招标业绩累计在5 000万美元以上；

（4）中级职称及以上外贸专业人员、专职招标人员不得少于职工总数的60%。

乙级招标机构，可从事利用国内资金采购机电产品的国际招标业务。近3年机电产品国内招标业绩累计在3亿元人民币以上的招标机构可预申请乙级资格。当第一年机电产品国际招标业绩达到2 000万美元时，可正式申请乙级资格。

3. 资格审定

（1）商务部接到招标机构符合要求的资格申请后，在1个月内组织审核。对符合条件者，由商务部颁发《国际招标资格甲级证书》或《国际招标资格乙级证书》（以下简称证书）。证书自签发之日起生效，有效期3年。

（2）对预申请乙级资格的招标机构，经商务部审核认为符合条件的，颁发《国际招标资格乙级证书》，证书自签发之日起生效，有效期为1年。

一、课堂实训

【案例讨论】某工程项目，建设单位通过招标选择了一个具有相应资质的监理单位承担施工招标代理和施工阶段监理工作，并在监理中标通知书发出后第45天，与该监理单位签订了委托监理合同。之后双方又另行签订了一份监理酬金比监理中标价降低10%的协议。

在施工公开招标中，有A、B、C、D、E、F、G、H等施工单位报名投标，经监理单位资格预审均符合要求，但建设单位以A施工单位是外地企业为由不同意其参加投标，而监理单位坚持认为A施工单位有资格参加投标。

评标委员会由5人组成,其中当地建设行政管理部门的招投标管理办公室主任1人、建设单位代表1人、政府提供的专家库中抽取的技术经济专家3人。

评标时发现:

B施工单位投标报价明显低于其他投标单位报价且未能合理说明理由;

D施工单位投标报价大写金额小于小写金额;

F施工单位投标文件提供的检验标准和方法不符合招标文件的要求;

H施工单位投标文件中某分项工程的报价有个别漏项;

其他施工单位的投标文件均符合招标文件要求。

建设单位最终确定G施工单位中标,并按照《建筑工程施工合同(示范文本)》与该施工单位签订了施工合同。

根据本案例,以5个人为一个小组,讨论以下问题:

(1)指出建设单位在监理招标和委托监理合同签订过程中的不妥之处,并说明理由。

(2)在施工招标资格预审中,监理单位认为A施工单位有资格参加投标是否正确?说明理由。

(3)指出施工招标评标委员会组成的不妥之处,说明理由,并写出正确组成。

(4)判别B、D、F、H单位的投标是否是有效标,说明理由。

二、知识拓展

上网查找《招标投标法》案例的资料;查找关于"招标代理"、"委托招标代理合同"和"国际招标结构"的案例,并进行分析。以此熟悉与招标代理的有关知识。

单元小结

通过本单元的学习,掌握以下内容。

(1)建筑工程招标是招标人标明自己的目的,发出招标文件,招揽投标人并从中选择选定工程项目承包人的一种经济行为。

(2)建筑工程招标包括:建筑工程勘察设计招标、建筑工程监理招标、建筑工程施工招标和建筑工程物资采购招标等。

(3)建筑工程招标的主要条件是:

①按照国家有关规定已经履行审批手续;②工程所需资金或资金来源已经落实;③有满足招标需要的技术资料;④法律、法规规定的其他条件;⑤民事责任;⑥诉讼时效;⑦涉外民事关系如何适用法律。

(4)建筑工程招标方式分为公开招标和邀请招标。

(5)建筑工程招标的3个阶段及其工作内容。

①招标准备阶段。从办理招标申请开始,到发出招标公告或邀请招标函为止。这阶段的主要工作是:成立招标组织或者委托招标代理单位,项目报建,确定招标方式,发布招标公告或发送邀请招标函。

②招标阶段。从发布招标公告之日起到投标截止之日的时间段。这阶段的主要工作是:招标单位对投标单位进行资格预审,编制招标文件,编制标底,发放招标文件,组织现场

踏勘和招标答疑，接收投标文件。投标单位进行投标决策，编制投标文件和递交投标文件。

③决标成交阶段。从开标之日起到与中标人签订合同为止的时间段。这阶段的主要工作是：招标单位邀请所有投标单位参加开标，组织开标、评标，确定中标单位，发送中标通知书，与中标单位签订合同。

(6)建筑工程项目开标，是指投标人提交投标截止时间后，由招标人主持，邀请所有投标人参加。招标人依据招标文件规定的时间和地点，开启投标人提交的投标文件，公开宣布投标人的名称、投标价格及投标文件中的其他主要内容的活动。

(7)建筑工程项目评标，是由招标人依法组建的评标委员会对投标人编制的投标文件进行审查，并根据招标文件提供的评标办法对投标文件进行技术经济评价。向招标人推荐中标候选人或者根据招标人的授权直接确定中标人。

(8)建筑工程项目合同的签订。

①招标人和中标人应当自中标通知书发出之日起30日内，按照招标文件和中标人的投标文件订立书面合同。招标人和中标人不得再订立背离合同实质性内容的其他协议。

招标文件要求中标人提交履约保证金的，中标人应当提交。

②中标人应当按照合同约定履行义务，完成中标项目。中标人不得向他人转让中标项目，也不得将中标项目肢解后分别向他人转让。

(9)工程招投标代理是中介服务机构。在市场经济中，中介服务机构是指受当事人的委托，向当事人提供有偿服务，以代理人的身份，为委托方（即被代理人）与第三方进行某种活动的社会组织，如监理公司、造价师事务所、律师事务所、招投标代理等。

(10)建筑工程招标代理机构的权利。

①组织和参与招标活动；②依据招标文件的要求，审查和报送投标人的资质；③按规定标准收取代理费用，代理费用的收费标准一般按工程造价、标底、合同价或中标价的一定百分率确定；④招标人授予的其他权利。

(11)建筑工程招标代理机构的义务。

①遵守国家法律法规和方针政策；②维护委托的招标人的合法权益；③组织编制、解释招标文件，对代理过程中提出的技术方案、数据和分析计算、建议和决策等的科学性和正确性负责。

(12)工程招标代理机构的成立条件。

①有从事招标代理业务的营业场所和相应资金；②有能够编制招标文件和组织评标的相应专业力量；③有符合《招标投标法》规定条件、可以作为评标委员会成员人选的技术、经济等方面的专家库；④招标代理机构与行政机关和其他国家机关不得有隶属关系或者其他利益关系。

(13)工程招标代理委托合同。建筑工程招标代理委托合同是指建设单位（业主）为完成建筑工程的招标任务，委托招标代理单位，代理建设单位完成工程项目招标任务，为明确双方权利和义务而签订的服务性合同。

(14)工程招标代理委托合同的示范文本。示范文本是由协议书、通用条款和专用条款3个部分组成。

复习思考题

(1)建筑工程招标的含义是什么?

(2)建筑工程招标的范围和条件是什么?

(3)建筑工程招标的方式有哪些?简述各种招标方式的优缺点、区别和适用条件。

(4)什么叫议标?

(5)建筑工程招标的3个阶段及其工作内容包括哪些?

(6)建筑工程招标的基本程序是什么?

(7)招标文件的内容有哪些?

(8)对招标人的要求有哪些具体规定?

(9)投标人踏勘项目现场是指什么?

(10)建筑工程项目开标的概念是什么?

(11)建筑工程项目开标活动中无效标是如何规定的?

(12)建筑工程项目评标的概念是什么?

(13)评标委员会的组成、评标专家的条件是什么?

(14)建筑工程项目评标的程序有哪些?

(15)评标报告的内容有哪些?

(16)工程招标代理机构的性质、特征是什么?

(17)建筑工程招标代理机构的权利和义务是什么?

(18)工程招标代理机构的成立条件有何具体规定?

(19)申请工程招标代理机构的资格条件是什么?

(20)建筑工程招标代理委托合同是指什么?工程招标代理委托合同的示范文本由哪几个部分组成?

单元四　建筑工程设计招标

内容提要

建筑工程设计项目采用招标、投标制度充分体现了我国建设市场的公平竞争,对有效利用资源,最大限度发挥项目效益起到关键性作用。本单元的内容主要从建筑工程设计招标概述、建筑工程投标人资格审查、建筑工程设计招标文件的编制和建筑工程设计招标的开标、评标、定标这 4 个方面展开,介绍建筑工程设计招投标的主要内容。

教学目标

了解建筑工程设计的主要内容;了解建筑工程设计公开招标和邀请招标的主要区别;掌握建筑工程设计招标的范围;了解资格审查的主要内容;掌握招标文件的内容及招标文件编制的方法;掌握建筑工程设计招标开标、评标及定标的工作流程;熟悉建筑工程设计招标评标时主要的评审内容。

项目一　建筑工程设计招标概述

教学目标

- 了解建筑工程设计的主要内容。
- 掌握建筑工程设计招标的范围。
- 掌握建筑工程勘测设计招标的方式及应具备的条件。
- 了解公开招标和邀请招标的主要区别。

能力标准及要求

• 能够正确把握建筑工程设计招标的范围,按照工程特点选择合适的招标方式,培养学生组织进行建筑工程设计招标的能力。

一、基础知识

(一)建筑工程设计概述

从勘测设计开始,建筑工程项目将进入实施阶段。工程勘测是对项目的建设地点的地形、地质、水文、道路条件进行勘测,为工程设计提供基本资料。工程设计是在批准的场地范围内对拟建工程进行详细规划、布局、设计,以保证实现项目投资的各项经济、技术指标。勘测设计是工程建设过程中的关键环节,建筑工程进入实施阶段的第一项工作是工程勘测设计招标。勘测设计质量的优劣对工程建设是否顺利完成起着至关重要的作用。以招标的方式委托勘测设计任务,是为了使设计技术和成果作为有价值的技术商品进入市场,打破地区、部门的限制,促使设计单位优化管理、采用先进的技术,更好地完成各种复杂的工程勘测设计任务,从而降低工程造价、缩短工期和提高投资效益,所以勘察设计招标与投标对工程建设来说是十分必要的。

设计是基本建设的重要环节。在建设项目已完成可行性研究和选址已定的情况下,设计对于建设项目技术上是否先进和经济上是否合理起着决定性的作用。设计文件是安排建设计划和组织施工的主要依据。

(二)建筑工程设计的主要内容

一般建设项目(包括民用建筑)按初步设计和施工图设计两个阶段进行设计。对于技术复杂而又缺乏经验的项目,主管部门指定需增加技术设计阶段。对一些大型联合企业、矿区和水利水电枢纽,为解决总体部署和开发问题,还需要进行总体规划设计或总体设计。此外,市镇的新建、扩建和改建规划以及住宅区或商业服务区的规划,就其性质而言也属于设计范围。

1. 总体规划设计

总体规划设计需能满足初步设计的开展、主要大型设备和材料的预先安排以及土地征用准备工作的要求。其内容应包括下列文字说明和必要的图纸:①建设规模;②产品方案;③原料来源;④工艺流程概况;⑤主要设备配置;⑥主要建筑物和构筑物;⑦公用及辅助工程;⑧“三废”治理和环境保护方案;⑨占地面积估计;⑩总图布置及运输方案;⑪生产组织概况和劳动定员估计;⑫生活区规划设想;⑬施工基地的部署和地方材料的来源;⑭建设总进度及进度配合要求;⑮投资估算。

2. 初步设计

如有总体规划设计,初步设计应在其原则指导下进行,并满足以下各方面的要求:①设计方案选优;②主要设备、材料订货及生产安排;③土地征用;④基建投资的控制;⑤施工图设计的进行;⑥施工组织设计的编制;⑦施工准备和生产准备。

为此,其主要内容一般应包括下列说明和图纸:①设计的依据;②设计的指导思想;③建设规模;④产品方案;⑤原料、燃料、动力的用量和来源;⑥工艺流程;⑦主要设备选型及配置;⑧总图和运输方案;⑨主要建筑物和构筑物;⑩公用和辅助设施;⑪主要材料用量;⑫外部协作条件;⑬占地面积和场地利用情况;⑭“三废”治理和环境保护措施及评价;⑮生活区建设;⑯抗震和人防设施;⑰生产组织和劳动定员;⑱主要技术经济指标反分析;⑲建设顺序和期限;⑳总概算等。

3. 技术设计

技术设计是为了解决在初步设计阶段无法解决的某些重大或特殊项目的某些技术问题而进行的。这些问题主要有:①特殊工艺流程方面的试验、研究和确定;②新型设备的试验、试制及确定;③大型建筑物和构筑物的某些关键部位的试验研究和确定;④某些技术复杂、需慎重对待的问题的研究和方案的确定等。

4. 施工图设计

施工图设计的内容主要是依据批准的初步设计和技术设计,绘制出正确、完整和尽可能详尽的建筑、安装施工图纸,使各有关方面能据以安排设备和材料的订货、制作各种非标准设备、编制施工图预算以及安排施工。

5. 设计概(预)算

设计概(预)算的编制也属于设计工作的内容。作为设计文件组成部分的概(预)算是考核设计方案的经济性、编制基本建设计划、核定投资包干额以及制定招标标底的依据。

(三)建筑工程设计招标承包范围

一般工程项目的设计分为初步设计和施工图设计两个阶段进行,对于技术复杂而又缺乏设计经验的项目,可根据实际情况在初步设计阶段后增加技术设计阶段。招标单位可以将某一阶段的设计任务或几个阶段的设计任务通过招标的方式,委托选定的设计单位实施。

招标单位应根据工程项目的具体特点决定发包的范围。实施勘察、设计招标的工程项目,可采取设计全过程总发包的一次性招标,也可以在保证整个建设项目完整性和统一性的前提下,采取分单项、分专业的分包招标。经招标单位同意,中标单位也可以将初步设计和施工图设计的部分工作分包给具有相应资质条件的其他设计单位,其他设计单位就其完成的工作成果与总承包方一起向发包方承担连带责任。

勘测任务可以单独发包给具有相应资质条件的勘测单位实施,也可以将其工作内容包括在设计招标任务中。通过勘测工作取得的工程项目建设所需的技术基础资料是设计的依据,直接为设计服务,必须满足设计的要求,因此,勘测任务包括在设计招标的发包范围内,由具有相应能力的设计单位来完成或由其再去选择承担勘测任务的分包单位,对招标单位较为有利。与为勘察、设计两个合同的分承包相比,勘察、设计总承包的优点在于,不仅在履行合同的过程中业主和监理单位可以摆脱两个合同实施过程中可能遇到的协调义务,而且可以使勘测工作直接根据设计需要进行,以更好地满足设计对勘测资料精度、内容和进度的要求,必要时可进行补充勘测。

(四)建筑工程设计招标的方式及应具备的条件

1. 设计招标的方式

设计招标与施工招标、材料供应招标、设备采购招标等项目实施阶段其他工作的招标方式不同,具有其独特之处。设计招标的承包任务是承包者将建设单位对建设项目的设想转变为可实施的蓝图,而施工招标则是根据设计的具体要求,去完成规定的施工任务。因此,勘测设计招标文件对投标者提出的要求不是很具体,而是简单介绍工程项目的实施条件、应达到的技术经济指标、总投资限额、进度要求等。投标者根据相应的规定和要求分别报出工程项目的设计构思方案、实施计划和工程概算;招标单位通过开标、评标等程序对所有方案进行比较后确定中标单位,然后由中标单位根据预定方案去实现。勘察设计招标与其他项目招标的主要区别表现在以下几个方面。

(1)招标文件的内容不同。勘察设计招标文件中仅提出设计依据、工程项目应达到的技术经济指标、项目限定的工作范围、项目所在地基本资料、要求完成的时间等内容,没有具体的工作量要求。

(2)对投标书编制的要求不同。投标者的投标报价不是按具体的工程量清单填报单价后算出总价,而是首先提出设计、构思、初步方案,阐述该方案的优点和实施计划,然后在此基础上提出投标报价。

(3)开标方式不同。开标时不是由招标单位按各投标书的报价高低去排定标价次序,而是由各投标人自己说明其勘察设计方案的基本构思、意图以及其他实质性内容,并不排定标价顺序。

(4)评标原则不同。评标时不过分追求工程项目的报价高低,而是更多地关注设计方案的技术先进性、合理性,所达到的技术经济指标以及对工程项目投资效益的影响。

设计招标可采用公开招标方式,即由招标单位通过报刊、广播、电视等媒体公开发布招标广告;也可以采用邀请招标方式,即由招标单位向有能力的、具备资质条件的勘测设计单位直接发出招标通知书,邀请招标必须在3个以上的投标单位中进行。

一般的民用建筑或中小型工业项目都采用通用的规范设计,为了提高设计水平,可以选取打破地域和部门界限的公开招标方式。而对于专业性较强的大型工业建筑设计,限于专业特点、生产工艺流程要求以及对目前国内外先进技术的了解等方面的要求,只能在行业内的设计单位中通过邀请招标的方式选择投标单位。对于少数特殊工程或偏僻地区的小工程,一般设计单位不愿意参与竞争,可以由项目主管或当地政府指定投标单位,以议标的方式委托设计单位。

2. 设计招标应具备的条件

按照国家颁布的有关法律、法规,勘测设计招标项目应具备如下条件。

(1)具有经过审批机关批准的设计任务书或项目建议书。

(2)具有国家规划部门划定的项目建设地点、平面布置图和用地红线图。

(3)具有开展设计必需的可靠的基础资料,包括:建设场地勘测的工程地质、水文地质初步勘测资料或有参考价值的场地附近的工程地质、水文地质详细勘测资料;水、电、燃气、供热、环保、通信、市政道路等方面的基础资料;符合要求的勘测地形图等。

(4)成立了专门的招标工作机构,并有指定的负责人。

(5)有设计要求说明等。

(五)业主或相关单位的权力

按照建设项目实行项目法人负责制的原则,建设单位作为投资责任者和业主享有以下权利。

(1)有权按照法定程序组织工程设计招标活动。

(2)有权按照国家有关规定,选择招标方式、确定投标单位,公正主持投标工作,确定中标者。

二、课堂实训

模拟某建筑工程项目设计招标公告的发布。

以某一建筑工程设计项目为例,将招标公告内容补充完整,并分析:①工程项目设计的要求;②该工程项目的特点;③对工程项目设计单位的要求。

1. 目的

(1)熟悉建筑工程设计招标的范围。

(2)掌握建筑工程设计招标的方式。

2. 环境要求

以某一工程项目为模拟对象,工程资料由实训指导教师提供。

3. 能力标准及要求

要求学生掌握建筑工程项目设计招标的方式。

4. 步骤提示

根据下述招标公告样本,以5个人为一个小组,根据具体工程项目的设计要求,将招标公告内容补充完整。

5. 注意事项

由指导教师补充工程资料,并总结此次模拟训练各组学生的表现、存在的问题和改进的措施。

6. 讨论与训练题

(1)分析工程建设项目设计招标的一般要求。

(2)分析工程建设项目设计招标方式的确定。

招标公告

1. 招标条件

本招标项目________(项目名称)已由________(项目审批、核准或备案机关名称)以________(批文名称及编号)批准建设,项目业主为________,建设资金来自________(资金来源),招标人为________。项目已具备招标条件,现对该项目的________进行________招标。

2. 项目概况

2.1. 项目名称:________;

2.2. 建设地点:________;

2.3. 工程建设规模:________;

2.4. 投资总额:人民币________万元。

2.5. 招标类型:设计招标________;

2.6. 招标范围和内容

2.6.1. 招标范围:________(建筑安装工程、室外工程、装修工程等);其中包括________(建筑智能化工程、幕墙工程、钢结构工程、消防设施工程和环境工程等)专业工程施工图设计。

2.6.2. 内容:________(工程勘察、方案设计、施工图设计、编制竣工图)。

2.7. 计划开工日期及建设周期:________。

3. 投标人资格要求及审查办法

3.1. 本招标项目要求投标人具备________资质;本招标项目发包内容不包含勘察。省外企业必须按照________的规定将企业信息及拟派本项目执业注册设计人员办理登记备案工作。

3.2. 投标人拟担任本招标项目的设计负责人应具备有效的不低于________级注册建筑师执业证书。

投标人拟担任本设计项目负责人应具备1项类似项目设计业绩;投标人应具备________项类似项目设计业绩。类似工程业绩是指(下同):自本招标公告发布之日的前________年内(以施工图审查合格日期为准,不含发布招标公告当日)完成设计的并经施工图审查合格的________。

3.3. 投标人其他主要设计人员要求以及资格审查的其他条件要求的具体内容见招标文件。

3.4. 本招标项目招标人对投标人的资格审查采用的方式:________。

4. 获取招标文件

4.1. 凡有意参加投标者，请于______年______月____日至______年______月____日(法定公休日、法定节假日除外)，每天上午____时____分至____时____分(北京时间，下同)，下午____时____分至____时____分到____________购买招标文件(含资格审查文件)；或登陆________网进行网上报名，并从网上下载招标文件(含资格审查文件)。

4.2. 招标文件(含资格审查文件)每份售价____元，售后不退。

5. 评标办法

本招标项目采用的评标办法：__________。

6. 投标保证金的提交

6.1. 投标保证金提交的时间：______；

6.2. 投标保证金提交的方式：______；

6.3. 投标保证金提交的金额：______。

7. 投标文件的递交

7.1. 递交资格预审文件的截止时间：____年____月____日____时____分，提交地点为____________________；

7.2. 在递交资格预审文件时，投标人拟担任的设计项目负责人必须持注册建筑师执业证书和身份证到场验证登记。如设计项目负责人因故不能出席的，可以由该投标单位技术负责人代替(须持单位资质证书和个人身份证到场验证登记)。

7.3. 逾期送达的或未送达指定地点的或不符合规定要求的资格审查文件，招标人不予受理。

8. 费用

8.1. 按国家现行有关规定计取。

8.2. 对第二至第五名的中标候选人，招标人含税一次性给予每家各____万元的经济补偿。

9. 联系方式

招标人：________________；

地址：________________，邮编：________；

电话：____________；

联系人：____________。

投标保证金银行账号：

开户银行：__________________；

账户名称：__________________；

账号：____________________。

交易中心名称：____________，电话________；

地址：______________________。

三、知识拓展

关于"概念招标"的几点认识

1."概念招标"的出处

自《招标投标法》颁布实施以来，设计招标制度在工程设计中逐渐被推广和普及，但对设计的招投标业内一直存在着各种不同的看法，在实际操作中也有不少问题需要重新认识和解决。建设部颁发的《建筑工程设计招投标管理办法》第十一条和第十三条中提到"进行概念招标"。

2.设计招标与方案竞选的关系

目前在设计招标中有这样两个概念，一个是招投标，一个是方案竞选。"招投标"本意是报价，而在设计招标的过程中不像施工或其他采购招标是为了选择一个合理的价格，而是要选择一个合适的方案，因此设计招标实质上就是选方案。而方案竞选的概念则比较明确，就是为了取得一个好的方案，表面看起来两者并无不同，但关键在于其最终目的仅仅是为了方案，还是要选一家设计单位。目前的有关法规中其实两种做法都有，但没有特别说明的情况下，默认的是选择合同约定方即直接选中设计单位。如此说来，在设计行业，招投标的含义就是通过设计方案的选择来发包设计任务。方案竞选前面提到一般情况下，也是为了发包设计任务，但也可以是只选方案，不选设计单位。

3.概念招标的引出

时下愈演愈烈的招标就等于是效果图、模型竞赛，更有甚者，还要加上动画、演示、甚至虚拟技术，如果这些都是在做工程的过程中用的，那也算物有所值，可是这些不过仅仅用来参加投标，还没有与业主进行过充分的沟通，对工程本身还缺乏透彻的了解，就花这样的代价是太浪费了，何况中标之后，方案改掉大部分也是情理之中的。所以评选的结果就变成了谁的表现图画得漂亮，设计文本制作漂亮，模型精细，谁中标的可能性就大，这样一来，投标的成本是越来越大，而方案的深度其实并没有多深。为了去其浮华，存其精髓，以方案构思和对项目及其基地的理解来投标，既可以选到好概念，又大大节约成本，何乐而不为？另一方面，目前设计院参与工程的情况大多是这样的：在业主的用地计划批准之后，就开始请设计院或咨询公司来做前期的调研、策划和咨询，做建筑规划用地方案，这个阶段里，因为设计单位与业主方有了充分的交流，对项目概念性方案已经有了比较一致的认识。因为有了前面的合作，最后一般也就由这家设计院承担了。

这实际上就产生了概念招标——通过设计概念来选定设计单位。因为这个过程没有经过严格的招投标程序。尽管目前这种方式还不合法，但实际上正是概念招标所倡导的。

4.设计招标应分两步走

按现在的规定，业主不能直接发包设计任务，不管设计单位在前期有没有介入，介入多深，业主还得根据规定重新招标，请更多的设计单位重新做方案，最终确定中标单位。其实对不论业主还是已先参与设计的单位都是不公平的。因为设计院的前期工作基本上没有什么另外的报酬，设计单位高价雇用"枪手"的现象很严重，有时中标的单位根本没有能力履行合同，经过几番折腾，工程的工期和质量都会大打折扣，业主也要遭受很多方面的损失。

5.概念招标简化设计发包

由于概念招标是通过设计概念而选定设计单位，因此，对设计单位的技术实力和社会信誉的要求比较高，相对而言，方案倒在其次，只要有能力，设计概念又与业主的要求和想法相吻合，下一步的合作就有了坚实的基础。由于概念招标设计单位在前期只需要拿出一个有创意的方案构思，对投标文件中方案设计深度一般要求不深，更没有必要花大的成本做漂亮的表现图和设计文本，只要能表达出方案设计构思、特点即可。这样投标成本和招标成本可以大大降低招标活动所需，周期也可大为缩短。即使招标人在对获取方案均不满意时，也比较易于进行多轮方案选择，不会过多增加招标成本和延长招标时间。

项目二 建筑工程投标人资格审查

教学目标

- 了解资格审查的主要内容。
- 掌握资格预审文件的基本组成。
- 掌握资格预审的基本程序。
- 了解资格审查中对潜在投标人基本条件的审查。

能力标准及要求

- 能够根据招标文件内容和项目特点选择相应资格审查方式并进行审查。
- 能够根据我国《招标投标法》及相关法规正确编制资格审查文件。

一、基础知识

（一）工程勘察设计招标资格审查

招标项目的投标人应当具有承接该项目的能力，这是保证项目中标后，中标人能够切实履行合同义务。资格审查是对潜在投标人或投标人的实力、经验、业绩和信誉作出限定并实行审查，目的是为了在招标投标过程中，剔除资格条件不适合承担（或履行）合同的潜在投标人或投标人。

潜在投标人，是指知悉招标人公布的招标项目的有关条件和要求，有兴趣并愿意参加投标竞争的人，对潜在投标人的资格进行审查，既是招标人的一项权利，也是大多数招标活动经常采取的一道程序，这个程序的采取，对保证招标人的利益，促进招标活动的顺利进行，具有重要意义。

采取资格审查程序，对复杂的或高价值的招标项目特别有用，甚至对于价值较低但技术复杂或高度专业化的招标项目，也是非常有帮助的。资格审查，可以缩减招标人评审和比较投标文件的数量，另外，资信较好、能力较高的投标人，更愿意和信誉好、资格相当的投标人同场竞争，以显示自己的实力。因此，资格审查程序，也是那些资信较好、能力较高的潜在投标人决定是否参加投标的一个重要条件。

是否进行资格审查及资格审查的要求和标准，招标人应在招标公告或投标邀请书中载明，这些要求和标准应平等地使用于所有的潜在投标人和投标人，招标人不得规定任何不合理的标准、要求或程序，不能故意提高对技术标准、资质等级的要求，排斥潜在投标人，招标人也不得制定或规定一些歧视某一特定投标人或某些投标人的标准、要求或程序。前者会限制或排斥投标人，后者会给投标人以不公平的待遇，最终也会限制竞争。

建筑工程勘察设计招标投标活动参照国际惯例，并借鉴建筑工程施工招投标比较成功的做法,实行资格审查制度。资格审查制度分为资格预审和资格后审。公开招标的,实行资格预审;邀请招标的,实行资格后审。无论是资格预审和资格后审,都是主要审查潜在投标人或投标人是否符合下列条件。

(1)具有独立订立合同的权利。

(2)具有圆满履行合同的能力,包括专业、技术资格和能力、资金、设备和其他物质设施状况,管理能力,经验、信誉和相应的工作人员。

(3)近5年内没有与工程勘察设计质量有关的诉讼案件或严重的违法行为。此外,如果国家对投标人的资格条件另有规定的,招标人必须依照其规定,不得与这些规定相冲突或低于这些规定的要求。

工程勘察设计招标人应当在资格预审文件或投标邀请书中载明资格审查的条件、标准和方法,资格审查的条件、标准和方法不得损害潜在投标人或投标人的商业秘密。建筑工程勘察设计招标人应当按照资格预审公告或投标邀请书中载明的要求和标准,对提交资格审查证明文件和材料的潜在投标人或投标人进行审查,资格审查结果应当及时告知资格预审申请人或投标人。

(二)工程勘察设计招标资格预审

1. 建筑工程勘察设计公开招标实行资格预审

资格预审是招标人在发布招标公告后,发出投标邀请书前,对资格预审申请人的资质、信誉、业绩和能力的审查。实行资格预审的目的是审查确定资格预审申请人是否有能力承担招标项目,履行相应的合同义务。通过资格预审,初选一批经验丰富,人员要求、技术能力、财务能力等方面具备承担招标项目(或合同段)工作资格的潜在投标人,将投标竞争者的数量缩小到合理的范围。既能使招标人对潜在投标人心里有数,也有利于简化评标工作,同时,还可以避免一些不具备资格的投标人在投标过程中浪费人力、物力和财力。

2. 招标人对所有的资格预审申请人一视同仁

招标人应当在资格预审文件中载明资格预审的条件、标准和方法,并对所有的资格预审申请人一视同仁,包括给出较为宽裕的时间范围。招标人向资格预审合格的资格预审申请人发出投标邀请书,发售招标文件,并同时向资格预审不合格的资格预审申请人告知资格预审结果。凡是资格预审合格的资格预审申请人都应当被允许参加投标,招标人不得以抽签、摇号等不合理条件限制或者排斥资格预审合格的潜在投标人参加投标。

3. 资格预审的主要内容

资格预审应当包括资格预审申请人的基本情况、项目组织机构与质量保证框架、资格预审申请人近5年内已完成的项目情况、目前正在承担的项目情况,拟安排的项目负责人和分项负责人,近5年内介入工程勘察设计质量有关的诉讼案件和近10年内获奖、通报批评的有关情况等。一般的资格预审主要包含3个方面的内容。

1)资质审查

资质审查主要是检验投标人的资质等级和可承接项目的范围,检查申请投标单位所持有的勘测和设计资质证书等级是否与拟建工程项目的级别相一致,不允许无资格证书单位或低资格单位越级承担工程勘测、设计任务。审查的内容包括以下3个方面。

(1)证书的种类。国家和地方主管部门颁发的资格证书分为工程勘测证书和工程设计证书两种。如果勘测任务合并在设计招标中,申请投标人必须同时拥有两种证书。仅持有工程设计证书的单位可联合其他持有工程勘测证书的单位,以总包和分包的形式共同参加投标,资格预审时同时提交总包单位的工程设计证书和分包单位的工程勘测证书。

(2)证书的级别。我国工程勘测或设计证书各分为甲、乙、丙、丁4级,不允许低资格单位承接高等级工程的勘测设计任务。各级证书的适用范围如下:

①持有甲级证书的单位,可以在全国范围内承接大、中、小型工程项目的勘测或设计任务;

②持有乙级证书的单位,可以在本省、市范围内承接中、小型工程项目的勘测或设计任务,申请跨省、市承揽勘测或设计任务时,须经过项目所在地省、市级勘测、设计主管部门批准;

③持有丙级证书的单位,允许在本省、市范围内承担小型工程项目的勘测或设计任务,申请跨省、市承揽勘测或设计任务时,应当持项目主管部门出具的证明,报项目所在地省、市级勘测和设计主管部门批准;

④持有丁级证书的单位,只能在单位所在地的市或县范围内承担小型简单工程及零星工程项目的勘测或设计项目。

(3)证书规定允许承接任务的范围。尽管申请投标单位所持证书的级别与工程项目的级别相适应,如果工程项目的勘测或设计任务有较强的专业性要求,还需审查证书规定的允许承揽工作范围是否与项目的专业性质相一致。工程设计资格按归口部门分为电力、轻工、建筑工程等28类行业;工程勘测资格又分为地质勘察、岩土工程、水文地质勘测和工程测量4个专业。

申请投标单位所持有的证书在以上3个方面中有任何一项不合格,该单位应被淘汰。

2)能力审查

能力审查包括对投标单位设计人员的技术力量和所拥有的技术设备两方面的审查。考察设计人员的技术力量主要看设计负责人的资质能力和各类设计人员的专业覆盖面、人员数量、各级职称人员的比例等是否满足完成工程设计任务的需要。审查设备能力主要看开展正常勘测或设计任务所需的器材和设备,在种类、数量方面是否满足要求,不仅看其拥有量,还应考察其完好程度和在其他工程上的占用情况。

3)经验审查

通过审查投标者报送的最近几年完成的工程项目设计一览表,包括工程名称、规模、标准、结构形式、设计期限等内容,评定其设计能力和设计水平。侧重考察已完成的设计项目与招标工程在规模、性质、形式上是否相适应,即判断投标者有无此类工程的设计经验。

招标单位如果关注其他问题,可以要求投标单位报送有关材料,作为资格预审的内容。资格预审合格的申请单位可以参加设计投标竞争。对不合格者,招标单位也应及时发出通知。

实行资格预审的不再进行资格后审,但招标文件另有规定的除外。

(三)工程勘察设计招标资格后审

建筑工程勘察设计邀请招标的,实行资格后审。资格后审是招标人在收到被邀请的投标人的投标文件后,对投标人的资质、信誉、业绩和能力的审查。

资格后审是在投标后对投标人进行的一种资格审查。资格后审的内容与资格预审的内容大致相同。招标人应当在招标文件中加入资格审查的内容,如资格要求的条件、标准和方法等，投标人在提交投标文件的同时报送资格审查资料，评标委员会在正式评标前，先对投标人进行资格审查，对资格审查合格的投标人再进行评标，淘汰资格不合格的投标人，不对其进行评标。实行资格后审，可以省去需要资格预审的时间，简化了招标程序，缩短了招标时间，节约了招标费用。

（四）建筑工程勘察设计招标资格预审工作程序

资格预审的工作程序如下。

（1）编制资格预审文件。

（2）发布资格预审公告。

（3）资格预审申请人编写资格预审申请书，提交资格预审申请书。

（4）对资格预审申请人进行资格审查。

（5）向合格的资格预审申请人发售招标文件。

（五）建筑工程勘察设计招标资格预审文件编制

1. 资格预审文件

1）资格预审公告

目前，在建筑工程勘察设计招标中，招标人通常采用的是资格预审制度，并且专门发布资格预审公告。建筑工程勘察设计招标资格预审公告一般应包括：①招标人的名称和地址；②招标项目概况（建设规模、技术标准、招标范围）；③招标项目勘察设计周期安排；④对资格预审申请人的资格、经验要求；⑤获取资格预审文件的方法、地点和时间；⑥对资格预审文件收取的费用；⑦提交资格预审申请书的地点和截止时间。

2）资格预审申请人须知

资格预审申请人须知主要说明资格预审方式、对以联合体形式申请资格预审的规定、资格预审申请书的签署和提交、资格预审的方式、资格预审文件组成的符合性要求和通过资格预审文件、通过符合性检查的条件等。

3）资格预审申请书组成

（1）资格预审申请提交信。资格预审申请人在提交资格预审文件时，应同时将资格预审申请提交信提交给招标人，以声明提交的资格预审文件内容完整、真实和准确。

（2）授权书。若法定代表人签署资格审查文件，则不需要提交授权书，若法定代表人授权其他人签署资格预审文件，则必须提交授权书。授权人和被控权人应在授权书上签字，但不需要公证。

（3）联合体协议书。这是参加投标的联合体各方共同签署的法律文件。该协议书中必须明确主办方和成员方以及各自的责任、义务。

（4）资格预审申请表。此表主要包括是对资格预审申请人的人员和经验的强制性资格标准、资格预审申请人的基本情况、项目组织机构、已完成和正在完成的项目情况、拟安排的项目负责人和分项目负责人资历表和资格预审申请人其他资料表。

（5）资格预审申请人的基本情况。

这包括资格预审申请人的基本情况、项目组织机构情况、已完成和正在完成的项目情况、拟安排的项目负责人和分项目负责人资历表和资格预审申请人其他资料表。

填报资格预审申请人的基本情况表，是调查资格预审申请人的信誉情况，主要指资格预审申请人在过去合同的履约能力、完成工作的质量评价以及在以往执行合同中有无违约、毁约、索赔和诉讼等历史记载。

招标人通过审查资格预审申请人过去完成的工程和业主的评价(要有业主证明材料),可以了解该投标人过去的业绩,如果业主了解到目前企业素质下降、管理混乱、经营亏损,或者投标人虚报业绩,招标人有权不通过其投标资格。但是,对于资格预审申请人正在进行的工程勘察设计工作,业主可能由于工作尚未结束,不愿提供其工作业绩证明,这时招标人可要求投标人提供中标通知书是否属实的相关证明资料,并从其他方面了解和证实资格预审申请人的实际情况。

因时间有限,澄清资料可能受到限制,在已接受的资料准确性方面,业主的判断也可能有误差,因此,在评标阶段,要仔细核证,尤其对综合评分第一的投标人,要作适当的核证。

2. 资格预审文件的编制时间

招标人应当合理确定资格预审文件的编制时间,自资格预审公告或招标公告发布之日起至资格预审申请人(潜在投标人)提交资格预审文件截止时间,不得少于14日。

3. 资格预审文件的发售

招标人应当按照资格预审公告或者招标公告规定的时间、地点出售资格预审文件。自资格预审文件出售之日起至停止出售之日止,最短不得少于5个工作日。

招标人在刊登资格预审公告或招标公告出售资格预审文件时,应在时间上考虑刊登公告所需要的时间和资格预审申请人(潜在投标人)所需要的时间,同时,还应当考虑招标项目的具体特点和合同的规模及复杂程度,使资格预审申请人(潜在投标人)不因时间的限制而被排除。以往,有的招标人为了规避招标,采取了在周末刊登资格预审公告或招标公告出售资格预审文件的方式,甚至有的出售资格预审文件的时间只有一天,资格预审文件出售时间过短,大大限制了资格预审申请人(潜在投标人)获得招标信息,挫伤了投标积极性,限制了招标的竞争力。规定资格预审文件出售时间最短不得少于5个工作日,这考虑了招标项目的具体特点、合同规模及复杂程度,便于资格预审申请人(潜在投标人)有足够的时间来获取招标信息;避免招标人利用不正当手段来限制资格预审申请人(潜在投标人)的投标,为资格预审申请人(潜在投标人)对招标项目是否投标留有考虑和准备的时间;保证投标人不因时间、交通条件等限制因素而被排除。

二、课堂实训

模拟某建筑工程设计招标,编写资格审查申请和资格审查公告。

以某一建筑工程设计招标项目为例,将下列资格审查相关文件申请补充完整。分析:①工程项目设计的基本要求;②该工程项目的特点;③对设计单位的具体要求。

1. 目的

(1)熟悉建筑工程设计招标资格预审的目的。

(2)掌握建筑工程设计招标的资格预审公告的编写。

2. 环境要求

以某一工程项目为模拟对象,工程资料由实训指导教师提供。

3. 能力标准及要求

要求学生掌握建筑工程项目设计招标资格审查公告的发布。

4. 步骤提示

以5人为一组,分析工程项目的设计要求,将下述资格审查文件申请补充完整,并据此编写一份资格审查公告(可以模仿知识拓展的样本编写)。

5. 注意事项

由指导教师补充工程资料,并总结此次模拟训练各组学生的表现、存在的问题和改进的措施。

6. 讨论与训练题

(1)针对具体的建筑工程设计招标项目讨论进行资格审查的要求。

(2)模拟训练该建筑工程设计招标资格审查的工作流程。

附:资格审查申请函

致:________________________(招标人)

在研究并充分理解____________________工程勘察设计招标公告后,根据本企业的资质、技术力量、管理能力与特点,我方(即文末签名人)现申请参加本工程勘察设计招标符合性审查。

按照招标公告的要求,我们向贵单位递交符合性审查申报资料,以便贵单位审查。

我方承诺,所呈报的符合性审查申报资料全部内容是真实的、有效的、准确的,并理解和同意有可能被要求提供更多的资料。

我们理解招标人有权拒绝不符合审查条件的申请,且无须作任何解释与承担任何责任。

我们理解并遵从招标人的招投标活动时间安排且无须做任何解释,并不作任何投诉。

申请单位联系人:

联系电话:

电子信箱:

单位地址:

邮政编码:

申请单位名称(盖章):

法定代表人(签字或盖章):

授权委托人(签字或盖章):

签署时间:　　年　　月　　日

拟委派担任本工程设计项目负责人简历表

<table>
<tr><td>姓名</td><td colspan="2"></td><td>性别</td><td></td><td>年龄</td><td></td></tr>
<tr><td>职务</td><td colspan="2"></td><td>职称</td><td></td><td>学历</td><td></td></tr>
<tr><td>参加工作时间</td><td colspan="3"></td><td colspan="2">从事设计项目负责人年限</td><td></td></tr>
<tr><td colspan="7">已完工程项目情况</td></tr>
<tr><td colspan="2">项目名称</td><td>建设规模</td><td>开/竣工日期</td><td>担负的技术职务</td><td colspan="2">获奖情况</td></tr>
<tr><td colspan="2"></td><td></td><td></td><td></td><td colspan="2"></td></tr>
<tr><td colspan="2"></td><td></td><td></td><td></td><td colspan="2"></td></tr>
</table>

拟委派担任本工程项目主要勘察设计人员表

名称	姓名	职务	职称	主要资历、经验及承担过的项目
各专业主要勘察设计人员				

三、知识拓展

京秦高速公路迁西支线项目勘察设计招标资格预审公告

招标编号:HBAH090401 109 010 104 - KSSC

京秦高速公路迁西支线项目(以下简称“本项目”)已由河北省发展和改革委员会以冀发改交通〔2009〕165号文件批准建设。项目业主为唐山市交通开发总公司,建设资金来自业主自筹及国内银行贷款。项目已具备招标条件,现对本项目勘察设计进行公开招标,特邀请有兴趣的潜在投标人(以下简称“申请人”)提出资格预审申请。

1. 项目概况与招标范围

1.1 建设规模及技术标准

项目起点位于唐山市迁西县城西北出口,向南经新庄子、张庄子、椅子山等,终点位于京秦高速公路,全长约42.7 km,其中迁西境内长14.33 km,丰润境内长19.071 km,滦县境内长9.299 km。项目估算总投资约22.45亿元。

采用双向四车道标准建设,设计时速为100 km/h,路基宽度设置为26 m,桥涵设计荷载均为公路-Ⅰ级。

同期建设连接线一条,连接线全长10.433 km,采用二级公路标准建设,设计时速为60 km/h,路基宽度10 m。

1.2 招标范围

(1)本项目的所有勘察(航测除外)和设计工作,包括公路工程(含主线的路线、路基、路面、桥涵、互通立交及连接线工程等)、交通工程(交通安全设施、监控系统、通信系统及收费系统等)、绿化工程、房建工程等勘察设计工作。

(2)包括本项目的勘察(航测除外)、初步设计和施工图设计、概预算文件编制,施工招标时所需的图纸、技术规范、工程量清单以及后续服务等。

(3)其中第一合同段申请人负责全线总体勘察设计文件汇总、上报和协调工作。

2. 合同段划分

本次勘察设计招标分3个合同段,内容见下表。

合同段	起讫点	长度(km)	勘察设计内容
一	迁西县西北口至京秦高速公路	42.7	本项目公路工程(含主线的路线、路基、路面、桥涵、隧道、互通立交及连接线工程等)、房屋建筑工程(收费站、服务区、管理处、养护工区等)的勘察和设计等工作
二	迁西县西北口至京秦高速公路	42.7	本项目全线绿化工程的设计工作
三	迁西县西北口至京秦高速公路	42.7	本项目交通安全设施、监控系统、通信系统、收费系统的设计工作

3. 申请人的资格要求

3.1　资质要求

合同段	资质要求
一	具备工程勘察综合类甲级、公路行业公路工程设计甲级和建筑行业建筑工程设计乙级及以上资质,均不含暂定资质
二	具备市政公用行业(含风景园林)设计乙级及以上资质,不含暂定资质
三	具备公路行业交通工程设计甲级资质,不含暂定资质

3.2　每个申请人只允许对本项目勘察设计招标其中一个合同段提出资格预审申请。

3.3　每个申请人可同时对本项目勘察设计合同段和勘察设计监理、审查合同段提出资格预审申请,但只能中一个合同段。(勘察设计监理、审查合同段内容详见本项目勘察设计监理、审查资格预审公告。)

3.4　第一合同段申请人可以独立申请,也可以联合体形式申请,但联合体主办人要求具备工程勘察综合类甲级及公路行业公路工程设计甲级资质。第二、三合同段不接受以联合体形式提出的资格预审申请。

3.5　具有投资参股关系的关联企业,或具有直接管理和被管理关系的母子公司,或同一母公司的子公司,或法定代表人为同一个人的两个及两个以上法人,不得同时对同一合同段提出资格预审申请。

4. 勘察设计周期

自签订合同书之日起45天内向招标人提交初步设计文件;自初步设计评审通过之日起45天内向招标人提交施工图设计文件。

5. 资格预审文件的获取

5.1　请申请人于2009年4月22日至2009年4月28日每天上午9:00~11:30,下午14:00~17:00(北京时间,下同),持企业法人营业执照副本原件、企业资质证书副本原件、单位介绍信原件、购买者本人身份证原件及以上所有证件的复印件一份(A4幅面,全本复印,逐页加盖单位法人章),到河北省唐山市建设北路99号火炬大厦16层1606室报名并购买资格预审文件。

5.2　每份资格预审文件售价1 000元人民币,售后不退。

6. 资格预审申请文件的递交

6.1　递交资格预审申请文件的截止时间为2009年5月6日11时00分,地点为石家庄市中山东路126号凯嘉大厦10层河北安惠招标有限公司第三会议室。

6.2 逾期送达或者未送达指定地点的资格预审申请文件，招标人不予受理。

7. 发布公告的媒介

本公告同时在河北省招标投标综合网(http://www.hebeibidding.com.cn)、河北省交通厅行政权力公开透明运行网(http://qlgk.hbsjtt.gov.cn)上发布。

8. 联系方式

招标人：唐山市交通开发总公司
地　址：迁西县城长征南路11号
邮　编：063000
电　话：0315-5623399

招标代理：河北安惠招标有限公司
地　址：唐山市建设北路99号火炬大厦16层
邮　编：063000
电　话：0315-3203959

项目三　建筑工程设计招标文件的编制

教学目标

- 掌握建筑工程设计招标文件的内容。
- 掌握设计招标文件编制的方法。
- 了解编制设计招标文件的重要意义。
- 了解设计要求文件的编制要点。
- 了解建筑工程设计招标的工作程序及组织工作。

能力标准及要求

- 能够按照我国《招标投标法》的规定合理正确地编制建筑工程设计招标文件。

一、基础知识

(一)概述

招标文件是招标人向投标人发出的、旨在向其提供为编写投标文件所需的资料并向其通报招标投标将依据的规则和程序等内容的书面文件。招标文件的作用在于阐明招标项目的工程性质和建设规模，通报招标程序、评标将依据的规则，告知中标要求和合同条款。招标文件既是投标人编制投标文件的依据，也是业主与中标人签订合同的基础，因此，它对招标投标乃至招投标双方当事人具有十分重要的约束力，是十分重要的法律文本。在整个招标过程中起着至关重要的作用。

1. 确定招标文件与投标人的权利关系

招标文件中规定各种具体的技术标准与交易条件，要求投标人按照既定标准参加投标，投标人只要投标或接受投标邀请，就意味着同意和接受招标人提出的各项要求。同时，招标人与投标人在整个招标与投标进程中，每一步骤都应当按照招标文件办理，接受招标文件的约束。

2. 招标文件是投标人编制投标文件的依据

招标文件规定了投标条件和各种信息事项、投标文件填写的格式，投标人必须按照招标文件的要求编写投标文件。投标人在编制投标文件时，投标人应当响应并不得改变招标文件的实质性内容,且未得到招标人同意,不得对招标文件的任何内容进行修改。不响应招标文件实质性要求的投标文件将被拒绝,视为废标。

3. 招标文件是签订合同的基础

招标文件中应当包括招标人就招标项目拟签订合同的主要内容、合同的类型和格式等主要条款,使投标人了解招标最后的合同签订情况。由于整个招标文件内容齐全,当招标人发出招标文件后,投标人完全同意,就可以被看成是交易中的接受,是买卖双方共同达成的交易条件。在很多情况下,招标文件几乎等同于合同,只不过需要由买卖双方履行签约手续而已。

4. 招标文件是政府监督的对象

招标文件既是政府行政监督管理部门监督审查的对象,也是政府行政监督管理部门对招标投标活动进行监督的一个重要依据。政府行政监督管理部门对招标投标活动的监督,在很大程度上就是监督招标投标活动是否符合国家有关招标投标的法律、法规等规定。

(二)建筑工程勘察设计招标文件编制

招标人或其委托的招标代理机构应根据招标项目的特点和要求编制招标文件。

1. 招标文件的分类

招标文件的内容大致可分为3类。一是关于编写和提交投标文件的规定,载入这些内容的目的是使符合资格的投标人尽量减少由于不明确如何编写投标文件而处于不利地位的情况或其投标遭到拒绝的可能性。二是关于投标文件的评审标准和方法,这是为了提高招标过程的透明度和公平性,因而是非常重要的,也是必不可少的,招标文件中可以约定多标段投标和投标人中标办法。三是关于合同的主要条款,其中主要是商务性条款,有利于投标人了解中标后签订的合同的主要内容,明确双方各自的权利和义务。其中,技术要求、投标报价要求和主要合同条款等内容是招标文件的主要内容,统称实质性要求。所谓投标文件实质性就是响应招标文件的要求,就是投标文件应该与招标文件的所有实质性要求相符,无显著差异或保留。如果投标文件与招标文件规定的实质性要求不相符,即可认定投标文件不符合招标文件的要求,招标人可以拒绝该投标,并不允许投标人修改或撤销其不符合要求的差异或保留,使之成为实质性响应的投标。

2. 招标文件的主要内容

为使投标人能够正确地进行投标,招标文件应包括以下几方面的内容:①工程名称、地址、占地面积、建筑面积等;②已批准的项目建议书或者可行性研究报告;③工程经济技术要求;④城市规划管理部门确定的规划控制条件和用地红线图;⑤可供参考的工程地质、水文地质、工程测量等建设场地勘察成果报告;⑥供水、供电、供气、供热、环保、市政道路等方面的基础资料;⑦招标文件答疑、踏勘现场的时间和地点;⑧投标文件编制要求及评标原则;⑨投标文件送达的截止时间;⑩拟签订合同的主要条款;⑪未中标方案的补偿办法。

3. 设计要求文件的编制

在招标文件中,最重要的是对项目的设计提出明确要求的"设计要求文件"或"设计大纲"。"设计要求文件"通常由咨询机构或监理单位从技术、经济等方面考虑后具体编写,作为设计招标的指导性文件。文件应包括以下几方面的内容;①设计文件编制的依据;②国家有关行政主管部门对规划方面的要求;③技术经济指标要求;④平面布置要求;⑤结构形式方面的要求;⑥结构设计方面的要求;⑦设备设计方面的要求;⑧装饰设计方面的要求;⑨其他有关方面的要求。

由咨询机构或监理单位准备的设计要求文件需经过项目法人的批准。如果不满足要求，应重新核查设计原则，修改设计要求文件。设计文件的编制应兼顾以下三方面。

(1)严格性：文字表达应清楚，不易产生误解。

(2)完整性：任务要求全面，无遗漏。

(3)灵活性：要为设计单位发挥创造性留有充分的自由度。

4. 投标邀请书

投标邀请书的作用是向符合资格要求的有能力的潜在投标人提供一些必要的信息，以便他们决定是否参加建筑工程勘察设计投标。投标邀请书应当包括招标范围、本次招标内容、资格标推、勘察设计周期初步安排、购买招标文件的时间和地点、现场勘察时间、标前会议时间、提交投标文件的截止时间和地点等必要信息。

采取资格预审的，投标邀请书一般是在资格预审以后，招标人邀请通过资格审查的合格的潜在投标人进行建筑工程勘察设计投标。如果资格预审已采用广告形式，则投标邀请书以文件形式分别寄送各个资格预审合格人。

采取资格后审的，投标邀请书通常是采用招标公告的形式发布，招标人邀请所有符合资格要求合格的潜在投标人进行建筑工程勘察设计投标。招标人可以根据招标项目本身的要求，在招标公告中，要求潜在投标人提供有关资质证明文件和业绩情况，以便对投标人进行资格审查。

招标人不得以不合理的条件限制或者排斥潜在投标人，不得对潜在投标人实行歧视待遇。

5. 投标须知

投标须知的作用是使潜在投标人了解招标人对投标的要求，并向潜在投标人提供必要的资料，以使投标人能按照招标人的要求编写投标文件。凡是有关编写投标文件的一切信息以及投标文件的提交，开标，直到签订合同的有关要求及信息都应当在投标须知中写明。但是，关于投标人履行合同或如何根据合同支付等问题，或关于投标人(或中标人)的风险与义务等内容，一般不写在投标须知中，而是在合同通用条款和专用条款中写明。投标须知与合同条款可能会出现部分相关联的要求，编写招标文件时，编写人员要特别注意，不要使涉及同一内容的不同条款出现相互矛盾或前后不一致的情况。

招标文件是一个严谨的文本，其中各章的许多条款都是相互关联、相互补充、相互对应的，必须要反复校核，要注意改动一个条目、一个数字、一个日期，甚至一个表或者款的编号的同时，可能会引起有关部分相关条款的改变，如果疏忽，就会在合同文件中产生相互矛盾，不但给合同管理带来麻烦，也会造成索赔的缘由，要特别引起重视。

投标须知是招标文件中商务文件中的最重要的部分。每个条款都是投标人应该知道和遵守的商务规矩，并如实反映了招标人的招标意图，投标人必须逐条逐句研读，不可大意。

6. 投标须知资料表

投标须知资料表是投标须知正文部分的概括和提示，放在投标须知正文前面，使人一目了然，有利于引起投标人注意和便于查阅检索。

7. 编制建筑工程勘察设计招标文件的注意事项

1）建筑工程勘察设计招标文件应提供一切必要的信息

编制招标文件不能看成是简简单单的抄抄写写，它涉及商务和技术两大方面，任何一点的疏漏都会给招标、投标、评标以及以后签订合同，特别是合同实施造成因难，其结果可能使业主或投标人（中标人）蒙受经济损失，引起不必要的经济纠纷或索赔。因此，招标人应十分重视编制招标文件的工作，并本着公平互利的原则，力求使招标文件做到内容全面，前后一致，严密、细致、公平、平等，正确反映招标投标当事人（如业主、招标人、中标人）的意图和规定，并尽量具有可操作性。招标文件必须为投标人提供一切必要的信息，以便使投标人能够为投标作出完整的投标文件，招标文件里没有写出来的要求或含糊不清的要求均不能作为评标依据。

编制招标文件是一项十分重要而又非常烦琐的工作，应当要有资格的专家参加，必要时还要聘请咨询专家参加或进行法律方面的咨询。大型特殊工程、复杂工程项目的招标文件的编制应当委托有资格的招标代理公司进行编制。编制招标文件要注意以下几点。

(1) 招标项目的基本情况必须详细地一一说明，以构成竞争性招标的基础。

(2) 制定强制性规定和合同条款时，不能出现对有资格投标人的任何歧视性条款。

(3) 评标的标准应公开和合理，对废标、中标无效等规定更应切合实际，力求公平。

(4) 符合招标项目的实际情况。

2）建筑工程勘察设计招标文件不得制订限制性和歧视性条款

在市场经济体制下，经济活动要遵循价值规律的要求，通过价格杠杆和竞争机制的作用，把资源配置到效益好的环节中去。招标作为市场经济体制的产物，其最大的特点就是通过充分竞争，使生产得以在不同部门、地区之间自由流动和组合，从而满足招标人获得质优价廉的货物、工程和服务的要求，提高了社会生产能力。因此，一个统一、开放、竞争的市场，不存在任何形式的限制、垄断或干涉，是招标发挥作用的外部环境和前提条件。

招标的目的是通过广泛发布招标信息，争取多家潜在投标人的竞争，以择优确定中标人，因此招标文件一是不得要求或者标明特定的生产供应者，二是不得有针对某一特定的潜在投标人或排斥某一特定的潜在投标人的内容。招标文件中规定的内容必须使投标人能够提交符合招标人需求，并使招标人能够以客观和公平方式进行比较的投标文件，从而体现招标程序的公开性、公平性和公正性。否则，将减少投标的竞争程度，影响招标质量。

招标文件中规定的内容特别是其中的技术性要求，必须符合公平竞争性。招标文件中规定的各项技术规格或其他内容均不得要求或标明某一特定的专利、商标或商号、设计或型号、具体原产地或生产厂家，不得有倾向某一潜在投标人或排斥某一潜在投标人的内容。但无法准确或清楚地说明拟招标项目的特点和要求，并已在招标文件内注明诸如“相当于”或“同等品”字样的，不在此限。所谓专利，就是特定的公民或法人在一定时期内由于创造发明而独自享有的受法律保护的权利，包括发明、实用新型和外观设计。所谓商标，就是区别一个商品生产者或经营者的商品和其他生产者或者经营者的商品的一种标记。我国法律规定，经商标局核准注册的商标为注册商标，注册商标享有商标专有权，受法律保护。所谓商号，是指企业或其他工业制品的性能、规格和大小。所谓原产地，是指表示某商品“原产于哪里”或“来源于哪里”的某一地区名（如“法国白葡萄酒”）或某一国家的某一地区名（如“景德镇瓷器”），并且该商品与该地理名称（无论大小）在质量、功能或其他特征上密切相关。可见,对上述特定专利、商标等专有权或特定设计、型号、原产地厂家的提及,实际上是明示只有这特定的厂家或产品符合招标人的意愿,其他厂家或产品则不在其列,这显然限制和排斥了其他潜在投标人。所谓“倾向某一潜在投标人或排斥某一潜在投标人的内容”,暗含有利于或排斥特定的潜在投标,这也是针对性和有利于特定的厂家或产品,而限制和排斥其他的厂家或产品的做法,因而也是应该禁止的。

在工程施工招标投标中,出现了有些单位或个人还以其他方式非法干涉招标投标活动。如:向项目业主或招标委员会打招呼,或者暗示推荐本地投标人;为使自己下属单位能承担工程,采取一对一定向议标方式;在资质审查上网开一面,暗中保护本地企业;人为地将标段划分得很小;随意改变中标结果或指定中标单位,让不够资格的企业中标;招标后又重新划出标段指定分包给本地企业;强制招标单位委托代理或为招标单位指定招标代理机构;虽不限制外地或外系统的企业参加投标,但强制其与本地企业组成联合体投标,或在评标时给予本地企业以相当幅度的优惠,以使其中标等等。虽然工程勘察设计招标投标活动处于起步阶段,但是,要借鉴工程招标投标中的经验和教训,加大管理力度,防止出现违法违规行为。工程勘察设计招标投标活动不受地区或者部门的限制,任何单位和个人不得以任何方式非法干涉招标投标活动。

3)招标人对投标人投入人员和技术力量的要求

(1)招标人对投标人投入人员的要求。

在招标文件的编制中,招标人结合项目实际情况,往往在招标文件专用条款中,做了一些特殊的要求,如有的重点公路建设项目勘察设计招标中,招标人对投标人投入人员进行了明确要求:中标人(或联合体)应当集中在一个固定地点进行现场设计,中标人应当承担设计工作必要的费用,包括交通、伙食、差旅和办公费用。有的对中标人后续服务提出了明确规定,要求设计单位派驻符合要求的工程设计人员作为设计代表,积极配合施工单位,帮助解决施工中出现的技术问题。

(2)明确要求引进国外设计咨询力量参与方案设计

一些建设条件复杂、技术难度大、建设标准高的大型桥梁、铁路、场馆等建设项目,实施了设计方案招标,为积极引进国外的技术力量,招标文件中要求投标人应当与国外著名的咨询公司进行合作,协助投标人做设计方案,以增强投标人的方案的竞争力,但国外咨询公司不以独立成员身份参加联合体,投标人无论采取何种与外方合作的形式,在方案投标文件中均提供合作意向书,并说明由外方咨询机构独立完成或协助完成的设计内容。国外咨询机构参与联合设计或提供技术咨询,需要在投标文件中附有国外咨询机构的公司名称、注册登记证书、资质等级、营业范围、人员构成、公司业绩、财务状况以及直接参与人员的简历和业绩等。

(三)建筑工程勘察设计招标文件的澄清和解答

(1)投标人可以要求招标人对招标文件进行必要的澄清,澄清是指招标人对招标文件中的遗漏、词义表述不清或对比较复杂的事项进行说明,回答投标人提出的各种问题。投标人收到招标文件后,发现任何错漏、缺页,数字或词语模糊不清或词义含混不清,或定义解释不清楚等,均应通知招标人进行澄清。投标人要求澄清招标文件的,应当以书面或传真的方式按招标文件中规定的地址通知招标人。

(2)招标人如需对招标文件进行必要的澄清或者修改的,应当在招标文件要求提交投标文件截止时间至少 15 日前将澄清和修改内容通知招标文件收受人。

法律允许招标人澄清或者修改招标文件的内容是对招标人利益的合理保护，但同时也要注意使投标人的利益不致因此受到损害。由于潜在投标人收到招标文件以后，将会对投标问题仔细准备，如果澄清日期离提交投标文件截止日期过短，可能会影响整个招标投标的日程和质量，使投标人来不及准备相应的投标文件，也就无法提交符合经过澄清或者修改的招标文件要求的投标文件，从而会因此导致失去中标的机会，这对投标人显然是不公平的。招标人发出对招标文件进行澄清、修改的通知到规定的截标日期的时间不宜过长，也不能过短，目的是使投标人有合理的时间对自己的投标文件做相应的调整。

建筑工程勘察设计招标投标规定：招标人只对投标人在投标截止期 18 天以前提出的问题（包括发现招标文件有错漏、缺页）进行澄清和解答，并在投标截止期 15 天以前，将澄清和修改内容（包括对询问的解释，但不说明询问的来源）答复给每一个招标文件收受人。

（3）招标人对已发出的招标文件进行必要的澄清或者修改的，应当以书面形式通知所有招标文件收受人。

所谓书面形式，是指以文字形式用书面文件的方式所制作的通知，包括信件、电报、电传、传真、电子数据交换和电子邮件等形式。招标人只能以上述形式发出修改或者澄清招标文件的通知，而不能以口头（如电话）形式通知。招标人应当以书面或传真的方式将澄清和修改的内容（包括对询问的解释，但不说明询问的来源）答复给所有购买招标文件的投标人，以使每一个投标人都受到同等的待遇，确保投标竞争的公开和公平。投标人在收到书面答复后，应当在 24 小时内以书面或传真的方式通知招标人，确认已收到该书面答复。

（4）招标人对于已发出的招标文件所进行澄清的内容视为招标文件的组成部分，与已发出的招标文件具有同等的效力。

（四）建筑工程勘察设计招标文件的修改

修改是指招标人对招标文件中出现的错误进行修订。有时，在招标文件中要说明通知修改的方式。

在投标截止日期 15 天以前，由于各种原因，不管是招标人主动提出的，或者是答复投标人的澄清要求，招标人可能会以补遗书（有正式编号）的方式修改招标文件。补遗书将以书面或传真的方式发给所有购买招标文件的投标人，投标人收到补遗书后，应当在 24 小时内以书面或传真的方式通知招标人，确认已经收到补遗书。

为使投标人在编写投标文件时有合理的时间将补遗书的内容考虑进去，招标人可以按照招标文件的有关规定，酌情延长提交投标文件的截止时间。

招标人对于已发出的招标文件所进行修改的内容视为招标文件的组成部分，与已发出的招标文件具有同等的效力。

（五）建筑工程勘察设计编制投标文件的时间

依法必须进行建筑工程勘察设计招标的项目，招标人应当合理确定投标文件的编制时间，自招标文件发售截止之日至投标人提交投标文件截止的时间不得少于 21 天。

促进投标人参与竞争的一个重要因素是给投标人充分的时间来编写他们的投标文件。因此，招标人应当确定投标人编制投标文件所需要的合理时间。如果从招标文件开始发出之日起至招标文件规定的投标人提交投标文件截止日期的时间过短，可能会有一些投标人因来不及编制投标文件而不得不放弃参加投标竞争,或虽然编制完招标文件,但质量低下,这都对保证投标竞争的广泛性非常不利;但这一时间也不能过长,否则会拖延招标的进程,有损招标人的利益。编制投标文件时间的长短因项目的不同而不同,取决于各种因素,如需要招标的工程项目的复杂性、技术要求的难度以及提交投标所需的时间等。因此,必须由招标人根据招标项目的具体情况,合理确定提交投标文件的截止日期。

(六)建筑工程勘察设计招标文件的发售

招标人应当按照招标公告或者投标邀请书规定的时间、地点出售招标文件。自招标文件出售之日起至停止出售之日止,最短不得少于5个工作日。

招标文件一经发出,招标人不得随意变更。确需进行必要的澄清或者修改,应当在提交投标文件截止日期15日前,书面通知所有招标文件收受人。招标人要求投标人提交投标文件的时限为:特级和一级建筑工程不少于45天;二级以下建筑工程不少于30天;进行概念设计招标的,不少于20天。

招标人在刊登招标公告出售招标文件时,应在时间上考虑刊登招标公告所需要的时间和潜在投标人所需要的时间,同时,还应当考虑项目的具体特点和合同的规模及复杂程度,使潜在投标人不因时间、交通条件的限制而被排除。以往,有的招标人为了规避招标,采取了在周末时间刊登招标公告出售招标文件的做法,甚至有的出售招标文件的时间只有1天,招标文件出售时间过短,大大限制了潜在投标人获得招标信息,挫伤了投标积极性,限制了招标的竞争力。规定招标文件出售时间最短不得少于5个工作日,这考虑招标项目具体特点、合同规模及复杂程度,便于潜在投标人以足够的时间来获取招标信息,避免招标人利用不正当行为来限制潜在投标人的投标,为潜在投标人对招标项目是否投标留有考虑和准备的时间,保证潜在投标人不因时间、交通条件等限制因素而被排除。

二、课堂实训

【案例讨论】2004年8月,其市某部门新建办公大楼完工,向政府采购招标代理机构申请对其装饰装修工程进行招标,由于采购申请人的时间要求较紧,经批准,政府采购招标代理机构决定采用邀请招标的方式进行采购。经资格预审,南岛设计装饰工程公司、深晶建筑装饰工程有限公司、江亚装饰集团有限公司、广美设计装饰工程公司4家公司入围并取回招标文件,其中江亚集团实力雄厚、资金充足,其知名度、美誉度和获奖次数是最突出的,令其他3家望尘莫及。开标后,4家投标价分别为南岛设计96万元、深晶建筑82万元、江亚集团80万元、广美设计60万元,最终广美设计以最低价中标。

工程完工后两个月,江亚集团向政府采购管理部门提出投诉,内容如下。

(1)根据《中华人民共和国招标投标法》第四十条规定,“中标人的投标应符合下列条件之一:(一)能够最大限度地满足招标文件中规定的各项综合评价标准;(二)能够满足招标文件的实质性要求,并且经评审的投标价格最低;但是投标价格低于成本的除外”。《政府采购法》第七十三条第三款规定,“采购合同已经履行的,给采购人、供应商造成损失的,由责任人承担赔偿责任”。广美设计以低于项目成本价中标,使自己的利益受到损害,要求广美设计公司赔偿损失。

(2)广美设计在中标后,其与采购人新订立的后续工程资金高于原中标价金额的10%,

根据《政府采购法》之四十九条规定："政府采购合同履行中,采购人需追加与合同标的相同的货物、工程或者服务的,在不改变合同其他条款的前提下,可以与供应商协商签订补充合同,但所有补充合同的采购金额不得超过原合同采购金额的百分之十。"据此,江亚集团要求政府采购招标代理机构重新组织招标。

对此,广美设计和政府采购招标代理机构分别作出了回应。

广美设计认为,自己报出的投标价并未低于成本,并提出了相关资料证据证明,因此并不存在以低于成本价中标,更谈不上赔偿。

政府采购招标代理机构认为,在广美设计装饰工程公司完工后,其后续附加工程资金确实高于原中标金额的10%,但考虑到所增附加工程的琐碎和配套性,以及政府采购招标的成本效益原则,决定采用单一来源的采购方式,仍由广美设计承揽附属工程。

问题:

你认为江亚集团的投诉成立吗?是否应该进行重新招标?为什么?请以小组形式在课堂上予以讨论,最后请任课教师进行总结。

三、知识拓展

从三大控制谈编制建筑工程设计招标文件的要点

目前,我国建设项目对三大目标(质量目标、投资目标、进度目标)的控制,侧重于施工过程中的控制,而实际上设计阶段工作的好坏,对于整个工程项目目标的实现,无论从工程质量,还是从投资和进度方面来讲,都起着举足轻重的作用。当前工程设计中存在着许多问题,直接影响了三大目标的实现,工程设计招投标工作组织的成功与否是影响三大目标实现的根源。

当前,在设计过程中主要存在以下问题。

(1)设计质量不高,影响工程质量目标的控制。这由多方面的原因引起。有业主方面的原因,例如不重视项目评估、可行性研究、投资估算等设计前期工作,设计任务书、设计要求、委托设计合同不全面、不明确等。也有设计市场较混乱,法律、法规不健全的原因。目前,一些设计招投标流于形式,对设计单位资质和设计人员资质审查不严,致使对设计单位的选择出现偏差。同时,设计市场竞争日趋激烈,挂靠设计、业余设计等不规范行为较为严重,而某些正规设计院也通过出卖图签、证书从中获利,这些都直接影响了设计质量。还有设计单位本身的原因。例如设计文件不齐全,土建、水、电、暖通等设计缺乏总体把关,在土建、水、电、暖通图中经常出现矛盾,土建设计人员不了解水、电、暖通管道走向以及对结构的要求,水、电、暖通设计人员也不了解水、电、暖通管道安装对建筑结构有何影响。因此,在施工中经常出现水、电、暖通管道与土建结构之间的冲突。

(2)设计重技术轻经济或设计概算不准等造成工程投资目标失控。部分设计人员经济观念淡薄,以为技术上可行,质量上可靠,就算完成任务。由于从经济的角度考虑不够,势必造成国家建设资金的极大浪费。设计概算不准严重影响投资控制。有些概算误差过大,缺、漏项较多,造成预算超概算、结算超预算的不合理现象。此外,一些设计人员行为不规范,在设计选材中推荐关系单位的产品,也可能引起工程造价提高。

(3)设计进度拖后,影响项目工期目标的实现。有些设计单位为了竞争设计任务,往往重视方案设计和初步设计,而到了施工图设计阶段,由于设计任务较重、人员缺乏等原因往往不能按合同期限完成,普遍存在业主催、等施工图的现象。即使匆匆完成,图纸也相对较粗糙,而出现矛盾时各专业之间又缺乏协调,造成施工单位难以施工,从而导致工期拖延,索赔增加,造成业主和国家投资的严重损失。

建筑工程设计招标文件对项目三大目标的控制需明确以下几个要点。

1. 设计质量控制

(1)首先,要在招标文件中明确设计质量目标。为了确保设计的内在质量,把设计的要求、设计质量目标描绘清楚、具体就显得十分必要。对设计的要求有来自业主的,如建筑造型、功能设计、装修标准等,也有来自行业主管部门的,如对环境等的要求,这些主要体现在有关文件规定、技术规范和设计规范上。对于上述问题在编制招标文件以前,就要深入细致地研究和反复地讨论,在招标文件中要充分体现业主、各职能部门以及国家有关技术规范和设计规范的要求。

(2)其次,要在招标文件中明确各阶段设计图纸需达到的深度要求。

初步设计阶段,招标文件要体现工程所采用的技术方案的合理性,业主的质量标准以及概算文件编制的深度要求。确保初步设计阶段图纸必须达到设计成果,符合预定的质量要求,投资又不能超过限额。

技术设计阶段,招标文件要体现各专业设计是否符合预定的质量标准和要求,以及各专业设计之间配合与协调的一致性。

施工图设计阶段,招标文件一方面要体现设计必须满足使用功能及质量的要求,以及其深度要满足施工条件的要求;另一方面,则应特别强调各专业图纸之间的错、漏、碰、缺和彼此矛盾以及各专业设计人员不相互配合协调的处罚标准。

为了确保以上3个设计阶段的设计深度能达到要求,在招标文件中需明确:各阶段设计完成后,业主将会同各职能部门对已完成的图纸内容进行审核,设计单位要无条件接受各职能部门的正确意见并负责修改直至通过审批。

2. 设计投资控制

设计投资控制的基本思想是以预控为主,使设计在满足功能及质量要求的前提下,不超过计划投资。为此,在建筑工程设计招标文件中需明确。

(1)限额设计。限额设计就是按照批准的可行性报告和投资估算控制设计,在保证使用功能的前提下,各专业按分配的投资额进行设计,保证总投资额不被突破。长期以来,我国基本建设项目常常出现概算超估算、预算超概算、决算超预算的"三超"不合理现象,这与设计人员很少考虑经济因素,很少考虑限额设计有关。实行限额设计,一方面要求设计人员树立限额设计的思想,主动进行限额设计,由"画了算"变为"算了画";另一方面,业主也要主动采取措施,在招标文件中明确,将在设计进展过程中及阶段设计(初步设计、技术设计和施工图设计)完成时对已经完成的图纸内容进行估价,并与相应估算、修正概算等进行比较,而超投资的比例,要跟设计费挂钩,给予设计单位一定的经济处罚,并要求设计单位无条件向业主提出修改建议并无偿负责修改。

(2)在招标文件中明确鼓励应用价值工程进行设计方案优化。众所周知,同一建设项目,不同设计方案的工程造价会有天壤之别,价值工程正是通过对不同方案其功能和价值的分析,将技术问题与经济问题紧密地结合起来,进行设计方案的优化。应将实行设计方案优化节省投资的比例同设计费挂钩,以调动设计人员的主观能动性和创造性。

(3)控制设计变更。为了尽量减少设计变更的出现,招标文件中就要充分体现业主的要求,以使主要材料、设备的选用及采购经济实惠。同时,对由于设计单位的原因造成的设计变更而产生的投资失控,在招标文件中要明确规定其应承担的责任。另外,特别要明确设立对设计人员推荐关系单位产品的不合法行为的处罚条款。

3. 设计进度控制

设计进度控制的主要任务是出图控制,也就是要采取有效措施使设计人员如期完成初步设计、技术设计和施工图设计。为此,招标文件中必须明确要求设计单位要提供确切的工作计划和各工种的出图时间安排表以及服务承诺,同时,确定不按进度计划提供图纸的处罚措施,以便今后设计单位能主动配合业主工作,使设计图纸能满足业主的需求。

项目四　建筑工程设计招标的开标、评标与定标

教学目标

- 了解建筑工程设计招标评标委员会的产生及组成。
- 掌握设计招标的开标、评标及定标的工作流程。
- 了解对建筑工程设计招标进行评标时主要的评审内容。
- 掌握建筑工程设计招标中对废标的确认。

能力标准及要求

- 能够根据我国相关法律法规的规定,培养学生依法进行建筑工程设计招标的组织工作。
- 能够在充分理解招标文件内容和评标原则的基础上进行公正的评标。

一、基础知识

(一)开标

开标是指招标人按照招标公告或者投标邀请书规定的时间和地点,当众开启所有投标人的投标文件,宣布投标人的名称和投标文件其他主要内容的过程。

开标一般有两种形式:①公开开标,即招标人事先在报纸等媒介上公布开标消息,通知投标人,并在有投标人参加的情况下当众进行;②秘密开标,即主要由招标人和有关专家秘密进行,不通知投标人参加,招标人可根据需要邀请政府代表或有关人员参加。

为了贯彻公开、公平、公正的原则,工程勘察设计招标开标应当公开进行。公开开标也是目前国际招标投标中的主要开标方式,并被普遍接受和采用。良好的开标制度与规则是招标成功的重要保证。

1. 开标时间

开标应当在招标文件确定的提交投标文件截止时间的同一时间公开进行;除不可抗拒的原因外,招标人不得以任何理由拖延开标,或者拒绝开标。这主要是为了防止有人利用投标截止后与开标前的时间差对已提交的投标文件作弊,同时也是顺应国际上的通行做法。

1)开标时间由招标文件事先确定

开标时间应当在提交各投标人的招标文件中事先确定,使每一个投标人都能事先知道

开标的准确时间,以便届时参加,确保开标过程的公开、透明。规定提交投标文件截止之时,(即开标之时),主要是为了保证招标投标活动的公开、公平、公正,防止在招投标活动中给不法分子以可乘之机。对于投标截止日期以后收到的任何投标文件都应当退回,不予考虑。

2)开标时间应当与提交投标文件的截止时间一致

开标时间在法律上决定着开标程序的起始,它必须事先在招标文件中作出规定,而不能由招标人随意事后确定或变更。招标人不得久拖不开标。除依法规定必须重新招标的情况,招标人应当按期举行开标会。

开标是招标的重要步骤,它将使招投标双方了解各投标人的投标基本情况。开标应当在招标文件确定的提交投标文件截止时间的同一时间公开进行,是指提交投标文件截止之时(如某年某月某日几时几分)即是开标之时(也是某年某月某日几时几分)。目的是为了防止有人利用提交投标文件的投标截止时间之后与开标之前的一段时间间隔做手脚,暗箱操作,或在指定开标时间之前,泄露投标文件中的内容。即使投标人在开标之前最后一刻才提交投标文件,也同样可能存在这样的风险。

2. 开标的地点

为了使所有的投标人都能事先知道开标地点,并能够按时到达。开标地点应当在招标文件中事先确定,以便使每一个投标人都能事先为参加开标活动做好充分的推备,如选择合适的交通工具,选择合适的人选等。招标人如果确有特殊原因,需改变开标地点的,应当以招标文件补遗的方式,提前书面通知每一个提交投标文件的投标人。

开标地点应与招标文件中规定的地点相一致,是为了防止投标人因不知地点变更而不能按要求准时提交投标文件。这也是为维护投标人的利益而作出的要求。

3. 开标的主持人和参加人

1)开标的主持人

一般情况下,开标由招标人主持;在招标人委托招标代理机构代理招标时,开标也可由该代理机构主持。主持人按照规定的程序负责开标的全过程。其他开标工作人员办理开标作业及制作记录等事项。

2)开标参加人

开标必须公开进行,就应当有一定的相关人员参加,这样才能做到公开,使投标人的投标能为各投标人及有关方面所共知。开标邀请所有的投标人或其代表参加,是体现公开、公平、公正原则的一个方面。邀请所有的投标人或其代表出席开标,可以使投标人了解开标是否依法进行,有助于使他们相信招标人不会任意作出不适当的决定;同时,也可以使投标人了解其他投标人的投标情况,做到知己知彼,大体衡量一下自己中标的可能性,这对招标人的评标决定也将起到一定的监督作用。开标邀请的投标人的法定代表人或授权代理人应当准时出席,并在签到簿上签名。

4. 开标的监督

开标情况由投标人(或投标人的代表)和监督机关共同监督。为了保证开标的公正性,一般在开标时都邀请纪检监察部门代表参加开标活动并进行现场监督,有的项目还可以邀请相关单位的代表参加,如招标项目主管部门的人员、评标委员会成员等。必要时,招标人还可以委托公证部门的公证人员对整个开标过程依法进行公证。

5. 开标的程序

1）检查投标文件的密封情况

开标时，首先应该当众检查投标文件的密封情况。检查密封情况可以由投标人或者其推选的代表检查，招标人委托公证机构的，可由公证机构检查并公证。一般情况下，投标文件是以书面形式、加具签字并装入密封信袋内提交的。所以，无论是邮寄还是直接送到开标地点，所有的投标文件都应该是密封的。这是为了防止投标文件在未密封状况下失密，从而导致相互串标、更改投标文件实质性内容等违法行为的发生。只有密封的投标，才被认为是有效的投标文件。如果投标文件没有密封，或发现曾被拆开过的痕迹，应当被认定为无效的投标，不予宣读。对于公路工程勘察设计投标文件的组成按规定为双信封文件，如投标人未提供双信封文件或提供的双信封文件未按规定密封包装，招标人可当场认定其为废标。

2）当众拆封，确认投标文件

为了保证投标人及其他参加人了解所有投标人的投标情况，增加开标程序的透明度，投标人或者其推选的代表或者公证机构对所有投标文件的密封情况进行检查以后，确认密封情况良好，符合要求，在监督机构或公证人员的现场监督下，由现场的工作人员当众拆封投标文件的第一个信封（商务文件、技术文件）。在招标文件要求提交投标文件截止时间前收到的所有投标文件，招标人不得以任何理由拒绝开封，也不得有选择地进行拆封。

不予拆封的投标文件包括如下几种。

（1）在招标文件要求提交投标文件的截止时间以后收到的投标文件。

（2）投标人按投标文件的有关规定要求撤回的投标文件。

（3）投标文件第二个信封（报价清单）。不予拆封的投标文件第二个信封（报价清单）应当交监督机关妥善保存。报价清单的开封规定见投标文件第二个信封的开启时间和要求。

3）唱标，宣读投标文件的主要内容

投标人应当当众拆封投标文件的第一个信封（商务文件、技术文件），大声宣读投标人名称、投标文件签署情况、投标文件标前页的全部内容，即唱标。

若招标人唱标宣读的内容与投标文件不符时，投标人有权在开标现场提出异议，经监督机关当场核查确认后，招标人可重新唱标，宣读其投标文件。若投标人现场未提出异议，则认为投标人已确认招标人唱标宣读的结果。投标人法定代表人或其授权的代理人应当在开标记录上签字。

4）开标过程记录存档

在开标前，主持开标的招标人应当安排人员，将开标的整个过程和重要事项进行记录并经主持人、监督机关和其他工作人员签字后存档备查。开标记录一般应记载下列事项：①招标项目案号；②招标项目的名称及必要的摘要；③开标的时间、地点；④参加开标的人员；⑤检查投标文件密封的情况；⑥投标人的名称；⑦项目负责人；⑧投标人的优惠条件；⑨其他必要的事项等。开标记录存档备查，是保证开标过程透明和公正，维护投标人权益的必要措施。

5. 其他

1）不受理的投标文件和废标的确认

（1）投标文件有下列情形之一的，招标人不予受理：

①逾期送达的或者未送达指定地点的；

②未按招标文件要求密封的。

(2)投标文件有下列情况之一的，应作为废标处理或被否决：

①未按要求密封的；

②未加盖投标人公章，也未经法定代表人或者其授权代表签字的；

③投标报价不符合国家颁布的勘察设计取费标准，或者低于成本，恶性竞争的；

④未响应招标文件的实质性要求和条件的；

⑤以联合体形式投标，未向招标人提交共同投标协议的。

(3)投标人有下列情况之一的，其投标应作废标处理或被否决：

①未按招标文件要求提供投标保证金的；

②与其他投标人相互串通报价，或者与招标人串通投标的；

③以他人名义投标，或者以其他方式弄虚作假的；

④以向招标人或者评标委员会成员行贿的手段谋取中标的；

⑤联合体通过资格预审后在组成上发生变化，含有未经过资格预审或者资格预审不合格的法人或者其他组织的；

⑥投标文件中标明的投标人与资格预审的申请人在名称和组织结构上存在实质性差别的。

2)投标文件第二个信封的开启时间和要求

工程勘察设计投标文件为双信封文件，投标人投标文件的第二个信封(报价清单)，由评标委员会在评标期间，在监督机构在场的情况下进行拆封。具体要求如下：评标委员会对投标人投标文件第一个信封综合评审打分后，在监督机构在场的情况下，拆封投标人投标文件的第二个信封(报价清单)，并宣读投标人报价，评标委员会应当将有关情况记录在案，经监督人员签字后备查。

(二)评标与定标

开标后即可进入评标、定标阶段，从众多投标人中择优选出中标单位后，业主即与其签订合同。评标由招标单位邀请有关部门的代表和专家组成评标小组或评委会进行，通过对答标书的评审写出综合评价报告，并推选出第一、二、三名候选中标单位。业主可分别与候选中标人进行会谈，就评标时发现的问题探讨修改意见或补充原投标方案，或就将其他投标人的某些设计特点融于该设计方案的可能性等问题进行协商，最终选定中标单位。为了保护非中标单位的权益，如果使用非中标单位的技术成果，须征得其同意后实行有偿转让。

1.设计评标

设计评标时评审的内容很多，但主要应侧重考虑以下几个方面。

1)设计方案的优劣

设计方案评审的内容主要包括以下几项：

(1)设计指导思想是否正确；

(2)设计方案是否反映了国内外同类工程项目较先进的水平；

(3)总体布置的合理性和科学性，场地利用系数是否合理；

(4)设备选型的适用性；

(5)主要建筑物、构建物的结构是否合理，造型是否美观大方，是否与周围环境协调；

(6)“三废”治理方案是否有效；

(7)其他有关问题。

2)投入产出和经济效益的好坏

主要涉及以下几个方面：

(1)建设标准是否合理；

(2)投资估算是否超过投资限额；

(3)先进的工艺流程可能带来的投资回报；

(4)实现该方案可能需要的外汇估算等。

3)设计进度的快慢

评价投标书内的设计进度计划，看其能否满足招标人制订的项目建设总进度计划要求。大型复杂的工程项目为了缩短建设周期，往往在初步设计完成后就进行施工招标，在施工阶段陆续提供施工详图，此时，应重点审查设计进度是否能满足施工进度要求，避免妨碍或延误施工的顺利进行。

4)设计资历和社会信誉

没有设置资格预审的邀请招标，在评标时还要对设计单位的设计资历和社会信誉进行评审，作为对各投标单位的比较内容之一。

根据有关建设法规规定，自发出招标文件到开标的时间，最长不得超过半年。自开标、评标至确定中标单位的时间，一般不得超过半个月。确定中标单位后，双方应在1个月内签订设计合同。

2. 评标委员会

评标工作由评标委员会负责。评标委员会的组成方式及要求，按《中华人民共和国招标投标法》及《评标委员会和评标方法暂行规定》(2013年4月修订版)的有关规定执行。

勘察设计评标一般采取综合评估法进行。评标委员会应当按照招标文件确定的评标标准和方法，结合经批准的项目建议书、可行性研究报告或者上阶段设计批复文件，对投标人的业绩、信誉和勘察设计人员的能力以及勘察设计方案的优劣进行综合评定。招标文件中没有规定的标准和方法，不得作为评标的依据。

评标委员会可以要求投标人对其技术文件进行必要的说明或介绍，但不得提出带有暗示性或诱导性的问题，也不得明确指出其投标文件中的遗漏和错误。

1)评标委员会的组成

评标由评标委员会负责。评标委员会由招标人代表和有关专家组成。评标委员会人数一般为5人以上单数，其中技术方面的专家不得少于成员总数的2/3。投标人或者与投标人有利害关系的人员不得参加评标委员会。

2)最优方案的选择与评标报告

评标委员会应当在符合城市规划、消防、节能、环保的前提下，按照投标文件的要求，对投标设计方案的经济、技术、功能和造型等进行比选、评价，确定符合招标文件要求的最优设计方案。评标委员会应当在评标完成后，向招标人提出书面评标报告。采用公开招标方式的，评标委员会应当向招标人推荐2～3个中标候选方案。采用邀请招标方式的，评标委员会应当向招标人推荐1～2个中标候选方案，并标明排列顺序。能够最大限度地满足招标文件中规定的各项综合评价标准的投标人，应当推荐为中标候选人。

使用国有资金投资或国家融资的工程建设项目，招标人一般应当确定排名第一的中标候选人为中标人。排名第一的中标候选人放弃中标、因不可抗力提出不能履行合同，或者招标文件规定应当提交履约保证金而在规定的期限内未能提交的，招标人可以确定排名第二的中标候选人为中标人。排名第二的中标候选人因上述同样的原因不能签订合同的，招标人可以确定排名第三的中标候选人为中标人。

招标人不得以压低勘察设计费、增加工作量、缩短勘察设计周期等作为发出中标通知书的条件，也不得与中标人再行订立背离合同实质性内容的其他协议。招标人应在接到评标委员会的书面评标报告后15日内，根据评标委员会的推荐结果确定中标人，或者授权评标委员会直接确定中标人。招标人认为评标委员会推荐的所有候选方案均不能最大限度满足招标文件规定要求的，应当依法重新招标。

3. 招标人发出中标通知并签订工程设计合同

招标人应当在中标方案确定之日起7日内，向中标人发出中标通知，并将中标结果通知所有未中标人。依法必须进行招标的项目，招标人应当在中标方案确定之日起15日内，向县级以上地方人民政府建设行政主管部门提交招标投标情况的书面报告。对达到招标文件规定要求的未中标方案，公开招标的，招标人应当在招标公告中明确是否给予未中标的单位经济补偿金额；邀请招标的，应当给予未中标单位经济补偿，补偿金额应当在招标邀请书中明确。

招标人应当在中标通知书发出之日起30日内与中标人签订工程设计合同。确需另择设计单位承担施工图设计的，应当在招标公告或招标邀请书中明确。招标人、中标人使用未中标方案的，应当征得提交方案的招标人同意并付给使用费。

二、课堂实训

模拟某建筑工程设计招标的工作程序。

1. 目的

(1)掌握建筑工程设计招标程序。

(2)熟悉招标人、投标人在各个招标阶段中的工作内容。

2. 环境要求

以本市或本地区的某建筑装饰工程为模拟对象。

3. 能力(分项能力)标准及要求

(1)要求学生掌握招标投标各个工作阶段的先后顺序。

(2)要求学生理解招标投标各个工作阶段不能颠倒顺序的原因。

4. 实训程序

将学生分为4个小组，一组扮演招标人的角色，一组扮演投标人的角色，一组负责宣布招标进入的各个工作阶段，另外一组作为评论者。由其中的一组学生宣布招标进入的工作阶段，如标前会议阶段；由扮演招标人、投标人的学生小组，分别阐述各个阶段的工作内容；招标投标结束后，由作为评论者的一组点评其他3个小组在招标投标过程中出现的问题。如果时间许可，可以相互交换角色，再次模拟招标程序。

5. 注意事项

作为评标一组的学生的点评很重要，可以让其他3组学生意识到自己在招标过程中程序上的错误或不足，最后由指导教师补充，并总结此次模拟训练各组学生的表现、存在的问题和改进的措施。

6. 讨论与训练题

(1)针对具体的建筑工程设计项目选择适宜的招标方式。

(2)模拟该建筑工程设计的招标程序。

三、知识拓展

在设计招标活动中,对违法招标行为的处罚规定

1. 在设计招标活动中,对必须招标的建筑工程项目,招标人自行招标的处罚

依法必须招标的建筑工程项目,招标人自行组织招标的,未在发出招标公告的或招标邀请书15日前县级以上地方人民政府建设行政主管部门备案,或者委托招标代理机构进行招标的,招标人未在委托合同签订后15日内到县级以上地方人民政府建设行政主管部门备案的,由县级以上地方人民政府建设行政主管部门责令改正,并可处以1万元以上3万元以下罚款。

2. 在设计招标活动中,对招标人违法行为的处罚

招标人未在中标方案确定之日起15日内,向县级以上地方人民政府建设行政主管部门提交招标投标情况的书面报告的,由县级以上地方人民政府建设行政主管部门责令改正,并可处以1万元以上3万元以下的罚款。

招标人将必须进行设计招标的项目不招标的,或将必须进行招标的项目化整为零或者以其他方式规避招标的,由县级以上地方人民政府建设行政主管部门责令限期改正,并可处以项目合同金额5‰以上10‰以下的罚款。

3. 在设计招标活动中,对招标代理机构违法行为的处罚

招标代理机构有下列行为之一的,由省、自治区、直辖市地方人民政府建设行政主管部门处5万元以上25万元以下的罚款,有违法所得的,并处没收违法所得;情节严重的,由国务院建设行政主管部门或者省、自治区、直辖市地方人民政府建设行政主管部门暂停直到取消代理机构资格;构成犯罪的,依法追究刑事责任。给他人造成损失的,依法承担赔偿责任,所列行为影响中标结果的,中标结果无效。

(1)在开标前泄漏应当保密的与招标有关的情况和资料的;

(2)与招标人或者投标人串通损害国家利益、社会公众利益或投标人利益的。

4. 在设计招标活动中,对投标人违法行为的处罚

投标人相互串通投标、或者以向招标人、评标委员会成员行贿的手段谋取中标的,中标无效,由县级以上地方人民政府建设行政主管部门处中标项目金额5‰以上10‰以下的罚款;情节严重的,取消1~2年内参加依法必须进行招标的工程项目设计招标的投标资格,并予以公告。

5. 在设计招标活动中,对评标委员会成员违法行为的处罚

评标委员会成员收受投标人财物或者其他好处,或者向他人透露投标方案评审有关情况的,由县级以上地方人民政府建设行政主管部门给予警告,没收收受财物,并可处以3 000元以上5万元以下的罚款。

评标委员会成员有前款所列行为的,由国务院建设行政主管部门或者省、自治区、直辖市人民政府建设行政主管部门取消担任评标委员会成员的资格,不得再参加任何依法进行的建筑工程设计招投标的评标,构成犯罪,依法追究刑事责任。

6. 在设计招标活动中，对建设行政主管部门或者有关职能部门的工作人员违法行为的处罚

建设行政主管部门或者有关职能部门的工作人员徇私舞弊、滥用职权，干预正常招标投标活动的，由所在单位给予行政处分；构成犯罪的，依法追究刑事责任。

单元小结

通过本章的学习，学生应掌握以下内容。

设计是基本建设的重要环节。一般工程项目的设计分为初步设计和施工图设计两个阶段进行，对于技术复杂而又缺乏设计经验的项目，可根据实际情况在初步设计阶段后增加技术设计阶段。招标单位可以将某一阶段的设计任务或几个阶段的设计任务通过招标的方式，委托选定的设计单位实施。

按照国家颁布的有关法律、法规，勘察设计招标项目应具备如下条件。

(1) 具有经过审批机关批准的设计任务书或项目建议书。

(2) 具有国家规划部门划定的项目建设地点、平面布置图和用地红线图。

(3) 具有开展设计必需的可靠的基础资料，包括：建设场地勘测的工程地质、水文地质初步勘测资料或有参考价值的场地附近的工程地质、水文地质详细勘测资料；水、电、燃气、供热、环保、通信、市政道路等方面的基础资料；符合要求的勘测地形图等。

(4) 成立了专门的招标工作机构，并有指定的负责人。

(5) 有设计要求说明等。

建筑工程勘察设计招标投标活动实行资格审查制度。资格审查制度分为资格预审和资格后审。一般的资格预审主要包含 3 个方面的内容：①资质审查；②能力审查；③经验审查。

设计招标文件应包括以下几方面的内容：①工程名称、地址、占地面积、建筑面积等；②已批准的项目建议书或者可行性研究报告；③工程经济技术要求；④城市规划管理部门确定的规划控制条件和用地红线图；⑤可供参考的工程地质、水文地质、工程测量等建设场地勘察成果报告；⑥供水、供电、供气、供热、环保、市政道路等方面的基础资料；⑦招标文件答疑、踏勘现场的时间和地点；⑧投标文件编制要求及评标原则；⑨投标文件送达的截止时间；⑩拟签订合同的主要条款；⑪未中标方案的补偿办法。

招标人如需对招标文件进行必要的澄清或者修改的，应当在招标文件要求提交投标文件截止时间至少 15 日前将澄清和修改内容书面通知招标文件收受人。依法必须进行设计招标的项目，招标人应当合理确定投标文件的编制时间，自招标文件发售截止之日至投标人提交投标文件截止时间不得少于 21 天。

设计招标的评标工作由招标单位邀请有关部门的代表和专家组成评标小组或评委会进行，通过对答标书的评审写出综合评价报告，并推选出第一、二、三名候选中标单位。评标由评标委员会负责。评标委员会由招标人代表和有关专家组成。评标委员会人数一般为 5 人以上单数，其中技术方面的专家不得少于成员总数的 2/3。

招标人应当在中标方案确定之日起 7 日内，向中标人发出中标通知，并将中标结果通知所有未中标人。招标人应当在中标通知书发出之日起 30 日内与中标人签订工程设计合同。

复习思考题

1. 思考题

(1)建筑工程设计招标应具备哪些基本条件?

(2)建筑工程设计招标与其他招标有何不同?

(3)建筑工程设计公开招标与邀请招标有何区别?

(4)不同级别的勘察设计单位可以承接的业务范围有何区别?

(5)何谓潜在投标人?

(6)建筑工程设计招标中资格预审的工作程序是什么?

(7)设计招标资格预审文件的组成是什么?

(8)资格预审与资格后审有何区别?

(9)编制建筑工程设计招标文件的重要意义是什么?

(10)建筑工程设计招标文件的基本组成是什么?

(11)建筑工程设计招标文件的具体内容是什么?

(12)进行建筑工程设计招标的组织机构有哪些形式?

(13)如果对建筑工程设计招标文件进行修改需要遵守哪些规定?

(14)建筑工程设计招标开标的一般程序包括哪些?

(15)在建筑工程设计招标过程中哪些投标可被视为废标处理?

2. 实训题

指出下述案例中的错误,并按题目要求回答问题。

某国营建设单位(A)开发建设一住宅小区,总投资2.4亿元,总建筑面积12万平方米,可行性研究报告于2000年12月批准,并提交了用地规划手续。

2000年5月,A同参与原可行性研究的设计院B商议,A提出凭市地矿局提供的住宅小区地块地质资料,不再进行地质勘察直接设计,B认为地质资料如不能满足设计需要时,由其属下的地质公司补勘且不收费用。A与B当月签订设计合同。

2001年9月通过初步设计审批,项目分四期实施,第一期20幢联体别墅,建筑面积4万平方米,建安造价3 600万元。于2001年9月到××区(县)招标办报建,纳入公开招标范围,并委托乙级资质的发包代理单位K代理,代理咨询费打入建安造价,由中标单位代收代付。

2001年9月30日发布公开招标信息,于10月5日上午进行投标报名,共入围6家单位,其中C为联合体,由一家本市一级企业与一家外地二级企业(进沪许可尚在办理之中)联合;D为联合体,由一家具进沪许可的外地一级企业与本市一家三级企业联合;其他4个投标单位均符合要求。

招标文件中写明按“无标底招标、有标底评标”的办法评标,但招标文件中没有载明发包代理单位编制的参考造价及权数和下浮率范围,K在A的授意下,将参考造价、权数、下浮范围私下告知C、D,且为保D中标,A、K商议将开办费评分值扩大到10分。

报价汇总如下表所示。

投标单位	总计(万元)	建安费用			
		土建(万元)	安装(万元)	装饰(万元)	开办费(万元)
C	3 490				15
D	3 480				6
E	3 460				1
F	3 380				2
G	3 350				3
H	3 370				2
参考造价	3 500				

评标前,宣布参考造价为 3 500 万,权数为 40%,下浮率幅度为 1.5% ~2.5%。

经评定(计算过程略),E 得分最高,D 排名第三,但开办费得分项中,E 排名最后,D 为第一。最后综合评分 D 排名第一,且中标。

签订合同后,在尚未取得规划许可证情况下领到施工许可证(桩基部分),破土动工。

根据上述材料,回答以下问题:

(1)业主有哪些违法违规行为?

(2)承包商(包括勘察设计施工)有哪些违法违规行为?

(3)发包代理单位有哪些违法违规行为?

单元五　建筑工程监理招投标

内容提要

对建筑工程实行监理招标是我国法律的规定，本单元从建筑工程监理招投标概述、建筑工程监理招标、建筑工程投标及建筑工程监理招标开标、评标与定标共4个方面阐述了建筑工程监理招投标的相关内容。

教学目标

掌握实行建筑工程监理的意义；了解目前我国建筑工程监理的现状；了解监理工程师的职责；了解建筑工程监理招标的范围及招标方式；掌握建筑工程监理招标文件的主要内容；掌握建筑工程监理招标的基本程序；熟悉建筑工程监理投标的工程内容、工程程序以及建筑工程监理投标书的编写方法；了解建筑工程监理招标中标、开标的程序；掌握建筑工程监理招标评标工作的原则和方法。

项目一　建筑工程监理招投标概述

教学目标

- 了解工程建设监理的概念。
- 掌握实行建筑工程监理的意义。
- 了解目前我国建筑工程监理的现状。
- 了解监理工程师的职责。

能力标准及要求

- 能够充分理解实行建筑工程监理招投标对监理企业、业主和监理市场的重要意义。
- 能够初步认识目前监理行业和监理工程招标的现状。

一、基础知识

（一）建筑工程监理的概念

1988年7月25日建设部《关于开展建设监理工作的通知》的颁发，标志着我国工程建设监理的起步。经过多年的不断努力，现在我国建设监理已成为工程建设项目普遍采用的管理方式，逐步实现了产业化、标准化和规范化，并快速向国际监理水准迈进。

监理就是有关执行者根据一定的行为准则，对某些或某种行为进行监督和管理、约束和协调，使这些行为符合原则的要求并协助行为主体实现其行为目的。构成监理需要具备基本条件，即应当有“执行者”，也就是必须有监理的组织；应当有“准则”，也就是实施监理的依据；应当有明确的被监理“行为”，也就是监理的具体内容；应当有明确的“行为主体”，也就是监理的对象；应当有明确的监理目的，也就是行为主体和监理执行者共同的最终追求；应当有监理的方法和手段，否则监理就无法组织实施。

建筑工程监理常简称为建设监理。建设监理是指针对一个具体的工程项目，政府有关机构根据工程项目建设的方针、政策、法律、法规对参与工程项目建设的主体进行监督和管理，使他们的工程建设行为能够符合公众利益和国家利益，并通过社会化、专业化的工程建设监理单位为工程业主提供工程服务，使他们的工程项目能够在预定的投资、进度和质量目标内得以完成。

（二）实行建设监理招标投标的意义

根据《招标投标法》的规定，建设监理已作为强制招标项目列入法律条款，以法律的形式将建设监理招标投标固定下来，其意义是深远的。

首先是为了提高工程建设质量。根据我国多年的建设监理实践证明，建设监理制对提高和保证建筑工程质量是行之有效的。为了进一步巩固这个机制，完善体系，加强建设监理的作用，从而进一步提高和保证建筑工程质量，实行强制性建设招标投标势在必行。

其次，鉴于我国监理业的蓬勃发展，至目前为止，监理企业已有6 000余家，从业人员也达20余万人，形成了一支颇具规模的监理队伍。相应地，市场竞争也日趋激烈，但这大好的景象中也有一些不和谐、不规范的现象产生。由于这种现象的存在，一方面监理企业的利益受到损害，另一方面业主也深受其苦，更重要的是还会使建筑工程质量得不到保证。将建设监理纳入国家法律体系，则可以使建设项目监理招标投标活动规范化，一切依法行事，就可避免不规范现象的产生。因而，势必有利于在监理企业之间推行公平竞争的原则。

实行招标投标时，整个活动是公开的、透明的，对每一家企业均一视同仁。能否中标就看监理企业的业务水平高低、声誉如何、队伍素质如何、编制投标书的技巧如何而定了，这就更可以显示出优胜劣败的法则，更将激励各个监理企业提高本企业各方面的水平。

（三）建设监理招标投标对监理企业的要求

如果建设监理实行招标投标，对监理企业的要求就提高了。换言之，也可以说是监理企业要适应招标投标制的这个现实，要满足招标方的各种要求，需要不断充实、提高，根据监理企业的发展趋势，监理企业也要相应改变本企业的工作理念和工作方式等。

1. 当前建设监理现状

我国建设监理自1988年开展，从1996年起，我国监理业转入全面推行阶段，取得了健康、稳步的发展。使建筑工程质量、投资、进度等得到有效控制、朝着发挥最佳投资效益的目标迈进，取得了可喜的成绩并受到工程项目各参与方及社会的欢迎。

2013年5月13日发布，2014年3月1日正式实施的，建设部批准颁布了《建筑工程监理规范》（GB/T50319—2013），它是总结我国推行监理制度多年来实践经验的成果，标志着我国建设监理迈上了一个新的台阶。将使我国建设监理制度进一步走上法制化、标准化、规范化的轨道。对于完善工程监理制度，规范工程监理行为，提高建设监理水平具有十分重要的意义。

2007年8月1日施行的《工程监理企业资质管理规定》（建设部令第158号），加强了监理企业资质管理，从而维护了建筑市场秩序，与此同时，面对激烈的市场竞争及入世后给监理企业带来的机遇和风险，监理企业资质仍需要进一步发展和提高。

在建设监理的有关教育与培训方面，我国建设监理的定义与国家政策的提法是一致的。

建设监理是以社会机构代表业主的利益,对建设项目全过程进行的管理。就是以最佳项目管理模式实现工程项目有限的资金在有限的时间内得到最佳的投资效果。

监理单位受项目法人的委托和业主的要求,依法实施项目的监理。

我国监理招投标参照施工招投标而来,并沿用至今。《招标投标法》、《中华人民共和国政府采购法》中均规定工程监理要通过招投标选择。因监理属于咨询业的范畴,是一种专业性很强的智力服务,所以监理招投标应当体现与施工招标不同的特点。然而,当前工程监理招投标在一些地方变得很滑稽,甚至走入歧途;各项程序进行得十分草率,从表面上看程序合法,实则是掩人耳目,走走过场。监理招投标中存在的问题主要体现在人为因素影响严重,主要表现如下。

(1)陪标,业主事先已找到并认可一家监理公司,但为了使选择过程满足行业管理部门的有关规定,找到陪标单位,形成互相陪标。

(2)招标形式化,明招暗定,相互串标,设立专有条件,不具有竞争性。

(3)部分招标单位有"背景",招标过程中暗箱操作、虚假招标,垄断现象非常严重。

(4)恶性压价,低价中标,导致中标的监理企业降低监理服务质量。

如上所述的种种情况,究其原因主要还是当前监理行业缺乏行之有效的监理招投标方法。为了达到建设监理的目标,确保整体监理质量,切实遵循建设监理规范及其他监理法规,监理企业必须以实现国家质量管理体系标准(GB/T19000—2008)为准则,严格贯彻标准。

随着体制改革的发展及项目业主对建设监理认识的提高,以及进一步加强拓宽监理范围,必将要求监理人员水平、素质随之提高。

2. 拓宽监理咨询企业服务范围

随着经济体制改革的深入及经济全球化,项目业主将更加重视投资效益。投资主体为了避免投资决策失误,希望通过咨询了解项目的市场需求、投资预测、投资方案的技术经济评价、工艺与设计方案评审、设备选型分析以及各类方案与方法的优选。这些均要求监理咨询企业拓宽自己的业务范围,增长企业的竞争力。

应该认识到监理与咨询是一致的,监理企业本身有能力提供高智能咨询服务,但这要结合各监理公司实际,制定自身发展战略,及时作出人才、技术和管理上的准备,以扩充壮大监理咨询高级专职人员和兼职专家的队伍。

监理工程师的职责既要重视对关键部位的旁站监督,更要着重实现项目整体目际。对不同层次监理人员做恰当分工,要充分调动和发挥高智能人才的作用,做到人尽其才。一定要走出监理工程师就是"监工"这一认识上的误区。实践经验说明:即使是施工阶段的监理,也需要配备有经验丰富的结构工程师承担专业监理工程师职务,才能处理在施工中遇到的复杂结构问题及在图纸审核方面发挥作用。

要认识到实现建设监理项目的总目标,进行全过程、全方位的监理,是一项技术含量极高的服务,其特点是对工程建设的准确预测与预控。对建设项目各方的建设行为着重在事前控制,将事半功倍。无数实例和教训可说明预控的重要性,例如参与各类方案(规划、设计、施工等)的技术经济评价,往往能可观地降低项目的投资,对确保工程质量与工期,以及对安全等方面均可通过分析与比较,提出最佳方案。为了提高工作效率,监理公司必须配备先进的技术装备,如为进行平行检测应配置各类精度的测量仪器及无损探伤设备等;为对某些关键部位进行结构验算或工艺设计的复核以及辅助管理等应配备计算机和相关软件等等,以适应监理事业朝着高智能服务发展的需要。

3. 重视总监理工程师的作用与培养

我国建设监理实行总监理工程师负责制。总监理工程师是监理项目的责任主体,是实现监理项目的最高责任人。项目总监理工程师是既要对业主建设目标负责、实现项目整体目标,又要对监理企业负责的双重责任人。他要同时处理好业主与监理企业的工作任务,是项目监理行政、技术、管理全面工作的总负责人。故总监理工程师是监理项目的权力主体,他要正确处理好国家、企业、监理人员之间的利益。总监理工程师是监理项目实施过程中责、权、利的主体与核心,他要负责协调好参建各方的关系,使各方配合密切,协调一致,搞好项目建设监理全面工作。因此,总监理工程师在建设监理中起着重要的、任何人不可替代的作用。

总监理工程师由监理单位法定代表人书面授权,全面负责委托监理合同的履行。总监理工程师在授权范围内发布有关指令,签认与所监理的工程项目有关款项的支付凭证,项目法人不得擅自更改总监理工程师的指令。

经监理单位法定代表人同意,可设总监理工程师代表,由总监理工程师书面授权,总监理工程师代表即可代表总监理工程师行使其部分职责和权力。

在《建筑工程监理规范》中规定总监理工程师应履行的职责如下。

(1)确定项目监理机构人员及其岗位职责;

(2)组织编制监理规划,审批监理实施细则;

(3)根据工程进展及监理工作情况调配监理人员,检查监理人员工作;

(4)组织召开监理例会;

(5)组织审核分包单位资格;

(6)组织审查施工组织设计、(专项)施工方案;

(7)审查开复工报审表,签发工程开工令、暂停令和复工令;

(8)组织检查施工单位现场质量、安全生产管理体系的建立及运行情况;

(9)组织审核施工单位的付款申请,签发工程款支付证书,组织审核竣工结算;

(10)组织审查和处理工程变更;

(11)调解建设单位与施工单位的合同争议,处理工程索赔;

(12)组织验收分部工程,组织审查单位工程质量检验资料;

(13)审查施工单位的竣工申请,组织工程竣工预验收,组织编写工程质量评估报告,参与工程竣工验收;

(14)参与或配合工程质量安全事故的调查和处理;

(15)组织编写监理月报、监理工作总结,组织整理监理文件资料。

由此可见,总监理工程师是监理项目的第一责任人,他既是执行人,又是组织人。对于监理项目的监理效果及其成败,总监理工程师要承担重大的责任。故对总监理工程师自身素质的要求极高,要求其具备廉洁清正、公正守法、严格纪律、坚持原则、技术精湛、知识广博、责任心强等一专多能的综合型、复合型人才。

监理企业要根据本企业的实际情况和发展战略,建立系统的培养制度,制定总监理工程师队伍的培养规划,要有长期和近期目标。其中,选好总监理工程师的后备人选最为重要,特别是要培养中青年总监理工程师。将善于办事、敢于办事,能承担责任,职业道德好、素质好、有培养前途的优秀人才选出来,作为总监理工程师的培养人才。

精选好未来总监理工程师的人才后,根据各人的特点和实际条件制订出个人培养计划,可进行长期、中期、短期的培训,使其掌握基本专业技术及管理、经济、法律等多方面的知识。从监理实践中培养总监理工程师极为有效,可委派其到大型、复杂的监理项目上工作,也可委任以总监助理、总监代表、副总监等职务,让他们逐步锻炼,成长为一个称职的总监理工程师。

4. 项目投资控制是建设监理的重要内容

建设监理中,投资、质量、进度三大控制是实现项目整体目标的中心任务,上述三者目标构成相互关联和相互制约的目标系统。三大目标中任何一个目标的失控,都会使项目整体目标失控,其中特别是当项目投资失控时,质量与进度目标根本难以实现,而建设项目的成效归根结底是项目投资的有效实现。

资金的筹集和使用贯穿于项目的始终。在建设项目监理的全过程中,各个阶段监理工程师对各类方案进行技术经济评价、优选,最终实现项目最优目标,降低投资并达到质量、进度的最优。无数实例说明投资控制是三大控制的主导。

监理工程师始终离不开技术经济的分析。如果监理工程师不做这项工作,建设单位委托监理单位就失去了意义。为了取得目标控制的预期成果,监理工程师要从多方面采取措施实施控制,其中经济措施是目标控制的必要措施。如果没有监理工程师用经济措施来控制承包单位,投资目标就难以实现。特别在承包商不规范行为较为普遍的条件下,对其采取经济措施是最为见效的控制措施。

项目投资控制是建设监理的一项主要任务,它贯穿了工程建设的各个阶段及监理工作的各个环节。项目投资控制是否成功,既影响到业主的利益,也影响监理工作的开展。在发达国家里,监理工程师被誉为工程建设的经济专家和管理财务的经理,由此可见投资控制在建设监理中的重要性。

监理企业可为业主在投资控制上提供的服务有如下几项。

(1)立项决策阶段,对拟建项目作出合理的经济评价,避免投资的盲目性。

(2)可行性研究阶段,监理工程师对建设项目规模、场地、技术协作条件提出意见,对拟建方案作出估算,确保所选定的方案在技术上可行,在经济上合理。

(3)方案选择阶段,监理工程师按各设计方案编制估算,将方案中各分部、分项工程投资分别列出,以便确定拟建项目的布局、设计及施工标准。

(4)设计阶段,监理工程师运用价值工程等技术经济方法评价设计方案,编制工程概算,将设计控制在投资限额内。

(5)施工招标阶段,可协助编制招标文件及标底,协助评审标书,协助拟订承包合同。

(6)施工阶段,审查施工组织设计、施工技术方案和施工进度,并通过技术经济分析评价,择优选出技术先进、经济合理的最优方案。在施工过程中,监理工程师能够较详细、合理地对已施工部分的工程及变更设计工程进行核算;审签期中付款;将工程变更所产生的费用及其对工程总投资的影响及时向业主汇报。

(7)竣工后审查工程结算。

上述各阶段中,监理工程师进行投资控制服务的内容显然贯穿于整个工程的规划、立项、设计、施工各个阶段中。投资控制与监理的全过程中质量、进度控制、合同、信息管理及各部门之间协调工作，息息相关；例如，施工过程中工程设计变更后，最终完成的工程往往由于实际条件变化多端（如基础工程中的地质变化），绝非是最初拟订的变更说明所能表达的，只有现场监理人员才能真正全面掌握。复杂的设计变更，甚至会涉及质量、进度、合同等多方面的问题。

监理工程师最了解建设单位的投资意向和目标，能够较好地结合工程管理专业知识与丰富的实践经验，在设计、施工的投资控制中最大程度地实现业主利益。监理工程师在工程管理上始终营造一种业主、监理工程师、承包商之间的信息协调系统，把工程建设过程中的咨询信息通过系统化的专业处理，公正而客观地为建设单位提供决策依据，避免建设单位在决策中的盲目性和失误。监理工程师凭借自己丰富的经验和知识，通过对设计、施工、设备安装、材料供应各个环节的活动进行客观公正的评价，提出专业性建议，并能从专业的角度平衡协调，使得整个建设阶段的投资控制都处在一个优化过程中，从而避免了许多争议与索赔，保证整个工程的投资、进度、质量都得到有效的控制。大量的监理实践证实，充分发挥建设监理对投资的控制作用，建设单位的利益才能得到最大的体现。因此，建设单位不但要对监理单位赋予其对工程质量、进度的管理权，更应赋予他们对项目投资的控制权。

但是据有关统计资料，当前我国实施监理的项目中，真正包括投资控制的监理不足总监理项目的30%，即大部分项目的投资控制由建设单位自己掌握，他们未真正了解建设监理中项目投资控制的实质内容和有效的作用。此外，也还有部分监理单位中的少数监理人员对项目各阶段、各环节、各施工过程中，投资控制的任务不十分了解。随着改革的不断深入和监理业的发展，人们将会逐步提高认识，从而使建设监理得到完善。

由于目前工程建设监理的内容，各地区、各项目未按统一要求进行，一般是根据建设单位的需要和项目特点来确定监理内容。因此，在监理招标、投标文件及监理委托合同中必须详细阐明监理内容，特别是其中投资控制的具体监理内容，在监理规划和监理实施细则中更要对其进行详述，使监理人员遵照执行。

在项目决策阶段、设计阶段、施工招标阶段及施工阶段中的投资控制是直接影响项目投资效果的关键。在决策阶段，投资控制是为确保立项在技术上的可行性和经济上的合理性；在设计阶段，通过技术经济评价及运用价值工程优选方案，编制概算；施工招标阶段，准确编制标底，协助评审投标书和拟订承包合同；施工阶段，经济合理地评价施工方案、审核预算、结算及审签期中付款等；在各阶段的投资控制内容均是监理招标、投标文件中的重要部分。

此外，投资控制与合同管理、索赔管理密切相关，对工程造价及项目投资效益影响极大。特别是当前，承包商在激烈的市场竞争中为了求取最大效益，索赔事件日益增多。监理工程师能否处理好索赔，这关系到业主与承包商的切身利益，关系到监理工程师能否胜任监理任务。投资控制任务的完成与合同管理、信息管理紧密联系，绝不是孤立的，只有在工程现场全面掌握监理的全过程，才能完善索赔管理，完成投资控制任务。

目前有些地区将建设监理中的投资控制只视为预、结算审核，从整个监理的全过程中抽出去，或由业主自行管理，或另外委托造价咨询单位审核，这是认识上的误区。这些审核人员不能全面掌握相关监理的全过程，怎么能完成投资控制任务呢？做好投资控制整体工作，完成投资控制任务，既要全面掌握造价工程师的知识技能，还要亲身参与工程项目实施的全过程，两者缺一不可。

二、课堂实训

【案例讨论】某监理公司 M 由于在加强企业的经营管理方面采取了一系列有效的管理措施,并建立健全了各项内部管理的规章制度,其市场的占有率及年营业额逐年增长。除了在总体上做好市场定位和制定与实施了正确的发展战略,以及按 ISO 9000 质量管理体系标准建立健全自己的管理体系,奠定了良好的经营管理基础外,在日常经营管理活动中还建立了市场信息系统,及时准确地掌握市场动态,并采用现代管理技术、方法和手段,实现管理现代化,提高了经营决策水平,为扩展业务、提高企业效益提供了有力的手段。当前,该监理公司管理层在开展经营管理业务时,遇到了以下问题。该公司现有 A 和 B 两项工程的监理投标机会,但是,由于监理公司除已承担的监理任务外,现有的技术力量只能承担其中一项的监理任务,而且这两项工程的监理招标的时间又很接近,不可能同时投两个标。根据搜集到的有关信息,估计对这两项工程投标的结果可能得到的情况如下。

(1)如对 A 工程投标,中标的可能性约为 60%,如果中标获得该项工程监理任务,则可能获得 120 万元的收益。如果失标,则公司会损失 2 万元。

(2)如对 B 工程投标,中标的可能性估计约为 30%,如果中标获得监理任务,则可能获得 300 万元的收益。如果失标,则公司会损失 3 万元。

问题:

(1)对上述 A、B 两项工程的监理招标,该 M 公司管理层决策时应选择哪项工程投标为宜?

(2)请以小组形式在课堂上予以讨论,最后请任课教师进行总结。

三、知识拓展

国际上通行的咨询公司选聘方法

国际上通行的采购程序中,确定咨询工程师(公司)的竞争性选聘原则和方法列举如下。

(1)基于质量的评审方法(Quality-Based Selection,QBS)。其实质就是把技术资质因素作为选定咨询工程师的首要原则。

(2)基于质量和费用的评审方法(Quality and Cost-Based Selection,QCBS)。这是委托人对名单中的公司所提交建议书的服务质量和价格综合评审后确定中标人的方法。依从"双信封制"方法,在技术建议书评审结束后才能启封,兼顾了质量与价格双方面的因素。

(3)固定预算下的选择(Selection under a Fixed Budget,FBS)。这是指在咨询预算费用固定的情况下业主选择咨询服务的方法。价格建议书中的金额中只设一个上限,不参与综合评审的权衡。该金额在指定预算范围以内者,技术建议书得分最高的咨询顾问将被邀请进行合同谈判,而凡是该金额超过指定预算金额的建议书都会被拒绝。

(4)基于咨询顾问资历的评审方法(Selection Based on Consultants' Qualification,CQS)。这是委托人在不采用竞争性招标的情况下,根据咨询顾问的资质与经验直接选择合适的公司,并就其提交的技术—财务建议书进行合同谈判的方法。

(5)最低费用的评审方法(Least-Cost Selection,LCS)。这是对咨询任务的"质量要求"划定一个"最低合格分值"。在"双信封制"评审过程中,如果质量建议书评分高于最低分,则选取财务建议书报价最低的公司进行谈判;反之,如果质量建议书评分低于最低分,则被拒绝。

(6)单一来源的评审方法(Single-Source Selection,SSS)。顾名思义就是指委托人不通过竞争性招标而直接确定一家公司进行谈判的方法,故而称其为单一来源。

项目二 建筑工程监理招标

教学目标

- 了解建筑工程监理招标的范围及招标方式。
- 掌握建筑工程监理招标文件的主要内容。
- 掌握建筑工程监理招标的基本程序。
- 了解建筑工程监理招标中对监理单位的选择。

能力标准及要求

- 能够根据我国《招标投标法》及相关法规培养学生组织进行建筑工程监理招标工作的能力。
- 能够明确目前我国建筑工程监理招标的范围。

一、基础知识

(一)建筑工程监理招标的范围

国务院颁布的《建筑工程质量管理条例》明确指出,应当实施建设监理的工程包括:国家重点建筑工程,大、中型公用事业工程,成片开发建设的住宅小区工程,利用外国政府或者国际组织贷款、援助资金的工程,国家规定必须实行监理的其他工程。其中部分工程因为工程规模、工程性质、投资额、投资方等不同,必须采用招标方式选择建设监理单位。

(二)建筑工程监理招标的方式

建设监理招标一般实行公开招标或邀请招标两种方式。招标人采用公开招标方式的,应在当地建筑工程发包承包交易中心或指定的报刊上发布招标公告。招标人采用邀请招标方式的,应当向3个以上具备资质条件的特定监理单位发出邀标通知书。

招标公告和邀标通知书应当载明招标人的名称和地址、招标项目的性质和数量、实施地点和时间以及获取招标文件的办法等事项。

(三)建筑工程监理招标文件的内容

建筑工程监理招标文件的内容一般包括以下几部分。

(1)工程概况。包括项目主要建设内容、规模、地点、总投资金额、现场条件和开竣工日期等。

(2)招标方式。主要是关于监理项目的招标形式、如何招标的问题。

(3)委托监理的范围和要求。

(4)合同主要条款。包括监理费报价、投标人的责任、对投标人的资质要求、对现场监理人员的要求以及招标人的交通、办公和住宿条件等。

(5)投标须知。我国已颁布了建设监理招标文件范本,以规范建设监理的招标行为,它已成为投标监理单位的须知。

(四)建筑工程监理招标的程序

1. 由业主确定监理公司介入的阶段、监理的范围和内容

监理公司介入建设项目的阶段,一般情况下业主依据《招标投标法》在立项之前考虑确定,根据建设项目的规模和特点,以及业主对咨询服务、建设监理的认识深度,由业主确定监理单位在哪个阶段介入。

在国际上,政府的工程项目都要委托监理,私人的项目委托是否监理,政府不予干预,但业主自身的投资利益与项目成败息息相关,故业主十分重视监理以及对监理单位的选择。

工程建设监理制是社会发展对工程建设管理专业化、市场化、效益化要求的必然结果,对工程建设实施监理,已得到社会的广泛认同,我国《建筑法》已将其作为一项法律制度予以确定。

目前,在建筑市场,我国正在逐渐形成"业主—承包商—监理单位"的项目三元管理体制。监理单位作为独立的一方,受业主委托,对工程项目建设进行管理,对于提高工程建设水平和投资效益,发挥着重要的作用。因此作为项目业主,选择一个高水准的监理单位对于管理项目的实施是一项至关重要的工作。

但现阶段内,我国的监理事业处于初级阶段,市场发育还不完善,业主在选择监理单位的过程中存在着种种问题,对监理单位的选择方式也有一些分歧。针对业主的要求和我国监理业的现状,推行建设监理招投标制势在必行。建设部在《1998 年建设事业体制改革的工作要点》中提出"积极推进建设监理招标制",最新颁布的《招标投标法》中规定了有关的工程项目应实行建设监理招投标。因此,建设监理实行招投标是完善我国建设监理制度和推进我国监理事业发展的有益尝试。

2. 成立"监理招标工作组"或委托监理招标机构代理

由工作组研究确定监理单位介入的建设阶段,并初步确定监理范围与内容,在此过程中可咨询有关建筑经济与管理专家,并学习、了解监理有关知识。

采取依靠业主自由委托监理单位的做法弊端较多,而推行监理招投标制不失为一项有益的尝试,它至少可以发挥以下的积极作用。

(1)有利于规范业主行为。通过监理招投标、可转变业主观念,加深社会对监理工作的认识,提高建设监理的地位,使业主自觉接受监理。

(2)有利于规范监理单位的行为,促进监理企业自身素质的提高,促进监理企业加强管理、提高竞争能力。

(3)有利于形成统一开放、竞争有序的市场,打破行业垄断、部门分割、权利保护,发挥市场机制作用,达到优胜劣汰。

3. 了解监理单位信息、选择监理单位

目前我国已实行建设监理招投标,让项目业主通过招投标来选择监理单位。而建设监理是一种智能服务,业主选择监理单位的目的是为了取得高水平、高质量的技术咨询和管理服务,这种服务需要监理单位的高智能投入,监理单位要完成监理业务,不但需要配备足够数量具有较高专业技能和丰富工程管理实践经验的监理人员,而且还需拥有一定的技术设备和测试手段,并针对监理项目的实际,制定出一套切实可行的、科学的监理规划和实施细则,以此实施工程项目建设的监督管理。

目前,在监理招投标中的一种主要倾向是一些业主依据监理报价的高低作为监理单位

是否中标的依据，使一些监理单位采取低报价方法来争取监理业务，这显然是片面的。同时，项目的业主会失去真正优秀的监理公司，实际是得不偿失。

对企业的资质审核是必要条件，虽然企业的资质高能说明该企业的技术力量雄厚，检测设备和手段可靠、齐全，管理方法先进，但是，实际情况十分复杂，所以监理企业资质不应作为首要条件来考虑。如果招标是采用邀请招标方式，招标前已掌握了投标企业的资质情况，既然被邀请投标时已说明该企业的资质符合要求，能承担该工程的监理工作就应予以同等对待，企业的资质只有在企业的其他各方面都非常接近的情况下才作为补充评分条件。

同理，监理业绩可以说明该企业对类似工程的建设监理有较丰富的经验，但是资质符合要求即说明企业的技术力量等各方面都能胜任本工程的监理工作，所以也应予以同等对待。另外企业有业绩并不能说明派驻本工程现场的人员就有丰富的经验，企业的业绩少也不能说明派驻本工程现场的人员没有经验。

所以这些监理企业的资质与业绩，业主方在发出邀请监理单位之前要充分了解，绝不能单凭“唯材料”决策，即要进行调查、研究，走访有关原业主单位，听取、搜集第一手资料，这对于了解投标监理企业的信息十分重要。

4. 建立评标委员会

评标委员会的建立按《评标委员会和评标方法暂行规定》(2013 年 4 月修订版)执行。

5. 制定招标文件

监理单位的招标文件由监理招标工作组拟定，招标单位亦可委托招标代理单位拟定。

1)确定监理招标文件的纲要与目录

搜集了各类招标信息，并进行研究之后确定本项目监理招标的规模、范围和内容，包括在各个项目建设阶段需委托监理的任务，特别是对项目投资决策、设计阶段的监理委托，要予以充分的重视，因为这对项目投资的成败举足轻重，应该慎之又慎；招标人可向有关专家咨询，听取专家们结合具体项目作出较客观、公正、全向的评价，并提出切合实际的意见，以加强决策的深度与正确性。

监理招标文件的纲要和目录只是确定招标文件的主体构架，为避免遗漏，最后仍允许不断补充和修改。

2)确定监理招标文件的范围与内容

工程项目监理范围即委托监理的项目任务，以表格形式表现为好，可一览无遗，清楚、明确。在监理招标时，有的工程业主往往一时难以提出委托监理任务的全部数据，可先填入估计数目，并加注“最终以实际完成的数据为准”的说明。但是，各建设阶段的主要数据和任务范围仍需提出；对目前尚不能提出的任务数据，应提出原则和时间表，使投标人可准确报价和考虑风险系数，不致使其有模棱两可的感觉。

各阶段监理工作的内容是指监理实施过程中的三控制、二管理、一协调的具体工作内容。在监理招标文件中要写深、写透。特别是本工程特殊的监理要求，如独立、平行检测，预控，方案技术经济评价及额外的监理任务，都要一一写入招标文件中，做到事先提出而不致事后陆续增加监理工作的要求。

范围与内容是日常监理工作中直接涉及的实质性问题，双方事先要彻底了解、不能含糊其辞。若在招标文件中不能表达清楚、或使投标人产生误解，必将在日后发生工作纠纷。

3)监理工作的技术要求与监理目标

技术要求是指对监理项目比较重要的或特殊的工程技术要求。一般常规的做法,遵照图纸要求与国家规范、标准即可。凡重要、特殊的工程技术要求,在监理招标文件中需提出遵照的规范和技术标准,特别是新工艺、新技术的使用。有些在事先需进行试制和试验的内容,必须列出。

对监理人员的基本要求与组成,在监理招标文件中需加以说明,因为完成监理任务主要是依靠各级相关的监理人员,人的因素是首要的。

监理的目标在监理指标文件中应专列一项,主要是质量目标、进度目标、投资目标、安全目标和文明施工目标等。投标人在投标文件中要提出达到这些目标的具体有效措施;对本工程项目从设计到施工提出合理化建议,并明确工程质量检测见证取样制度;需旁站跟踪监理的重要部位和工序清单;独立、平行检测手段,保证措施及项目清单。

4)对监理投标书提出的内容和要求

工程监理投标书分技术标书、公函标书和商务标书3部分。以下分别阐明其内容。

(1)技术标书的内容。

①技术标书的综合说明;

②各阶段工程监理质量控制的方法与实施措施,特别是质量预控手段;

③各阶段工程监理投资控制的方法与实施措施,特别是投资控制中降低投资的手段;

④各阶段工程监理进度控制的方法与实施措施,特别是采用的各种优化控制手段;

⑤根据本工程的特点而制定的检测、监测的方法;

⑥合同管理、索赔管理的方法与措施;

⑦信息管理的方法与措施;

⑧安全文明施工的监理措施:

⑨独立平行检测方法及保证措施,主要包括独立、平行检测清单;

⑩选用、配备的监测仪器、设备清单;

⑪24 h旁站跟踪监理的重要部位及工序清单内容;

⑫与业主、承包商、分包、政府部门、供应商、设计单位等工作协调的方法;

⑬监理资料班整理归档提供的管理方法、清单内容。

以上列出的内容是在监理招标文件中对监理投标文件技术标书的主要内容和要求。在监理招标文件中只需列出要求、清单。投标人则须在投标文件的技术标书中详细阐明。

(2)公函标书的内容。

①担任本工程监理组总监理工程师的学历、工作简历、特长,特别是参加过监理工程的经历;

②参加本工程监理人员机构组以及监理组成员详细名单,特别注明职称、职务、监理经历和在本工程参加监理的时间;

③监理公司资质证明及以往参与相关工程监理的业绩、奖励、评价及其他说明;

④监理公司关于对国际标准化组织(ISO)质量管理体系认证的状况及提交相关认证书,并全套认证资料、质量手册等;

⑤专业分包监理协议书及合作方式的资料。

(3)对商务标书的要求。

①监理报价书及编制说明(或监理成本估算)。

②监理报价书的组成包括:监理费;监理设备使用费;监理现场经费;独立、平行检测费(列出各项费用组成);监理的其他费用(税收、利润及其他费用);总计费用。

③监理合同(草案)。

5)评标原则

遵照国家2013年4修定颁布的由国家计委、国家经贸委、建设部、铁道部、交通部、信息产业部、水利部等7部委联合制定的《评标委员会和评标方法暂行规定》中有关评标原则,结合本工程监理招标实际条件确定评标原则,在招标文件中公布,请各方监督。

6)投标人须知

主要对招标文件中若干细节作进一步说明和澄清;投标书投送后不得借故撤回;投标书的数量并加盖企业公章、法定代表人签字;投标书密封;交送投标书截止日期;中标单位投标书的有效期;投标保证金;关于招投标公证及公证费等。

6. 遵照招标文件进行招标

项目业主根据对监理市场的调查、研究、咨询,确切掌握本地区监理业实情之后,确定对本项目监理招标的最佳方案,即是否需要委托招标代理,采用公开招标或邀请招标,邀请哪几家监理公司投标。所有这些需业主作出选择、决策。

然后对投标单位进行资格预审,按时发出招标文件。一切遵循《招标投标法》执行。

7. 评标委员会按评标原则确定中标单位

评标时由招标人依法组建的评标委员会负责。评标委员会应按照严肃认真、公平、公正、客观全面,竞争优选的原则进行评标,保证所有投标人的合法权益。评标委员会成员的名单在中标结果确定前是保密的。招标人要采取必要的措施,保证评标工作的顺利进行。投标书的评审和比较,以及与评标有关的其他情况、过程,不得向其他无关的人员透露。任何单位和个人不得非法干预,影响评标的过程和结果。评标委员会应按照招标文件确定的评标标准和方法,对投标文件进行评审和比较,并推荐合格的中标候选人。

评标委员会可以要求投标人对投标文件中含义不明确的内容作必要的澄清或者说明,但澄清或者说明不得超出投标文件的范围或者改变投标文件的实质性内容。

评标委员会经评审,认为所有投标都不符合投标文件要求的,可以否决所有投标。如有以下几种情况影响中标结果的可作无效标,并按规定作相应处罚。

(1)招标人与投标人串通投标,损害国家利益、社会公共利益或者其他人合法权益的,则中标无效。

(2)投标人以他人名义投标或以其他方式弄虚作假,骗取中标的,中标无效。

(3)依法必须进行招标的项目,招标人违反该法规定与投标人就投标价格等实质性内容进行谈判的,中标无效。

8. 向中标单位发中标书,对未中标单位发通知

招标人可以授权评标委员会直接确定中标人。中标人确定后,招标人应当向中标人发出中标通知书。中标通知书对招标人和中标人具有法律约束力,中标通知书发出后,招标人改变中标结果或中标人放弃中标的,应当承担法律责任。

招标人和中标人签订合同后5个工作日内应当向中标人和未中标人退还投标保证金。

9. 签订监理委托合同

招标人向中标人发出中标通知书,并与中标人在30个工作日之内签订合同,监理委托合同主要遵照《建设工程监理合同示范文本》(GF-2012-0202)执行。执行。

(五)建筑工程监理招标中监理单位的选择

1. 监理招标中选择监理单位的主要因素

业主在选择监理单位时应注重对投标单位之间的能力和技术水平等诸方面的比较,具体包括以下主要方面。

(1)监理单位的实力和信誉。主要考察总监和专业监理人员的能力和资格,以及过去他们在监理工作中的业绩和业主单位对他们在监理工作中的服务情况和执业责任性方面的评价。

(2)项目监理的组织机构及人员构成。主要考察其人员结构配备是否合理。

(3)技术装备及测试手段。

(4)监理报价。报价只是要考察的因素之一,不占主要比重,只有在其他方面同等条件下,才对其适当予以考虑。

2. 评标办法的科学合理性

科学、合理的评标办法应该体现出公平和公正原则。为体现评标办法的科学性和公正性,在评标之前必须组成评标小组,评标小组成员应是在监理主管部门预先成立的评标专家库中随机选取,其成员不能与投标单位有任何利害关系和权属关系,评标应该采用计分办法,较为方便的办法为:对上述考虑因素分配不同的权重,评标小组按这些因素,对每份投标书进行打分,取加权得分最多者为中标单位。

3. 监理招标的公平性

公平性应体现为参加投标的单位得到平等的对待、有相同的权利和义务,具体表现在单位的资质和业绩上,招标中的评标原则如下。

(1)资质均符合,以企业资质高者为优先。

(2)人员素质好,总监人选合适,企业信誉良好。

(3)按过去的监理业绩、企业规模、曾监理过的工程难度高、优良率高等综合考虑,并以多次做过类似工程者为优先。

(4)投标技术标书合理、可行,监理水平高。

(5)公正诚信,服务承诺可行性高。

4. 监理投标文件的质量是评标中优选原则之一

建设监理是一项知识密集型的技术服务工作,在项目招标阶段,其显著的个性表现为:监理招标是投标单位之间在高智能技术服务方面的优胜劣汰,而不主要着眼于监理取费的竞争(国家明确规定监理取费不得低于取费标准的下限)。

根据有关建设监理招标项目的评标办法,评标一般采用综合计分法。在权重分配上,监理投标技术标书所占的权重较大,因为技术标书的编制内容综合包括了招标单位所要求的有关人员素质、主要监理措施和技术方案等方面的内容。因此,在通过资质审查后,中标的关键很大程度上取决于投标单位编制项目监理技术方案的优化程度。

因此,要求投标文件要具有目标的确定性,即针对被监理项目的目标明确;职责分工的严密性,即监理单位的组织机构配置,包括现场监理岗位的制定科学合理;工作的时序性,即将不同工作间的逻辑关系、相关各方的衔接与联系以及时间上的开展顺序反映出来。还要求投标文件要充分理解和全面响应招标文件的各项要求条件；对结构设计方案的优化建议；技术难点的监理方案；关键部位和关键工序的监理控制措施。投标文件的格式化及直观、简洁的表达方式，也是投标文件的一个质量因素。

二、课堂实训

【案例讨论】某合资企业，中方国有企业控股37.5%，外方控股32.5%，民营控股30%。公司决定投资人民币约8 000万元，建造建筑面积约12.5万平方米的住宅小区，并聘请了本地一家甲级招标代理公司作为监理招标代理单位。由于双方在代理费上有分歧，故约定代理协议等代理结束后再补签。

为了赶时间，决定采用邀请招标，公司一共邀请了两家甲级和一家乙级监理单位。招标文件采用出售方式，每本售价人民币3 000元整。招标文件准备答疑结束以后，与答疑纪要一起送有关管理部门备案。8月1日发标，8月4日分别答疑，8月6日开始组织各投标人踏验现场，回标时间定为8月15日。

有关管理部门调查招标事实后，通知暂停招标。

问题：这次建筑工程监理招标有哪些不妥处？请以小组形式在课堂上予以讨论，最后请任课教师进行总结。

三、知识拓展

建筑工程监理范围和规模标准规定

（中华人民共和国建设部令第86号）

第一条　为了确定必须实行监理的建筑工程项目具体范围和规模标准，规范建筑工程监理活动，根据《建筑工程质量管理条例》，制定本规定。

第二条　下列建筑工程必须实行监理：

（一）国家重点建筑工程；

（二）大中型公用事业工程；

（三）成片开发建设的住宅小区工程；

（四）利用外国政府或者国际组织贷款、援助资金的工程；

（五）国家规定必须实行监理的其他工程。

第三条　国家重点建筑工程，是指依据《国家重点建设项目管理办法》所确定的对国民经济和社会发展有重大影响的骨干项目。

第四条　大中型公用事业工程，是指项目总投资额在3 000万元以上的下列工程项目：

（一）供水、供电、供气、供热等市政工程项目；

（二）科技、教育、文化等项目；

（三）体育、旅游、商业等项目；

（四）卫生、社会福利等项目；

（五）其他公用事业项目。

第五条　成片开发建设的住宅小区工程，建筑面积在5万平方米以上的住宅建筑工程必须实行监理；5万平方米以下的住宅建筑工程，可以实行监理，具体范围和规模标准，由省、自治区、直辖市人民政府建设行政主管部门规定。为了保证住宅质量，对高层住宅及地基、结构复杂的多层住宅应当实行监理。

第六条　利用外国政府或者国际组织贷款、援助资金的工程范围包括：

（一）使用世界银行、亚洲开发银行等国际组织贷款资金的项目；

（二）使用国外政府及其机构贷款资金的项目；

（三）使用国际组织或者国外政府援助资金的项目。

第七条　国家规定必须实行监理的其他工程是指：

（一）项目总投资额在3 000万元以上关系社会公共利益、公众安全的下列基础设施项目：

（1）煤炭、石油、化工、天然气、电力、新能源等项目；

（2）铁路、公路、管道、水运、民航以及其他交通运输业等项目；

（3）邮政、电信枢纽、通信、信息网络等项目；

（4）防洪、灌溉、排涝、发电、引（供）水、滩涂治理、水资源保护、水土保持等水利建设项目；

（5）道路、桥梁、地铁和轻轨交通、污水排放及处理、垃圾处理、地下管道、公共停车场等城市基础设施项目；

（6）生态环境保护项目；

（7）其他基础设施项目。

（二）学校、影剧院、体育场馆项目。

第八条　国务院建设行政主管部门商同国务院有关部门后，可以对本规定确定的必须实行监理的建筑工程具体范围和规模标准进行调整。

第九条　本规定由国务院建设行政主管部门负责解释。

第十条　本规定自发布2001年1月17日起施行。

项目三　建筑工程监理投标

教学目标

- 了解建筑工程监理招标与投标的主体。
- 了解建筑工程监理企业资质等级的评定标准。
- 掌握建筑工程监理投标的工程内容和工作程序。
- 掌握建筑工程监理投标书的编写方法。

能力标准及要求

- 能够根据我国法律法规的规定，培养学生组织安排监理投标活动的能力。
- 能够根据项目特点和招标文件的要求编制合理的工程监理投标书。

一、基础知识

（一）建设监理招标与投标的主体

1. 建设监理招标的主体

建设监理招标主体是承建招标项目的建设单位。招标人可以自行组织监理招标，也可以委托具有相应资质的招标代理机构组织招标。必须进行监理招标的项目,招标人自行办理招标事宜的,应向招标投标办事机构备案。

国务院建设主管部门负责全国建设监理招标投标的管理工作,各省、市、自治区及其工业、交通部门建设行政管理机构负责本地区、本部门建设监理招标投标管理工作,各地区、各部门建筑工程招标管理办公室对监理招标与投标活动实施监督管理。

2. 建设监理投标的主体

参加投标的监理单位就是建筑工程监理投标的主体,参加投标的监理单位应当是取得监理资质证书、具有法人资格的监理公司、监理事务所或兼承监理业务的工程设计、科学研究及工程建设咨询的单位,同时必须具有与招标文件规模相适应的资质等级。

资质等级是各级建设行政主管部门按照监理单位的人员素质、资金数量、专业技能、管理水平及监理业绩审批核定的。我国工程监理企业资质分为综合资质、专业资质和事务所三个序列。综合资质只设甲级。专业资质原则上分为甲、乙、丙三个级别,并按照工程性质和技术特点划分为 14 个专业工程类别;除房屋建筑、水利水电、公路和市政公用四个专业工程类别设丙级资质外,其它专业工程类别不设丙级资质。事务所不分等级。现简要介绍一下专业资质中的甲、乙、丙三个级别的资质标准。

1)甲级

(1)具有独立法人资格且注册资本不少于 300 万元。

(2)企业技术负责人应为注册监理工程师,并具有 15 年以上从事工程建设工作的经历或者具有工程类高级职称。

(3)注册监理工程师、注册造价工程师、一级注册建造师、一级注册建筑师、一级注册结构工程师或者其他勘察设计注册工程师合计不少于 25 人次;其中,相应专业注册监理工程师不少于 15 人,注册造价工程师不少于 2 人。

(4)企业近 2 年内独立监理过 3 个以上相应专业的二级工程项目,但是,具有甲级设计资质或一级及以上施工总承包资质的企业申请本专业工程类别甲级资质的除外。

(5)企业具有完善的组织结构和质量管理体系,有健全的技术、档案等管理制度。

(6)企业具有必要的工程试验检测设备。

(7)申请工程监理资质之日前两年内,企业没有违反法律、法规及规章的行为。

(8)申请工程监理资质之日前两年内没有因本企业监理责任造成重大质量事故。

(9)申请工程监理资质之日前两年内没有因本企业监理责任发生三级以上工程建设重大安全事故或者发生两起以上四级工程建设安全事故。

2)乙级

(1)具有独立法人资格且注册资本不少于 100 万元。

(2)企业技术负责人应为注册监理工程师,并具有 10 年以上从事工程建设工作的经历。

(3)注册监理工程师、注册造价工程师、一级注册建造师、一级注册建筑师、一级注册结构工程师或者其他勘察设计注册工程师合计不少于 15 人次。其中,相应专业注册监理工程师不少于 10 人,注册造价工程师不少于 1 人。

(4)有较完善的组织结构和质量管理体系,有技术、档案等管理制度。

(5)有必要的工程试验检测设备。

(6)申请工程监理资质之日前两年内,企业没有违反法律、法规及规章的行为。

(7)申请工程监理资质之日前两年内没有因本企业监理责任造成重大质量事故。

(8)申请工程监理资质之日前两年内没有因本企业监理责任发生三级以上工程建设重大安全事故或者发生两起以上四级工程建设安全事故。

3)丙级

(1)具有独立法人资格且注册资本不少于50万元。

(2)企业技术负责人应为注册监理工程师,并具有8年以上从事工程建设工作的经历。

(3)相应专业的注册监理工程师不少于5人。

(4)有必要的质量管理体系和规章制度。

(5)有必要的工程试验检测设备。

上述监理企业资质标准中工程监理企业禁止的行为包括如下几项。

(1)与建设单位串通投标或者与其他工程监理企业串通投标,以行贿手段谋取中标。

(2)与建设单位或者施工单位串通弄虚作假,降低工程质量。

(3)将不合格的建筑工程、建筑材料、建筑构配件和设备按照合格签字。

(4)超越本企业资质等级或以其他企业名义承揽监理业务。

(5)允许其他单位或个人以本企业的名义承揽工程。

(6)将承揽的监理业务转包。

(7)在监理过程中实施商业贿赂。

(8)涂改、伪造、出借、转让工程监理企业资质证书。

(9)其他违反法律法规的行为。

(二)影响监理工作范围的因素

委托监理的工作内容和范围,既可将整个建设过程委托一个单位来完成,也可按不同阶段的工作内容或不同合同的内容分别交与几个监理单位来完成。在划分委托监理工作范围时,一般要考虑以下几方面的因素。

(1)工程规模。对于中小型工程项目,有条件时可将全部监理工作委托给一个单位;对于大型复杂工程,则应按阶段和工作内容分别委托监理单位,如把设计和施工两个阶段分开。

(2)项目的专业特点。不同的施工内容对监理人员的素质、专业技能和管理水平的要求也不同,所以在大型、复杂的工程建设阶段、划分监理工作范围时应考虑不同工作内容的要求,若有特殊专业技能要求(如特殊基础处理工程),还可将其工作进一步划分给有该项技能的监理单位。

(3)合同履行的难易程度。建设期间,业主与有关承包商所签订的经济合同较多,对于较容易履行的合同,如一般建筑材料供销合同的履行监督、管理等,其监理工作可以并入某项监理工作的委托合同之中,或者不必委托监理;而设备加工采购合同,则需委托专门的监理单位负责合同履行的监督、控制和管理。

(4)业主的管理能力。若业主的技术能力和管理能力较强,项目实施阶段的某些监理工作内容也可以由业主自己来承担,如施工前期的现场准备工作等。

（三）建筑工程监理投标工作

1. 监理单位接受资格预审

业主根据项目的特点确定了委托监理工作范围后，即应开始选择合格的监理单位，监理单位受业主委托进行工程建设的监理工作，用自己的知识和技能为业主提供技术咨询和服务工作，与设计、施工、加工制造等承包经营活动有本质的区别，因此，评审监理单位的能力的标准应该是技术第一，其他因素从属于技术标准。

目前国内监理单位招标多采用邀请招标，业主的项目管理班子在招标时根据项目的需要和对有关监理公司的了解，初选3～10家公司，分别邀请他们来进行委托监理任务的意向性洽谈，重要项目和大型项目会核发资格预审文件。洽谈时，首先向对方介绍拟建项目的简单概况、监理服务的要求、监理工作范围、拟委托的权限和要求达到的目的等情况，并听取对方就该公司业务情况的介绍，然后请其对该监理公司资质证明文件中的有关内容做进一步的说明。

监理资格预审的目的是总体考察邀请的监理单位资质、能力是否与拟实施项目特点相适应，而不是评定其实施该项目监理工作的建议是否可行、适用。因此，审查的重点应侧重于投标人的资质条件、监理经验、可用资源、社会信誉、监理能力等方面。资格预审文件的内容应与招标人资格预审的内容相符，一般包括：①企业营业执照、资质等级证书和其他有效证明；②企业简历；③需要的检测设备一览表；④近3年来的主要监理业绩等。

资格预审文件制作完毕之后，按规定的时间递送给招标人，接受招标人的资格预审。

2. 编制投标文件

在经过资格预审后，监理投标单位应向招标人购买招标文件，根据招标文件的要求，编制投标文件。投标文件包含的内容有：①投标书；②监理大纲；③监理企业证明资料；④近3年来承接监理的主要工程；⑤监理机构人员资料；⑥反映监理单位自身信誉和能力的资料。

3. 递送投标文件

投标人应当在招标文件要求提交投标文件的截止时间前，将投标文件送达投标地点。招标人收到投标文件后，应当签收保存，不得开启。如果收到的投标文件少于3份，招标人应当组织人员重新招标。

在招标文件要求提交投标文件的截止时间后送达的投标文件，会被视为废标，招标人会拒收。投标书应当装入专用的投标袋并密封，投标袋密封处必须加盖投标人两枚公章和法定代表人的印鉴。

4. 签订监理合同

收到招标人发来的中标通知书后，中标的监理单位会与业主进行合同签订前的谈判，主要就合同专用条款部分进行谈判，双方达成共识后签订合同，建设监理招标与投标即告结束。

监理单位在承接招标项目时应注意如下事项。

(1)严格遵守国家的法律、法规及有关规定，遵守监理行业的职业道德。

(2)严格按照批准的经营范围承接监理业务，特殊情况下，承接经营范围以外的监理业务时，须向资质管理部门申请批准。

(3)承揽监理业务的总量要视本单位的能力量力而行，不得与业主签订监理合同以后再把监理业务转包给其他监理单位。

(4)对于监理风险较大的监理项目,建设工期较长的项目,遭受自然灾害或政治、战争影响可能性较大的项目,工程量庞大或技术难度很高的项目,监理单位除可向保险公司投保外,还可以与几家监理单位组成联合体共同承担监理风险。

(四)监理投标书的编写

监理投标书分为商务标书和技术标书两部分。

商务标书一般包括:①投标书;②投标文件汇总表(包括监理费报价);③投标保证金交付证明;④法定代表人资格证明书、企业营业执照、资质等级证书和其他有效证明文件、企业简历;⑤履约函;⑥项目总监理工程师简历表、业绩表及证明材料;⑦近3年以来业绩、信誉及证明材料;⑧投标人对发包人其他要求、监理的责任、范围和承诺;⑨拟派项目监理部人员(资格、技术职称)情况一览表;⑩按招标文件要求提交的其他资料附件;⑪授权委托书。

技术标书包括:①针对本工程特点的监理大纲;②其他需要说明的问题,如主要检测设备一览表等。

编制监理投标书应注意以下一些问题。

(1)吃透招标文件的精神,最大限度地满足招标文件的要求,在领取招标文件时应仔细根据招标文件目录及页码,检查其是否有缺页、字迹模糊等情况。如果发现应立即或按招标文件规定的时间内,向招标单位换取完整无误的招标文件。研究招标文件时应先了解工程概况、工期、监理工作范围与内容、监理目标要求等。如对招标文件有疑问需要解释的,要按招标文件规定的时间和方式,及时向招标方提出询问。招标文件的书面修改也是招标文件的组成部分,投标单位也应予以重视。招标文件是建设(招标)单位对所需产品提出的要求,是投标单位编制投标文件的依据。因此投标单位必须对招标文件详细研究,吃透其精神,在投标文件中应予全面的、实质性的、最大程度的回答。监理投标书的关键内容是具有针对性的监理大纲、监理方案和技术措施。投标单位应组织有关人员进行认真地研究,制定出具有个性的监理方案,突出独具针对性的技术措施,注重投标书的内在针对性,注重投标书的质,而不是量。

(2)注意投标文件中必须满足的内容,如总监理工程师年龄不得超过65周岁;总监在同一时期内只能承担1项一等工程或3项二、三等工程(须经甲方书面同意);监理费的浮动率不得高于招标文件的规定;监理投标书的编制和密封必须按招标文件规定的格式和密封条件执行;招标简况表必须加盖投标单位及法定代表人印章;投标书封面必须标明“正本”、“副本”字样;投标文件不得涂改,行间插字或删除须在改动处盖更正章;投标书密封包装的所有接缝、骑缝处加盖投标单位印章及法定代表人印章。凡不满足以上要求,将被视为无效文件。

(3)积极收集有关资料。编制标书前应该尽可能地多了解工程项目的有关情况,以便使投标书更具有针对性。由于目前监理投标中有的不组织场地勘察,投标单位可自行对施工场地进行勘察,以了解工程项目的现场条件、施工条件以及周边环境条件等。

(4)注意对监理人员的配备应选派优秀的总监理工程师,配备专业齐全、结构合理的现场监理人员。监理服务的优劣,不仅依赖于监理人员是否遵循规范化的监理程序和方法,更取决于监理人员的业务素质、经验以及分析问题、判断问题和解决问题的能力和风险意识。因此,选派有能力的监理班子至关重要。主要应注意以下几点。

①现场项目监理部成员应满足招标文件要求,有条件的话,可提交一份公司工程部、技

术部专家名单。

②项目监理部名单应明确每一位监理人员的姓名、性别、年龄、专业、职称、拟派职务、资格等，并明确每一位监理人员拟派驻现场时间的情况。

③总监理工程师应具备同类工程的经验，有良好的组织协调能力。人选可考虑“三分专业、七分管理”。若总监理工程师专业不符合招标文件的要求，需配备符合招标文件专业要求的副总监理工程师。应特别注明总监理工程师的简历，一般可包括姓名、性别、出生年月、学历、毕业院校、专业、参加工作时间、专业工作年限、现任职务、现有职称及取得时间、何时取得何种执业资格、进修与培训情况、工作经历、业绩、外语水平、计算机水平等。

(5)应根据具体项目提出相应的检测、监测方法，对于涉及结构质量、电气安全的检测、监测手段与方法等都应有所说明，但没有必要将如何检测、监测的有关规范及标准一一列出，而应强调该项目需要进行哪些检测、监测，哪些需要委托有关试验室、检测中心。在投标文件中还需列出拟在项目中使用的主要检测、监测仪器设备的清单。

(6)要用心编制监理大纲。监理大纲是针对投标项目阐明如何进行监理并赢得建设方对投标方信任的关键文件，其内容应重点放在“为什么做”和兼顾“做什么”，其作用是指导监理工作。而监理实施细则着重于具体的某项专业监理的方法。监理大纲应避免事无巨细地罗列，更不能有张冠李戴的内容。一定要结合具体项目，强调重点、突出特点。监理投标是以技术为主要判定条件的投标活动，编制人一定要用心思考，监理单位内部也应经过充分地讨论，做到发挥集体智慧、精益求精。实际上监理大纲是反映投标方的技术、管理和服务综合水平的文件。

(7)监理费用报价在投标活动中居于重要地位。监理费用报价原则上是按有关文件的规定计取的，由于竞争日趋激烈，监理费用报价有的低于有关文件的规定。总的来讲，对监理公司的资质、业绩的考评，对总监理工程师及监理工程师的业务专长、经验、资格的考评，对监理大纲的考评共占总分的60%左右，监理费用的报价占总分的40%左右。当各投标单位资质、总监理工程师、监理大纲的得分相差较小的情况下，监理费用的报价就变得举足轻重。各投标单位报价的差别主要表现在浮动率、额外工资报酬、附加工资酬金的计取与监理单位提供自有设备的取费方面。投标单位应重点研究招标文件的投标报价评分办法，结合自己具体的情况，同时加强对竞争对手的了解，做到知彼知己地报价。

(8)投标文件的格式也十分重要。有些投标文件越写越厚，像本精美的图书。这些厚厚的投标书令评委专家们望而生畏。监理项目招标文件规定不少于3家，一般4~6家。开标、评标、定标一般只安排半天时间，一些大型工程还要分标段投标，投标的单位就更多，但一般评标时间也就安排一天。专家评委们要在不长的时间里认真细心地阅读这么多这么厚的投标文件的确非常困难。看仔细点，客观上时间可能来不及；看粗略点，又担心遗漏。招标文件中一般来说都有一个评分标准，专家评委们一般根据评分标准找招标文件中的采分点。这对专家评委们是一项十分烦琐的工作，如果能减少专家评委们的劳动，将给专家评委们留下很好的印象，投标文件的先后次序应严格按照招标文件中的评分标准去编制，这就使得监理投标书与评分标准之间有个一一对应的关系。另外因为招标文件未必是十分内行的监理工程师编制的，所以可能有不完善的地方，应将招标文件中不完善的地方在投标文件中补充出来。这样一来，内行的专家评委们会看到投标方既尊重招标文件的重要作用，又看到其较高的水平。投标文件的打印、包装质量也是投标文件质量的一部分，是直接影响专家评委对投标文件的最初印象,所以应以文件本身文印清晰醒目、装订有序为主,不必过于华丽。

(9)招标前,有时业主与评委要求总监进行答辩,以考察总监的应变能力、技术水平、工作经验等,因此,总监应有充分的准备,答辩应阐明关键部位的组织管理,关键工序、质量、进度、投资控制以及如何处理好与业主和施工方的关系等。

二、课堂实训

模拟某建筑工程监理招标程序。

1. 目的

(1)掌握建筑工程监理招标程序。

(2)熟悉招标人、投标人在监理工程各个招标阶段中的工作内容。

2. 环境要求

以本市或本地区的某建筑土建工程为模拟对象。

3. 能力(分项能力)标准及要求

(1)要求学生掌握监理工程招标投标各个工作阶段的先后顺序。

(2)要求学生理解监理工程招标投标各个工作阶段不能颠倒顺序的原因。

4. 实训程序

将学生分为4个小组,一组扮演招标人的角色,一组扮演投标人的角色,一组负责宣布招标进入的各个工作阶段,另外一组作为监督者。由其中的一组学生宣布招标进入的工作阶段,如标前会议阶段;由扮演招标人、投标人的学生小组,分别阐述各个阶段的工作内容。

招标投标结束后,由作为评论者的一组点评其他3个小组在招标投标过程中出现的问题;如果时间许可,可以相互交换角色,再次模拟招标程序。

5. 注意事项

作为监督一组的学生可以让其他3组学生意识到自己在招标过程中程序上的错误或不足,最后由指导教师补充,并总结此次模拟训练各组学生的表现、存在的问题和改进的措施。

6. 讨论与训练题

(1)针对具体的建筑工程监理选择适宜的招标方式。

(2)模拟该建筑工程监理的招标程序。

三、知识拓展

施工监理投标败因分析

施工监理投标是一项富有竞争力和创新性的活动,结合失败的投标经历,此处对投标活动进行剖析,将失败原因主要归纳为以下5个方面。

(1)投标方管理知识储备不足,对工程管理接触少,没有工程管理基础,管理程序不明确,管理方法不明确,管理措施不熟悉,导致编写投标书时没有思路,即使编写小部分的投标内容也不知所措,不知如何下手,没有基础就更谈不上什么创新。对传统的管理模式和现在逐步改革的管理模式的把握缺少经验,首先是对管理领域的管理内容了解不够,其次对监理在项目管理领域中能够承担的管理任务不清晰。

(2)投标方专业知识储备不足,比如,管道建设涉及的内容有交接桩、布管、组对焊接、防腐、管沟开挖,另外有定向钻穿越的涉及钻机配置、泥浆配置、钻进曲线监测等,有压缩机的涉及压缩机安装及压缩机的知识等,是影响和制约编制投标书的因素。

(3)投标方对投标了解不够,投标书的组成部分、标书章节内容构成以及评标人对投标书的评标过程了解不够,不确切了解投标书编制的目标。另外,投标书各部分内容的编写表述方式、方法措施的表述程度等没有标准要求,缺乏对标书内容表达方式及表述程度的认识。

(4)投标方对工程整体的把握能力差,对工程管理的层次、组织机构、管理方法措施程序等方面缺乏全面准确的把握,容易顾此失彼,缺乏对各部分有机联系的把握。

(5)投标方每次的投标时间都十分紧张,照搬硬抄的东西多,创新能力不足。目前编制的投标书内容都是东挪西凑,内容越来越多,越来越复杂,越来越细致,分工合作往往存在思路不统一,语言表述不统一的问题,最后的工作量将非常庞大。

项目四　建筑工程监理招标开标、评标与定标

教学目标

- 掌握建筑工程监理开标的一般方式。
- 了解建筑工程监理招标中开标的程序。
- 掌握建筑工程监理招标评标工作的原则和方法。
- 了解工程监理招标定标后的相关规定。

能力标准及要求

- 能够培养学生依法组织监理工程招投标中开标、评标和定标的能力。
- 能够根据具体项目的特点选择合适的开标方式。

一、基础知识

(一)开标

1. 开标方式

一般监理的公开开标做法有两种情况。一种是采用双封套制,即投标人将投标书分装在两只封套内递交,其中一只封套内装投标书的技术部分,并无标价;另一只封套内只装标价。在开标时根据招标办法进行操作,如先开启其中的一只内装标价的封套,入围的则再开启另一只内装技术部分的封套。另一种是采用单封套制,即投标人将所有投标文件装在一只封套内,开标时,根据招标办法进行操作,如开启封套,只将报价情况先公开宣读。

2. 开标程序

1)参加人员及职责

(1)按招标文件规定的日期、时间和地点,招标人主持举行开标仪式,邀请所有投标人参加。

(2)一般情况下,开标由招标人主持,若在招标人委托招标代理机构代理招标时,开标也可由该代理机构主持。

(3)为了保证开标的公正性,一般还可以邀请相关单位的代表参加,如招标项目主管部门的人员、评标委员会成员、监察部门代表等。有些特别的招标项目委托公证部门的公证人员对整个开标过程依法进行公证。

(4)主持人按照规定程序负责开标的全过程,其他开标工作人员办理开标作业及制作记录等事项。

(5)被邀请的投标人可以了解开标是否依法进行,也可以了解其他投标人的投标情况。

(6)被邀请的相关代表根据邀请要求对整个开标过程和开标情况进行了解或监督等。

2)会议程序

(1)开标工作。

①由招标单位工作人员或会议主持人宣布会议开始,介绍参加会议单位及各个单位到场主要人员,可包括姓名、职务或职称等基本情况;宣布会议主持人姓名,招标单位法人代表姓名及证件或法人代理人姓名及授权委托书。《授权委托书》应有法人代表签名或盖章,并盖单位公章方能生效。如有公证部门参加,应同时请公证人员检验。

②介绍完后,招标单位或代理机构开始检验各投标单位法人代表证件或法人代理人的授权委托书和身份证件,有些时候还要检验投标人按规定携带的总监理工程师证书,专职安全员的监理安全员上岗证书等岗位证书的原件和复印件,并提供对应身份证的复印件。检验后的授权委托书一般应交由招标单位负责归档保存。

③初步验证工作完成之后,就进入开标执行过程。当场对投标书的密封、签署等情况进行检查,以确定其有效性。首先请投标人代表确认其投标文件的密封完整性。只有密封的投标,才能认为是形式上合格的投标。得到投标人的确认之后,投标单位工作人员就可以当众拆封,并公布有关的内容。投标文件如果没有密封或发现曾被打开过的痕迹,应该认定为无效的投标,应不予宣读。

④《招标投标法》第三十六条明确规定:开标时由投标人或者其推选的代表检查投标文件的密封情况,也可以由招标人委托的公证机构检查并公证;经确认无误后,由工作人员当众拆封,宣读投标人名称、投标价格和投标文件的其他主要内容。由此,招标人在完成了上述的对投标人提交的证件、资料、投标书的完整性和签署情况的检查及投标人的确认之后,就可对标书进行当众开启。

(2)唱标工作。

①投标文件当众开启之后就开始进行唱标工作。唱标顺序根据招标文件规定可按各投标人报送投标文件的时间先后逆顺序进行,也可以根据先后顺序进行。

②宣读时,可由投标人宣读报标简况一览表,招标工作人员宣读投标人名称,投标价格和投标文件的其他主要内容,并由书记当场记录在预先准备好的记录册上。记录册内容一般可包括:报标单位、投标价格情况、监理人数、总监简况、其他说明等。记录表册可由读标人、记录人和公证人签名后作为开标的正式记录,由招标单位保存。

③开标做好的记录内容,应请投标法定代表人或授权代理人签字确认。

(3)公布标底。

开标时是否公布标底,应根据招标文件中制定的原则而定。公布标底能使每位投标人都知道自己标价的位置,因某些项目在招标文件中规定超过标底上下百分之多少范围的投标均为废标,而这类项目取费往往并不能依据目前规定的监理取费标准办法进行。

3)废标处理

在开标中,属于下列情况之一的,按照无效标书处理。

(1)招标人未按时参加开标会,或虽参加会议但无有效证件。

(2)投标书未按规定的方式密封。

(3)投标书未加盖单位公章和法定代表人印鉴。

(4)唱标时弄虚作假,更改投标书内容。

(5)投标书字迹难以辨认。

(6)监理费报价低于国家规定的下限。

在建设监理的招标中,业主主要看重的是监理单位的技术水平而非监理报价。

4)开标会议纪要

某些非当日定标或有特殊要求的开标工作会议,在开标结束后,可由开标组织者编写一份开标会议纪要。其内容包括:开标日期、时间、地点;开标会议主持者;出席开标会议的全体工作人员名单,到场的投标人代表和各有关部门代表名单;截标前收到的标书,收到的日期和时间及其报价;对截标后收到的投标书的处理等。如有必要,开标会议纪要应送有关方面,包括业主、主管部门、政府主管部门等。

5)开标会议程序表

(1)主持人宣布开标会议开始。

(2)宣读投标人法定代表人资格证明书及授权委托书。

(3)介绍参加开标会议的单位和人员名单。

(4)宣布公证、唱标、记录人员名单。

(5)投标人检查投标文件的密封情况。

(6)招标人检验投标人提交的投标文件和资料,并宣读核查结果。

(7)投标人宣读投标报价,建筑工程监理投标简况等内容。

(8)宣布评标期间的有关事项。

(9)宣布休会,进入评标阶段(非当日定标时,开标结束)。

(10)宣布复会,招标管理机构当众宣布审定的工程标底,公布评标结果。

(11)会议结束。

(二)评标

1. 评标的概念和目的

投标书一经拆开,即转送评定委员会进行评标以选择最优的投标人,这一步骤就是评标。评标是一项关键性的而又是十分细致的工作,它直接关系到招标人能否得到最有利的投标。

评标的目的,是根据招标文件中确定的标准和方法,对每个投标人的标书进行评标比较,以选出最佳综合评价的中标人。

2. 评标原则

(1)评标由招标人依法组建的评标委员会负责。

(2)评标委员会应按照严肃认真、公平、公正、客观全面、竞争优选的原则进行评标,保证所有投标人的合法权益。

(3)评标委员会成员的名单在中标结果确定前应当保密。

(4)招标人应当采取必要的措施,保证评标工作的顺利进行。

(5)任何单位和个人不得非法干预、影响评标的过程和结果。

(6)评标委员会应按照招标文件确定的评标标准和方法,对投标文件进行评审和比较,并推荐合格的中标候选人。

(7)评标委员会可以要求投标人对投标文件中含义不明确的内容做必要的澄清或者说明,但澄清或者说明不得超出投标文件的范围或者改变投标文件的实质性内容。

(8)评标委员会经评审,认为所有投标都不符合投标文件要求的,可以否决所有投标。

(9)如有以下几种情况影响中标结果的可做无效标处理,并按规定做相应处罚:

①招标人与投标人串通投标,损害国家利益、社会公共利益或者其他人合法权益的,则中标无效;

②投标人以他人名义投标或以其他方式弄虚作假,骗取中标的,中标无效;

③依法必须进行招标的项目,招标人违反法律规定与投标人就投标价格等实质性内容进行谈判的,中标无效;

3. 评标的方法

评标委员会的组成应遵照《评标委员会和评标方法暂行规定》(2013 年 4 月修订版)的规定。

监理招标的评标方法一般采用专家评审法和记分评审法。专家评审法是由评标委员会的专家分别就各投标书的内容进行优缺点评论,共同讨论、比较,最终以投票的方式评选出最具有实力的监理单位。记分评审法是采用量化指标考察每一监理公司的综合水平,按各项评价因素得分的累计分值高低,排出各标书的优劣顺序。

在评标过程中,招标人应当采取必要的措施,保证评标在严格保密的情况下进行,任何单位和个人不得非法干预评标过程、影响结果。如果用评分法,评标委员会成员根据评分规定,各自进行打分,并记录在综合评分表中,然后计算出各投标人的平均得分,分值一经得出,并核对无误签字后,任何人不得更改。

评标委员会完成评标后,应当向招标人提出书面评标报告,并推荐合格的中标候选人。评标委员会也可接受招标人委托,按得分高低直接确定中标单位。

(三)定标

1. 定标与授标

(1)对于当日定标的监理项目,可在开标会议复会后,宣布经审定的标底、中标监理单位名称、中标监理费用等。

(2)对于当日不能定标的监理项目,自开标之日起确定的定标期限为:小型工程不超过 7 天,大中型工程不超过 14 天。特殊情况经招标监督管理机构同意可适当延长。

(3)确定中标人后,招标人应当向中标人发出中标通知书并确定监理合同的具体签订日期,同时将中标结果通知所有未中标的投标人。

2. 签订合同

中标人接到中标通知书后,就成为该项工程的监理承包商,应在自中标通知书发出后 30 日内按照招标文件和中标人的投标文件订立书面合同,不得再行订立背离合同实质内容的其他协议。在订立之前,双方还要进行合同谈判,谈判内容主要是针对委托监理工程项目的特点,就工程建设监理合同示范文本中专用条件部分的条款进行具体协商,一般包括工作计划、人员配备、业主方的投入、监理费的结算、调整等问题,双方在谈判达成一致的基础上签订监理合同。如果中标人在谈判中拒绝签订合同,招标人有权没收其投标保证金,取消其中标资格,并考虑与备选的排名第二的投标人签订合同。

3. 招标人送报招投标书面报告

如果项目属于依法必须进行招标的项目,招标人应当自确定中标人之日起 15 日内,向有关行政监督部门提交招标投标情况的书面报告。所谓依法必须进行招标的项目是指依照中华人民共和国有关法律,必须以招标形式选择承包商的有关项目。

4. 决标后对未中标人的处理

决标后,对未中标的投标人也应当发出其未能中标的中标结果通知书。这种通知书主要是告知该投标人未能中标,而不必说明任何理由。作为一种礼节,应在通知书中对该投标人的合作表示感谢。

向投标人发出通知书的时间应恰当安排。通常的做法可以是对某些明显不合理或毫无中标希望的标书,可以在授标决定作出后立即将结果通知这些投标人;而对于仍有可能中选的投标人,则可以稍晚发出通知,因为如果选定的第一名原投标人不能签订合同,仍有可能找第二名备选者中标。

二、课堂实训

【案例讨论】某房地产公司计划在 A 市开发某住宅项目,采用公开招标的形式,有 A、B、C、D、E、F 6 家监理单位领取了招标文件。本工程招标文件规定:2006 年 10 月 20 日下午 17:30 为投标文件接收终止时间。在提交投标文件的同时,投标单位需提供投标保证金 5 万元。在 2006 年 10 月 20 日,A、B、C、D、F 5 家投标单位在下午 17:30 前将投标文件送达,E 单位在次日上午 8:00 送达。各单位均按招标文件的规定提供了投标保证金。在 10 月 20 日上午 10:25 时,B 单位向招标人递交了一份投标价格下降 5% 的书面说明。开标时,由招标人检查投标文件的密封情况,确认无误后,由工作人员当众拆封,并宣读了 A、B、C、D、F 5 家承包商的名称、投标价格和其他主要内容。在开标过程中,招标人发现 C 单位的标袋密封处仅有投标单位公章,没有法定代表人印章或签字。评标委员会委员由招标人直接确定,共由 4 人组成,其中招标人代表 2 人,经济专家 1 人,技术专家 1 人。招标人委托评标委员会确定中标人,经过综合评定,评标委员会确定 A 单位为中标单位。

问题:

(1)在招标投标过程中有何不妥之处?说明理由。

(2)B 单位向招标人递交的书面说明是否有效?

(3)在开标后,招标人应对 C 单位的投标书做何处理,为什么?

(4)投标书在哪些情况下可作为废标处理?

(5)招标人对 E 单位的投标书做废标处理是否正确,理由是什么?

三、知识拓展

某工程监理招标文件规定的评标标准摘要

评、定标原则:本次评标本着监理费控制价公开、科学合理、依法规范、确保质量、保证工期的原则进行。

评标由评标委员会组织进行,评标委员会由招标人依法组建,其成员名单于开标前确定,在中标结果确定前保密。

评标采取初步评审和详细评审两步进行。

1. 初步评审

初步评审后,确定合格的投标文件和作废的投标文件。

2. 详细评审

2.1　商务部分(投标报价满分35分)

复合标底的计算公式：

$$F = A \times Y + (T_1 + T_2 + \cdots + T_n)/n \times B$$

式中：F——复合标底；

A——加权平均系数，取值为0.3、0.4、0.5、0.6、0.7，由评标委员会负责人在开标前当众抽签确定；

Y——监理费控制价(标书前面设定的监理费控制价，高于本控制价及投标报价低于企业成本价的投标文件将被拒绝)；

T_1、T_2、…、T_n——各监理投标人的报价；

n——为监理投标人数，$n \geqslant 3$；

B——加权平均系数。

①当投标申请人的投标报价符合招标文件的要求(小于或等于工程控制价)的得35分；

②当投标申请人的投标报价在F的基础上每优惠2%加3分，优惠超过6%每优惠2%加2分，超过12%部分不予加分；

③当投标申请人的投标报价在F的基础上每增加2%扣3分，增加超过6%每增加2%扣2分，增加超过12%部分不予扣分。

2.2　技术部分(满分50分)

2.2.1　项目监理组织措施 (满分15分)

①项目监理组织措施的相适及合理性程度，满分为4分；

②人员派驻计划：专业配套、年龄结构、技术职称等的合理性程度，满分为8分；

③拟派驻监理人员的专业配套满足程度(3分)。

2.2.2　项目目标控制的监理措施(满分15分)

①质量控制监理措施、方法切实可行，满分为4分；

②进度控制监理措施、方法切实可行，满分为4分；

③投资控制监理措施、方法切实可行，满分为3分；

④安全生产和文明施工监理措施、方法切实可行，满分为4分。

质量控制、进度控制、投资控制、安全生产文明施工等内容的监理措施科学、合理、具有先进性，措施得当，针对性强的得满分。

2.2.3　监理人员资格审查(满分20分)

①总监理工程师资格和能力及类似工程监理业绩，满分为12分。

总监理工程师能力审查可通过答辩方式进行评审打分，若要求总监理工程师进行答辩的，招标人应在招标文件中明确要求答辩的主要问题。

总监理工程师资格和能力满足工程需求的得满分，总监理工程师资格满足工程需求，但能力一般的酌情扣分。

②专业监理工程师资格、经验和业绩综合评审，满分为8分。

对专业监理工程师资格、经验和业绩满足工程需要，各方面相对较好的得满分；基本满足工程需要，经验、业绩一般的酌情扣分。

2.3 历史业绩、在监工程考核(满分15分)

①以往的工程业绩(同类或类似工程,与项目实施地同一地区的业绩):近3年内完成过同类或类似工程监理且该工程竣工验收质量等级为合格的得7分,不是同类工程的得5分;

②在监工程中有同类工程的得3分,不是同类工程的得2分;

③对近3年来企业信誉及服务质量进行评审,满分为5分。

定标:经评标委员会对商务和技术部分的综合评审,量化评分得出各投标企业的最终得分,并从高到低依次排序评定中标候选人,排名第一者即为第一中标候选人。中标人由招标人或招标人授权评标委员会直接确定。

单元小结

建设监理是指针对一个具体的工程项目,政府有关机构根据工程项目建设的方针、政策、法律、法规对参与工程项目建设的主体进行监督和管理,使它们的工程建设行为能够符合公众利益和国家利益,并通过社会化、专业化的工程建设监理单位为工程业主提供工程服务,使他们的工程项目能够在预定的投资、进度和质量目标内得以完成。

国务院颁布的《建筑工程质量管理条例》明确指出,应当实施建设监理的工程包括:国家重点建筑工程,大、中型公用事业工程,成片开发建设的住宅小区工程,利用外国政府或者国际组织贷款、援助资金的工程,国家规定必须实行监理的其他工程。其中部分工程因为工程规模、工程性质、投资额、投资方等不同,必须采用招标方式选择建设监理单位。建设监理招标一般实行公开招标或邀请招标两种方式。招标人采用公开招标方式的,应在当地建筑工程发包承包交易中心或指定的报刊上发布招标公告。招标人采用邀请招标方式的,应当向3个以上具备资质条件的特定监理单位发出邀标通知书。

建筑工程监理的招标投标工作的程序主要包括:由业主确定监理公司介入的阶段与监理范围内容;成立"监理招标工作组"或委托监理招标代理;了解监理单位信息,选择监理单位;建立评标委员会;制定招标文件;遵照招标文件进行招标;评标委员会按评标原则确定中标单位;向中标单位发中标书,对未中标单位发通知;签订监理委托合同。

在监理招标中评标方法一般采用专家评审法和记分评审法。专家评审法是由评标委员会的专家分别就各投标书的内容充分进行优缺点评论,共同讨论、比较,最终以投票的方式评选出最具有实力的监理单位;记分评审法是采用量化指标考察每一监理公司的综合水平,按各项评价因素得分的累计分值高低,排出各标书的优劣顺序。

确定中标单位后,招标人应当向中标单位发出中标通知书,同时将中标结果通知所有未中标的投标人。中标人接到中标通知书后,就成为该项工程的监理承包商,应在自中标通知书发出后30日内按照招标文件和中标人的投标文件订立书面合同,不得再行订立背离合同实质内容的其他协议。在订立之前,双方还要进行合同谈判。双方在谈判达成一致的基础上签订监理合同。如果中标人在谈判中拒绝签订合同,招标人有权没收其投标保证金,取消其中标资格,并考虑与备选的排名第二的投标人签订合同。

实训题

某建设项目监理经批准组织邀请招标，在规定开标时间和地点，招标人主持并邀请投标人和有关部门共同参加召开了开标会议，共有4家监理单位参与投标。开标会上，招标人首先宣读了评标办法，A公司对此表示质疑，认为招标单位在开标现场公布的评标办法与招标文件相关的部分内容上有变动，评分办法不公平，当场提出不同意修改后的评标办法，声明不再参与开标会议，要求撤回其投标文件并在所有投标文件正式拆封、唱标前退出会场。招标人征得纪检委研究同意，对A公司提交的投标文件不退还、不拆封、不唱标，对其余3家的招标文件拆封唱标、评标，并授权评标委员会根据修改的评标办法按招标文件约定的评标程序评审，直接确定了中标人。之后，未中标投标人C公司投诉并核实有位专家与中标人存在利害关系，A、C两公司在规定时间内向有关监督管理部门投诉。

问题：请逐一指出本案例的不妥之处。

复习思考题

(1)建筑工程监理的概念是什么？

(2)我国实行建筑工程监理招投标制的意义何在？

(3)目前我国建筑工程监理业的现状如何？

(4)在我国，总监理工程师的主要职责有哪些？

(5)建筑工程监理的主要招标方式有哪些？

(6)建筑工程监理招标文件的内容主要包括哪些？

(7)建筑工程监理招标的工作程序是什么？

(8)在工程监理招标过程中选择监理单位时主要考虑哪些方面？

(9)我国建筑工程监理企业的资质等级是如何划分的？

(10)为什么在进行建筑工程监理招标时要对投标单位实行资格预审？

(11)工程监理投标书的主要内容有什么？

(12)建筑工程监理招标的开标方式和评标原则如何？

(13)在建筑工程监理招标决标后对未中标人如何处理？

单元六　建筑工程施工招标

内容提要

建筑工程招、投标是建筑市场公平竞争、依法发包和承包工程的法定途径。本单元的内容主要从建筑工程施工招标概述、建筑工程施工招标程序、建筑工程施工招标文件的编制、建筑工程施工招标资格预审文件的编制、建筑工程施工投标人资格审查、建筑工程招标工程量清单与标底的编制、建筑工程施工开标评标定标、建筑工程施工招标文件示例和建筑工程施工招标评标示例9个方面阐述建筑工程施工招标的内容。

教学目标

理解建筑工程施工招标、资格预审和资格后审的概念;了解工程量清单计价费用的组成;熟悉建设单位进行施工招标应具备的条件,工程建设项目进行施工招标的条件,资格审查主要审查的内容,资格后审和资格预审的区别,资格预审的有关规定,建筑工程施工开标的时间、地点、程序等有关规定,建筑工程施工评标的有关规定,建筑工程施工定标的有关规定,建筑工程施工招标评标过程;掌握建筑工程施工项目进行公开招标和邀请招标的范围,工程建设项目可以不进行施工招标的范围,建筑工程施工公开招标程序的流程图,建筑工程施工邀请招标的程序,建筑工程施工招标文件的编制方法,建筑工程施工招标资格预审文件的编制方法,工程量清单编制的有关内容,标底编制的原则、基本依据、编审程序,建筑工程施工招标文件的编制,建筑工程施工招标评标办法。

项目一　建筑工程施工招标概述

教学目标

- 理解建筑工程施工招标的概念。
- 熟悉建设单位进行施工招标应具备的条件。
- 熟悉工程建设项目进行施工招标的条件。
- 掌握建设施工项目进行公开招标和邀请招标的范围。
- 掌握工程建设项目可以不进行施工招标的范围。

能力标准及要求

- 能够通过对国家和地区各招标投标法律、法规的理解,培养学生依法进行施工招标的素质。
- 能够根据具体建筑工程施工项目的特点选择适宜的招标方式。

一、基础知识

建筑工程项目施工招标是社会主义市场经济发展的必然，加强对该工作的管理，有利于营造公平竞争、运行规范的市场秩序，达到控制建设工期、保证工程质量和提高投资效益的目的。随着建筑业改革的深入，我国80%以上地级以上市建立了专门的招投标管理机构，未成立专门机构的指定了负责部门。

(一)建筑工程施工招标的概念

建筑工程施工招标，是指招标人的施工任务发包，通过招标方式鼓励施工企业投标竞争，从中选出技术能力强、管理水平高、信誉可靠且报价合理的承建单位，并以签订合同的方式约束双方在施工过程中的行为的经济活动。

建筑工程施工招标的一个特点是发包工作内容明确、具体，每位投标人编制的投标书在评标中易于横向对比。

(二)建设单位进行施工招标应具备的条件

建设单位进行施工的招标应当具备下列条件。

(1)是法人或者依法成立的其他组织。

(2)有与招标工程相适应的经济、法律咨询和技术管理人员。

(3)有组织编制招标文件的能力。

(4)有审查投标单位资质的能力。

(5)有组织开标、评标、定标的能力。

若不具备上述(2)至(5)项条件的，须委托具有相应资质的咨询、监理等单位代理招标。

(三)工程建设项目进行施工招标的条件

《工程建设项目施工招标投标办法》(2003年4月修定版)规定，依法必须招标的工程建设项目，应当具备下列条件才能进行施工招标。

(1)招标人已经依法成立。

(2)初步设计及概算应当履行审批手续的，已经批准。

(3)招标范围、招标方式和招标组织形式等应当履行核准手续的，已经核准。

(4)有相应资金或资金来源已经落实。

(5)有招标所需的设计图纸及技术资料。

(四)建筑工程施工招标方式

建筑工程除了要满足《招标投标法》(2000年1月1日起实施)和《工程建设项目招标范围和规模标准规定》(2000年5月1日国家发展计划委员会计委令第3号发布)中界定的工程建设项目招标范围外，还要遵循《工程建设项目施工招标投标办法》中的规定。

工程施工招标分为公开招标和邀请招标。

国务院发展计划部门确定的国家重点建设项目和各省、自治区、直辖市人民政府确定的地方重点建设项目，以及全部使用国有资金投资或者国有资金投资占控股或者主导地位的工程建设项目，应当公开招标。有下列情形之一的，经批准可以进行邀请招标。

(1)项目技术复杂或有特殊要求，只有少量几家潜在投标人可供选择的。

(2)受自然地域环境限制的。

(3)涉及国家安全、国家秘密或者抢险救灾，适宜招标但不宜公开招标的。

(4)拟公开招标的费用与项目的价值相比，不值得的。

(5)法律、法规规定不宜公开招标的。

需要审批的工程建设项目,有下列情形之一的,由《工程建设项目施工招标投标办法》第十一条规定的审批部门批准,可以不进行施工招标:

(1)涉及国家安全、国家秘密或者抢险救灾而不适宜招标的;

(2)属于利用扶贫资金实行以工代赈需要使用农民工的;

(3)施工主要技术采用特定的专利或者专有技术的;

(4)施工企业自建自用的工程,且该施工企业资质等级符合工程要求的;

(5)在建工程追加的附属小型工程或者主体加层工程,原中标人仍具备承包能力的;

(6)法律、行政法规规定的其他情形。

不需要审批但依法必须招标的工程建设项目,有前款规定情形之一的,可以不进行施工招标。

二、课堂实训

【案例讨论】某建筑工程的建设单位自行办理招标事宜。由于该工程技术复杂,建设单位决定采用邀请招标,共邀请 A、B、C 3 家国有特级施工企业参加投标。

投标邀请书中规定:6 月 1 日至 6 月 30 日 9:00—17:00 在该单位总经济师室出售招标文件。

招标文件中规定:6 月 30 日为投标截止日;投标有效期到 7 月 30 日为止;投标保证金统一定为 100 万元,投标保证金有效期到 8 月 30 日为止;评标采用综合评价法,技术标和商务标各占 50%。

在评标过程中,鉴于各投标人的技术方案大同小异,建设单位决定将评标方法改为经评审的最低投标价法。评标委员会根据修改后的评标方法,确定的评标结果排名顺序为 A 公司、C 公司、B 公司。建设单位于 7 月 15 日确定 A 公司中标,于 7 月 16 日向 A 公司发出中标通知书,并于 7 月 18 日与 A 公司签订了合同。在签订合同过程中,经审查,A 公司所选择的设备安装分包单位不符合要求,建设单位遂指定国有一级安装企业 D 公司作为 A 公司的分包单位。建设单位于 7 月 28 日将中标结果通知了 B、C 两家公司,并将投标保证金退还给该两家公司。建设单位于 7 月 31 日向当地招标投标管理部门提交了该工程招标投标情况的书面报告。

问题:

(1)招标人自行组织招标需要具备什么条件?需要注意什么问题?

(2)对于必须招标的项目,在哪些情况下可以采用邀请招标?

(3)该建设单位在招标工作中有哪些不妥之处?请逐一说明理由。

三、知识拓展

无标底招标

目前,我国大部分工程建设项目采用的是公开招标方式,评标标准采用的为"经评审的最低投标价中标。"根据《工程建设项目施工招标投标办法》的规定:"任何单位和个人不得强制招标人编制或报审标底,或干预其确定标底。招标项目可以不设标底,进行无标底招标"。同时从我国的工程定额改革的趋势和与国际接轨的要求来看,必将实行彻底的量、价分离和统一的工程量计算规则,政府主管部门对取费费率的规定逐步放开;另外当前的材料价格体系也正在渐渐过渡到市场管理体系,它将是我国建筑市场的必然趋势,采用“无标底招标”既符合国际惯例,又与上述规定一致,因此它也是业主的理性选择。使用“无标底招标”、“评审的最低投标价中标”的方式有以下优势。

1. 降低工程造价

在当前的市场经济条件下,业主考虑的是以最合理的投资建成项目,获得最佳的投资效益;一个工程建设项目在招投标过程中各施工企业根据自身的技术水平、管理能力并结合市场实际情况自主报价。采用了评审的最低投标价中标,对业主来说,最大的好处是能在保证工程质量、工期的前提下,最大限度地降低了造价。

2. 节约交易成本

若采用综合评估法进行评审,根据《评标委员会和评标方法暂行规定》(2013 年 4 月修订版)要求,评标时一是要对各评审因素进行量化并建立同一基础标准,二是对技术标和商务标的量化结果进行加权,三是拟定一份“综合评估比较表”,此表应载明投标人的投标报价、所作的任何修正、对商务偏差的调整、对技术偏差的调整、对各评审因素的评估,最终出评审意见。这需要花费评标委员会大量的精力和时间,相比较采用“无标底招标,评审的最低投标价中标”方式的操作流程,节约了招投标过程中各节点发生的交易成本。

3. 促进廉政建设

推行“无标底招标”方式,使其无标底可泄露,杜绝了违法违纪,保证了业主内部的廉政,根本上维护了业主单位、施工单位双方的利益。

项目二　建筑工程施工招标程序

教学目标

- 掌握建筑工程施工公开招标程序的流程。
- 掌握建筑工程施工邀请招标的程序。

能力标准及要求

- 能够掌握招标各个工作的先后顺序。
- 能够根据具体建筑工程施工项目作出各个阶段的工作内容。

一、基础知识

建筑工程施工招投标是一个整体活动,涉及发标方(业主)和投标方(承包商)两个方面。招标主要是从发标方的角度来揭示其工作内容,但同时需注意到与投标活动的关联性,不能将两者割裂开。

招标程序是指招标活动的内容的逻辑关系,不同的招标方式具有不同的活动内容。

(一)建筑工程施工公开招标的程序

建筑工程施工公开招标分为 3 个阶段,即招标准备阶段、招标阶段和决标成交阶段。具体步骤见图 6-1。

1. 建设项目报建

依据《工程建设项目报建管理办法》的有关规定,凡在我国境内投资兴建的工程建设项

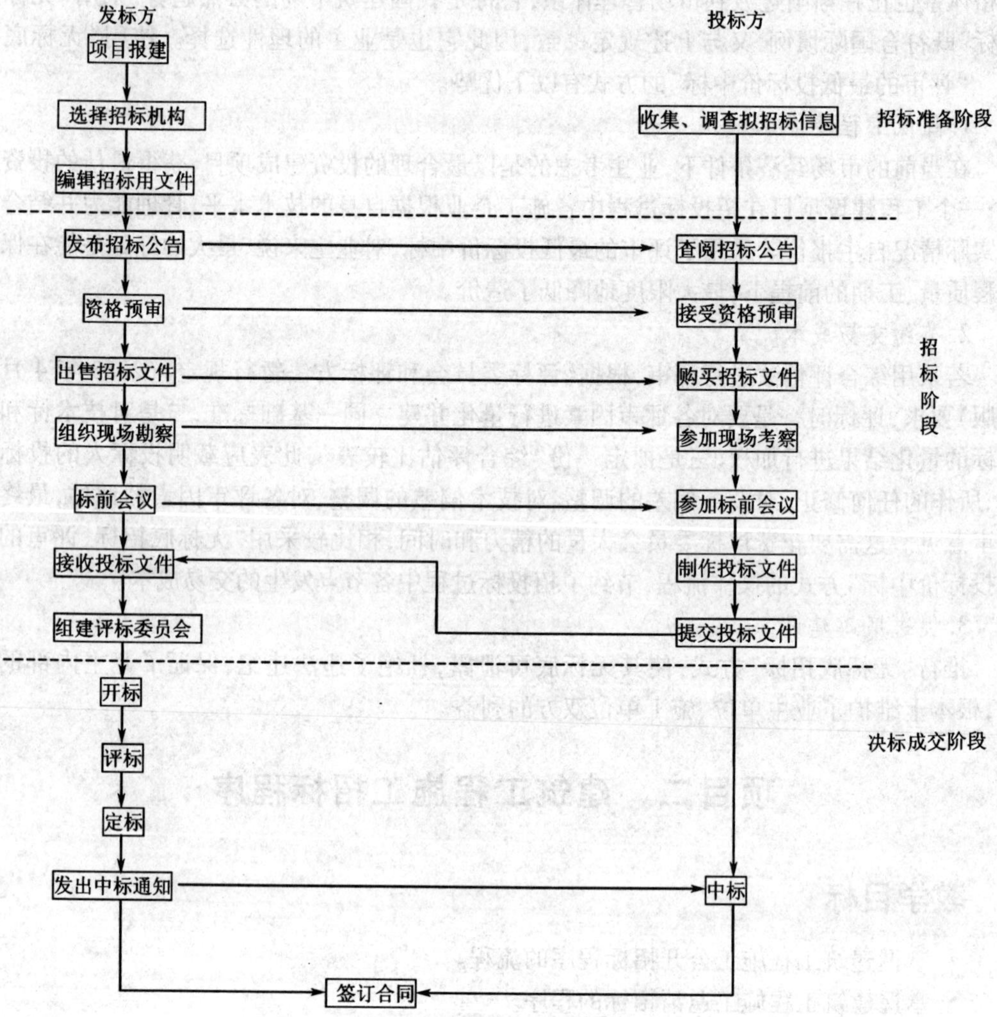

图 6-1　建筑工程项目公开招标流程图

目都必须实行报建制度，接受当地建设行政主管部门的监督管理。

建筑工程项目报建范围包括：各类房屋建筑、土木工程、设备安装、管道线路铺设和装修等建筑工程。

报建内容包括：工程名称、建设地点、投资规模、资金投资额、工程规模、发包方式、计划开竣工日期和工程筹建情况等。

2. 选择招标机构

建设项目报建后，应由建设行政主管部门审批，具备条件的可开始办理建设单位资质审查。经审查，若建设单位不具备招标条件，须委托具有相应资质的中介机构代理招标。建设单位需要与中介机构签订委托代理招标的协议并报招标管理机构备案。

3. 编辑招标用文件

资格预审文件和招标文件须由招标管理机构审查，审查同意后才能刊登资格预审通告和招标通告。

4. 发布招标公告

资格预审通告或招标通告可以通过电视、广播、报刊或信息网等媒体发布。

5. 资格预审

对申请资格预审的投标人送交的资格预审文件进行评比分析，确定出合格投标人的名单并报招标管理机构核准。

6. 出售招标文件

招标单位向获得投标资格的投标单位出售招标文件、图纸和有关技术资料。投标单位收到后应认真核对。核对无误后应以书面形式予以确认。

7. 组织现场勘察

招标单位组织投标单位进行现场勘察。投标单位通过勘察现场了解工程场地和周围环境情况，获取必要的信息。

8. 标前会议

标前会议的目的是澄清招标文件中的疑问，解答投标单位对招标文件和勘察现场中所提出的问题。

9. 接收投标文件

投标单位根据招标文件的要求编制投标文件并按要求进行密封和标志，在投标截止时间前送至规定的地点。招标单位接收投标文件并将其保密封存。

10. 组建评标委员会

建设单位在招标代理、建设单位上级主管部门的协商下，按有关规定成立评标委员会。

11. 开标

在投标截止日期后，招标单位按规定的时间、地点，在投标单位法定代表人或授权代理人在场的情况下举行开标会议，按规定的议程进行开标。

12. 评标

评标委员会在招标管理机构的监督下，依据评标原则和方法，对投标单位的报价、工期、质量、业绩、优惠条件等进行综合评价，公正合理地择优选择中标单位。

13. 定标

中标单位选定后须由招标管理机构核准。

14. 发出中标通知

核准中标单位后，招标单位发出“中标通知书”，对未中标单位，发出“中标结果通知书”。

15. 签订合同

建设单位与中标单位在规定的期限内签订工程承包合同。

（二）建筑工程施工邀请招标的程序

建筑工程施工邀请招标是招标单位直接向有能力承担本工程的施工单位发出投标邀请书，其程序与公开招标类似，最大的不同点是没有资格预审的环节，但增加了发出投标邀请书的步骤。

二、课堂实训

实训一　模拟某建筑工程施工项目公开招标的程序

1. 目的

（1）掌握公开招标的程序。

(2)熟悉招标人在各个招标阶段中的工作内容。

2. 环境要求

以本市或本地区的某建筑工程施工项目为模拟对象。

3. 能力(分项能力)标准及要求

(1)要求学生掌握招标各个工作阶段的先后顺序。

(2)要求学生理解招标各个工作阶段不能颠倒顺序的原因。

4. 步骤提示

(1)将学生分为4个小组,一组扮演招标人的角色,一组扮演投标人的角色,一组负责宣布招标进入的各个工作阶段,另外一组作为评论者。

(2)由其中的一组学生宣布招标进入的工作阶段,如标前会议阶段。

(3)由扮演招标人、投标人的学生小组,分别阐述各个阶段的工作内容。

(4)招标投标结束后,由作为评论者的一组点评其他3个小组在招标投标过程中出现的问题。

(5)相互交换角色,再次模拟招投标程序。

5. 注意事项

作为评论者的一组学生的点评很重要,可以让其他3组学生意识到自己在招投标过程中程序上的错误或不足,最后由指导教师补充,并总结此次模拟训练各组学生的表现、存在的问题和改进的措施。

6. 讨论与训练题

(1)针对具体的建筑工程施工项目,选择适宜的招标方式。

(2)模拟该建筑工程施工项目的招标程序。

实训二　案例讨论

某市人防工程为该市建设规划的重要项目之一,且已列入地方年度固定资产投资计划,设计概算已经主管部门批准,施工图及有关技术资料齐全。根据《国务院关于投资体制改革的决定》,该项目拟采用BOT方式建设,市政府正在与有意向的BOT项目公司洽谈。为赶工期,政府决定对该项目进行施工招标。因估计除本市施工企业参加投标外,还可能有外省市施工企业参加投标,故招标人委托咨询单位编制了两个标底,准备分别用于对本市和外省市施工企业投标价的评定。招标过程中,招标人对投标人就招标文件所提出的所有问题统一做了书面答复,并以备忘录的形式分发给各投标人,为简明起见,采用表格形式,见表6-1。

表6-1　质疑答复备忘录

序号	问题	提问单位	提问时间	答复
1				
⋮				
M				

在书面答复投标人的提问后,招标人组织各投标人进行了施工现场踏勘。在投标截止日期前10天,招标人书面通知各投标人,由于市政府有关部门已从当天开始取消所有市内

交通项目的收费,因此决定将收费站工程从原招标范围内删除。

问题:

(1)该项目的标底采用什么方法编制?简述其理由。

(2)该项目施工招标在哪些方面存在问题或不当之处?

(3)如果在评标过程中决定删除收费站工程,应如何处理?

三、知识拓展

建筑工程施工招标中存在的问题及应对措施

1. 建筑工程施工招标中存在的问题

(1)招标阶段。一是规避招标,指定施工队伍。一些建设单位为了自身利益规避招标,将应该公开招标的建筑工程项目邀请招标,指定施工队伍直接发包。二是虚假招标,明招暗定。如先内定好承包单位,而后象征性地进行招标,选择与自己有关系的施工队伍围标、陪标。三是将项目化整为零,使之达不到法定的招标建筑工程项目规模标准,把应公开招标的建筑工程项目改为邀请招标或直接发包;或将建筑工程项目分段实施,主体结构进行招标,而装修则直接发包;还有甚者将必须依法公开招标的建筑工程项目,仅在较小的范围内发布招标公告。

(2)评标阶段。一是参与评标的委员在一定程度上都是固定的,由于委员的素质不同,存在着许多弊端,很容易产生权钱交易等不法行为。因此,业主授意或者暗示评委为“意向”投标单位打高分,左右评标结果,使评标工作失去了客观性和公正性,使评标的工作质量大打折扣。二是有的业主在招标信息发布前,已经同招标代理机构有过私下接触,达成一定的“互利协议”。招标代理机构在编制资格预审文件、制定资格预审标准和办法时,往往会以业主“意向”投标人的实际情况为基础,或抬高标准,或降低条件,从而操纵评标的结果。

(3)定标阶段。一是建设单位“意向”的投标单位未中标时,在办理中标手续及签订合同中设置障碍,排斥中标人。二是建设单位向中标单位提出不合理条件,如要求施工企业垫资、压价,从指定单位购买材料、设备等,强迫中标单位私下承诺,在施工合同之外签订“阴阳合同”。三是强迫中标单位将部分工程转包给指定的施工队伍,或者将自己不够资质标准的队伍挂靠在中标施工企业,形成层层转包,违法分包。

2. 应对措施

(1)加强制度建设,规范招投标运作。建设单位行为不规范,是当前建筑市场存在的主要问题之一。因此,要建立对建设单位行为的监督制度,对有依法必须招标而未招标、将工程肢解发包、迫使承包方以低于成本的价格竞标、明示或暗示设计、降低建筑工程质量或使用不合格建筑材料、建筑构配件和设备等行为的业主,严肃查处。同时加强与工商、税务、银行及保险、担保机构的合作,将各有关部门和执法机构对企业和专业人员的处罚决定、不良行为记录和履行合同的情况载入数据库,列入“黑名单”并在网上公布,以加大企业及相关人员违法违规的成本,利用经济手段强化市场准入管理。

(2)强化职能建设,严格监督执法。建设行政主管部门要加强对执法队伍和执法人员的严格管理,不断提高执法人员的业务素质和执法水平,努力做到严格执法、公正执法、文明执法,建立有效的监督机制。招投标管理办公室要充实力量,认真履行职能,加强对招投标管理过程中薄弱环节的监管。同时,要进一步明确招投标办与建管部门的责任,对招投标工作涉及最多的建筑工程实施“两场联动”监督，对建设项目进行全程动态管理和跟踪监督，通过审查、评价、检查等方式，及时发现存在的问题，努力从源头上杜绝违法犯罪，推进建筑市场法制化管理。

(3)完善有形建筑市场，净化招投标市场。建立有形建筑市场，对规范建筑市场、改进行业管理、从源头上防治腐败有着重要的推动作用。因此，一是要针对影响招投标公正性和社会关注的关键环节，完善相关制度，进一步创新方法，将有针对性的过程监督和随机监督有机地结合起来，公开办事程序、办事条件、办事依据、办事结果，变“暗箱操作”为“阳光操作”，提高监督的效率和权威。二是要实行工程信息公开发布制度，扩大参加投标企业的知情权、参与权、选择权和监督权，切实消除由于信息发布的局限性，导致领导干部干预工程承发包等不法行为，为参加投标的企业提供公平、公开、公正的竞争环境。三是要进一步规范招标行为，在招标信息发布、投标人资格审查、评标办法制定、评标委员会组成、定标等关键环节上，严格备案时限和跟踪管理，严厉打击转包、违法分包、挂靠等行为。

项目三　建筑工程施工招标文件的编制

教学目标

- 掌握建筑工程施工招标文件的编制方法。

能力标准及要求

- 能够针对具体工程编制建筑工程施工招标文件。

一、基础知识

根据国家发展和改革委员会、财政部、建设部、铁道部、交通部、信息产业部、水利部、民用航空总局、广播电影电视总局联合制定的《〈标准施工招标资格预审文件〉和〈标准施工招标文件〉试行规定》及相关附件(2008 年 5 月 1 日起施行)的规定，对于《标准施工招标文件》(2010 年版)共包括四卷八章，其目录如下。

第一卷

第一章　招标公告(未进行资格预审)

　　　　投标邀请书(适用于邀请招标)

　　　　投标邀请书(代资格预审通过通知书)

第二章　投标人须知

第三章　评标办法(经评审的最低投标价法)

　　　　评标办法(综合评估法)

第四章　合同条款及格式

第五章　工程量清单

第二卷

第六章　图纸

第三卷

第七章　技术标准和要求

第四卷

第八章　投标文件格式

现将上述内容说明如下。

(一)招标公告

与原标准招标文件先发招标公告,然后才安排资格预审的方式不同,2007 年版的《标准施工招标文件》将资格预审与招标两阶段分开了。虽然在招标文件中保留了"未进行资格预审"的公开招标形式,但这种两阶段的分离是非常明显的。

(二)投标人须知

投标人须知是招标文件中很重要的一部分,投标人在投标时必须仔细阅读和理解,按照须知中的要求进行投标。其内容包括:总则、招标文件、投标文件、投标、开标、评标、合同授予、重新招标和不再招标、纪律和监督、需要补充的其他内容共 10 项。在投标人须知前有一张"投标人须知前附表"。"投标人须知前附表"的格式和内容如表 6-2 所示。

"投标人须知前附表"是将投标人须知中重要条款规定的内容用一个表格的形式表示出来。

1. 投标须知前附表

表 6-2　投标人须知前附表

项号	条款号	内　容	说明与要求
1	1.1	工程名称	东台市人防指挥中心室外景观之入口平桥工程
2	1.1	建设地点	北海路北,204 国道西侧
3	1.1	建设规模	新建桥梁一座,单跨 20 m,宽 15.7 m;合计约110万元
4	1.1	承包方式	包工包料
5	1.1	质量标准	合格
6	2.1	招标范围	新建桥梁一座,即完成无锡市园林设计研究院有限公司设计图纸的相关内容及工程量清单全部施工内容
7	2.3	工期要求	施工总工期60日历天
8	3.1	资金来源	自筹
9	4.1	投标人资质和项目负责人资质等级要求	三级及以上市政公用工程施工总承包资质;二级及以上市政公用工程专业注册建造师
10	4.3	资格审查	资格后审
11	12.1	投标有效期	为30日历天(从投标截止之日起至中标人确定之日止)
12	12.1	投标担保金额	投标担保为人民币1万元
13	5.1	踏勘现场	自行踏勘
14	8.1	澄清、修改、补充的提交与获取	提交:2008 年9月25日 11 时前网上提交 获取:2008 年9月25日 16 时后网上获取
15	14.1	投标文件份数	一份正本,四份副本
16	16.1	投标文件提交地点及截止时间	地点:市招标投标管理中心招标采购交易市场 截止时间:2008 年9月27日 8 时 30 分
17	18.1	开标	开始时间:2008 年9月27日 8 时 30 分 地点:市招标投标管理中心招标采购交易市场

续表

项号	条款号	内　容	说明与要求
18	29.12	评标方法和标准	经评审的合理低价法
19	33.1	履约担保金	中标人提供的履约担保金额为人民币5万元

2. 投标须知

（一）总则

1. 工程说明

1.1　本招标工程说明详见本须知前附表第1~5项；

1.2　本招标工程项目经盐城市发改投[2007]28号文件批准建设，现按照《中华人民共和国招标投标法》等有关法律、法规和规章，通过招标方式选定承包人。

2. 招标范围及工期

2.1　本招标工程项目的范围及工期详见本须知前附表第6~7项。

2.2　本工程共分一标段，标段划分及相应招标内容如下：

桥梁工程：在东台市人防指挥中心人口新建平桥一座，单跨20 m，宽15.70 m，上部构造为20 m预应力混凝土空心板梁，下部构造为桩柱式桥台，桩径为Φ120 cm钻孔灌注桩。无锡市园林设计研究院有限公司设计图纸的相关内容及工程量清单为全部施工内容。

3. 资金来源

3.1　本招标工程项目资金来源详见投标须知前附表第8项，其中部分资金用于本工程项目施工合同项下的合格支付。

4. 合格的投标人

4.1　投标资质等级要求详见本须知前附表第9项。

4.2　投标人合格条件详见本招标工程施工招标公告或投标邀请书。

4.3　本招标工程项目采用本须知前附表第10项所述的资格审查方式确定合格投标人。

4.4　当采用资格后审方式时，在投标人提交的投标文件中须包括资格后审资料。

5. 踏勘现场

5.1　投标人须按本须知前附表第13项所述要求，对工程现场及周围环境进行踏勘，以便获取有关编制投标文件和签署合同所涉及现场的资料。投标人承担其踏勘现场过程中自身所发生的费用。

5.2　招标人向投标人提供的有关现场的数据和资料，是招标人现有的能被投标人利用的资料，招标人对投标人作出的任何推论、理解和结论均不负责任。

5.3　经招标人允许，投标人可为踏勘目的进入招标人的项目现场，但投标人不得因此使招标人承担有关的责任和蒙受损失。投标人应承担踏勘现场的责任和风险。

6. 投标费用

6.1　投标人应承担其参加本招标活动自身所发生和应支付的费用。

（二）招标文件

7. 招标文件的组成

7.1　招标文件包括下列内容：

第一章　投标须知及投标须知前附表

第二章　合同文件

第三章　工程建设标准

第四章　电子光盘施工图或施工图纸

第五章　工程量清单

第六章　投标函部分表格

第七章　技术标部分图表

7.2　除7.1内容外,招标人以书面形式发出的对招标文件的澄清、修改或补充内容,均为招标文件的组成部分,对招标人和投标人起约束作用。

7.3　投标人获取招标文件后,应仔细检查招标文件的所有内容,如有残缺等问题应在获得招标文件后2日内向招标人提出,否则,由此引起的损失由投标人自己承担。投标人同时应认真审阅招标文件中所有的事项、格式、条款和规范要求等,若投标人的投标文件没有按招标文件要求提交全部资料,或投标文件没有对招标文件作出实质性响应,其风险由投标人自行承担,并根据有关条款规定,该投标有可能被拒绝。

8. 招标文件的澄清、修改或补充

8.1　投标人若对招标文件(包括施工图纸、工程量清单等)有疑问,应于2008年9月25日11时前以电子邮件形式(未提出疑问的视同认可)发送到东台市招标投标管理中心,要求注明被疑问项目名称,不要标明疑问人的单位名称。邮箱 dtzbtb@163.com。无论是招标人根据需要主动对招标文件进行必要的澄清、修改或补充,或是根据投标人的要求对招标文件作出澄清,招标人都将以书面形式予以澄清、修改或补充,澄清、修改或补充的内容提交东台市招标投标管理中心备案后,投标人于2008年9月25日16时后到东台市招标投标管理网(网址 http://www.dtzbtb.com)上下载(投标人在投标截止时间的两日前应当每天都要上网查阅,以便获取更新的澄清、修改、补充内容)。该澄清、修改或补充作为招标文件的组成部分,具有约束作用。

8.2　招标文件的澄清、修改、补充等内容均以书面形式明确的内容为准。当招标文件、招标文件的澄清、修改、补充等在同一内容的表述上不一致时,以最后发出的书面文件为准。

(三)投标文件的编制

9. 投标文件的组成

9.1　投标文件由投标函部分、商务部分、技术部分3部分组成,采用资格后审的还应包括第4部分资格后审资料。

9.2　投标函部分主要包括下列内容:

9.2.1　投标函;

9.2.2　投标函附录;

9.2.3　法定代表人身份证明书;

9.2.4　投标文件签署授权委托书(如有);

9.2.5　光盘。

光盘的主要内容包括:“分部分项工程量清单综合单价分析表”、“措施项目费分析表”、“主要材料价格表(甲供材料、乙供材料)”以及其他反映组价和分析的数据都要采用光盘格式,光盘格式应与评标系统对接。

以上9.2.1款~9.2.4款按本须知前附表第15项要求的份数提供,9.2.5款一份(投标人中标后再另提供一份光盘交招标人备案)。

9.3 商务部分主要包括下列内容(各种表式详见 GB50500—2013《建筑工程工程量清单计价规范》中工程量清单计价格式和苏建定[2004]290 号《关于明确建筑工程工程量清单计价有关问题的通知》):

9.3.1 封面;

9.3.2 投标总价;

9.3.3 工程项目总价表;

9.3.4 单项工程费汇总表;

9.3.5 单位工程费汇总表;

9.3.6 分部分项工程量清单计价表;

9.3.7 措施项目清单计价表;

9.3.8 其他项目清单计价表;

9.3.9 零星工作项目计价表;

9.3.10 分部分项工程量清单综合单价分析表;

9.3.11 措施项目费分析表;

9.3.12 主要材料、设备价格表一(甲供材料、设备表);

9.3.13 主要材料、设备价格表二(乙供材料、设备表)。

9.4 技术部分主要包括下列内容。

9.4.1 施工组织设计或施工方案

施工组织设计或施工方案应针对本工程的特点、地质条件和周围环境进行编制。一般包括施工组织和施工方法、劳动力和主要施工机械的安排计划、施工进度计划安排和施工总工期以及就如何保证工程质量、工期、安全和文明施工的主要技术组织措施、控制工程造价的措施和方法等。要求施工组织方案切实可行、措施项目具体,突出重点、针对性强、与商务标内容吻合、语言简洁,不说空话、套话,尽可能压缩篇幅,提倡既能说明问题,又短小精悍。内容不宜超过 5 万字。

9.4.2 项目管理机构配备

(1)注册建造师、技术负责人、项目施工员、质量管理员、安全管理员、核算员等项目部组成人员及管理机构配备情况;

(2)注册建造师简历表;

(3)项目技术负责人简历表;

(4)拟分包项目名称和分包人情况(如有)。

9.5 资格后审资料(如系资格后审)

资格审查资料包括:

(1)企业法人营业执照复印件;

(2)企业资质等级证书、安全生产许可证、江苏省建筑业企业信用管理手册复印件;

(3)市政公用工程专业建造师注册证书、安全生产考核合格证复印件;

(4)投标人企业工商注册所在地人民银行核发的基本账户开户许可证复印件;

(5)投标人与注册建造师及其项目部人员签订的一年以上的劳动合同和在企业工商注册所在地为其缴纳的一年以上的社会保险(提供社会保险手册)复印件;

(6)投标人为被委托人以及购买招标文件、领取施工图纸者在企业工商注册所在地为其缴纳的社会保险(提供社会保险手册)以及与其签订的劳动合同复印件;

(7)项目部组成人员一览表;

(8)企业及注册建造师的类似工程业绩:

(9)开标前10天内企业工商注册所在地基本账户每日的存款余额不少于　万元的银行对账单(加盖银行机构章,否则无效);

(10)国有资金投资项目合同履约暨项目部人员到位的情况说明(格式附后),投标人在本市行政区域内若有国有资金投资建设项目的必须提供,若无由投标人说明。

(11)企业及注册建造师具有本须知第30.12.2款条件之一的业绩资料复印件(如有时)。

以上(1)~(11)项按本须知前附表第15项要求的份数提供(已在东台市招标采购交易市场办理备案登记的投标人,在备案资料有效期内,上述(1)~(6)项资料按本须知前附表第15项要求的份数,提供“备案资料证明书”复印件,该复印件必须经投标人法人单位盖章和法定代表人签字确认)。

10. 投标文件格式

投标文件包括本须知第9条中规定的内容,投标人提交的投标文件应当使用招标文件所提供或要求的投标文件全部格式(表格可以按同样格式扩展)。

11. 投标报价

11.1　投标人的投标报价,应是完成本须知第2条所列招标工程范围及工期的全部,不得以任何理由予以重复,作为投标人计算单价或总价的依据。

11.2　投标人应按招标人提供的工程量清单中列出的工程项目和工程量填报单价和合价。每一项目只允许有一个报价。任何有选择的报价将不予接受。投标人未填报单价或合价的工程项目,在实施后,招标人将不予支付,并视为该项费用已包括在其他有价款的单价或合价内。

11.3.1　本招标工程的施工地点为本须知前附表第2项所述,投标人在报价中所报的单价和合价,以及投标报价汇总表中的价格均包括完成该工程项目的成本、利润、税金、开办费、技术措施费、大型机械进出场费、风险费、政策性文件规定费用等所有费用。

11.3.2　除设计变更、业主签证外,工程量清单中招标工程量即为竣工工程量。因此,投标人应认真踏勘现场,对照施工图核对工程量,如发现工程量清单存在差错、漏项的,必须在对招标文件的澄清、修改或补充的规定时间前向招标人书面提出,招标人经核定后予以澄清。否则视同确认,竣工结算时工程量不作调整。

11.3.3　投标人所报的措施项目费固定包死,在施工过程中如因施工组织设计不符合实际需要、不完善、计算错误等原因导致修改,或是应监理工程师合理指令作适当调整时,结算时均不作调整。因设计变更引起分部分项工程量清单项目发生工程量变更时,其措施项目费用中相应的模板、脚手架工程量作相应调整。

11.4　投标报价的计价方法按《建筑工程工程量清单计价规范》(GB50500—2013)执行。

11.5　参考的工程计价表和有关文件。

11.5.1　江苏省相关工程计价表:《江苏省建筑与装饰工程计价表》、《江苏省建筑安装工程计价表》、《江苏省市政工程计价表》、《江苏省建筑工程工程量清单计价项目指引》等。投标人应根据企业的经营管理状况研究制定企业定额。

11.5.2 业主编制投标控制价时的主要材料价格是按照现行市场价,投标人报价应根据本单位掌握的材料价格信息,结合企业定额自主报价,同时要充分考虑材料价格升降等风险因素,竣工结算时不论增减,不予调整。

11.6 不可竞争的费用执行江苏省建设厅苏建定[2004]29号《关于贯彻〈建筑工程工程量清单计价规范〉有关问题的通知》。招标文件已明确的预留金、材料、设备的价格和暂定费用为不可竞争费用。

11.7 投标报价编制依据

11.7.1 投标报价说明(需要说明的)。

11.7.2 招标文件、施工图纸、答疑文件、工程量清单等。

11.7.3 根据江苏省建设厅苏建定[2004]29号《关于贯彻〈建筑工程工程量清单计价规范〉有关问题的通知》规定,对劳动保险费、工程定额测定费、安全监督费、现场安全文明施工措施费、税金等应计入工程成本的各项规定费用,投标人应按规定费率计入工程总价,不得随意调整或让利。按照江苏省建设厅文件苏建价[2005]349号《关于印发〈江苏省建筑工程现场安全文明施工措施费计价管理办法〉的通知》规定,在编制投标控制价或投标报价时,将现场安全文明施工措施费中的基本费率按分部分项工程费的1%列入其他项目费中投标人部分,现场考评费和奖励费分别按分部分项工程费的0.6%和0.4%列入其他项目费中招标人预留金部分。

11.7.4 对安全防护、文明施工有特殊要求和危险性较大的工程,需增加现场安全文明施工措施及方案论证、审查等费用的,由投标人在措施费中单独报价。

11.7.5 相关规费的计费标准为:工程定额测定费0.1%,市政工程劳动保险费1%,安装工程劳动保险费1.3%,建筑施工安全监督费0.06%,税金3.44%。

12. 投标有效期

12.1 投标有效期详见投标须知前附表第11项,在此期限内,凡符合本招标文件要求的投标文件均保持有效。

12.2 在特殊情况下,招标人在原定投标有效期内,可以根据需要以书面形式向投标人提出延长投标有效期的要求,对此要求投标人须以书面形式予以答复。投标人可以拒绝招标人的这种要求,而不被没收投标保证金。同意延长投标有效期的投标人既不能要求也不能修改其投标文件,但需要相应延长投标担保的有效期,在延长的投标有效期内,本须知第13条关于投标担保的退还与没收规定仍然适用。

13. 投标担保

13.1 投标人应在提交投标文件的同时,提交本须知前附表第12项所规定数额的投标担保,并作为其投标文件的一部分,否则招标人将视为不响应招标文件而予以拒绝。

13.2 投标担保形式:本地企业在东台市区金融机构开户的使用转账支票,其他企业使用银行汇票,无论本地企业或外地企业一律不得使用其他结算方式,投标担保金的付款人单位与投标单位的名称必须一致,且必须从投标人企业工商注册所在地基本账户中出票,否则拒收投标文件。缴纳户名:东台市招标投标管理中心,开户行:东台市建行新东南路分理处,账号:051148823—12801。

特别提醒:任何以分公司、子公司、办事处、项目部等类似分支机构名义出票的,以及所使用转账支票或者银行汇票不是从企业工商注册所在地基本账户中出票的,均为不符合要求的投标担保,届时投标文件将被拒收。

13.3　未中标的投标人的投标担保在中标人确定后5日内予以退还(不计利息)。

13.4　投标人的投标担保,中标后转为不出借资质的承诺保证金,承诺保证金经招标人核实进场人员后,在中标人按本须知第31条规定签订合同,并按34条规定提交履约担保3日内予以退还(不计利息),且退还至其基本账户。

13.5　如投标人发生下列情况之一时,投标担保将被没收。

13.5.1　投标人拒绝按本须知第29条规定修正标价;

13.5.2　中标人未能在规定期限内提交履约担保或签订合同协议;

13.5.3　开标会议开始后,法定代表人或其委托代理人和项目负责人未参加开标会议的。

14. 投标文件的份数和签署

14.1　投标应按本须知前附表第15项规定的份数和本须知第9条规定的内容提交投标文件。

14.2　投标文件的正本和副本均需打印或使用不褪色的蓝、黑墨水笔书写,字迹应清晰易于辨认,并应在投标文件封面的右上角清楚地注明"正本"或"副本"。正本和副本如有不一致之处,以正本为准,光盘数据与文本数据不一致的以光盘数据为准,评标委员会在对商务标的评审过程中,以光盘数据为评审依据。

14.3　投标文件封面、投标函、施工组织设计或施工方案封面均应加盖投标人的公章和法定代表人或其委托代理人的印章。由委托代理人盖章的在投标文件中必须同时提交合法、有效的授权委托书。

14.4　除投标人对错误处须修改外,全套投标文件应无涂改或行间插字和增删。如有修改,修改处应由投标人加盖投标人的公章,或者法定代表人的印章,或者委托代理人的印章。

(四)投标文件的提交

15. 投标文件的装订、密封和标记

15.1　投标文件分为投标函、商务标书、技术标书3部分,如系资格后审的,还应包括第4部分资格后审资料,装订要求按本须知第9条规定的顺序编制目录,分别装订成册。

15.2　如系资格后审,资格后审资料按9.5款规定的顺序装订后单独密封,并在开标时带企业资质等级证书、企业法人营业执照、企业安全生产许可证、投标人企业工商注册所在地基本账户的开户许可证、建造师注册证书、注册建造师的安全生产考核合格证以及被委托人、购买招标文件、领取施工图纸者和注册建造师及项目部其他人员与投标企业签订的劳动合同、社会保险手册、江苏省建筑业企业信用管理手册等相关证书、资料原件备查。

15.3　投标函、商务标书、技术标书、资格后审资料(如系资格后审)必须分别包装密封完好,包装袋上应标明招标工程名称、投标人名称和标书名称,并在封口处加盖法人和法定代表人或委托代理人印章。

16. 投标文件的提交地点和截止时间

16.1　投标人应按本须知前附表第16项所规定的地点,于截止时间前提交投标文件。

16.2 投标文件的截止时间见本须知前附表第16项规定。

16.3 投标文件有下列情况之一的，将被拒绝并退回给投标人。

16.3.1 逾期送达的，或者未送达指定地点的；

16.3.2 投标文件未按照本须知第15条的要求密封和标记的；

16.3.3 投标人未按照招标文件要求提供投标保证金的；

16.3.4 未办理招标文件购买手续的。

17. 投标文件的补充、修改与撤回

17.1 投标人在提交投标文件以后，在规定的投标截止时间之前，可以以书面形式补充、修改或撤回已提交的投标文件，并以书面形式通知招标人。补充、修改的内容为投标文件的组成部分。

17.2 投标人对投标文件的补充、修改，应按本须知第15条有关规定密封、标记和提交，并在封袋上清楚标明"补充"、"修改"或"撤回"字样。

17.3 在投标截止时间后，投标人不得补充、修改投标文件。

（五）开标

18. 开标

18.1 招标人按本须知前附表第17项所规定的时间和地点公开开标，并邀请所有投标人参加。参加本工程投标的法定代表人或授权委托人和注册建造师必须参加开标会议，并将建造师注册证书原件带至开标现场。

18.2 按规定提交合格的撤回通知的投标文件不予开封，并退回给投标人。

19. 开标程序

19.1 开标由招标人主持。

19.2 由投标人或其推选的代表检查投标文件的密封情况，也可以由招标人委托的公证机构检查并公证。

19.3 资格后审（如系资格后审）。

19.3.1 资格后审活动由招标人或其委托的具备相应资格条件的招标代理机构组建的资格审查委员会组织实施。

19.3.2 资格审查委员会进入资格审查场所，开启投标人资格后审资料袋进行资格审查，审查其是否有能力和条件有效地履行合同义务。如投标人未达到招标文件规定的能力和条件，则认定资格审查不合格，不进入唱标程序。

19.3.3 在资格审查过程中，资格审查委员会根据资格审查需要，有权要求部分或全部投标申请人提供一项或多项或全部被审查资料的原件（确有特殊原因无法提供原件的，复印件必须经原发证部门确认）核对，投标申请人必须提供，不得借故推托或拖延。如无法提供招标人需要核对的原件，资格审查委员会应当按照资料缺项处理，资格审查不予通过。资格审查委员会对投标申请人的原件核对工作在资格审查结果公布前进行。

19.3.4 在开标会议上当众宣布资格审查结果。

19.4 各投标人代表抽取 K 值（如有）。

19.5 由有关工作人员当众拆封经资格后审合格的投标人的投标文件，宣读投标人名称、投标价格和投标文件的其他主要内容；资格审查不合格的投标申请人的投标文件不予开封，可原封退回。

20. 在资格后审和开标过程中，有下列情形之一的，其投标文件无效，不进入评标程序

20.1　法定代表人或授权委托人或投标注册建造师未参加开标会议或未提交建造师注册证书原件的；

20.2　注册建造师及其项目部其他人员、被委托人、购买招标文件和领取施工图纸者之一非本单位正式人员的；

20.3　未按招标文件要求提供相关证书、资料原件备查或提供不全的（如系资格后审，已办理备案手续的，在备案有效期内不须提供）；

20.4　投标人名称或组织结构与资格预审时不一致的（如系资格预审）；

20.5　除在投标文件截止时间前经招标人书面同意外，注册建造师与资格预审时不一致的（如系资格预审）；

20.6　投标人资格条件不符合国家有关规定或招标文件要求的；

20.7　投标文件中投标函部分、商务部分、技术部分、资格后审资料（如系资格后审）的组成内容不符合本须知第 9 条规定的。

21. 对开标过程进行记录，并存档备查

（六）评标

22. 评标委员会与评标

22.1　评标委员会由招标人依法组建，负责评标活动。

22.2　开标结束后，开始评标，评标采用保密方式进行。

23. 评标过程的保密

23.1　开标后，直至授予中标人合同为止，凡属于对投标文件的审查、澄清、评价和比较的有关资料以及中标人的确定或中标候选人的推荐情况，与评标有关的其他任何情况均严格保密。

23.2　在投标文件的评审和比较、中标人确定或中标候选人推荐以及授予合同的过程中，投标人向招标人和评标委员会施加影响的任何行为，都将会导致其投标被拒绝。

23.3　中标人确定后，招标人不对未中标人就评标过程以及未能中标原因作出任何解释。未中标人不得向评标委员会组成人员或其他有关人员索问评标过程的情况和材料。

24. 投标文件有下列情形之一的，属于重大偏差，视同未能对招标文件作出实质性响应，按废标处理

24.1　本须知第 9 条规定的投标文件有关内容未按本须知第 14.3 款规定加盖投标人的公章和法定代表人或其委托代理人印章的，由委托代理人盖章的，但未随投标文件一起提交合法、有效的“授权委托书”原件的；

24.2　未按招标文件规定的格式填写，内容不全或关键字迹模糊、无法辨认的；

24.3　投标人递交两份或多份内容不同的投标文件，或在一份投标文件中对同一招标项目报有两个或多个报价，且未声明哪一个有效，按招标文件规定提交备选投标方案的除外，多个标段同时投标时，投标文件错装、混装的；

24.4　投标文件载明的招标项目完成期限超过招标文件规定的期限；

24.5　明显不符合技术规范、技术标准的要求；

24.6　投标报价大于最高限价或者主要材料价格低于公示最低限价的（详见最高限价暨主材最低限价公示）的；

24.7 改变招标文件提供的分部分项工程量清单中的计量单位、工程数量；

24.8 改变招标文件规定的暂定价格或不可竞争费用的；

24.9 现场安全文明施工措施费未按要求单列和计算的；

24.10 违反《建筑工程工程量清单计价规范》(GB50500—2013)，未按招标文件要求进行报价的；

24.11 未按招标文件要求提供投标报价的电子投标文件或投标报价的电子投标文件无法导入"一点智慧"计算机评标系统；

24.12 投标文件载明的货物包装方式、检验标准和方法等不符合招标文件的要求；

24.13 投标文件提出了不能满足招标文件要求或招标人不能接受的工程验收、计量、价款结算支付办法；

24.14 以他人的名义投标、串通投标、以行贿手段谋取中标或者以其他弄虚作假方式投标的；

24.15 经评标委员会认定投标人的投标报价低于成本价的；

24.16 组成联合体投标的，投标文件未附联合体各方共同投标协议的；

24.17 评标委员会发现投标文件有本须知16.3款和第20条情形之一的应当否决其投标。

25. 通过对各投标文件的评审和比较，如出现下列情形之一的，为疑似围标串标，按废标处理

25.1 不同投标人报价相近，人工费、材料费、机械使用费、管理费和利润部分或全部雷同的；

25.2 不同投标人的施工组织设计方案基本雷同的；

25.3 不同投标人投标文件(商务标书和技术标书)的编制人和审核人为同一人或同一单位人员的；

25.4 不同投标人投标文件的授权签署人为同一人或同一单位人员的；

25.5 开标前已有举报，开标后发现各投标单位的报价情况与举报情况相吻合的；

25.6 不同投标人的投标文件出现了评标委员会认为不应当雷同的情况。

26. 清标

26.1 清标可以由招标人依法组建的评标委员会负责，也可以另行组建清标工作小组负责清标。

26.2 清标工作内容

26.2.1 按照投标总价的高低，对投标文件进行排序；

26.2.2 根据招标文件的规定，对所有投标文件进行全面的审查，列出投标文件在符合性、响应性和技术方法、技术措施、技术标准等方面存在的所有偏差；

26.2.3 对投标报价进行校核，列出投标文件存在的算术计算错误；

26.2.4 根据招标文件规定的标准，审查并列出过低的投标价格；

26.2.5 形成书面的清标情况报告。

27. 投标文件的澄清

27.1 为有助于投标文件的审查、评价和比较，评标委员会可以书面形式要求投标人对投标文件含义不明确的内容作出必要的澄清或说明，投标人应采用书面形式进行澄清或说

明，但不得超出投标文件的范围或改变投标文件的实质性内容。根据本须知第 29 条规定，凡属于评标委员会在评标过程中发现的计算错误进行核实的修改不在此列。

28. 投标文件的初步评审

28.1　评标时，评标委员会将首先评定每份投标文件是否在实质上响应了招标文件的要求。所谓实质上响应，是指投标文件应与招标文件的所有实质性条款、条件和要求相符，无显著差异或保留。

28.2　如果投标文件实质上不响应招标文件的各项要求，评标委员会将予以拒绝，并且不允许投标人通过修改或撤销其不符合要求的差异或保留，使之成为具有响应性的投标。

28.3　总价初步评审

28.3.1　设立有效报价区间：由招标人根据投标控制价和工程的具体特点设定最高限价（H），开标后确定一个最低限价（L），L 到 H 之间的投标报价为有效报价区间，超出此范围的不进入分项详细评审。

28.3.2　最低限价的计算公式：$L=[(H-C)\times K+(G-C)\times(100\%-K)]\times I+C$

其中：C 为工程量清单中确定的暂定价和预留金总额；K 值按 20%、22.5%、25%、27.5%、30%、32.5%、35%，由各投标人代表在开标现场抽取加权平均后确定；G 为投标人投标报价的平均值；I 为调整系数取 90%。

K 值和 G 值（投标报价大于最高限价的不参加 G 值计算）的计算值在整个评标期间保持不变，不随通过初步评审和详细评审的投标人的数量发生变化。

29. 投标文件计算错误的修正

29.1　评标委员会将对确定为实质上响应招标文件要求的投标文件进行校核，看其是否有计算或表达上的错误，修正错误的原则如下。

29.1.1　如果数字表示的金额和用文字表示的金额不一致时，应以文字表示的金额为准；

29.1.2　当单价与数量的乘积与合价不一致时，以单价为准，除非评标委员会认为单价有明显的小数点错误，此时应以标出的合价为准，并修改单价。

29.2　按上述修正错误的原则及方法调整或修正投标文件的投标报价，投标人同意后，调整后的投标报价对投标人起约束作用。如果投标人不接受修正后的报价，则其投标将被拒绝并且其投标担保也将被没收，并不影响评标工作。

30. 投标文件的评审、比较和否决

30.1　评标委员会将按照本须知第 20 条、第 24 条、第 25 条和第 28 条规定，仅对在实质上响应招标文件要求并经总价初步评审通过的投标文件进行详细评审和比较。

30.2　审查并列出过低的投标价格。投标人“分部分项工程量清单计价表”中的综合单价与各有效投标人相应综合单价的平均值相比，低于 90%（含本数）、“措施项目清单计价表”中的单项费用金额与各有效投标人相应的单项费用金额的平均值相比低于 80%（含本数）以下的为过低价格；评标委员会将对投标报价的合理性有重点地向投标人进行质询并进行合理性判定，如其综合单价与次低综合单价相比低于 97%，评标委员会可不必质询投标人而直接确定为不能成立的过低价格。

30.3　对列出的过低投标价格，评标委员会应当对与该价格相关的下列因素进行重点分析：

30.3.1　工程内容是否完整；

30.3.2　施工方法是否正确；

30.3.3　施工组织和技术措施是否合理、可行；

30.3.4　综合单价和单项费用金额的组成、工料机消耗及确定的费用、利润是否合理；

30.3.5　是否满足招标文件对主要材料的规格、型号等的特殊要求，确定的价格材料是否合理；

30.3.6　投标人对澄清要求所作的说明是否合理，提供的相关证明材料是否具有说服力。

30.4　通过分析，有下列情形之一的，应当向投标人质询。

30.4.1　主要的分部分项单价明显低于其他投标人单价的；

30.4.2　主要材料、设备价格或机械台班明显低于其他投标人价格的；

30.4.3　人工工日数或单价明显低于其他投标人相应工日数或工日单价的；

30.4.4　有必要质询的其他问题。

30.5　对评标委员会的质询，被质询人应当进行说明并提供相应证明材料。出现下列情形之一的，评标委员会应当否决其投标。

30.5.1　投标人拒绝说明的；

30.5.2　未在规定时间内提供相应证明材料或所提供的证明材料不能说明其理由的；

30.5.3　说明理由成立但不作出承诺的；

30.5.4　所提供的证明材料不属实的。

30.6　对评标委员会的质询，被质询人有下列情形之一的，评标委员会可以不采纳其解释理由，并认为不能支持投标价格的成立。

30.6.1　投标人以周转性材料已摊销完毕为由大幅度降低周转性材料的消耗量标准；

30.6.2　以机械闲置或机械已折旧完毕为由大幅度降低施工机械台班单价；

30.6.3　投标人以库存材料、构件、成品、半成品、设备、元器件、器材为由大幅度降低工程造价；

30.6.4　以大幅降低定额工日数或降低定额工日单价为由降低工程造价；

30.6.5　以管理费为零或负利润为由降低工程造价；

30.6.6　措施项目费的报价与施工方案或施工组织设计不对应。

30.7　投标人不能合理说明或者不能提供相关证明材料，或者评标委员会有充分理由认定上述因素不能支持投标价格成立的，应当在评标报告中详细记录认定的理由和依据。

30.8　评标委员会应当根据经评审不能成立的过低的投标价格与各有效投标人相应价格中的平均价之间的价差和招标文件规定的工程数量，计算出合价差、单项费用差，所有合价差和单项费用差的总计金额大于投标文件列明的利润总额的，评标委员会应当认定该投标人以低于成本的价格投标，其投标文件无效。

30.9　评标委员会不应当因为投标文件的部分项目存在不能成立的过低的投标价格而认定投标文件无效。

30.10　在评审过程中，评标委员会可以以书面形式要求投标人就投标文件中含义不明确的内容进行书面说明并提供相关的材料。

30.11　评标委员会依据本须知第30.12款规定的评标方法和标准，对投标文件进行评审和比较,向招标人提出书面评标报告,并推荐合格的中标候选人。招标人根据评标委员会提出的书面报告和推荐的中标候选人确定中标人,也可以授权评标委员会直接确定中标人。

30.12 评标方法和标准。

30.12.1 本招标工程项目采取合理低价法:评标委员会对经初步评审合格的投标文件,取投标报价最低的前五名投标人的投标文件进行评审,即由评标委员会先对其施工组织设计的可行性进行评议,并进行表决,如半数以上评委认为不可行者,则该施工组织设计为不可行,不再进行其他标书的评审。然后对满足可行性要求的投标文件的报价按第30条的要求进行评审、比较和否决,最终按报价由低到高的顺序推荐1至3名中标候选人,并标明排列顺序,排名第一的中标候选人为中标人。排名第一的中标候选人放弃中标、因不可抗力提出不能履行合同,或者招标文件规定应当提交履约保证金而在规定的期限内未能提交的,招标人可以确定排名第二的中标候选人为中标人。排名第二的中标候选人因上述同样原因不能签订合同的,招标人可以确定排名第三的中标候选人为中标人。根据东台市人民政府东政发[2003]90号文件规定,上年度被评为优级建筑企业,参加投标报价为次低价,经评委咨询,承诺接受最低价,并且承诺最低价投标文件中的所有要素及相关内容,可优先作为中标单位。若出现相同最低报价,则由招标人在其中择优选定一家为中标人。

30.12.2 投标人投标前3年内获得"鲁班奖"或国家级装饰装修专业奖项的、投标项目经理投标前2年内承担的工程获"扬子杯"以及省级及以上装饰装修专业奖项或获得省级及以上"优秀项目经理"称号的、投标前1年内投标企业被评为省级建筑业综合实力二十强或建筑装饰十强或被地级市以上人民政府评为综合先进单位的,在参加市属重点工程招投标活动时,凡具备上述条件之一者,可享受市"一评三挂钩"有关优级企业待遇,即当其报价为次低价时可通过承诺接受中标价(中标人非优级企业),并且承诺最低价投标文件中的所有要素及相关内容,可优先作为中标人,但必须在投标截止时间前向东台市招标采购交易市场提交具备优先中标条件的证明文件原件(时间均以获奖证书时间为准)和复印件。

30.12.3 在评标过程中,若评标委员会成员对某一投标价格是否低于成本的意见不一致时,由评标委员会全体成员进行表决,按照少数服从多数的原则形成评标结论。若该投标价中标,则应增加履约保证金数额,增加额为次低有效报价与中标价的差值。

30.12.4 招标人将会同有关部门人员对中标候选人进行全面考察,如出现下列情形之一的,将取消中标资格,并没收其投标保证金:

(1)中标候选人允许他人挂靠或借用他人资质参加投标的;

(2)中标候选人提供虚假证明材料的;

(3)违反法律、法规禁止的其他情形的。

30.13 当中标人放弃中标,或者未在规定的期限内提交履约保证金,招标人将通过合法程序重新确定中标人,原中标人除被没收投标保证金外,还应当赔偿招标人发包价与原中标价差额的等额违约金。

30.14 评标委员会经评审,认为所有投标都不符合招标文件要求的,可以否决所有投标。

30.15 因有效投标不足3个使得投标明显缺乏竞争的,评标委员会可以否决全部投标。

30.16　所有投标被否决的，招标人依法重新招标。

(七)合同的授予

31. 合同授予标准

31.1　招标人与中标人将于中标通知书发出之日起5日内，按照招标文件和中标人的投标文件订立书面施工合同。

31.2　本招标工程的施工合同将授予按本须知第30.12款所确定的中标人。

32. 中标通知书

招标人将在发出中标通知书的同时，将中标结果通知所有未中标的投标人。

33. 合同协议书的签订

33.1　中标人放弃中标项目，或者中标人不按招标文件和中标通知书的规定与招标人订立合同，或者在签订合同时提出附加条件或者更改合同实质性内容的，或者拒不提交所要求的履约保证金的，则招标人将废除授标，投标担保不予退还，还应当赔偿招标人发包价与原中标价差额的等额违约金。给招标人造成的损失超过投标担保数额的，还应当对超过部分予以赔偿，同时承担相应法律责任。

33.2　中标人应当按照合同约定履行义务，完成中标项目施工，不得将中标项目施工转让(转包或变相转包)给他人。

34. 履约担保

34.1　合同协议书签署后，开工前5天内，中标人应按本须知前附表第19项和本须知30.12.3款规定的金额向招标人提交履约担保。若中标价低于各有效投标报价平均值的15%(含本数)，则中标人必须另增加中标价5%的履约保证金。

34.2　若中标人不按本须知第34.1款的规定执行，招标人将有充分的理由解除合同，并没收其投标保证金，给招标人造成的损失超过投标担保数额的，还应当对超过部分予以赔偿。

35. 注册建造师及项目部主要人员在合同履行中的责任

35.1　为了切实地维护招标投标的严肃性，杜绝合同履行过程中转包、变相转包、挂靠等现象的发生。本工程将对中标人注册建造师及项目部主要人员实行严格的现场签到考核制度。

35.2　中标注册建造师或项目部主要人员需要离开施工现场4小时以上的，必须向业主提出书面申请，得到书面批准后方可离开。

35.3　若中标注册建造师或项目部主要人员在合同履行过程中未能执行现场签到制度，出现无故离开施工现场的情况，中标人将承担如下责任。

35.3.1　中标注册建造师未向业主派驻工地的工程师提出书面申请，或提出书面申请未能得到书面批准离开施工现场4小时以上的，每次对中标人处以人民币500元的罚款；

35.3.2　中标项目部主要人员未向业主派驻工地的工程师提出书面申请，或提出书面申请未能得到书面批准离开施工现场4小时以上的，每次对中标人处以人民币200元的罚款；

35.3.3　中标注册建造师或中标人项目技术负责人未向业主派驻工地的工程师提出书面申请，或提出书面申请未能得到书面批准离开施工现场连续2天，或累计5天的，业主保留行使如下措施的权利。

(1)没收中标人的全部履约保证金;

(2)立即中止合同,勒令中标人限期撤出施工人员、施工机械、原材料、成品及半成品;

(3)拒绝中标人已完工程量的支付请求。

36. 友情提醒

(1)投标单位在投标文件生成时所填的工程编号与单位工程名称必须与招标文件载明的一致。

(2)投标单位在刻录完投标文件后,可用光盘中的数据查看功能检查所刻录的文件是否刻入光盘。

(3)投标人在生成投标文件之前,请先做“材料对应”检查(如有甲供或甲定材料设备)。

(八)评标办法

1. 经评审的最低投标价法

采用经评审的最低投标价法,评标委员会对满足招标文件实质要求的投标文件,根据本章规定的量化因素及量化标准进行价格折算,按照经评审的投标价由低到高的顺序推荐中标候选人,或根据招标人授权直接确定中标人,但投标报价低于其成本的除外。经评审的投标价相等时,投标报价低的优先;投标报价也相等的,由招标人自行确定。

投标人有以下情形之一的,其投标作废标处理。

(1)有第二章“投标人须知”规定的任何一种情形的。

(2)串通投标或弄虚作假或有其他违法行为的。

(3)不按评标委员会要求澄清、说明或补正的。

投标报价有算术错误的,评标委员会按以下原则对投标报价进行修正,修正的价格经投标人书面确认后具有约束力。投标人不接受修正价格的,其投标作废标处理。

(1)投标文件中的大写金额与小写金额不一致的,以大写金额为准。

(2)总价金额与依据单价计算出的结果不一致的,以单价金额为准修正总价,但单价金额小数点有明显错误的除外。

除第二章“投标人须知”前附表授权直接确定中标人外,评标委员会按照经评审的价格由低到高的顺序推荐中标候选人。评标委员会完成评标后,应当向招标人提交书面评标报告。

2. 综合评估法

采用综合评估法,评标委员会对满足招标文件实质性要求的投标文件,按照规定的评分标准进行打分,并按得分由高到低顺序推荐中标候选人,或根据招标人授权直接确定中标人,但投标报价低于其成本的除外。综合评分相等时,以投标报价低的优先;投标报价也相等的,由招标人自行确定。

(九)合同条款及格式

合同条款包括通用合同条款和专用合同条款。合同格式包括合同协议书格式、履约担保格式和预付款担保格式。

(十)工程量清单

(1)工程量清单是根据招标文件中包括的有合同约束力的图纸以及有关工程量清单的国家标准、行业标准、合同条款中约定的工程量计算规则编制。约定计量规则中没有的子目，其工程量按照有合同约束力的图纸所标示尺寸的理论净量计算。计量采用中华人民共和国法定计量单位。

(2)工程量清单中的每一子目须填入单价或价格，且只允许有一个报价。

(3)工程量清单中标价的单价或金额，应包括所需人工费、施工机械使用费、材料费、其他(运杂费、质检费、安装费、缺陷修复费、保险费，以及合同明示或暗示的风险、责任和义务等)以及管理费、利润等。

(4)工程量清单中投标人没有填入单价或价格的子目，其费用视为已分摊在工程量清单中其他相关子目的单价或价格之中。

(十一)图纸

图纸是招标文件的重要组成部分，是投标单位在拟定施工方案、确定施工方法、提出替代方案、编制工程量清单和投标报价不可缺少的资料。

(十二)技术标准和要求

一般可采用国际国内公认的标准和施工图中规定的施工技术要求。

(十三)投标文件格式

投标书是由投标单位授权代表签署的一份文件，对招标人和投标人均具有约束力的合同的重要组成部分。投标书一般包括：①投标函及投标函附录；②法定代表人身份证明；③授权委托书；④联合体协议书；⑤投标保证金；⑥已标价工程量清单；⑦施工组织设计；⑧项目管理机构；⑨拟分包项目情况表；⑩资格审查资料；⑪其他材料。

二、课堂实训

【案例讨论】某写字楼的招标人于2008年10月8日向具备承担该项目能力的A、B、C、D、E 5家承包商发出投标邀请书，其中说明，10月12～18日10至17时在该招标人总工程师室领取招标文件，11月8日15时为投标截止时间。该5家承包商均接受邀请，并按规定时间提交了投标文件。但承包商A在送出投标文件后发现报价估算有较严重的失误，遂赶在投标截止时间前30分钟递交了一份书面声明，撤回已提交的投标文件。

开标时，由招标人委托的市公证处人员检查投标文件的密封情况，确认无误后，由工作人员当众拆封。由于承包商A已经撤标，所以招标人宣布只有B、C、D、E 4家单位投标。

评标委员会由招标人直接确定，共7人，其中招标人代表2人，本系统技术专家2人，本系统经济专家1人，外系统技术专家1人，外系统经济专家1人。

按照招标文件中确定的综合评价标准，评标委员会确定承包商B为中标人。由于B为外地企业，招标人于11月10日将中标通知书以挂号方式寄出，B于11月14日收到。由于从报价情况来看，4个投标人的报价从高到低的顺序是E、B、C、D，所以从11月16日至12月11日招标人与承包商B就合同价格进行了多次谈判，结果B将价格降到了略低于C的报价水平，最终双方于12月12日签订了书面合同。

问题：从所介绍的背景资料来看，在该项目的招投标程序中哪些方面不符合《中华人民共和国招标投标法》的有关规定？

三、知识拓展

《标准施工招标资格预审文件》和《标准施工招标文件》试行规定

第一条　为了规范施工招标资格预审文件、招标文件编制活动，提高资格预审文件、招标文件编制质量,促进招标投标活动的公开、公平和公正,国家发展和改革委员会、财政部、建设部、铁道部、交通部、信息产业部、水利部、民用航空总局、广播电影电视总局联合编制了《标准施工招标资格预审文件》和《标准施工招标文件》(以下如无特别说明,统一简称为《标准文件》)。

第二条　本《标准文件》在政府投资项目中试行。国务院有关部门和地方人民政府有关部门可选择若干政府投资项目作为试点,由试点项目招标人按本规定使用《标准文件》。

第三条　国务院有关行业主管部门可根据《标准施工招标文件》并结合本行业施工招标特点和管理需要,编制行业标准施工招标文件。行业标准施工招标文件重点对"专用合同条款"、"工程量清单"、"图纸"、"技术标准和要求"作出具体规定。

第四条　试点项目招标人应根据《标准文件》和行业标准施工招标文件(如有),结合招标项目具体特点和实际需要,按照公开、公平、公正和诚实信用原则编写施工招标资格预审文件或施工招标文件。

第五条　行业标准施工招标文件和试点项目招标人编制的施工招标资格预审文件、施工招标文件,应不加修改地引用《标准施工招标资格预审文件》中的"申请人须知"(申请人须知前附表除外)、"资格审查办法"(资格审查办法前附表除外),以及《标准施工招标文件》中的"投标人须知"(投标人须知前附表和其他附表除外)、"评标办法"(评标办法前附表除外)、"通用合同条款"。

《标准文件》中的其他内容,供招标人参考。

第六条　行业标准施工招标文件中的"专用合同条款"可对《标准施工招标文件》中的"通用合同条款"进行补充、细化,除"通用合同条款"明确"专用合同条款"可作出不同约定外,补充和细化的内容不得与"通用合同条款"强制性规定相抵触,否则抵触内容无效。

第七条　"申请人须知前附表"和"投标人须知前附表"用于进一步明确"申请人须知"和"投标人须知"正文中的未尽事宜,试点项目招标人应结合招标项目具体特点和实际需要编制和填写,但不得与"申请人须知"和"投标人须知"正文内容相抵触,否则抵触内容无效。

第八条　"资格审查办法前附表"和"评标办法前附表"用于明确资格审查和评标的方法、因素、标准和程序。试点项目招标人应根据招标项目具体特点和实际需要,详细列明全部审查或评审因素、标准,没有列明的因素和标准不得作为资格审查或评标的依据。

第九条　试点项目招标人编制招标文件中的"专用合同条款"可根据招标项目的具体特点和实际需要,对《标准施工招标文件》中的"通用合同条款"进行补充、细化和修改,但不得违反法律、行政法规的强制性规定和平等、自愿、公平和诚实信用原则。

第十条　试点项目招标人编制的资格预审文件和招标文件不得违反公开、公平、公正、平等、自愿和诚实信用原则。

第十一条　国务院有关部门和地方人民政府有关部门应加强对试点项目招标人使用《标准文件》的指导和监督检查,及时总结经验和发现问题。

第十二条　在试行过程中需要就如何适用《标准文件》中不加修改地引用的内容作出解释的,按照国务院和地方人民政府部门职责分工,分别由选择试点的部门负责。

第十三条　因出现新情况,需要对《标准文件》中不加修改地引用的内容作出解释或调整的,由国家发展和改革委员会会同国务院有关部门作出解释或调整。该解释和调整与《标准文件》具有同等效力。

第十四条　省级以上人民政府有关部门可以根据本规定并结合实际，对试点项目范围、试点项目招标人使用《标准文件》及行业标准施工招标文件作进一步要求。

第十五条　《标准文件》作为本规定的附件，与本规定同时发布。本规定与《标准文件》自2008年5月1日起试行。

项目四　建筑工程施工招标资格预审文件的编制

教学目标

掌握建筑工程施工招标资格预审文件的编制方法。

能力标准及要求

能够针对具体工程编制建筑工程施工招标资格预审文件。

一、基础知识

对于要求资格预审的项目，招标单位应编制资格预审文件。根据《〈标准施工招标资格预审文件〉和〈标准施工招标文件〉试行规定》及相关附件（2008年5月1日起施行）的规定，施工招标的资格预审文件分为五章，其目录如下。

第一章　资格预审公告

第二章　申请人须知

第三章　资格审查办法（合格制）

第三章　资格审查办法（有限数量制）

第四章　资格预审申请文件格式

第五章　项目建设概况

（一）资格预审公告

资格预审公告中需说明招标条件、项目概况与招标范围、申请人资格要求、资格预审方法、资格预审文件的获取、资格预审申请文件的递交、发布公告的媒介和联系方式共8项内容。

（二）申请人须知

申请人须知是资格预审文件中很重要的一部分内容，申请资格预审的单位应对其进行仔细阅读和理解。其内容包括：总则，资格预审文件，资格预审申请文件的编制，资格预审申请文件的递交，资格预审申请文件的审查、通知和确认，申请人的资格改变，纪律与监督，需要补充的其他内容共9项内容。在申请人须知前有一张“申请人须知前附表”。

“申请人须知前附表”是将申请人须知中重要条款规定的内容用一个表格的形式列出来，以便申请人严格遵守和仔细考虑。

1. 总则

总则中需说明项目概况、资金来源和落实情况、招标范围、计划工期和质量、申请人资格要求、语言文字、费用承担共6项内容。

1.1　项目概况、资金来源和落实情况、招标范围、计划工期和质量可以通过前附表中所述内容获知。

1.2　申请人资格要求需要遵守前附表中所述资质条件、财务要求、业绩要求、信誉要求、项目经理资格和其他要求。

申请人须知前附表规定接受联合体申请资格预审的,联合体申请人除应符合申请人须知前附表的要求外,还应遵守以下规定。

(1)联合体各方必须按资格预审文件提供的格式签订联合体协议书,明确联合体牵头人和各方的权利义务。

(2)由同一专业的单位组成的联合体,按照资质等级较低的单位确定资质等级。

(3)通过资格预审的联合体,其各方组成结构或职责,以及财务能力、信誉情况等资格条件不得改变。

(4)联合体各方不得再以自己名义单独或加入其他联合体在同一标段中参加资格预审。

1.3　语言文字

除专用术语外,来往文件均使用中文,必要时专用术语应附有中文注释。

1.4　费用承担

申请人准备和参加资格预审发生的费用自理。

2. 资格预审文件

2.1　资格预审文件的组成

资格预审文件包括资格预审公告、申请人须知、资格审查办法、资格预审申请文件格式、项目建设概况、资格预审文件的澄清和资格预审文件的修改。

2.2　资格预审文件的澄清

申请人应仔细阅读和检查资格预审文件的全部内容。如有疑问,应在"申请人须知前附表"规定的时间前以书面形式,要求招标人对资格预审文件进行澄清。招标人应在"申请人须知前附表"规定的时间前,以书面形式将澄清内容发给所有购买资格预审文件的申请人,但不指明澄清问题的来源。申请人收到澄清后,应在"申请人须知前附表"规定的时间内以书面形式通知招标人,确认已收到该澄清。

2.3　资格预审文件的修改

在"申请人须知前附表"规定的时间前,招标人可以书面形式通知申请人修改资格预审文件。在"申请人须知前附表"规定的时间后修改资格预审文件的,招标人应相应顺延申请截止时间。申请人收到修改的内容后,应在申请人须知前附表规定的时间内以书面形式通知招标人,确认已收到该修改。

3. 资格预审申请文件的编制

3.1　资格预审申请文件的组成

资格预审申请文件包括:①资格预审申请函;②法定代表人身份证明或附有法定代表人身份证明的授权委托书;③联合体协议书;④申请人基本情况表;⑤近年财务状况表;⑥近年完成的类似项目情况表;⑦正在施工和新承接的项目情况表;⑧近年发生的诉讼及仲裁情况;⑨其他材料,见申请人须知前附表。

"申请人须知前附表"规定不接受联合体资格预审申请的或申请人没有组成联合体的,资格预审申请文件不包括联合体协议书。

3.2　资格预审申请文件的编制要求

资格预审申请文件应按第四章“资格预审申请文件格式”进行编写。法定代表人授权委托书必须由法定代表人签署。“申请人基本情况表”应附申请人营业执照副本及其年检合格的证明材料、资质证书副本和安全生产许可证等材料的复印件。“近年财务状况表”应附经会计师事务所或审计机构审计的财务会计报表,包括资产负债表、现金流量表、利润表和财务情况说明书的复印件。“近年完成的类似项目情况表”应附中标通知书和(或)合同协议书、工程接收证书(工程竣工验收证书)的复印件。“正在施工和新承接的项目情况表”应附中标通知书和(或)合同协议书复印件。“近年发生的诉讼及仲裁情况”应说明相关情况,并附法院或仲裁机构作出的判决、裁决等有关法律文书复印件。

3.3　资格预审申请文件的装订、签字

申请人应按要求编制完整的资格预审申请文件,用不褪色的材料书写或打印,并由申请人的法定代表人或其委托代理人签字或盖单位章。资格预审申请文件中的任何改动之处应加盖单位章或由申请人的法定代表人或其委托代理人签字确认。资格预审申请文件正本一份,副本份数见“申请人须知前附表”。正本和副本的封面上应清楚地标记“正本”或“副本”字样。当正本和副本不一致时,以正本为准。资格预审申请文件正本与副本应分别装订成册,并编制目录,具体装订要求见“申请人须知前附表”。

4. 资格预审申请文件的递交

4.1　资格预审申请文件的密封和标识

资格预审申请文件的正本与副本应分开包装,加贴封条,并在封套的封口处加盖申请人单位章。在资格预审申请文件的封套上应清楚地标记“正本”或“副本”字样,封套还应写明的其他内容见“申请人须知前附表”。未按要求密封和加写标记的资格预审申请文件,招标人不予受理。

4.2　资格预审申请文件的递交

申请人应按前附表的要求,在规定的时间之前将申请文件递交至规定的地点。逾期送达或未送达指定地点的资格预审申请文件,招标人不予受理。

5. 资格预审申请文件的审查

资格预审申请文件由招标人组建的审查委员会负责审查。审查委员会根据“申请人须知前附表”规定的方法和第三章“资格审查办法”中规定的审查标准,对所有已受理的资格预审申请文件进行审查。没有规定的方法和标准不得作为审查依据。

6. 通知和确认

招标人在“申请人须知前附表”规定的时间内以书面形式将资格预审结果通知申请人,并向通过资格预审的申请人发出投标邀请书。通过资格预审的申请人收到投标邀请书后,应在“申请人须知前附表”规定的时间内以书面形式明确表示是否参加投标。在申请人须知前附表规定时间内未表示是否参加投标或明确表示不参加投标的,不得再参加投标。因此造成潜在投标人数量不足3个的,招标人重新组织资格预审或不再组织资格预审而直接招标。

(三)资格审查办法

1. 合格制

资格审查采用合格制,凡符合初步审查标准和详细审查标准的申请人均应通过资格预审。通过资格预审申请人的数量不足3个的,招标人重新组织资格预审或不再组织资格预审而直接招标。

2. 有限数量制

资格审查采用有限数量制,审查委员会依据规定的审查标准和程序,对通过初步审查和详细审查的资格预审申请文件进行量化打分,按得分由高到低的顺序确定通过资格预审的申请人。通过资格预审的申请人不超过资格审查办法前附表规定的数量。通过详细审查申请人的数量不足3个的,招标人重新组织资格预审或不再组织资格预审而直接招标。

(四)项目建设概况

项目建设概况包括项目说明、建设条件、建设要求、其他需要说明的情况共4项内容。

二、课堂实训

【案例讨论】某办公楼的招标人对办公楼施工项目进行资格预审。经审查,在递交资格预审申请书的15家单位中,有10家单位通过了资格预审,于是招标单位向这10家单位发出了资格预审合格通知书。

承包商A通过了资格预审后,仔细分析招标文件,编写了投标文件,将技术标和商务标分别封装,在封口处加盖了本单位公章和项目经理签字后,在投标截止日期前1天上午将投标文件报送业主。次日下午,在规定的开标时间前1小时,该承包商又递交了一份补充材料,其中声明将原报价降低4%。但是,招标单位的有关人员认为,根据国际上"一标一投"的惯例,一个承包商不得递交两份投标文件,因而拒收承包商的补充材料。

开标会由市招投标办的工作人员主持,市公证处有关人员到会,各投标单位代表均到场。开标前,市公证处人员对各投标单位的资质进行审查,并对所有投标文件进行审查,确认所有投标文件均有效后,正式开标。主持人宣读投标单位名称、投标价格、投标工期和有关投标文件的重要说明。

问题:

(1)招标人对投标人进行资格预审应包括哪些内容?

(2)从所介绍的背景资料来看,在该项目资格预审及招标程序中存在哪些问题?请分别作简单说明。

三、知识拓展

2002版及2007版《标准施工招标资格预审文件》组成的不同

2002版《标准施工招标资格预审文件》包括:

(一)资格预审申请书;

(二)资格预审申请书附表:

①投标申请人一般情况;

②近3年工程营业额数据表;

③近3年已完成工程及目前在建工程一览表;

④财务状况表;

⑤联合体情况;

⑥类似工程经验;

⑦公司人员及拟派往本工程项目的人员情况;

⑧拟派往本招标工程项目负责人与主要技术人员；

⑨拟派往本招标工程项目负责人与项目技术负责人简历；

⑩拟用于本招标工程项目的主要设施设备情况；

⑪现场组织机构情况；

⑫拟分包企业情况；

⑬其他资料。

2007 年文件的内容包括：

（一）资格预审申请函；

（二）法定代表人身份证明；

（二）授权委托书；

（三）联合体协议书；

（四）申请人基本情况表；

（五）近年财务状况表；

（六）近年完成的类似项目情况表；

（七）正在施工的和新承接的项目情况表；

（八）近年发生的诉讼及仲裁情况；

（九）其他材料。

从以上的对比可以看出几个重要变化：①2007 版相对于 2002 版，对申请人拟派往该项目的人员不再有要求了；②财务状况的审查标准不同了。2007 版要求提供经会计师事务所或审计机构审计的财务会计报表，包括资产负债表、现金流量表、利润表和财务情况说明书的复印件；③2007 版增加了近年完成的类似项目情况表。从以上的不同处看出，2007 版更接近工程需要。

项目五　建筑工程施工投标人资格审查

教学目标

- 理解资格预审和资格后审的概念。
- 熟悉资格审查时主要审查的内容。
- 熟悉资格预审和资格后审的区别。
- 熟悉资格预审的有关规定。

能力标准及要求

- 能够根据具体建筑工程施工项目的特点准备拟投标单位资格预审的资料。

一、基础知识

为了在招投标过程中排除不适合承担或履行合同的潜在投标人或投标人，招标单位一般进行投标人的资格审查。进行资格审查，可以减少招标人评审和比较投标文件的数量，以便节约时间、减少费用。

(一)资格审查的方式

资格审查一般可以分为资格预审和资格后审。资格预审是在招标前对潜在投标人进行资格审查。资格后审是在投标后对投标人进行资格审查。

(二)资格审查的一般规定

(1)资格审查应主要审查潜在投标人或者投标人是否符合下列条件:

①具有独立订立合同的权利;

②具有履行合同的能力,包括专业、技术资格和能力,资金、设备和其他物质设施状况,管理能力,经验、信誉和相应的从业人员;

③没有处于被责令停业状态,投标资格被取消状态,财产被接管、冻结,破产状态;

④在最近3年内没有骗取中标和严重违约及重大工程质量问题;

⑤法律、行政法规规定的其他资格条件。

资格审查时,招标人不得以不合理的条件限制、排斥潜在投标人或者投标人,不得对潜在投标人或者投标人实行歧视待遇。任何单位和个人不得以行政手段或者其他不合理方式限制投标人的数量。

(2)采取资格预审的,招标人应当在资格预审文件中载明资格预审的条件、标准和方法;采取资格后审的,招标人应当在招标文件中载明对投标人资格要求的条件、标准和方法。招标人不得改变载明的资格条件或者以没有载明的资格条件对潜在投标人或者投标人进行资格审查。

(3)经资格预审后,招标人应当向资格预审合格的潜在投标人发出资格预审合格通知书,告知获取招标文件的时间、地点和方法,并同时向资格预审不合格的潜在投标人告知资格预审结果。资格预审不合格的潜在投标人不得参加投标。经资格后审不合格的投标人的投标应作废标处理。

(三)资格预审的一般规定

目前,在招标过程中,招标人通常采用资格预审。

为了证明投标单位符合投标合格条件和履行合同的能力,参加资格预审的投标单位应提供如下资料。

(1)有关确定法律地位原始文件的副本(包括营业执照、资质等级证书及非本国注册的施工企业经建设单位行政主管部门核准的资质文件)。

(2)近年内完成的与本合同相似的工程的情况和现在履行的合同的工程情况。

(3)提供管理和执行本合同拟在施工现场和不在施工现场的管理人员和主要施工人员情况。

(4)提供完成本合同拟采用的主要施工机械设备情况。

(5)提供完成本合同拟分包的项目及其分包单位的情况。

(6)提供财务状况。

(7)有关目前和过去两年参与或涉及的诉讼案的资料。

对联营体资格预审的要求如下。

(1)联营体的每一个成员提交同单独参加资格预审单位一样要求的全套文件。

(2)提交预审文件时应附上联营体协议,包括:①指出联营体的主办人;②联营体递交的投标文件连同中标后签署的合同对联营体整体及每个成员均具有法律约束力。

(3)资格预审后,若联营体组成和合格性发生变化,应该在投标截止日期之前征得招标单位的书面同意。

(4)作为联营体的成员通过资格预审合格的,不能认为作为单独成员或其他联营体的成员是资格预审的合格者。

二、课堂实训

模拟准备某投标单位资质预审的资料

1. 目的

掌握拟投标单位针对某一建筑工程施工项目的招标需准备的资格预审的资料。

2. 环境要求

以本市或本地区的建筑工程施工项目为模拟对象。

3. 能力(分项能力)标准及要求

要求学生掌握资格预审需准备的资料以及应注意的事项。

4. 步骤提示

(1)将学生分为两个小组,一组扮演拟投标人的角色,另外一组作为评论者。

(2)由其中的一组学生介绍针对该建筑工程施工项目的招标所准备的资格预审的资料。

(3)作为评论者的一组点评该小组在介绍资格预审资料过程中出现的问题。

(4)相互交换角色,再次模拟。

5. 注意事项

作为评论者的一组学生的点评很重要,它可以让其他学生意识到自己的错误或不足,最后由指导教师补充,并总结此次模拟训练各组学生的表现、存在的问题和改进的措施。

三、知识拓展

资格审查有关规定

《中华人民共和国招标投标法》第十八条规定:招标人可以根据招标项目本身的要求,在招标公告或者招标邀请书中,要求潜在投标人提供有关资质证明文件和业绩情况,并对潜在投标人进行资格审查;国家对投标人的资格条件有规定的,依照其规定。招标人不得以不合适的条件限制或者排斥潜在投标人,不得对潜在投标人实行歧视待遇。

潜在投标人是指知悉招标人公布的招标竞争的供应商或承包商。

项目六 建筑工程施工招标工程量清单与标底的编制

教学目标

- 了解工程量清单计价费用的组成。
- 掌握工程量清单的编制的有关内容。
- 掌握标底编制的原则、基本依据和编审程序。

能力标准及要求

- 能够根据具体的建筑工程施工项目的有关资料编制工程量清单。

• 能够根据施工图纸、施工方案等编制标底。

一、基础知识

(一)建筑工程施工招标工程量清单

随着我国建设市场的快速发展,招标投标制、合同制的逐步推行,以及加入 WTO 与国际接轨等要求,工程造价计价依据改革不断深化。工程量清单计价法已经得到各级工程造价管理部门和各有关单位的赞同,也得到了建设行政主管部门的认可。建设部标准定额研究所受建设部标准定额司的委托,编制了《建筑工程工程量清单计价规范》(GB50500—2013),经反复修改、多次审查,由中华人民共和国建设部第 1567 号公告发布,从 2013 年 7 月 1 日起实施。

1. 工程量清单计价费用组成

1)建筑工程费用组成

(1)分部分项工程费:人工费、材料费、施工机械使用费、管理费、利润。

(2)措施项目费:安全文明施工费(含环境保护费、文明施工费、安全施工费、临时设施费)、夜间施工费、二次搬运费、冬雨季施工费、大型机械设备进出场及安拆费、施工排水费、施工降水费、地上、地下设施及建筑物的临时保护设施费、已完工程及设备保护费、脚手架费、混凝土、钢筋混凝土模板及支架费、垂直运输机械费、泵送混凝土输送机械费。

(3)其他项目费:暂列金额、暂估价、计日工、总承包服务费、其他。

(4)规费:工程排污费、社会保险费(养老保险费、失业保险费、医疗保险费、生育保险费、工伤保险费)、住房公积金。

(5)税金:营业税、城市维护建设税、教育费附加、地方教育附加。

2)综合单价费用组成

综合单价是工程量清单计价的特点之一。综合单价包括完成一个规定清单项目所需的全部费用。根据"计价规范"的规定,综合单价由人工费、材料和工程设备费、施工机具使用费和企业管理费、利润以及一定范围内风险费用。

2. 工程量清单的编制

工程量清单由招标工程量清单、已标价工程量清单组成。招标工程量清单应由具有编制能力的招标人或受其委托,具有相应资质的工程造价咨询人或招标代理人编制;投标价应由投标人或受其委托具有相应资质的工程造价咨询人编制。

1)招标工程量清单

招标工程量清单应以单位(项)工程为单位编制,由①工程量清单总说明(工程概况,现场条件,编制工程量清单的依据及有关资料,对施工工艺、材料的特殊要求,其他);②分部分项工程量清单;③措施项目清单;④其他项目清单;⑤规费项目清单;⑥税金项目清单。

2)已标价工程量清单

已标价工程量清单是指构成合同文件组成部分的投标文件中已标明价格,经算术性错误修正(如有)且承包人已确认的工程量清单,包括对其的说明和表格。

已标价工程量清单表包括.①投标总价,②工程项目总价表;③单项工程费汇总表;④分项工程量清单计价表、分部分项工程量清单;⑤措施项目清单计价表;⑥其他项目清单计价表;⑦规费项目清单表;⑧分部分项工程量清单综合单价分析表;⑨税金项目清单表。

（二）建筑工程施工招标控制价的编制

国有资金投资的建设工程招标，招标人必须编制招标控制价。

招标人根据国家或省级、行业建设主管部门颁发的有关计价依据和办法，以及拟定的招标文件和招标工程量清单，结合工程具体情况编制的招标工程的最高投标限价。

1. 招标控制价编制的原则

（1）我国对国有资金投资项目的是投资控制实行的投资概算审批制度，国有资金投资的工程原则上不能超过批准的投资概算。因此，在工程招标发包时，当编制的招标控制价超过批准的概算，招标人应当将其报原概算审批部门重新审核。

（2）国有资金投资的工程进行招标，根据《中华人民共和国招标投标法》的规定，招标人可以设标底。当招标人不设标底时，为有利于客观、合理的评审投标报价和避免哄抬标价，造成国有资产流失，招标人应编制招标控制价。

（3）国有资金投资的工程，招标人编制并公布的招标控制价相当于招标人的采购预算，同时要求其不能超过批准的概算，因此，招标控制价是招标人在工程招标时能接受投标人报价的最高限价。

2. 编制人资格

招标控制价应有具有编制能力的招标人，或受其委托具有相应资质的工程造价咨询人编制。

招标控制价应由具有编制能力的招标人编制，当招标人不具有编制招标控制价的能力时，可委托具有相应资质的工程造价咨询人编制。工程造价咨询人不得同时接受招标人和投标人对同一工程的招标控制价和投标报价进行编制。

3. 招标控制价编制的依据

（1）《建设工程工程量清单计价规范》；

（2）国家或省级、行业建设主管部门颁发的计价定额和计价办法；

（3）建设工程设计文件及相关资料；

（4）招标文件中的工程量清单及有关要求；

（5）与建设项目相关的标准、规范、技术资料；

（6）工程造价管理机构发布的工程造价信息；工程造价信息没有发布的参照市场价；

（7）其它相关资料。主要指施工现场情况、工程特点及常规施工方案等。

4. 招标控制价的作用

（1）招标人有效控制项目投资，防止恶性投标带来的投资风险。

（2）增强招标过程的透明度，有利于正常评标。

（3）利于引导投标方投标报价，避免投标方无标底情况下的无序竞争。

（4）招标控制价反映的是社会平均水平，为招标人判断最低投标价是否低于成本提供参考依据。

（5）可为工程变更新增项目确定单价提供计算依据。

（6）作为评标的参考依据，避免出现较大偏离。

（7）投标人根据自己的企业实力、施工方案等报价，不必揣测招标人的标底，提高了市场交易效率。

（8）减少了投标人的交易成本，使投标人不必花费人力、财力去套取招标人的标底。

(9)招标人把工程投资控制在招标控制价范围内,提高了交易成功的可能性。

二、课堂实训

【案例讨论】我国西部地区某世界银行贷款项目采用国际公开招标,共有 A、C、F、G、J 等5家承包商参加投标。招标公告中规定:6月1日起发售招标文件。8月31日为投标截止日,投标有效期到10月31日为止;允许采用不超过3种的外币报价,但外汇金额占总报价的比例不得超过30%;评标采用经评审的最低投标价法,评标时对报价统一按人民币计算。

招标文件中的工程量清单按我国《建设工程工程量清单计价规范》编制。

各承包商的报价组成见表6-4,中国银行公布的7月18日至9月4日的外汇牌价见表6-5,承包商C对部分结构工程的报价见表6-6。计算结果保留两位小数。

表6-4　各承包商报价汇总表　单位:万元

承包商	人民币	美元	欧元	日元
A	50 894.42	2 579.93	—	—
C	43 986.45	1 268.74	859.58	—
F	49 993.84	780.35	1 498.21	—
G	51 904.11	—	2 225.33	—
J	49 389.79	499.37	—	197 504.76

表6-5　外汇牌价　单位:元

日期	7.18~7.24	7.25~7.31	8.1~8.7	8.8~8.14	8.15~8.21	8.22~8.28	8.29~9.4
美元	8.231	8.225	8.216	8.183	8.159	8.137	8.126
欧元	10.106	10.053	9.992	9.965	9.924	9.899	9.881
日元	0.071 6	0.071 5	0.071 4	0.071 1	0.070 9	0.070 7	0.070 6

表6-6　承包商C部分结构工程报价单

序号	项目编码	项目名称	工程数量	单位	单价(元/单位)	合价(元)
15	(略)	带形基础 C15	863.00	立方米	494.65	426 882.95
16	(下同)	满堂基础 C40	3 904.00	立方米	471.42	1 840 423.68
18		设备基础 C30	40.00	立方米	415.98	16 639.20
31		矩形柱 C50	138.54	立方米	504.76	69 929.45
35		异形柱 C60	16.46	立方米	536.03	8 823.05
41		矩形梁 C40	269.00	立方米	454.02	122 131.38
47		矩形梁 C30	54.00	立方米	413.91	22 351.14
51		直形墙 C50	606.00	立方米	472.69	286 450.14
61		楼板 C40	1 555.00	立方米	45.11	70 146.05
71		直形楼梯	217.00	平方米	117.39	25 473.63

续表

序号	项目编码	项目名称	工程数量	单位	单价(元/单位)	合价(元)
91		预埋铁件	1.78	吨		
101		钢筋（网、笼）制作、运输、安装	13.71	吨	4 998.96	68 535.74

问题：

(1)各承包商的报价按人民币计算分别是多少？其外汇占总报价的比例是否符合招标文件的规定？

(2)承包商C对部分结构工程的报价如表6-6所示，请指出其中的不当之处，并说明理由？

三、知识拓展

采用工程量清单计价与传统定额预算计价法的差别

采用工程量清单计价与传统定额预算计价法的差别如下。

(1)编制工程量的单位不同。传统定额预算计价办法是，建筑工程的工程量由招标单位和投标单位分别按图计算；工程量清单计价是，工程量由招标单位统一计算或委托有工程造价咨询资质的单位统一计算。

(2)表现形式不同。采用传统的定额预算计价法一般是总价形式；工程量清单报价法采用综合单价形式。

(3)编制的依据不同。传统的定额预算计价法，人工、材料、机械台班消耗量依据建设行政主管部门颁发的预算定额，人工、材料、机械台班单价依据工程造价管理部门发布的价格信息进行计算；工程量清单报价法，根据规定，标底的编制根据招标文件中的工程量清单和有关要求、施工现场情况、合理的施工方法及按照建设行政部门制定的有关工程造价计价办法编制。

(4)费用组成不同。传统预算定额计价法的工程造价由直接工程费、现场经费、间接费、利润、税金组成；工程量清单计价法工程造价包括分部分项工程费、措施项目费、其他项目费、规费、税金。

(5)项目编码不同。采用传统的预算定额项目编码，全国各省市采用不同的定额子目；采用工程量清单计价全国实行统一编码，项目编码采用十二位阿拉伯数字表示。

(6)合同价调整方式不同。传统的定额预算计价合同价调整方式有变更签证、定额解释、政策性调整；工程量清单计价法合同价的调整方式主要是索赔。

(7)由于各投标单位都根据统一的工程量清单报价，达到了投标计算口径一致；传统的预算定额招标，各投标单位各自计算工程量，各投标单位计算的工程量不一致。

项目七　建筑工程施工招标的开标、评标、定标

教学目标

- 熟悉建筑工程施工招标的开标时间、地点、程序等有关规定。

• 熟悉建筑工程施工招标的评标有关规定。
• 熟悉建筑工程施工招标的定标有关规定。

能力标准及要求

• 能够掌握建筑工程施工开标、评标、定标的有关规定，在实际工作中能够根据具体建筑工程项目的特点进行投标。

一、基础知识

(一)开标

开标应当在招标文件确定的提交投标文件截止时间的同一时间公开进行；开标地点应当为招标文件中确定的地点。对于已经建立工程交易中心的地方，开标应当在建筑工程交易中心举行。开标由招标单位主持，邀请所有投标单位的法定代表人或其代理人和评标委员会全体成员参加。建设行政主管部门及工程招标投标监督管理机构依法实施监督。

主持人按下列程序进行开标。

(1)宣布开标纪律。

(2)公布在投标截止时间前递交投标文件的投标人名称，并点名确认投标人是否派人到场。

(3)宣布开标人、唱标人、记录人、监标人等有关人员姓名。

(4)按照投标人须知前附表规定检查投标文件的密封情况。

(5)按照投标人须知前附表的规定确定并宣布投标文件开标顺序。

(6)设有标底的，公布标底。

(7)按照宣布的开标顺序当众开标，公布投标人名称、标段名称、投标保证金的递交情况、投标报价、质量目标、工期及其他内容，并记录在案。

(8)投标人代表、招标人代表、监标人、记录人等有关人员在开标记录上签字确认。

(9)开标结束。

投标文件有下列情形之一的，招标人不予受理。

(1)逾期送达的或者未送达指定地点的。

(2)未按招标文件要求密封的。

招标单位可以编制标底，也可不编制标底。编制标底的工程，在评标中应当作为参考，但不得作为评标的唯一依据。

(二)评标

评标由评标委员会负责。

投标文件有下列情形之一的，由评标委员会初审后按废标处理。

(1)无单位盖章并无法定代表人或法定代表人授权的代理人签字或盖章的。

(2)未按规定的格式填写，内容不全或关键字迹模糊、无法辨认的。

(3)投标人递交两份或多份内容不同的投标文件，或在一份投标文件中对同一招标项目报有两个或多个报价，且未声明哪一个有效，按招标文件规定提交备选投标方案的除外。

(4)投标人名称或组织结构与资格预审时不一致的。

(5)未按招标文件要求提交投标保证金的。

(6)联合体投标未附联合体各方共同投标协议的。

评标委员会可以书面方式要求投标人对投标文件中含义不明确、对同类问题表述不一致或者有明显文字和计算错误的内容做必要的澄清、说明或补正。评标委员会不得向投标人提出带有暗示性或诱导性的问题,或向其明确投标文件中的遗漏和错误。

评标可以采用合理低价标法和综合评议法。对于大型或者技术复杂的工程,可以采用商务标、技术标两阶段评标法。

评标委员会在对实质上响应招标文件要求的投标进行报价评估时,除招标文件另有约定外,应当按下述原则进行修正。

(1)用数字表示的数额与用文字表示的数额不一致时,以文字数额为准。

(2)单价与工程量的乘积与总价之间不一致时,以单价为准,若单价有明显的小数点错位,应以总价为准,并修改单价。

按前款规定调整后的报价经投标人确认后产生约束力。投标文件中没有列入的价格和优惠条件在评标时不予考虑。

评标委员会完成评标后,应向招标人提出书面评标报告。评标报告由评标委员会全体成员签字。

(三)定标

评标委员会推荐的中标候选人应当限定在 1～3 人,并标明排列顺序。招标人应当接受评标委员会推荐的中标候选人,不得在评标委员会推荐的中标候选人之外确定中标人。招标人也可以授权评标委员会直接确定中标人。

中标通知书须由招标单位发出。招标人和中标人应当自中标通知书发出之日 30 日内,按照招标文件和中标人的投标文件订立书面合同。招标人和中标人不得再订立背离合同实质性内容的其他协议。招标人与中标人签订合同后 5 个工作日内,应当向未中标的投标人退还投标保证金。

中标通知书对招标人和中标人具有法律效力。中标通知书发出后,招标人改变中标结果或者中标人放弃中标项目的,应当依法承担法律责任。

招标文件要求中标人提交履约保证金或者其他形式履约担保的,中标人应当提交;拒绝提交的,视为放弃中标项日。招标人要求中标人提供履约保证金或其他形式履约担保的,招标人应当同时向中标人提供工程款支付担保。招标人不得擅自提高履约保证金,不得强制要求中标人垫付中标项目建设资金。

二、课堂实训

【案例讨论】某工程采用公开招标方式,有 A、B、C、D、E、F 等 6 家承包商参加投标,经资格预审该 6 家承包商均满足业主要求。该工程采用两阶段评标法评标,评标委员会由 7 名委员组成,评标的具体规定如下。

1. 第一阶段评技术标

技术标共计 40 分,其中施工方案 15 分,总工期 8 分,工程质量 6 分,项目班子 6 分,企业信誉 5 分。技术标各项内容的得分,为各评委评分去掉一个最高分和一个最低分后的算术平均数。技术标合计得分不满 28 分者,不再评其商务标。

表 6-7 为各评委对 6 家承包商施工方案评分的汇总表。表 6-8 为各承包商总工期、工程质量、项目班子、企业信誉得分汇总表。

表 6-7　施工方案评分汇总表

评委 / 投标单位	1	2	3	4	5	6	7
A	13.0	11.5	12.0	11.0	11.0	12.5	12.5
B	14.5	13.5	14.5	13.0	13.5	14.5	14.5
C	12.0	10.0	11.5	11.0	10.5	11.5	11.5
D	14.0	13.5	13.5	13.0	13.5	14.0	14.5
E	12.5	11.5	12.0	11.0	11.5	12.5	12.5
F	10.5	10.5	10.5	10.0	9.5	11.0	10.5

表 6-8　总工期、工程质量、项目班子、企业信誉得分汇总表

投标单位	总工期	工程质量	项目班子	企业信誉
A	6.5	5.5	4.5	4.5
B	6.0	5.0	5.0	4.5
C	5.0	4.5	3.5	3.0
D	7.0	5.5	5.0	4.5
E	7.5	5.0	4.0	4.0
F	8.0	4.5	4.0	3.5

2. 第二阶段评商务标

商务标共 60 分。以标底的 50% 与承包商报价算术平均数的 50% 之和为基准价，但最高（最低）报价高于（低于）次高（次低）报价的 15% 者，在计算承包商报价算术平均数时不予考虑，且商务标得分为 15 分。

以基准价为满分（60 分），报价比基准价每下降 1%，扣 1 分，最多扣 10 分；报价比基准价每增加 1%，扣 2 分，扣分不保底。

表 6-9 为标底和各承包商的报价汇总表。

表 6-9　标底和各承包商报价汇总表　　单位：万元

投标单位	A	B	C	D	E	F	标底
报价	13 656	11 108	14 303	13 098	13 241	14 125	13 790

问题：

（1）请按综合得分最高者中标的原则确定中标单位。

（2）若该工程未编制标底，以各承包商报价的算术平均数作为基准价，其余评标规定不变，试按原定标原则确定中标单位。

三、知识拓展

《中标通知书》的格式

中标通知书

____________________(中标人名称):

你方于________________(投标日期)所递交的________________________(项目名称)______标段施工投标文件已被我方接受,被确定为中标人。

中标价:____________________元。

工期:____________________日历天。

工程质量:符合________________标准。

项目经理:____________________(姓名)。

请你方在接到本通知书后的____日内到______________________(指定地点)与我方签订施工承包合同,在此之前按招标文件第二章“投标人须知”第7.3款规定向我方提交履约担保。

特此通知。

招标人:____________________(盖单位章)

法定代表人:____________________(签字)

______年______月______日

项目八　建筑工程施工招标文件示例

教学目标

掌握建筑工程施工招标文件的编制。

能力标准及要求

能够根据具体建筑工程项目的特点编制招标文件。

一、基础知识

建筑工程施工招标文件是指导和规范招标投标活动的纲领性文件,其中的绝大部分内容都将构成合同文件的组成部分,其内容如下列所示。

目　录

第一章　投标人须知

第一章　投标人须知

表 6-10　前附表

项目	条款号	内容规定
1	1	1.1　工程名称:淘宝街办公楼 1.2　建筑地点:淘宝街 1.3　质量要求:合格 1.4　工期要求:2009 年 4 月 1 日至 2009 年 7 月 1 日,共 92 天(日历日) (以实际开工日期为准,若有变动,工期相应顺延)
2	6	递交答疑文件截止时间:2009 年 3 月 11 日 11 时前 地点:滕州市南方建筑工程事务有限公司 领取答疑文件时间:2009 年 3 月 13 日 地点:滕州市南方建筑工程事务有限公司
3	11	投标有效期为开标日后 60 天(日历日)
4	12.1	投标保证金额为:人民币 20 000 元(大写:贰万元整) (投标保证金递交至南方建筑工程事务有限公司)
5	13.1	发标时间:2009 年 3 月 5 日 ~3 月 9 日(9:00 ~11:00,14:00 ~16:00) 地点:滕州市建筑工程承发包交易中心
6		勘察现场: 投标单位根据投标文件的需要,自行勘察,费用自理
7	14.1	文件份数:正本 1 份,副本 3 份,电子文档 1 份
8	16.1	文件递交至:滕州市南方建筑工程事务有限公司 递交地点:市建筑工程承发包交易中心 投标截止时间:2009 年 3 月 20 日 9:30(北京时间) (本次为集中投标,投标截止时间前 1 小时开始接收投标文件,提前或逾期送达概不接收)
9	18.1	开标时间:2009 年 3 月 20 日 9:30(北京时间) 开标地点:市建筑工程承发包交易中心

续表

项目	条款号	内 容 规 定
10	20	评标办法:综合百分制计分评标法
11		招标单位:滕州市银河有限公司 联系人:李明 电话:0632-5584123 13812345678 招标代理单位:滕州市南方建筑工程事务有限公司 联系人:张三 王五 电话:0632-5512345 5523456 邮箱:06GONGCHENG.ZAOJIA@163.COM 传真:0632-5556789

一、总则

1. 工程说明(略)

2. 资金来源(略)

3. 投标单位资格(略)

4. 投标费用(略)

5. 招标文件的获得(略)

二、招标文件

6. 招标文件的组成(略)

7. 招标答疑(略)

8. 招标文件的修改(略)

三、投标报价的说明

10. 投标价格(略)

四、投标文件的编制

12. 投标文件的语言(略)

13. 投标文件的组成(略)

14. 投标有效期(略)

15. 投标保证金(略)

16. 勘察现场(略)

17. 投标文件的份数、签署和解释顺序

五、投标文件的递交

18. 投标文件密封与标志(略)

19. 投标文件的提交(略)

20. 投标文件提交的截止时间(略)

21. 迟交的投标文件(略)

22. 投标文件的补充、修改与撤回(略)

23. 资格预审申请书材料的更新(略)

六、开标

24. 开标(略)

25. 投标文件的有效性(略)

七、评标

26. 评标委员会与评标(略)

27. 评标过程的保密(略)
28. 投标文件的澄清(略)
29. 投标文件的初步评审(略)
30. 投标文件计算错误的修正(略)
32. 投标文件的评审、比较与否决(略)

八、定标

33. 定标(略)

九、招标结果公示(略)

十、授予合同

34. 合同授予标准(略)
35. 招标人拒绝投标的权利(略)
36. 中标通知书(略)
37. 合同协议书的签订(略)

第二章　合同通用条款

本工程合同的“协议书”及“通用条款”,均采用国家工商行政管理局和建设部颁发的《建筑工程施工合同》(GF—0201—1999)的格式及内容。内容略。

第三章　合同专用条款

本专用条款的内容,是依据《合同通用条款》并结合本工程的具体情况拟定的,涉及招标人的条款在招标文件中提出;涉及投标人的条款在投标文件中进行响应。

一、词语定义及合同文件(略)
二、双方一般权利和义务(略)
三、施工组织设计和工期(略)
四、质量与检验(略)
五、安全施工(略)
六、合同价款与支付(略)
七、材料设备供应(略)
八、工程变更(略)
九、竣工验收与结算(略)
十、违约、索赔和争议(略)
十一、其他(略)

第四章　合同格式

协议书(略)

第五章　投标书及投标书附录(略)

一、唱标单……………………………………………………………………………
二、投标书……………………………………………………………………………
三、投标书附录………………………………………………………………………
四、法定代表人身份证明书…………………………………………………………
五、投标文件签署授权通知书………………………………………………………
六、企业近3年施工的工程业绩一览表……………………………………………

第六章　报价要求

投标报价说明(略)。

各相关报表示例如表6-11 ~6-14 所示。

表6-11　滕州市淘宝街办公楼投标报价汇总表

序号	工程名称	建筑面积	规费	措施项目费预算价	预算价（含规费）	平方米预算报价	投标报价（含规费）	平方米（含规费）	投标报价（不含规费）	措施项目费报价	备注
	合计										
	投标总报价（含规费）	大写： 小写：					元 元				
	投标总报价（不含规费）	大写： 小写：					元 元				
	措施项目费报价	大写： 小写：					元 元				

注:投标人应根据办公楼图纸,编制预算并报出平方米报价，然后乘以各单位相应建筑面积,报出投标总价。

投标单位(盖章)：　　　　　　　　　　法定代表人或委托代理人(签字或盖章)：

各工程造价专业人员(签字或盖章)：　　　　　　　　　　　　　　年　　月　　日

表6-12　单位工程投标报价汇总表

工程名称：　　　　　　地址：　　　　　　建筑面积：　　　　　　工程类别：

内容	土建	装饰	安装	备注			
	三材用量	报价(元)	三材用量	报价(元)	主材用量	报价(元)	
钢筋(t)							
水泥(t)							
木材(m^3)							
直接费			直接费		直接费		

续表

内容	土建	装饰	安装	备注			
	三材用量	报价(元)	三材用量	报价(元)	主材用量	报价(元)	
企业管理费			企业管理费		企业管理费		
利　润			利　润		利　润		
规　费			规　费		规　费		
税　金			税　金		税　金		
小　计			小　计		小　计		
预算合计			预算合计		预算合计		
其中:措施项目费预算合计（包括土建、装饰、安装）		小写:　元 大写:　元		其中:规费预算合计（包括土建、装饰、安装）		小写:　元 大写:　元	
投标报价		小写:　元 大写:　元		投标报价让利率		%	
其中:措施项目费报价（包括土建、装饰、安装）		小写:　元 大写:　元		措施项目费让利率		%	

投标单位(盖章):　　　　　　　　法定代表人或授权代表(签字、盖章):

各专业工程造价专业人员(签字、盖章):　　　　　　　　日期:______年____日____

表 6-13　单位工程措施项目费报价表

工程名称:__________　　　工程类别:__________

土建		报价(元)	安装		报价(元)	备注
1	环境保护		1	环境保护		
2	文明施工		2	文明施工		
3	临时设施		3	临时设施		
4	夜间施工		4	夜间施工		
5	二次拖运		5	二次拖运		
6	大型机械设备进出场及安拆		6	大型机械设备进出场及安拆		
7	混凝土、钢筋砼模板及支架		7	脚手架		
8	脚手架		8	已完工程及设备保护		
9	已完工程及设备保护		9	施工排水、降水		
10	施工排水、降水		10	冬雨季施工增加		
11	冬雨季施工增加		11	组装平台		
12	垂直运输机械及超高增加		12	设备、管道施工安全、防冻和保护措施		
13	构件运输及安装		13	压力容器和高压管道的检验		
14	总承包服务		14	焦炉施工大棚		
	小计		15	焦炉烘炉、热态工程		
			16	管道安装后的充气保护措施		
			17	遂道内施工的通风、供水、供气、供电、照明及通信设施		
			18	格架式抱杆		

续表

土建		报价(元)	安装		报价(元)	备注
			19	总承包服务		
				小计		
	合计					
	措施项目费报价	小写： 大写：				元 元
	措施项目费让利率	%				

投标单位(盖章)：

法定代表人或委托代理人(签字或盖章)：　　　　　工程造价专业人员(签字、盖章)：

日期：　　年　　月　　日

表6-14　单位工程主要材料报价表

序号	材料名称	规格型号	计量单位	数量	报价(元)		生产厂家	备注
1								
2								
⋮								
	合计	小写： 大写：						(元) (元)

投标单位(盖章)：　　　　　法定代表人或委托代理人(签字或盖章)

日期：　　年　　月　　日

第七章　技术要求和图纸

一、技术要求

1. 执行国家有关的法律及标准。

2. 设计图纸中涉及的各种规范、图集和标准。

3. 所有材料应符合国家的技术标准，并附有合格证书。

二、图纸

本次统一提供滕州市淘宝街办公楼工程图纸一份，投标人可根据工程图纸和承建过的类似工程经验及现场条件编制投标文件。

第八章　其他

省略。

二、课堂实训

根据教师提供的某建筑工程项目的图纸及有关资料编制招标文件。

1. 目的

掌握招标文件的编制要求及招标文件的格式。

2. 环境要求

以本市或本地区的某建筑工程项目为模拟对象。

3. 能力(分项能力)标准及要求

要求学生掌握招标文件的格式。

4. 步骤提示

(1)将学生分为两个小组。

(2)每个小组学生分别编制招标文件。

(3)两个小组互评招标文件。

5. 注意事项

每个小组学生的点评非常重要,最后由指导教师补充,并总结此次模拟训练各组学生的表现、存在的问题和改进的措施。

6. 讨论与训练题

针对具体的建筑工程项目编制招标文件。

三、知识拓展

有关招标文件的实务解答

1. 问:招标文件中是否可以规定,中标人与招标人签订了合同且递交履约保函后 14 日内退还投标人的保证金?

答:不可以。我国法律明确规定,招标人与中标人签订合同后 5 个工作日内应当向中标人和未中标人一次性退还投标保证金。

2. 问:招标人在开标前 5 天是否可以修改招标文件并发出招标答疑?

答:在投标截止时间前,招标人都有权对已经发出的招标文件进行修改。但要注意,其发出的澄清与修改涉及投标内容的,必须保证法律规定的“在投标截止时间前 15 日发出”的规定,如果不够 15 日,则应相应推迟投标截止时间和开标时间。

3. 问:房屋建筑等施工招标,按资质标准三级企业可以承揽的项目,是否可以在招标文件中直接规定要一级企业?

答:房屋建筑或市政基础设施工程施工招标,按资质标准三级企业可以承揽的项目,不可以在招标文件中直接规定要一级企业。不能对潜在投标人提出与招标工程实际要求不符的过高资质等级要求和其他要求。

项目九　建筑工程施工招标评标示例

教学目标

- 根据实例掌握建筑工程施工招标评标办法。
- 根据实例熟悉建筑工程施工招标评标过程。

能力标准及要求

- 能够根据具体建筑工程项目的特点进行评标。

一、基础知识

滕州市淘宝街办公楼评标办法示例

(一)综合说明

本工程评标依据《建筑法》、《招标投标法》之规定,遵循公开、公平、公正、竞争择优的原则，采用综合百分制计分评标。根据招标文件，在详评前，对投标书的符合性与完整性进行审查。

1. 技术标部分

技术标暗标制作要求如下。

（1）封面。由招标人统一制作提供，投标单位的技术标封面必须按该样式装订。

（2）纸张。除进度计划和平面布置图可采用 A3（397 mm × 420 mm）纸张外，其他所有文字及表格的纸张应采用白色标准 A4（210 mm × 297 mm）。

（3）页码。页码应逐页连续标注，并应设在每页的页脚正中，页码应采用单纯的阿拉伯数字表示，数字两侧不得出现诸如括弧、小横线等其他符号。

（4）页眉。任何一页上均不得设置页眉。

（5）装订。必须用招标人统一制作提供的封面页装订，封面不得填写任何其他字迹和符号。装订孔纵向用白线绳三点一线（双线）装订。

（6）内容。标书中不得出现可以识别投标单位的字符、徽标和其他任何标记。

（7）字体。技术标书中章、节、标题、目录、正文均应采用四号宋体或仿宋字体，字体颜色为黑色，正文中表格内容、进度计划、平面布置图可根据情况统一采用 5 号宋体或仿宋字体。

不符合上述规定的投标文件将被视为废标。若评委会中半数以上评委认为某投标单位“不符合”，则该投标单位不得进入下一步的评审。由评委会对通过符合性评审的投标单位技术标进行评审打分。

2. 商务标部分

根据招标文件的规定，下列情况属于重大偏差：

（1）投标文件中未报出一个明确的投标报价。

（2）无单位盖章并无法定代表人或法定代表人授权的代理人签字或盖章的。

（3）未按规定的格式填写，内容不全或关键字迹模糊、无法辨认的。

（4）投标文件涂改、增删处未有授权代表签字。

（5）投标文件的密封、印鉴或者签字不符合规定，授权代表的委托书不合法有效。

（6）投标人递交两份或多份内容不同的投标文件，或在一份投标文件中对同一招标项目报有两个或多个报价，且未声明哪一个有效，按招标文件规定提交备选投标方案的除外。

（7）投标人名称、项目经理与资格预审时不一致。

（8）经评委会确认存在串标情形的或有敷衍参加本次投标活动的。

（9）提供虚假业绩或其他证件的。

（10）有招标人无法接受的保留条件的。

由评委对上述 10 项进行评审，评委会中半数以上评委认为某投标单位有 1 项以上（包括 1 项）“不符合”，则该投标单位不得进入下一步的评审。

由评委对通过符合性评审的投标单位商务标书进行评审打分。

详评评分表共分两项内容，商务标 70 分，技术标 30 分，评审主要内容为投标总报价、企业工程获奖、企业社会信誉、项目班子配备、优惠条件、施工方案等。

（二）计分办法

计分时注意如下几项。

(1)评标采用百分制计分法,评委会按照评标内容逐项评议打分,各项证书加分就高不就低,不重复计算。

(2)评审表保留小数点后两位,第三位采用去尾法。

(3)评标办法中所指市级一律指地市级。

(4)投标企业和所报项目经理信誉和业绩以原件(或公证件)为准。

(5)投标人业绩仅指投标人自身所获奖项,其下属具有独立法人资格的公司所获奖项不计。

(6)获奖证书以发证日期为准。

得分计算方法如下。

(1)技术标得分计算方法:所有评委打分去掉一个最高分和一个最低分的算术平均值。

(2)商务标得分计算方法:所有评委打分的算术平均值。

(3)总得分为技术标得分与商务标得分之和。

(三)评标标底的确定

评标标底的确定:评标标底采用复合标底。

投标总报价评标标底(不含规费)=招标标底总价(不含规费)×0.7+有效投标单位总报价的平均值(当投标人个数≥5个时,需要去掉一个最高值和一个最低值后再进行算术平均)(不含规费)×0.3。

措施项目费评标标底=招标标底措施项目费价×0.7+投标单位措施项目费报价的平均值(当投标人个数≥5个时,需要去掉一个最高值和一个最低值后再进行算术平均)×0.3。

注:在评标过程中如发现招标标底有重大偏差,投标总报价(不含规费)、措施项目费评标标底=投标企业投标总报价(不含规费)、措施项目费的算术平均值(当投标人个数≥5个时,需要去掉一个最高值和一个最低值后再进行算术平均)。

(四)定标

定标时采用满足招标文件的实质性要求和能够最大限度满足招标文件中规定的各项综合评价标准,评标委员会从高分到低分择优选择8家投标单位作为中标人。如果得分出现并列情况,报价低者名次优先,报价相同者,由评委投票确定。本评标办法仅供此项工程评标使用。(评标积分表见表6-15。)

表 6-15 评标积分表

考察内容 招标文件	考察内容及分值	
技术标 30 分	施工方案 9 分	1. 施工安排和各种工序施工组织编制合理、论述可行得 2 ~ 3 分,一般得 0 ~ 2 分; 2. 主要施工工艺及方法详细具体可行得 2 ~ 3 分,一般得 0 ~ 2 分; 3. 对本工程的特点、难点、重点的分析及解决措施全面可行得 2 ~ 3 分,一般得 0 ~ 2 分
	施工计划 9 分	1. 施工进度计划编制合理可行得 2 ~ 3 分,一般得 0 ~ 2 分; 2. 用工组织计划安排和用功平衡,工种搭配合理得 2 ~ 3 分,一般得 0 ~ 2 分; 3. 机械设备供应计划合理,能满足施工要求得 2 ~ 3 分,一般得 0 ~ 2 分
	季节性施工措施 3 分	根据工程施工期间所经历的不同季节天气情况,采取的措施具有针对性、可行性得 2 ~ 3 分,一般得 0 ~ 2 分
	质量安全保证措施 3 分	管理体系健全,自检体系完善,有可行完善的质安保证及检验设备,措施具有针对性、可行性得 2 ~ 3 分,一般得 0 ~ 2 分
	施工配合措施 3 分	施工配合措施具有针对性、可行性得 2 ~ 3 分,一般得 0 ~ 2 分
	环境保护措施 2 分	具有针对性、可行性得 0 ~ 2 分
	工程质量保修回访措施 1 分	有可行的保修回访措施得 0 ~ 1 分
备注	技术标书缺项则该项判 0 分,缺 3 分及以上者技术标书判 0 分	

续表

考察内容 招标文件	考察内容及分值		
商务标 70 分	投标报价 60 分	投标总报价 50 分(不含规费)	1. 投标企业总报价(不含规费)在评标标底 -5% ~ +5%(含 -5%，+5%)范围内有效,超出此范围不得投标总报价分 2. 投标企业总报价(不含规费)与评标标底相比,相等时得 50 分,每高 1% 以 50 为基础减 10 分,最高减至 0 分;每低 1% 以 50 分为基础减 6 分,最高减至 20 分 注:不足 1% 按插入法计算,保留小数点后两位,第三位采用去尾法
		措施项目费报价 10 分	1. 有效投标企业措施项目费报价与评标标底价相比,相等时得 10 分 2. 有效投标企业措施项目费报价比评标标底价每高 1%,以 10 分为基础减 2 分,最高减至 0 分 3. 有效投标企业措施项目费报价比评标标底价每低 1%,以 10 分为基础减 2 分,最高减至 5 分 注:不足 1% 按插入法计算,保留小数点后两位,第三位采用去尾法
	企业工程质量、安全 3 分		投标企业近 3 年度施工的工程荣获优良工程或安全文明工地者,市级一个加 1 分,省级一个加 2 分,最高加满 3 分
	企业社会信誉 2 分		1. 企业获得 ISO9001:2000 质量体系认证者加 1 分 2. 投标企业近 3 年度获得先进企业、先进外出企业、重合同守信用企业等,市级一个加 1 分,省级一个加 2 分,最高加满 3 分
	项目班子配备 3 分		1. 项目部人员中项目经理、技术负责人、施工员、质检员、安全员、材料员、机管员等班子人员配备齐全、合理者得 1 分,否则不得分 2. 技术负责人为工程师以上职称者得 1 分 3. 项目经理近 3 年施工的工程获得优良工程或安全文明工地者或优秀项目经理荣誉称号者,市级一个加 0.5 分,省级一个加 1 分,最高加满 1 分
备注	注: 1. 各项证书加分就高不就低,同一工程记企业不记项目经理,不重复记分 2. 近 3 年指获奖日期为 2006 年 1 月 1 日以来 3. 同一工程记人企业不再记人项目经理 4. 省级指省、自治区、直辖市		

二、课堂实训

实训一 【案例讨论】

某工业厂房项目的业主经过多方了解,邀请了 A、B、C 3 家技术实力和资信俱佳的承包商参加该项目的投标。

在招标文件中规定:评标时采用最低综合报价中标的原则,但最低投标价低于次低投标价 10% 的报价将不予考虑。工期不得长于 18 个月,若投标人自报工期少于 18 个月,在评标时将考虑其给业主带来的收益，折算成综合报价后进行评标。若实际工期短于自报工期，每提前1天奖励1万元；若实际工期超过自报工期，每拖延1天罚款2万元。

A、B、C 3家承包商投标书与报价和工期有关数据汇总于表6-16中。

表6-16 投标参数汇总表

投标人	基础工程		上部结构工程		安装工程		安装工程与上部结构工程搭接时间(月)
	报价（万元）	工期（月）	报价（万元）	工期（月）	报价（万元）	工期（月）	
A	400	4	1 000	10	1 020	6	2
B	420	3	1 080	9	960	6	2
C	420	3	1 100	10	1 000	5	3

假定：贷款月利率为1%，各分部工程每月完成的工作量相同，在评标时考虑工期提前给业主带来的收益为每月40万元。（相关的现值系数表见表6-17。）

表6-17 现值系数表

n	2	3	4	6	7	8	9	10	12	13	14	15	16
$(P/A,1\%,n)$	1.970	2.941	3.902	5.795	6.728	7.625	8.566	9.471	—	—	—	—	—
$(P/F,1\%,n)$	0.980	0.971	0.961	0.942	0.933	0.923	0.914	0.905	0.887	0.879	0.870	0.861	0.853

问题：

(1)若不考虑资金的时间价值，应选择哪家承包商作为中标人？

(2)若考虑资金的时间价值，应选择哪家承包商作为中标人？

实训二

学生根据教师提供的本市或本地区的某建筑工程施工项目的图纸及有关资料采用公开招标的方式编制招标文件、评标标准以及投标文件，进行开标、评标及定标。

1. 目的

(1)掌握招标文件、评标标准、投标文件的编制。

(2)掌握公开招标的程序。

(3)熟悉招标人在各个招标阶段中的工作内容。

2. 环境要求

以本市或本地区的某建筑工程施工项目为模拟对象。

3. 能力(分项能力)标准及要求

(1)要求学生掌握招标各个工作阶段的先后顺序。

(2)要求学生理解招标各个工作阶段不能颠倒顺序的原因。

4. 步骤提示

(1)将学生分为3个小组，一组扮演招标人的角色，一组扮演投标人的角色，另外一组作为评标委员会。

(2)由扮演招标人的学生小组编制招标文件及评标标准，扮演投标人的学生小组根据招标文件编制投标文件。

(3)由扮演招标人、投标人的学生小组,分别阐述各个阶段的工作内容并模拟开标过程。

(4)扮演评标委员会的学生小组进行评标及定标。招标投标结束后,由作为评标委员会的一组点评其他两个小组在招标投标过程中出现的问题。

5. 注意事项

作为评论者的一组学生的点评很重要,可以让其他两组学生意识到自己在招标过程中程序上的错误或不足,最后由指导教师补充,并总结此次模拟训练各组学生的表现、存在的问题和改进的措施。

6. 讨论与训练题

(1)针对具体的建筑工程施工项目,选择适宜的招标方式。

(2)模拟该建筑工程施工项目的招标程序。

三、知识拓展

有关评标的实务解答

1. 问:评标结束后发现评标委员会分数汇总有算术错误怎么办?

答:如果不影响排序,特别是前3名排序,则不用处理;如果影响前3名排序,则应组织原评标委员会进行修正,必要时应在行政监督部门的监督下进行。

2. 问:评标报告完成后,少数评标委员会成员不在评标报告上签字怎么办?

答:应明确告诉这些评标成员以书面方式阐述其不同意见和理由,同时评标委员会应作出说明并记录在案。如果既不签字,又不提交书面意见和理由,国内法规规定其行为视为同意评标结论。

3. 问:投标人已经通过了资格预审,评标时评标委员会发现该投标人资格实际上不符合招标文件的要求,是否可以否决该投标人的投标?

答:可以。依据国家规定,投标人资格条件不符合国家有关规定和招标文件要求的,评标委员会可以否决其投标。

单元小结

建筑工程施工招标,是指招标人的施工任务发包,通过招标方式鼓励施工企业投标竞争,从中选出技术能力强、管理水平高、信誉可靠且报价合理的承建单位,并以签订合同的方式约束双方在施工过程中的行为的经济活动。

工程施工招标分为公开招标和邀请招标。

建筑工程施工公开招标分为三个阶段,即招标准备阶段、招标阶段和决标成交阶段。具体步骤为建设项目报建、选择招标机构、编辑招标文件、发布招标公告、资格预审、出售招标文件、组织现场考察、标前会议、接收投标文件、组建评标委员会、开标、评标、定标、发出中标通知、签订合同。建筑工程施工邀请招标是招标单位直接向有能力承担本工程的施工单位发出投标邀请书,其程序与公开招标类似,最大的不同点是没有资格预审的环节,但增加了发出投标邀请书的步骤。

资格审查一般可以分为资格预审和资格后审。

资格审查应主要审查潜在投标人或者投标人是否具有投标和中标后履行合同的能力。

经资格预审后，招标人向资格预审合格的潜在投标人发出资格预审合格通知书，告知获取招标文件的时间、地点和方法，并同时向资格预审不合格的潜在投标人告知资格预审结果。资格预审不合格的潜在投标人不得参加投标。经资格后审不合格的投标人的投标应作废标处理。

工程量清单的组成："工程量清单总说明"、"分部分项工程量清单"、"措施项目清单"、"其他项目清单"、"规费项目清单表"、"税金项目清单表"。

工程量清单报价表的组成："投标总价"、"工程项目总价表"、"单项工程费汇总表"、"分项工程量清单计价表"、"分部分项工程量清单"、"措施项目清单计价表"、"其他项目清单计价表"、"规费项目清单表"、"分部分项工程量清单综合单价分析表"、"税金项目清单表"。

招标控制价一般由招标单位编制。招标控制价编制的原则：(1)我国对国有资金投资项目实行的是投资概算审批制度，国有资金投资的工程原则上不能超过批准的投资概算。因此，在工程招标发包时，当编制的招标控制价超过批准的概算，招标人应当将其报原概算审批部门重新审核。(2)国有资金投资的工程进行招标，根据《中华人民共和国招标投标法》的规定，招标人可以设标底。当招标人不设标底时，为有利于客观、合理的评审投标报价和避免哄抬标价，造成国有资产流失，招标人应编制招标控制价。(3)国有资金投资的工程，招标人编制并公布的招标控制价相当于招标人的采购预算，同时要求其不能超过批准的概算，因此，招标控制价是招标人在工程招标时能接受投标人报价的最高限价。

开标的一般程序：宣布开标纪律；公布在投标截止时间前递交投标文件的投标人名称，并点名确认投标人是否派人到场；宣布开标人、唱标人、记录人、监标人等有关人员姓名；按照投标人须知前附表规定检查投标文件的密封情况；按照投标人须知前附表的规定确定并宣布投标文件开标顺序；设有投标控制价的，公布投标控制价；按照宣布的开标顺序当众开标，公布投标人名称、标段名称、投标保证金的递交情况、投标报价、质量目标、工期及其他内容，并记录在案；投标人代表、招标人代表、监标人、记录人等有关人员在开标记录上签字确认；开标结束。

评标由评标委员会负责，评标委员会的负责人由招标单位的法定代表人或者其代理人担任。省、自治区、直辖市和地级以上城市建设行政主管部门，应当在建筑工程交易中心建立评标专家库。招标单位根据工程性质、规模和评标的需要，可在开标前若干小时内从评标专家库中随机抽取专家聘为评委。评标可以采用合理低价标法和综合评议法。对于大型或者技术复杂的工程，可以采用商务标、技术标两阶段评标法。

评标委员会推荐的中标候选人应当限定在1至3人，并标明排列顺序。招标人应当接受评标委员会推荐的中标候选人，不得在评标委员会推荐的中标候选人之外确定中标人。招标人也可以授权评标委员会直接确定中标人。

复习思考题

(1)如何编制和确定工程建设项目的标底？

(2)招标人在选择投标单位时如果有"想法"，在制定技术标准时就会有"针对性"，便把一些投标单位拒之门外，使得招标文件具有了倾向性。如何避免招标文件的倾向性？

(3)招标文件中仅含有评标原则,没有评标细则,开标前3日招标人公布的评标细则是否可以作为评标依据?

(4)在投标截止时间,投标人抱着标书到开标现场,其投标有效吗?

(5)招标人能否要求投标人在购买招标文件前提交履约保证金?

(6)评标委员会仅推荐了一位中标候选人,定标过程中发现该投标人在投标过程中有弄虚作假行为,可不可以顺次确定排名第2的中标候选人为中标人?

单元七　建筑工程施工投标

内容提要

建筑工程施工投标是建筑业企业取得施工承包合同的主要途径。本单元的内容主要从建筑工程施工投标的一般程序、建筑工程施工投标决策、建筑工程施工投标策略与技巧、建筑工程施工投标的风险分析、建筑工程施工投标文件的编制与递交5个方面阐述施工企业进行建筑工程施工投标的内容。

教学目标

了解建筑工程施工投标决策的内容;理解建筑工程施工投标的基本策略和技巧;掌握建筑工程施工投标的一般程序以及各个阶段的工作内容;熟悉建筑工程施工投标中存在的各种风险,掌握应对风险的方法;掌握施工投标文件的内容;掌握施工投标文件的编制和递交。

项目一　建筑工程施工投标的一般程序

教学目标

- 熟悉施工投标的一般程序。
- 熟悉编制和提交投标文件的规定。
- 掌握施工方案的编制内容。
- 掌握资格预审的内容。
- 掌握施工企业进行现场踏勘的内容。

能力标准及要求

要求学生能够完成建筑工程施工投标程序的每一步具体工作。

一、基础知识

建筑工程施工投标是指通过投标资格预审的投标人,以发包人提供的招标文件为前提,对招标文件的要求作出实质性的响应,经过详细的市场调查,按照招标文件的要求编写投标文件,通过投标报价的方式承揽工程的过程。投标是获取工程施工承包权的主要手段,是响应招标、参与竞争的一种法律行为,投标人根据业主的要约邀请而向业主发出要约,一旦业主确定其中标(即作出承诺)后,施工合同即成立,承包人就应当按照投标文件的要求,在规定的期限内完成施工合同规定的施工任务,否则就要承担相应的法律责任。

建筑工程施工投标的顺序应与招标的顺序相配合,施工企业应对建筑工程施工投标的一般程序有所了解,并熟悉各个阶段的工作内容,具体程序见图7-1所示。

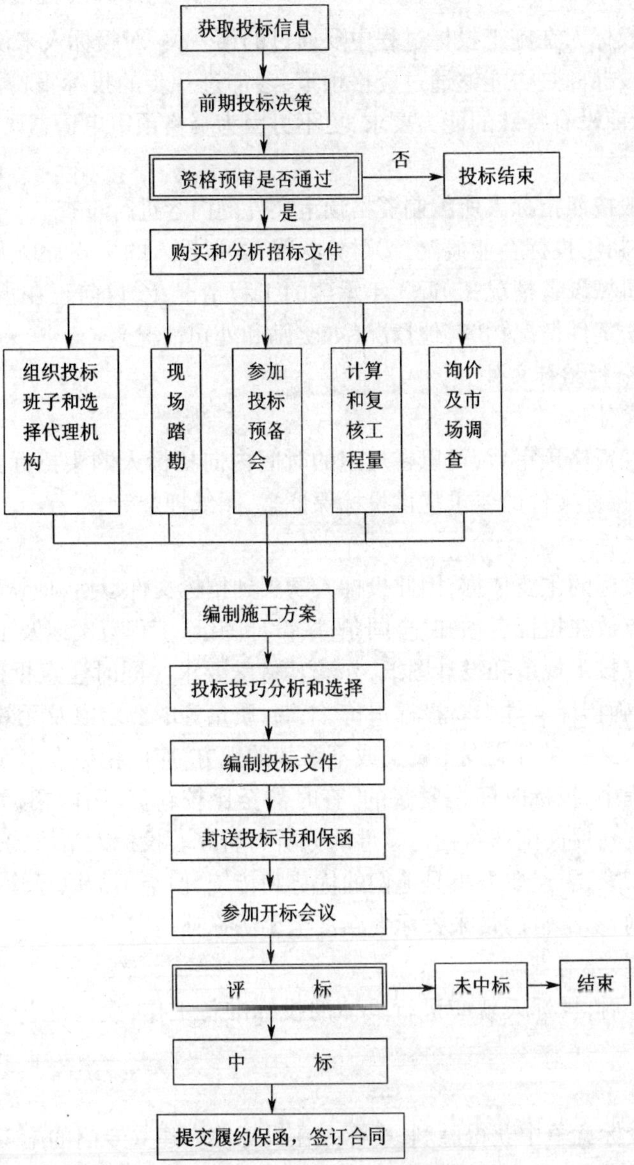

图 7-1　建筑工程施工投标程序

(一)建设施工投标的前期工作

施工投标的前期工作主要有获取招标信息和前期投标决策两项内容。

1. 获取招标信息

投标人获得招标信息的渠道很多,最普遍的是通过大众媒体所发布的招标公告获取招标信息。因此,投标人在决定投标的对象时,必须认真分析验证所获信息的真实可靠性,并证实其招标项目确实已立项批准和资金已经落实等。

2. 前期投标决策

投标人在证实招标信息真实可靠,以及对招标人的信誉、实力等方面进行全面的了解后,根据了解的情况,正确作出投标决策,以减少工程实施过程中承包方的风险。

(二)参加资格预审

资格预审是投标人在施工投标过程中要通过的第一关,对投标人来说,资格预审文件的填写质量关系到投标商是否能够通过资格预审,参加进一步的投标报价活动。尤其是一般技术项目,对投标商没有特殊的能力要求,更不可因为资格预审申请书质量的原因而被业主拒绝参与投标。

资格预审一般按照招标人所编制资格预审文件的内容进行审查。一般要求被审查的投标人提供下列资料:①投标企业概况;②财务状况;③拟投入的主要管理人员情况;④目前剩余劳动力和施工机械设备情况;⑤近3年承建的工程情况;⑥目前正在承建的工程情况;⑦两年来涉及的诉讼案件情况;⑧其他情况(如奖励和处罚情况)。

(三)购买和分析招标文件

1. 购买招标文件

投标人在通过资格预审后,可以在规定的时间内向招标人购买招标文件。购买招标文件时,投标人应按招标文件的要求提供投标保证金、图纸押金等。

2. 分析招标文件

招标文件是投标的主要依据,因此投标人购买到招标文件以后,应认真阅读招标文件中的所有条款。重点放在投标者须知、合同条件、设计图纸、工程范围以及工程量清单上,最好有专人或小组研究技术规范和设计图纸,弄清其特殊要求。同时注意投标过程中的各项活动时间的安排,明确招标文件中对投标报价、工期、质量等的要求以及无效标书的条件,理解招标文件隐含的含义。对可能发生疑义或不清楚的地方,应向招标人书面提出。

施工招标过程中,投标时间是紧张的,有时甚至比较仓促,国内招标的工程更是如此。但绝不能因时间的仓促而削弱对招标文件的分析与研究。投标人员可能是参加过多个项目投标的有经验的专家,靠经验办事是他们的优势和传统,但绝不能以经验代替对招标文件的分析与研究。否则,易给自己带来投标失误甚至无法弥补的损失。

(四)收集资料、准备投标

购买投标文件后,投标人就应进行具体的投标准备工作,投标准备工作包括以下几方面。

1. 组建投标班子

为了确保在投标竞争中获得胜利,投标人在投标前应建立专门的施工投标班子,负责投标事宜。一个强有力的、专业的投标班子是投标成功的根本保证。一个好的投标班子应由经济管理类人才、专业技术类人才、商务金融类人才以及合同管理类人才组成。

施工投标报价是技术性很强的一项工作,投标人在投标时如果认为必要,也可以请某些具有资质的投标代理机构代理投标或策划,以提高中标概率。

2. 参加现场踏勘

现场踏勘主要指招标人组织投标人对项目的实施现场的经济、地理、地质、气候等客观条件和环境进行的现场调查。招标单位一般在招标文件中要注明现场踏勘的时间和地点,在文件发出后就应安排投标者进行现场踏勘的准备工作。

施工现场踏勘是投标者必须经过的投标程序。按照国际惯例,投标者提出的报价单一般被认为是在现场踏勘的基础上编制的。一旦报价单提出之后,投标者无权因为现场踏勘不周、情况了解不细或因素考虑不全面而提出修改投标、调整报价或提出补偿等要求。

现场踏勘既是投标者的权利,又是其职责。因此,投标者在报价之前必须认真地进行施工现场踏勘,全面、仔细地调查了解工地及其周围的政治、经济、地理等情况。现场踏勘的费用均由投标者自费进行。

进行现场踏勘应从以下几个方面进行调查了解。

(1)施工现场是否符合招标文件规定的条件。

(2)施工的地理位置和地形、地貌。

(3)施工现场的地址、土质、地下水位、水文等情况。

(4)施工现场的气候条件,如气温、湿度、风力等。

(5)现场的环境,如交通、供水、供电、污水排放等。

(6)临时用地、临时设施搭建等,即工程施工过程中临时使用的工棚、堆放材料的库房以及这些设施所占的地方等。

3. 参加投标预备会

投标预备会又称答疑会或标前会议,一般在现场踏勘之后的1~2天内举行。目的是解答投标人对招标文件及现场踏勘中提出的问题,并对图纸进行交底和解释。投标人对招标文件进行认真分析和对现场进行踏勘之后,应尽可能多地将投标过程中可能遇到的问题向招标人提出疑问,争取得到招标人的解答,为下一步投标工作的顺利进行打下基础。

4. 计算或复核工程量

现阶段我国进行工程施工投标时,工程量的计算有以下两种情况。

一种情况是招标文件编制时,招标人给出具体的工程量清单,供投标人报价时使用。在这种情况下,投标人在进行投标时,应根据图纸等资料对给定工程量的准确性进行复核,为投标报价提供依据。在工程量复核过程中,若发现某些工程量有较大的出入或遗漏,应向招标人提出,要求招标人更正或补充,若招标人不更正或补充,投标人投标时应注意调整单价以减少实际实施过程中由于工程量调整带来的风险。

另一种情况是招标人不给出具体的工程量清单,只给相应工程的施工图纸。这时,投标报价应根据给定的施工图纸,结合工程量计算规则进行工程量计算。自行计算工程量时,应严格按照工程量计算规则的规定进行,不能漏项,不能少算或多算。

5. 询价及市场调查

编制投标文件时,投标报价是一个很重要的环节,为了能够准确确定投标报价,投标时应认真调查了解工程所在地的人工工资标准、材料来源、价格、运输方式、机械设备租赁价格等和报价有关的市场信息,为准备报价提供依据。

6. 编制施工方案

施工方案也是招标内容中很重要的部分,是招标人了解投标人的施工技术、管理水平、机械装备的途径。编制施工方案的主要内容有以下几项。

(1)选择和确定施工方法。

(2)对大型复杂工程则要考虑几种方案,进行综合对比。

(3)选择施工设备和施工设施。

(4)编制施工进度计划等。

(五)编制和提交投标文件

经过前期的准备工作之后,投标人开始进行投标文件的编制工作。投标人编制投标文件时，投标报价不得低于工程成本，投标人必须按招标工程量清单填报价格。项目编码、项目名称、项目特征、计量单位、工程量必须与招标工程量清单一致。投标人的投标报价高于招标控制价的应予废标。投标文件编写完成后，应按照招标文件中规定的时间、地点提交投标文件。

（六）出席开标会议，接受评标期间的澄清询问

投标人在编制和提交完投标文件后，应按时参加开标会议。开标会议由投标人的法定代表人或其授权代理人参加。若是法定代表人参加，一般应持有法定代表人资格证明书；若是委托代理人参加，一般应持有授权委托书。许多地方规定，不参加开标会议的投标人，其投标文件将不予启封。

在评标过程中，评标组织根据情况可以要求投标人对投标文件中含义不明确的内容做必要的澄清或者说明，这时投标人应积极地予以说明，但投标人的澄清说明，不得超出投标文件的范围或者改变投标文件的工期、报价、质量、优惠条件等实质性内容。

（七）接受中标通知书、签订合同、提供履约担保

经过评标，投标人被确定为中标人后，应接受招标人发出的中标通知书。中标人在收到中标通知书后，应在规定的时间和地点与招标人签订合同。我国规定招标人和中标人应当自中标通知书发出之日起30日内订立书面合同，合同内容应依据招标文件、投标文件的要求和中标的条件签订。招标文件要求中标人提交履约担保金的，中标人应按照招标人的要求提供。合同正式订立之后，应按要求将合同副本分送有关主管部门备案。

二、课堂实训

实训一　建筑工程施工投标程序的模拟训练

1. 目的

（1）掌握建筑工程施工投标程序。

（2）熟悉施工企业在施工投标各阶段中的工作内容和工作要点。

2. 环境要求

以本市或本地区的一个公开招标的工程项目为对象，明确建设单位、建设地点、工程基本特征和施工现场条件、工程项目相关图纸和招标文件。

3. 能力（分项能力）标准及要求

要求掌握施工投标各个工作阶段的先后顺序和工作内容。

4. 步骤提示

（1）将学生分为6个小组，一组扮演招标人的角色，其余5组扮演投标人的角色（指导教师给出5家不同的施工单位信息）。

（2）由招标人向投标人发放资格预审文件，5个投标小组进行资格预审文件的编写，然后上交招标人；招标人对投标人进行资格审查。

（3）由招标人主持招标会，对通过资格审查的投标人发放图纸和招标文件。

（4）投标人进行现场踏勘，招标人介绍施工现场条件。

（5）投标人分析招标文件，进行图纸会审。

（6）由招标人主持答疑会议，由5个投标人分别就施工现场的问题和招标文件和图纸中发现的问题向招标人提出疑问。最后由招标人整理问题，并书面通知各投标单位。

（7）投标人编制和提交投标文件（该步骤可以简单进行，在项目五中详细进行）。

(8)招标人主持招标会议,进行评标工作。

5. 注意事项

(1)选取的工程项目信息尽量详细,并具备工程项目图纸。

(2)施工单位的信息也应非常详细,便于学生填写资格预审文件。

(3)指导教师最后应总结每组投标人的模拟训练表现,投标过程中存在的问题并提出改进的建议。

6. 讨论与训练题

(1)进行现场踏勘主要应注意哪些问题?

(2)参加投标答疑会应就哪些方面提出问题?

实训二　案例讨论

如某省直机关办公楼建设项目进行公开招标,要求投标人必须具备一级施工资质。某建筑集团公司下属具有独立法人资质的一家建筑公司,只有二级施工资质,但以具有一级施工资质的集团公司名义参加投标,并中了标。事后,有人投诉该建筑公司不具备投标资质,应当取消其中标资格。该建筑公司辩称其不是投标人,集团公司才是投标人,只是集团公司中标后由其具体负责项目实施,而且这种做法并无不当之处。

问题:你认为是否应当取消该建筑公司的中标资格?为什么?

【案例分析】本案中该建筑公司以其他公司名义投标,应取消中标资格。本案中标人实际是建筑公司本身,其具有独立的法人资格和资质,因此参加投标应以自己的名义。以集团公司的名义,构成以他人的名义投标行为,应当承担中标无效等法律责任。我国的集团公司往往不是国际上常见的分工性的集团公司,在此情况下,不允许以集团公司的名义进行投标。如果集团公司与成员公司不是经营层与实施层关系的,以集团公司名义投标,实际由成员公司施工的行为,构成转包行为,应认定转包行为无效。

三、知识拓展

建筑工程施工投标中的联合体投标

联合体投标指的是某承包单位为了承揽不适于自己单独承包的工程项目而与其他单位联合,以一个投标人的身份去投标的行为。《招标投标法》第三十一条规定,两个以上法人或者其他组织可以组成一个联合体,以一个投标人的身份共同投标。

施工企业进行建筑工程施工投标时必须参加资格预审,有时候已经决定参加投标但发现自身在某个方面或某些方面存在缺陷,如资金、技术水平、经验年限等,达不到资格预审的要求。如果资格预审不通过,则其投标活动也就结束了,因此对招标工程志在必得的施工企业可以采取联合体的方式,联合其他可以弥补自己缺陷的单位共同投标,以期通过资格预审。

成为联合体的各方必须满足一定的资质条件:①联合体各方均应当具备承担招标项目的相应能力;②国家有关规定或者招标文件对投标人资格条件有规定的,联合体各方均应当具备规定的相应资格条件;③由同一专业组成的联合体,按照资质等级较低的单位确定资质等级。如果联合体中标的,联合体各方应当共同与招标人签订合同,就中标项目向招标人承担连带责任。

如某省直机关办公楼建设项目进行公开招标,招标文件中明确规定投标人的资质等级必须是施工总承包二级以上(包括二级),现有甲单位(施工总承包三级)、乙单位(施工总承包二级)、丙单位(施工总承包一级)、丁单位(施工总承包一级)相互组成联合体投标,则组成联合体的资质有以下几种情况(以两家联合为例)。

(1)甲单位与乙单位联合:施工总承包三级。

(2)甲单位与丙单位联合:施工总承包三级。

(3)甲单位与丁单位联合:施工总承包三级。

(4)乙单位与丙单位联合:施工总承包二级。

(5)乙单位与丁单位联合:施工总承包二级。

(6)丙单位与丁单位联合:施工总承包一级。

通过上述组合情况的结果可以知道,组合(4)、(5)、(6)满足招标文件中的资质等级规定的要求。因此,施工单位在选择其他单位或组织时也应该审慎。如果中标以后在履行合同的过程中,其中某一方破产,则另一方需要承担双方的工程任务。

在市场竞争日趋激烈的形势下,联合体投标有明显的优势。

(1)对承包方来说,可以增加自身实力,由于多家联合、资金互补,在资金、技术和管理上取长补短,发挥各自优势;可以进一步分担自身风险,增强抵御风险的能力;可以打破地区限制,开拓市场。

(2)对业主来说,可以得到低成本高质量的工程,由于联合体成员间优势互补,可降低工程实施成本,提供质量保障,可以降低风险,在项目实施过程中,如果联合体一方破产,另一方需承担连带责任,不会使工程进度受到影响。

(3)当然由于多家单位联营,联合体在管理上与独家承包相比难度较大,需要联合体各方有很好的双赢意识、平衡艺术和沟通技能,这些是联合体项目管理的特点,也是管理上的难点。

项目二　建筑工程施工投标决策

教学目标

- 理解建筑工程施工投标决策的含义。
- 熟悉施工投标决策阶段的划分。
- 掌握影响施工投标决策的内部因素。
- 掌握决定投标与否的外部因素。

能力标准及要求

- 能够通过对建筑工程施工投标决策的理解,培养学生制定施工投标决策的能力。
- 能够根据具体建筑工程项目的特点选择制定合适的投标决策。

一、基础知识

建筑工程施工投标决策是投标活动中的重要环节,投标决策的正确与否,关系到能否中标和中标后的效益,关系到施工企业的发展前景和职工的经济利益。因此,施工企业的决策班子必须充分认识到投标决策的重要意义。

(一)施工投标决策的含义

投标人通过投标取得项目,但是,作为投标人并不是每标必投,因为投标人要想在投标中获胜，即中标得到承包工程，然后又从承包工程中赢利，就需要研究投标决策问题。所谓施工投标决策，包括三方面的内容：其一，针对项目招标，是投标或是不投标；其二，倘若去投标，是投什么性质的标；其三，投标中如何采用以长治短、以优治劣的策略和技巧。如今，每个施工企业都充分认识到投标决策的重要意义，并把这一工作摆在企业的重要议事日程上。

在获取招标信息之后，承包商决定是否投标，应综合考虑以下几个方面。

(1)承包招标项目的可能性与可行性，即是否有能力承包该项目，能够抽出多少管理力量、技术力量参加项目实施，竞争对手是否有明显优势等。

(2)招标项目的可靠性，如项目审批是否已经完成、资金是否已经落实等。

(3)招标项目的承包条件。

(4)影响中标机会的内部和外部因素等。

(二)施工投标决策阶段的划分

施工投标决策可以分两阶段进行，这两个阶段就是投标决策的前期阶段和投标决策的后期阶段。

1. 投标决策的前期阶段

投标决策的前期阶段必须在购买投标人资格预审资料前后完成。决策的主要依据是招标广告，以及公司对招标工程、业主情况的调研和了解程度。如果是国际工程，还包括对工程所在地的调研和了解程度。前期阶段必须对投标与否作出论证。

对于施工企业来说，并不是说每个项目都适合公司参加投标。公司的经营能力毕竟有限，参加中标几率小的项目和赢利状况差的项目的投标，也是对经营能力的浪费，其机会成本较高，甚至有可能失去参加其他项目投标的机会。通常情况下，下列招标项目应放弃投标。

(1)本施工企业主管和兼营能力之外的项目。

(2)工程规模、技术要求超过本施工企业技术等级的项目。

(3)本施工企业生产任务饱满，招标工程赢利水平较低或风险较大的项目。

(4)本施工企业技术等级、信誉、施工水平明显不如竞争对手的项目。

2. 投标决策的后期阶段

如果决定投标，即进入投标决策的后期阶段，它是指从申报资格预审至投标报价(封送投标书)前完成的决策研究阶段。该阶段的决策主要是研究倘若去投标，则首先需解决的问题是确定投什么性质的标，其次是在投标中采取的策略问题。这里主要介绍确定投什么性质的标，而在投标中采取的策略问题将在后续章节中详细介绍。

按性质分，投标有风险标和保险标；按效益分，投标有赢利标、保本标和亏损标。承包商应结合自身的经济实力和施工管理水平作出选择。

(1)风险标。明知工程承包难度大、风险大，且技术、设备、资金上都有未解决的问题，但由于队伍窝工，或因为工程赢利丰厚，或为了开拓新技术领域而决定参加投标，同时设法解决存在的问题，即是风险标。投标后，如果问题解决得好，可取得较好的经济效益，可锻炼出一支好的施工队伍，使企业更上一层楼；解决得不好，企业的信誉就会受到损害，严重者可能导致企业亏损以至破产。因此，投风险标必须审慎从事。

(2)保险标。对可以预见的情况在技术、设备、资金等方面的重大问题都有了解决的对策之后再投标，称为保险标。企业经济实力较弱，经不起失误的打击，则往往投保险标。当前,我国施工企业多数都愿意投保险标,特别是在国际承包市场上投保险标。

(3)赢利标。如果招标工程既是本企业的强项,又是竞争对手的弱项;或建设单位意向明确;或本企业任务饱满,利润丰厚,才考虑让企业超负荷运转时,此种情况下的投标,称投赢利标。

(4)保本标。当企业无后继工程,或已经出现部分窝工,必须争取中标。但招标的工程项目对本企业又无优势可言,竞争对手又多,此时,就是投保本标,甚至多投薄利标。

(5)亏损标。投亏损标是一种非常手段,一般在下列情况下采用,即本企业已大量窝工,严重亏损,若中标后至少可以使部分人工、机械运转,减少亏损;或者为在对手林立的竞争中夺得头标,不惜血本压低标价;或是为了在本企业垄断的地盘里,挤垮企图插足的竞争对手;或是为了打入新市场,取得拓宽市场的立足点而压低标价。以上这些,虽然是不正常的,但在激烈的竞争中有时也会出现。

(三)影响施工投标决策的主观因素

"知己知彼,百战不殆。"工程施工投标决策研究就是知己知彼的研究。这个"彼"就是影响施工投标决策的客观因素,"己"就是影响施工投标决策的主观因素。

投标或是弃标,首先取决于投标单位的实力,实力表现在以下几个方面。

1. 技术方面的实力

投标单位有精通本行业的管理专家、各类技术人才和熟练工人组成的组织机构,有工程项目设计、施工专业特长、能解决工程施工中所遇到的技术难题的能力,有与招标项目同类型的工程的施工经验,有具备一定技术实力的合作伙伴。

2. 经济方面的实力

投标单位具有垫付资金的能力。具有一定的固定的资产和机具设备及其投入所需的资金,具有一定的资金周转用来支付施工用款,具有承担国际工程尚需筹集承包工程所需外汇,具有支付各种担保的能力,具有支付各种纳税和保险的能力,具有一定抵抗不可抗力带来的风险的财力。

3. 管理方面的实力

投标单位拥有足够的管理人才、运转灵活的组织机构、各种完备的规章制度、完善的质量和进度保证体系等。

4. 信誉方面的实力

承包商一定要有良好的信誉,这是投标中的一条重要标准。要建立良好的信誉,就必须遵守法律和行政法规,或按国际惯例办事,同时认真履约,保证工程的施工安全、工期和质量,而且,各方面的实力雄厚。

(四)影响施工投标决策的客观因素

1. 业主和监理工程师的情况

业主的合法地位、支付能力、履约能力,监理工程师处理问题的公正性、合理性等,均是投标决策的影响因素。

2. 竞争对手和竞争形势的分析

是否投标,应注意竞争对手的实力、优势及投标环境的优劣情况。另外,竞争对手的在建工程情况也十分重要。如果对手的在建工程即将完工,可能急于获得新承包项目,投标报价不会很高;如果对手在建工程规模大、时间长,仍参加投标,则投标报价可能很高。

3. 法律、法规的情况

对于国内工程施工承包,自然适用本国的法律和法规。而且其法律环境基本相同,因为我国的法律、法规具有统一或基本统一的特点。如果是国际工程施工承包,则有一个法律适用问题。法律适用的原则有:①强制使用工程所在地法律的原则;②意思自治的原则;③最密切联系原则;④适用国际惯例原则;⑤国际法效力优于国内法效力的原则。

4. 风险问题

在国内承包工程,其风险相对要小一些。承包国际工程则风险要大得多,投标与否,要考虑的因素很多,需要投标人广泛、深入地调查研究,系统地积累资料,并进行全面的分析,才能作出正确决策。

(五)施工投标项目选择的策略

目前在投标项目选择中常用的方法可分为定性方法和定量方法。由于在投标活动中的影响因素非常复杂,因此,在进行投标决策时,除利用定量方法进行分析外,还要充分利用定性方法及各种投标经验综合分析。

1. 定性方法

施工企业在综合分析了投标与否的内部和外部因素后,如果条件好,可以考虑投标,如果条件不理想,则不参加投标,或适当提高投标报价,以减少中标后可能出现的风险。

2. 定量方法

在投标项目选择中,常用的定量分析方法有综合得分法和期望值法。

1)综合得分法(又名加权指标分析法)

此方法和多目标决策中的评分法的原理相同。将投标工程定性分析的各个因素通过评分转化为定量问题,计算综合得分,用以衡量投标工程的条件。下面举例说明。

案例:某企业拟对一项招标工程进行定量分析,以确定是否参加投标。

分析如下:

(1)首先确定需要分析的主要因素:经营能力、经营需要、中标可能性、工程条件、工期要求。

(2)对上述每个因素视其重要程度给定一个权重,见表7-1。

(3)将各个因素的优劣分为三等,分别评为10分、5分、0分,见表7-1。

(4)计算综合得分,评价工程的投标条件。

表7-1　投标评价表

评价因素	权重	评分			得分
		好(10分)	一般(5分)	差(0分)	
1. 经营能力	0.25	10	—	—	2.5
2. 经营需要	0.2	—	5	—	1.0
3. 中标可能性	0.25	10	—	—	2.5
4. 工程条件	0.10	—	—	0	0
5. 时间要求	0.20	—	5	—	1.00
合　计	1.00				7.00

从表7-1的评分过程可看出,投标条件最好的为10分,但这种情况很少。实际工作中,

常根据经验确定一个参加投标的标准分数线,高于此线就参加投标。假定该企业的投标标准分数线为6.5分,则可考虑参加该工程投标。

2)期望值法

施工企业投标一般都比较注重经济效益,期望值法以经济效益为目的对投标工程进行选择。

如某企业拟在甲、乙、丙3个项目中选择一项投标,各种资料见表7-2,用期望值法决策选择哪个项目投标?

分析:计算各工程收益的数学期望值,见表7-2。

表7-2 期望值计算表

工程名称	未来状态下的收益值(万元)		期望值(万元)
	中标(0.4)	失标(0.6)	
甲	20	-0.5	7.70
乙	25	-0.8	9.52
丙	30	-1.5	11.1

经比较,丙项目的期望值最高,应选丙项目进行投标。

二、课堂实训

实训一 建筑工程施工投标决策的模拟训练

1. 目的

(1)掌握建筑工程施工投标决策的内容。

(2)能够根据具体工程项目作出相应的投标决策。

2. 环境要求

指导教师给出4个具体招标项目,明确每个项目的建设单位、建设地点、工程基本特征和施工现场条件、工程项目图纸和招标文件。

3. 能力(分项能力)标准及要求

要求掌握施工投标项目决策的内容。

4. 步骤提示

(1)将学生分为5个小组,每个小组形成一个投标单位,指导教师给出每个投标单位的具体信息。

(2)每个投标小组分别对4个招标项目进行决策,将决策的内容形成书面文字。

(3)每组分别说出自己对投标项目的决策情况的分析以及最终决定的投标项目。

5. 注意事项

(1)给出的招标项目信息尽量详细。

(2)施工单位的信息也应非常详细,便于学生对影响决策的内部和外部因素进行把握。

(3)指导教师最后应总结每组投标人的模拟训练表现,指出决策过程中存在的问题,并提出改进的建议。

6. 讨论与训练题

(1)影响施工投标决策的内部因素有哪些?

(2)影响施工投标决策的外部因素有哪些?

(3)施工投标项目的选择方法有哪些?

实训二　案例分析

某房地产公司计划在北京开发某住宅项目,采取公开招标的形式,某施工单位拟对该住宅项目进行投标,单位的投标组织机构决定采用综合评分法来决定是否进行投标。

第一步,投标组织机构首先确定了投标时需要考虑的因素。

(1)管理能力。能否抽出足够的、水平相应的管理工程的人员,包括工地项目经理和组织施工的工程师等。

(2)技术水平。技术水平和能力能否达到该项目的标准。

(3)机械设备实力。是否有数量足够的、品种齐全的、性能良好的、满足项目施工要求的机械设备。

(4)工期。工期是否紧张,能否达到该项目的工期要求。

(5)业主资金实力。业主的支付方式能否接受,本单位有无能力满足业主的垫资要求。

(6)竞争对手的熟练和实力。竞争对手是谁、以往同类项目投标竞争的结果、竞争对手的实力、竞争对手的积极性等。

(7)项目的经济效益。该项目的赢利预期情况,是否会亏损。

(8)项目的复杂程度。

第二步,设置各因素的权重,见表7-3。

第三步,将各个因素的优劣分为5个等级,分别评为好(10分)、较好(8分)、一般(6分)、较差(4分)和差(2分)。

第四步,根据工程特点和以往经验对各个因素进行打分,见表7-3。

第五步,加权汇总,得到投标机会总分为4.92分。

第六步,判断投标可行性。组织投标机构确定6分以上才参加投标,而该项目投标机会总分仅为4.92,小于6分,故该项目不适合单位投标。

除进行定量分析外,再利用定性分析。该施工单位技术水平较高,项目的复杂程度也不大,为一般技术项目,故该项目的技术水平和项目复杂程度的打分均较高。正是因为技术复杂程度不高,所以吸引了众多的投标商前来投标,而且其中有竞争力很强的,本公司中标可能性较小,所以第6项竞争对手的数量和实力这一项仅得2分;而且本工程招标采用最低价中标方法,在如此激烈的竞争中,投标商肯定会压低报价,以往同类项目招标采用最低价中标方法时,一般中标价仅仅略高于成本价,甚至会低于成本价,利润空间非常小。

表7-3　投标评价表

评价因素	权重	评分					得分
		好 10分	较好 8分	一般 6分	较差 4分	差 2分	
1. 管理能力	0.12	—	—	6	—	—	0.72
2. 技术水平	0.15	—	8	—	—	—	1.2
3. 机械设备实力	0.10	—	—	—	4	—	0.4
4. 工期	0.10	—	—	6	—	—	0.6
5. 业主资金实力	0.08	—	—	—	4	—	0.32

续表

评价因素	权重	评分					得分
		好 10分	较好 8分	一般 6分	较差 4分	差 2分	
6. 竞争对手的数量和实力	0.17	—	—	—	2	—	0.34
7. 项目的经济效益	0.15	—	—	—	—	2	0.3
8. 项目的复杂程度	0.13	—	8	—	—	—	1.04
合　计							4.92

实训三　案例分析

某承包商拟参加某工程项目施工投标。该工程招标文件已经明确,且采用固定总价合同发包。工程估算直接成本为1 500万元。承包商根据有关专家的咨询意见,认为该工程项目以10%、7%、4%的利润率投标的中标率分别为0.3、0.6、0.9。中标后如果承包效果好能达到预期利润,其概率为0.6;中标后如果承包效果不好,所得利润将低于预期利润2个百分点。该工程编制投标文件的费用为5万元。

问题:

(1)试计算各投标方案的利润值。

(2)试帮助承包商确定投标方案。

案例分析

问题(1):

①投标利润率10%、承包效果好的利润率为:1 500×10% =150万元

②投标利润率10%、承包效果不好的利润率为:1 500×8% =120万元

③投标利润率7%、承包效果好的利润率为:1 500×7% =105万元

④投标利润率7%、承包效果不好的利润率为:1 500×5% =75万元

⑤投标利润率4%、承包效果好的利润率为:1 500×4% =60万元

⑥投标利润率4%、承包效果不好的利润率为:1 500×2% =30万元

将以上结果列于表7-4中。

表7-4　各投资方案利润表

方案	效果	概率	利润(万元)
10%利润率	好	0.6	150
	差	0.4	120
7%利润率	好	0.6	105
	差	0.4	75
4%利润率	好	0.6	60
	差	0.4	30

问题(2):

①绘出决策树,表明各方案的概率和利润,见图7-2。

②计算图中各机会点的期望值(将计算结果标在各机会点上方)。

点⑤:150×0.6+120×0.4=138万元

点②:138 ×0.3 -5 ×0.7 =37.9 万元

点⑥:105 ×0.6 +75 ×0.4 =93 万元

点③:93 ×0.6 -5 ×0.4 =53.8 万元

点⑦:60 ×0.6 +30 ×0.4 =48 万元

点④:48 ×0.9 -5 ×0.1 =42.7 万元

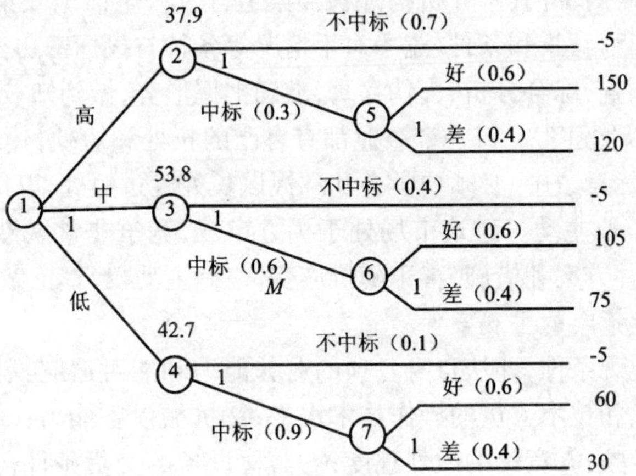

图 7-2　决策树

③确定投标方案:因为点③的期望值利润最大,故应选择利润率为 7% 的中标方案。相应的报价为 1 500 ×(1 +7%) =1 605 万元。

项目三　建筑工程施工投标策略与技巧

教学目标

- 理解建筑工程施工投标策略的含义。
- 熟悉常用的投标策略。
- 熟悉建筑工程施工投标的常用技巧。
- 掌握应用不平衡报价法的工程情况。
- 掌握多方案报价法和增加建议法。

能力标准及要求

- 通过对建筑工程施工投标策略与技巧的理解,培养学生完成实际工程投标的能力。
- 能够根据具体的建筑工程项目选择合适的投标技巧。

一、基础知识

建筑工程施工投标策略与技巧是建筑工程施工投标活动中一个非常重要的方面,采用一定的策略和技巧,可以增加施工投标的中标率,又可以获得较大的期望利润,它是施工投标活动的关键环节。

(一)建筑工程施工投标策略

建筑工程施工投标策略,是指建筑工程施工承包商为了达到中标目的而在投标过程中所采用的手段和方法。企业要达到中标的目的首先要做到以下几点:

(1)知彼知己,把握情势。建筑工程施工投标竞争中,信息十分重要。没有全面、准确、可靠的信息,很难保证决策的正确性,甚至导致投标竞争的失败。投标人要通过广播、电视、报纸、杂志等媒体和政府部门、中介机构等各种渠道,广泛、全面地收集招标人情况、市场动态、建筑材料行情、工程背景和条件、竞争对手情况等各种与投标密切相关的信息,并对各种投标信息进行深入调查,综合分析,去伪存真,准确把握形势,做到知彼知己,百战不殆。

(2)以长治短,以优胜劣。每一个企业都有自己的长处和短处,建筑工程承包商也是如此。因此,在施工投标竞争中,必须要学会和掌握以长处胜过短处,以优势胜过劣势。

(3)随机应变,争取主动。建筑市场处于买方市场,竞争非常激烈。在竞争中,面对复杂的形势,要准备多种方案和措施,善于随机应变,掌握主动权,真正做投标活动的主人。

1. 影响施工投标策略的主观条件

要从本企业的主观条件,即从自身各项的业务能力和能否适应投标工程的要求进行衡量,主要考虑:①工人和技术人员的操作技术水平;②机械设备能力;③设计能力;④对工程的熟悉程度和管理经验;⑤竞争的激烈程度;⑥器材设备的交货条件;⑦得标承包后对企业今后的影响;⑧以往对类似工程的经验。

2. 影响施工投标策略的客观因素

除了了解企业自身的条件,还应全面了解企业以外的各种因素,主要有下列几种因素。

(1)工程的全面情况。包括图样和说明书,现场地上、地下条件,如地形、交通、水源、土壤地质、水文、气象等。这些是拟定施工方案的依据和条件。

(2)业主及其代理人(工程师)的基本情况。包括资历、业务水平、工作能力、个人的性格和作风等。这些都是有关今后在施工承包估算中能否顺利进行的主要因素。

(3)劳动力的来源情况。如当地能否招募到比较廉价的工人,以及当地工会对承包商在劳务问题上能否合作的态度。

(4)建筑材料、机械设备等的供应来源、价格、供货条件以及市场预测等情况。

(5)专业分包,如卫生、空调、电气、电梯等的专业安装力量情况。

(6)银行贷款利率、担保收费、保险费率等与投标报价有关的因素。

(7)当地各项法规,如企业法、合同法、劳动法、关税、外汇管理法、工程管理条例以及技术规范等。

(8)竞争对手的情况。包括企业的历史、信誉、经营能力、技术水平、设备能力、以往投标报价的价格情况和经常使用的投标策略等。

对以上客观情况的了解,除了有些可以从招标文件和业主对招标工程的介绍、勘察现场获得外,还必须通过广泛的调查研究、询价、社交活动等多种渠道了解。

3. 投标策略

当充分分析了以上主客观情况,对某一具体工程认为值得投标后,这就需要确定采取一定的投标策略,以达到既有中标机会,今后又能赢利的目的。常见的投标策略有以下几种:

(1)靠提高经营管理水平取胜。这主要靠做好施工组织设计,采取合理的施工技术和施工机械,精心采购材料、设备,选择可靠的分包单位,力求节省管理费用,从而有效地降低成本而获得较大的利润。

(2)靠改进设计和缩短工期取胜。仔细研究原设计图样,发现不够合理之处,提出能降低造价的修改设计建议,以提高对业主的吸引力。另外,靠缩短工期取胜,比规定的工期有所缩短,达到早投产、早收益,有时即使标价稍高,对业主也是有吸引力的。

(3)低利政策。主要适用于承包任务不足时,与其坐吃山空,不如以低利承包到一些工程。此外,承包商初到一个新的地区,为了打入这个地区的承包市场,建立信誉,也往往采取这种策略。

(4)加强索赔管理。有时虽然报价低,却着眼于施工索赔,还能赚到高额利润。所谓中标靠低价,赢利靠索赔。

(5)着眼于发展。为争取将来的优势,而宁愿目前少赢利。承包商为了掌握某种有发展前途的工程施工技术(如建筑核电站的反应堆或海洋工程等),就可能采取这种策略。这是一种较有远见的策略。

(二)建筑工程施工投标技巧

对建筑工程施工投标技巧的研究,其实是在保证工程质量与工期的条件下,寻求一个好的报价的技巧问题。投标人为了中标并获得期望的利益,投标程序全过程几乎都要研究投标报价技巧问题。常见的投标技巧主要有以下几种:

1. 扩大标价法

扩大标价法是指除按正常的已知条件编制标价外,对工程中变化较大或没有把握的工作项目,采用增加不可预见费的方法,扩大标价,减少风险。这种做法的优点是中标价即为结算价,减少了价格调整等麻烦,缺点是总价过高。

2. 不平衡报价法

不平衡报价,指在总价基本确定的前提下,调整内部各个子项的报价,以期既不影响总价,又能使投标人中标后尽早收回垫支于工程中的资金和获取较好的经济效益。但要注意避免过高和过低现象,避免失去中标机会。通常采用的不平衡报价有下列几种情况。

(1)对能早期结账收回工程款的项目(如土方、基础等)的单价可报以较高价,以利于资金周转;对后期项目(如装饰、电气设备安装等)单价可适当降低。

(2)估计今后工程量可能增加的项目,其单价可提高;而工程量可能减少的项目,其单价可降低。

(3)图纸内容不明确或有错误,估计修改后工程量要增加的项目,其单价可适当提高;而工程内容不明确的,其单价可适当降低。

(4)没有工程量只填报单价的项目(如疏浚工程中的开挖淤泥工作等),其单价宜高,这样,既不影响总的投标报价,又可多获利。

(5)对于暂定项目,其实施的可能性大的项目,价格可适当定高;估计该工程不一定实施的,价格可适当定低。

采用不平衡报价法,优点是有助于对工程量表进行仔细校核和统筹分析,总价相对稳定,不会过高;缺点是单价报高报低的合理幅度难以掌握,单价报得过低会因执行中工程量增多而造成承包商损失,报得过高会因招标人要求低价而使承包商得不偿失。因此,在运用不平衡报价法时,要特别注意工程量数量有无错误,不能盲目报高或报低,需要具体分析后再确定。

3. 零星用工(计工日)一般可稍高于工程单价表中的工资单价

在施工过程中,承包人完成发包人提出的工程合同范围以外的零星项目或工作,按合同中约定的单价计价的一种方式。

4. 多方案报价法

多方案报价法是利用工程说明书或合同条款不够明确之处,以争取修改工程说明书和合同为目的的一种报价方法。当工程说明书或合同条款有不够明确之处时,往往使投标人承担较大风险。为了减少风险就必须扩大工程单价,增加“不可预见费”。但这样做又会使报价过高而增加被淘汰的可能性。多方案报价就是为对付这种两难局面而出现的。其具体做法是在标书上报两个价目单价:一是按原工程说明书合同条款报一个价;二是加以注释,“如工程说明书或合同条款可做某些改变时”,则可降低多少费用,使报价成为最低,以吸引业主修改说明书和合同条款。但是,如有规定,政府工程合同的方案是不允许改动的,这个方法就不能使用。

5. 突然降价法

突然降价法是为迷惑竞争对手而采用的一种竞争方法。通常做法是,在准备投标报价的过程中预先考虑好降价的幅度,然后有意散布一些假情报,如打算弃标,按一般情况报价或准备报高价,等临近投标截止日前,突然前往投标,并降低报价,以期战胜竞争对手。降低投标价格可以从3个方面入手:降低投标利润、降低经营管理费和设定降价系数。

6. 增加建议方案法

有的招标文件中规定,可以提出建议方案,即可以修改原设计方案,提出投标者的方案。投标者这时应组织一批有经验的设计和施工工程师,对原招标文件的设计和施工方案仔细研究,提出更合理的方案以吸引业主并促进自己的方案中标。这种新的建议方案可以降低总造价或提前竣工或使工程运用更合理。但要注意的是,对原招标方案一定要报价,以供业主比较。

7. 联合保标法

在竞争对手众多的情况下,可以几家实力雄厚的承包商联合起来控制标价,一家出面争取中标,再将其中部分项目转让给其他承包商分包,或轮流相互保标。

8. 先亏后赢法

在实际工程中,有的承包商为了打入某一地区或某一领域,依靠自身实力,采取一种不惜代价、只求中标的低报价投标方案。一旦中标之后,可以承揽这一地区或这一领域更多的工程任务,达到总体赢利的目的。

投标者在对招标工程进行投标时,除了应在投标报价上下工夫外,还应注意掌握其他方面的技巧。

(1)聘请投标代理人。投标人在招标工程所在地聘请代理人为自己出谋划策,以便争取中标。

(2)许诺优惠条件。我国不允许投标人在开标后提出优惠条件。投标人除了考虑中标的关键因素——价格外,还可以考虑其他许多重要因素,如缩短工期,提高工程质量,降低支付条件要求,提出新技术和新设计方案,以及提供补充物资和设备等,将这些优惠条件在投标文件中提出。以此优惠条件争取得到招标人的赞许,争取中标。

(3)开展公关活动。公关活动是投标人宣传和推销自我,沟通和联络感情,树立良好形象的重要活动。积极开展公关活动,是投标人争取中标的一个重要手段。

二、课堂实训

实训一　案例讨论

某高层办公楼建筑面积3.5万平方米,地上28层,地下3层,主体结构类型为框架－剪力墙结构,基础采用箱形基础,建设单位已委托某专业设计单位做了基坑支护方案,采用钢筋混凝土桩悬臂支护。业主进行该工程施工招标时,在招标文件中规定:预付款数额为合同价的10%,在合同签订并生效后10天内支付,上部结构工程完成一半时一次性全额扣回,工程款按季度支付。

某承包商通过资格预审后,购买了招标文件。根据图纸测算和对招标文件的分析,确定该项目总估价为9 000万元,总工期为24个月,其中:基础工程估价为1 200万元,工期为6个月;上部结构工程估价为4 800万元,工期为12个月;装饰和安装工程估价为3 000万元,工期为6个月。

投标时,该承包商为了发挥自己在深基坑施工方面的优势,建议建设单位将钢筋混凝土桩悬臂支护改为钢筋混凝土桩悬臂加锚杆支护,并对这两种施工方案进行了技术经济分析和比价,证明钢筋混凝土桩悬臂加锚杆支护不仅能保证施工安全性,减小施工对周边的影响,而且可以降低基础工程造价10%。

此外,该承包商为了既不影响中标,又能在中标后取得较好的收益,决定采用不平衡报价法对原估价做适当调整,基础工程调整为1 300万元,结构工程调整为5 000万元,装饰和安装工程调整为2 700万元。

该承包商还考虑到,该工程虽然有预付款,但平时工程款按季度支付不利于资金周转,决定除按上述调整后的数额报价外,还建议业主将支付条件改为:预付款为合同价的5%,工程款按月支付,其余条款不变。

投标文件编制完成后,该承包商将投标文件封装,在招标文件规定的投标截止时间将投标文件报送业主。

问题:

(1)该承包商所运用的不平衡报价法是否恰当?为什么?

(2)除了不平衡报价法,该承包商还运用了哪些报价技巧?运用是否得当?

案例分析:

问题(1):该承包商所运用的不平衡报价法恰当。因为该承包商是将属于前期工程的基础工程和主体结构的报价调高,而将属于后期工程的装饰和安装工程的报价调低,可以在施工的早期阶段收到较多的工程款,从而可以提高承包商所得工程款的现值;而且,这三类工程单价的调整幅度均在合理范围内。

问题(2):除了不平衡报价法,该承包商还运用了多方案报价法和增加建议方案法。

增加建议方案法运用得当,通过对两个支护施工方案的技术经济分析和比较(这意味着对两个方案均报了价),论证了建议方案的技术可行性和经济合理性,对业主有很强的说服力。

多方案报价法运用恰当,因为承包商的报价既适用于原付款条件,也适用于建议的付款条件。

实训二　案例讨论

某承包商通过资格预审后,对招标文件进行了仔细分析,发现业主提出的工期要求过于苛刻,且合同条款中规定每拖延1天工期罚合同价的1%。若要保证实现该工期要求,必须采取特殊措施,从而大大增加成本;还发现原设计结构方案采用框架剪力墙结构过于保守。因此,该承包商在投标文件中说明业主的工期要求难以实现,因而按自己认为的合理工期(比业主要求的工期增加6个月)编制施工进度计划并据此报价;承包商还建议将框架剪力墙体系改为框架体系,并对这两种结构体系进行了技术经济分析和比价,证明框架体系不仅能保证工程结构的可靠性和安全性、增加使用面积、提高空间利用的灵活性,而且可以降低3%的造价。该承包商将技术标和商务标分别封装,在封口处加盖本单位公章和法定代表人公章,项目经理签字后,在投标截止日期前1天上午将投标文件报送业主。次日(即投标截止日当天)下午,在规定的开标时间前1小时,该承包商又递交了一份补充资料,其中声明将原报价降低40%。但是,招标单位的有关工作人员认为,根据国际上"一标一投"的惯例,一个承包商不得递交两份投标文件,因而拒收承包商的补充材料。

问题:

(1)该承包商运用了哪些报价技巧?分析其运用是否恰当?

(2)招标单位是否应拒收承包商的补充资料?

案例分析:

问题(1):该承包商运用了3种报价技巧,即多方案报价法、增加建议法和突然降价法。其中,多方案报价法运用不当,因为运用该报价技巧时,必须对原方案(本案例指业主的工期要求)报价,而承包商在投标时仅说明了该工期要求难以实现,却并未报出相应的投标价。

增加建议法运用得当,通过对两个结构体系方案的技术经济分析和比较(这意味着对两方案均报了价),论证了建议方案(框架体系)的技术可行性和经济合理性,对业主有很强的说服力。

突然降价法也运用得当,原投标文件的递交时间比规定的投标截止时间仅提前1天多,这既是符合常理的,又为竞争对手调整、确定最终报价留有一定的时间,起到了迷惑竞争对手的作用。若提前时间太多,会引起竞争对手的怀疑,而在开标前1小时突然递交了一份补充文件,这时竞争对手已不可能再调整报价了。

问题(2):招标单位的有关工作人员不应拒收承包商的补充文件,因为承包商在投标截止时间之前所递交的任何正式书面文件都是有效文件,都是投标文件的有效组成部分,也就是说,补充文件与原投标文件共同构成一份投标文件,而不是两份相互独立的投标文件,所以招标单位的工作人员拒收承包商的补充文件的行为是错误的。

三、知识拓展

西方国家的评标标准和方法

招标投标在西方发达国家已有100多年的实践,其招标投标法律体系已经相当成熟,市场比较规范,监管和服务机构已相当健全。形成了以美国、法语地区、英联邦地区等为代表的主要招标投标模式。评标方法有两类:一是最低价格原则;二是最佳价值原则。主要技术标准有《FIDIC合同条款》《ICE合同条款》《AIA系列标准合同文件》等等。

国际上招标管理通常实行"供应商评审制度",由国家或组织制定了一系列选择供应商、承包商和服务提供者的标准和程序，对供应商进行信誉等级、职业资格、经济和财务能力、技术知识和能力等方面的评定，编制了“合格供应商和承包商永久名单”。招标时，只有合格供应商才能入围，因此，采用的评标方法相对简单，主要是核定投标价格。

国际工程、货物评标惯例：评标由专家组成的评标委员会进行，采用将非价格因素折算成报价的最低评标价中标的评标方法，不采用打分法评标，不接受报价低于某一标准（或低于成本）投标就无效的做法，竞争以价格为主，世行、亚行、联合国以最低评标价中标，甚至最低投标价中标，WTO 以最优报价中标。

国际评标通常不设价格标底，若设价格标底也仅用于衡量合同的风险，但不会因投标人报价低于标底而拒绝授标，只是要求中标人加大履约担保金来控制风险。价格标底由第三方专业机构制定。

项目四 建筑工程施工投标的风险分析

教学目标

- 理解建筑工程施工投标风险的概念。
- 了解施工投标风险的表现形式。
- 熟悉建筑工程施工投标风险的来源。
- 掌握建筑工程施工投标风险的防范措施。
- 掌握建筑工程施工投标风险的对策。

能力标准及要求

- 能够通过分析建筑工程施工投标风险的来源，培养学生辨别施工投标风险的能力。
- 能够根据投标中的风险制订相应的防范措施和对策。

一、基础知识

风险是在一定条件下、一定时期内可能产生结果的变动，它源于现实世界的不确定性以及人类对其认识的有限性。现代工程项目具有建设规模大、施工技术新、持续时间长、参加单位多、环境接口复杂和工程质量要求高等特点，因此建设项目投标过程中必然存在着不同形式、不同程度、不同类别的风险。研究投标过程中风险的形式及影响因素，进而采取措施加以控制，将有助于投标致胜和中标后取得良好的经济效益。

（一）建筑工程施工投标风险的表现形式

1. 宏观环境风险

宏观环境风险包括政治风险、经济风险、不可抗力风险和自然环境风险，它们之间有着复杂的内在联系，并且互为影响、互为消长。

2. 投标过程风险

投标过程风险主要表现为，低价竞标风险、优惠条件竞标风险、投标文件错误风险、投标代理风险、联合体与分包商风险和投标人效用风险等，而且这些风险经常并存于同一个工程项目中。

3. 技术条件风险

技术条件风险包含现场未知因素风险、建筑材料供应风险、建筑机械使用风险、技术规范图纸风险以及专有技术应用风险等，这些风险往往不是局部的或某一个方面的，而是全局性的，并且它们随着时间的推移有扩大的趋势。

（二）建筑工程施工投标风险

1. 公共关系风险

施工投标过程中的公共关系风险主要指投标人在投标过程中，由于建设主管部门机构、设计单位、中介代理机构、质量管理机构、环境管理机构的行为、效率、工作质量和相关规定带来的风险。

1）业主方面

对于承包商来说，来自业主的主要风险因素是信用风险。业主可能有倾向性或业主缺乏诚信，向各投标人提供不真实的项目信息；或在资格预审中，干扰其他评审人员公正的评审等。

2）招标代理单位

对承包商来说，来自招标代理单位的主要风险因素是道德和技能风险，主要为招标代理单位违反职业道德和工作技能差。违反职业道德表现为与业主或某投标人一起"暗箱操作"，在招标过程和招标文件中设置障碍或设定有倾向性的内容；在资格预审的评审中，干预评审人员的公正评审等。工作技能差体现在代理人员缺乏相应的专业知识、经验，业务能力不强，职业责任心差，工作失误多。

3）评标专家方面

承包商面临来自评标专家的主要风险因素是道德和技能风险。道德风险体现在有些评标专家违反职业道德，评审不公正，带有倾向性。技能风险体现在有些评标专家，由于专业水平的原因，造成评审结果不科学、不合理。

4）招标监管部门方面

目前，有些招投标监管部门仍存在一些不规范的行为，如行政能力低，对法律法规、政策文件理解不透，执行存在偏差；行政不作为，如在抽选评审专家和评审过程中，走过场，不履行监督职责；滥用权力，有些监管人员利用职权之便，干预招标文件评标标准的设定或资格评审人员的评审结果等。由此可以看出，对承包商来说，来自招标监管部门的主要风险因素是技能风险和道德风险。

2. 自然及环境风险

洪水、地震、火灾、台风、雷电等均是不可抗拒的自然力，不明的水文气象条件、复杂的工程地质条件、恶劣的气候、施工环境的影响等都是潜在的风险因素。在国际工程中，工程所在国发生战争、禁运、罢工、社会动乱、爆炸，通货膨胀、汇率调整、工资和物价上涨，新的法律颁布，国家调整税率或增加新税种，新的外汇管理政策等也都是风险因素。施工单位在投标时应充分考虑到这些因素，对于不可抗力的级别加以界定，并提请业主希望在投标文件中充分考虑自然及环境影响对工期的影响。对不可抗力如何界定是关系到工程实施过程中风险分担的一个重要问题，按照合同有关条款，这类风险由合同主体共同承担，承包人将得到延误工期的经济补偿。

3. 投标策略选择风险

投标过程中的风险是由于投标人在参加招标、争取中标、谋取利益的行为过程中产生的。因此，当投标人采取超低报价竞标时，有可能产生与工程成本持平或偏低造成企业亏损的风险；而有的招标人提出带资承包的要求，即采取先贷款后支付的办法，但到工程开工后，业主拖延或无力支付，致使承包商不能及时收回资金而产生的风险；此外，对大型工程项目投标时，投标人一般要组成联营体竞标，而联营体内各家公司是临时性伙伴，彼此不很了解，容易产生单位之间的矛盾，进一步产生联营体内部关系风险。

4. 技术管理能力风险

技术能力方面：投标人的技术能力涉及对地质资料的理解，对工程所处的自然环境条件的预见与分析，对建筑材料和设备的供应、质量、消耗量的可靠性与有效性分析，对施工技术标准规范的科学性与可行性分析，对应用施工技术的整体性与先进性的分析等。

管理能力方面：管理能力涉及施工的组织能力、协调能力、控制能力和计划能力等，如领导班子不能胜任、工人效率低下、开工时的准备工作不到位、不了解当地的相关政策等。

5. 投标项目竞争风险

市场经济的一个重要特征就是竞争，通过公平的市场竞争达到优胜劣汰的目的。因此，投标项目的竞争风险主要来自于竞争对手，而识别的方法就是充分了解竞争对手的实际情况，掌握竞争对手的综合实力。要全面收集有关竞争对手历年的投标情况资料，如投标策略、报价高低、利润率高低等；还要了解主要竞争对手目前的环境，以便分析其在本次投标中有可能采取的策略和方法。通过调查和分析，基本掌握竞争对手的情况，对于投标竞争所引起的风险便会做到心中有数。

6. 合同风险

工程合同既是项目管理的法律文件，也是项目全面风险管理的主要依据。其中一般都有风险条款和一些明显的或隐含的对承包商不利的条款。承包商必须具有强烈的风险意识，在审阅合同文件时应从风险分析与风险管理的角度研究合同的每一个条款，对项目可能遇到的风险因素有全面深刻的了解。承包合同的风险主要如下所示：

（1）合同中明确规定的承包商应承担的风险。这种风险一般在合同条款中都比较明确的规定应由承包商承担。如合同中规定，工程变更在5%的合同金额内，承包商得不到任何补偿，则在这个范围内工程量的增加是承包商的风险。

（2）合同条文不全面、不完整、不清楚，合同双方责权利关系不清楚所带来的风险。这样的承包合同在执行过程中会导致双方发生分歧，最终导致承包商的损失。如合同中缺少业主拖欠工程款的处罚条款。又如合同中对一些问题不做具体规定，仅用“另行协商解决”等字眼。特别要注意这些条款，合理分析所承担的风险。

（3）业主为转移风险单方面提出的过于苛刻、责权利不平衡的合同条款。例如合同中规定“业主对由于第三方干扰造成的工程拖延不负责任”，这实际上把第三方干扰造成的工程拖延的风险转嫁给了承包商。

（4）根据不同工程项目内容选择不同合同计价类型。按工程项目的特点和实际，适当选择计价形式，降低工程的合同风险。如对固定总价合同，承包商承担了全部的风险；对可调价合同，业主承担了通货膨胀的风险，而承包商承担了其他的风险。

（5）合同潜在的变化。比如在上海铁路枢纽新建上海铁路南站配套工程沪闵路立交工程中，招标时合同中明确中间的4节U型槽由总承包单位施工，但是后来由于某种原因，招标人将该范围工作量全部划出，重新招标，对于投标人而言，工作量减少了近20%。

（三）建筑工程施工投标风险防范和对策

招投标活动的最终结果是确定中标的承包商，业主与中标人一旦签订工程承包合同，即具有法律效力，受到法律的保护。合同双方的权利和义务被限制在合同上，双方都必须严格履行合同，任何人无权单方面修改和撤销合同，如发生一方违约，即要承担相应的法律责任。作为承包商，应意识到招标投标活动的法律后果，在投标过程中牢固树立风险意识，提高风险管理的水平，把风险减到最低，实现企业利润最大化。对施工投标过程中风险可以从以下几个方面进行防范和采取对策。

1. 招标条件分析

主要分析的内容是投标人须知，通过分析不仅掌握工程项目的情况、招标活动的安排和各项要求，对投标活动作出相应的安排，而且承包商应了解投标风险，综合分析企业目标、企业自身的经营状况，如承包商的技术力量、施工力量、装备水平、工程管理水平等，建筑市场的形势等多方面的因素，确定是否投标及投标的策略。

2. 技术文件分析

技术文件分析应进行图纸会审，工程量复核，从而了解具体的工程范围、技术要求、质量标准。在此基础上进行施工组织设计，安排劳动力，做好各种材料、构件的供应采购计划。

3. 合同文本分析

合同文本分析的内容主要是合同协议书和合同条件。合同文本的最基本要求是内容完整、定义清楚、平等互利。合同的文本分析一般从以下几方面进行：

（1）合法性分析。主要分析的内容是当事人主体资格是否合法；发包人是否具有发包工程、签订合同的资质和权能；工程项目是否具备招标投标的条件；工程承包合同内容是否符合法律的要求。

（2）完备性分析。承包合同的完备性包括相关的合同文件的完备性和合同条款的完备性。合同文件的完备性主要指各种合同文件齐全。合同条款的完备性指合同条款齐全、完整。

（3）合同双方责权利平衡性分析。合同应公平合理地分配双方的责任和权益，使它们达到总体平衡。在承包合同中要注意合同双方责任和权益的制约关系。业主的一项合同权益，必是承包商的一项责任，反之亦然。对于合同的任一方，有一项权益，则必然有与此相关的一项责任；同时，有一项责任，则必然又有与此相关的一项权益。

4. 认真编制投标文件，确定投标报价策略

承包商在详细分析招标文件的基础上，应认真编制投标文件，根据工程项目的特点确定项目经理人选和专业技术人员的构成，编制高水平的施工组织设计方案，增加业主的信任度和对业主的说服力。在投标报价方面，根据企业生产经营状况，灵活采取各种报价策略。如对风险大的合同，承包商可以提高报价中的风险附加费，为风险做资金准备，以弥补风险发生所带来的部分损失，使合同价格与风险责任相平衡。在报送投标文件前，应指派专人检查投标文件，避免一些细节上的失误。

5. 合同风险

承包商应选拔熟悉国家法律、法规的人员担任合同管理工作，必要时可以聘请律师作为

法律顾问，充分考虑合同实施过程中的各种不利因素，为以后的合同索赔创造机会。同时，承包商应广泛收集与项目有关的资料，制定合同谈判策略，为合同谈判做好准备。

6. 风险的转移和分散

分散风险，主要是采用几家单位联合投标的方式来分散风险。对于规模大、造价高、风险大的工程，投标人一方面可利用几家联合投标来共同抵御风险。另一方面可以利用各联合单位的专业优势，取长补短，多快好省地共同完成承包项目。

转移风险，主要是指利用保险和担保的方式将风险转移给保险公司和担保机构，这样可以保证工程质量，减少责任事件发生时的风险损失。对于投标人来说，可以要求业主提供支付担保，让业主保证按照合同约定如期向自己履行支付责任；而保险是一种经济补偿制度，是通过对有可能发生的不确定事件的预测和收取保险费的方法建立保险基金，以合同的形式将风险从被保险人转移到保险人，由多数人分担少数人的损失。保险是业主和承包商转移风险的一种重要手段。承包工程保险有工程一切险、施工设备险、第三方责任险、人身伤亡险等。除了采取保险和担保的方式外，也可以将一些风险大的分项工程分包出去，向分包商转移风险。

二、课堂实训

风险分析讨论

1. 目的

(1)掌握建筑工程施工投标风险的来源。

(2)掌握建筑工程施工投标风险的防范措施和对策。

2. 环境要求

指导教师准备招标文件 2 份、投标文件 2 份、施工合同 2 份。

3. 能力(分项能力)标准及要求

要求学生能够分析出给定的招标文件、投标文件和施工合同中存在的风险。

4. 步骤提示

(1)将学生分为 6 个小组，其中两组讨论招标文件，另外两组讨论投标文件，其余两组讨论施工合同。

(2)由讨论相同文件的两个小组轮流发言，提出所讨论文件存在的风险，并考虑如何防范这些风险。

(3)指导教师加以点评。

(4)交换讨论文件，重复上述步骤。

(5)将分析的结果加以整理，形成书面资料。

5. 注意事项

(1)给定的招标文件、投标文件、施工合同应是具体工程项目的。

(2)指导教师最后应总结每组的训练表现，指出存在的问题并提出改进的建议。

6. 讨论与训练题

(1)建筑工程施工投标风险的来源?

(2)如何采取风险防范措施和对策?

项目五　建筑工程施工投标文件的编制与递交

教学目标

- 理解建筑工程施工投标文件的概念。
- 熟悉编制建筑工程施工投标文件的前期准备工作。
- 掌握建筑工程施工投标文件的组成内容。
- 掌握建筑工程施工投标文件的编制顺序。
- 掌握编制建筑工程施工投标文件的注意事项。
- 掌握建筑工程施工投标文件的提交要求。

能力标准及要求

- 能够根据给定的招标文件进行施工投标文件的编制。
- 能够完成投标文件编制的每一项具体工作。

一、基础知识

建筑工程施工投标文件是工程投标人单方面阐述自己响应招标文件要求,旨在向招标人提出愿意订立合同的意思表示,是投标人确定、修改和解释有关投标事项的各种书面表达形式的统称,是招标人判断投标人是否愿意参加投标的依据,也是评标委员会进行评审和比较的对象。中标的投标文件还和招标文件一起成为招标人和中标人订立合同的法定根据,因此,投标人必须高度重视建筑工程施工投标文件的编制和提交工作。

(一)编制施工投标文件前的准备工作

1. 研究招标文件

投标人在获取招标文件后,应认真熟悉、研读招标文件,包括招标文件合同条件、报价要求、技术规范和图纸等方面的内容。通过详细研究招标文件,可以发现其中表达不清楚,相互矛盾之处以及明显错误,在勘察现场时进行调查,对仍存在的疑问,可以在标前会议上或投标前规定的时间内以书面形式向招标人询问、澄清。

1)关于合同条件方面

(1)要核准下列日期:投标截止日期和时间,投标有效期,由合同签订到开工的允许时间;总工期和分阶段验收的工期,工程保修期等。

(2)核准关于误期赔偿费的金额和最高限额的规定,提前竣工奖励的有关规定。

(3)核准关于保函或担保的有关规定,保函或担保的种类,保函额或担保额的要求、有效期等。

(4)核准付款条件。应搞清是否有动员预付款,其金额和扣还的时间与办法;永久设备和材料预付款的支付规定;进行付款的方法;自签发支付证书至付款的时间;拖期付款是否支付利息;扣留保留金的比例及最高限额和退还条件。

(5)核准价格调整条款,应搞清有无对材料、设备和工资的价格调整规定,其限制条件和调整公式如何。

(6)核准工程保险和现场人员事故保险等的规定,如保险种类、最低保险金额、保期和免赔额等。

(7)核准人力不可抗拒因素造成损害的补偿办法与规定,中途停工的处理办法与补救措施。

(8)核准争端解决的有关规定。

2)关于承包人责任范围和报价要求方面

(1)应当注意合同是属于单价合同、总价合同还是成本加酬金合同,不同的合同类型承包人的责任和风险不同。

(2)认真落实要求投标的报价范围,不应有含糊不清之处。

(3)认真核算工程量。

3)技术规范和图纸方面

(1)工程技术规范是按工程类型来描述工程技术和工艺的内容和特点,是对设备、材料、施工和安装方法等所规定的技术要求,有的则是对工程质量(包括材料和设备)进行检验、试验和验收所规定的方法和要求。在核对工程量清单的过程中,应注意每项工作的技术要求及采用的规范。

(2)要特别注意技术规范中有无特殊施工的技术要求,有无特殊材料和设备的技术要求,有无允许选择代用材料和设备的规定,若有,则要分析其与常规方法的区别,合理估算可能引起的额外费用。

(3)图纸分析要注意平面图、立面图、剖面图之间尺寸、位置的一致性,结构图与设备安装图之间的一致性,当发现矛盾之处应及时提醒招标人予以澄清并修正。

2. 勘察现场

勘察现场是指招标人组织投标人对工程现场场地和周围环境等客观条件进行的现场勘察,目的是为投标人编制施工组织设计或施工方案,以及计算各种措施费用获取必要的信息。投标人到现场调查,可进一步了解招标人的意图和现场周围的环境情况,以获取有用的信息并据此作出是否投标或投标策略以及投标报价。

3. 投标质疑、参加投标预备会

这是投标准备的重要工作。从招标人发售招标文件开始至投标截止日前规定的时间,投标人有权以书面方式提出各种质疑。招标人也有权对招标文件中存在的任何问题进行修改和补遗。招标人对上述书面答复、修改和补遗,将邮寄或传真给购买招标文件的所有投标人,并且这些书面文件也将成为招标文件的组成部分,对将来签订合同双方均有法律的约束力。

投标人在要求招标澄清招标文件时,应注意以下事项。

(1)招标文件中对投标者有利之处或含糊不清的条款,不要轻易提前澄清(它可以成为投标人灵活运用报价手法的突破口)。

(2)不要轻易让竞争对手从投标人提出的问题中窥探出投标者的设想、施工方案。

(3)对含糊不清的重要合同条款,如工程范围不清楚、招标文件和图纸相互矛盾、技术规范明显不合理等问题,均可要求业主或招标人澄清解释。

(4)关于业主或招标人的澄清或答复,应以书面文件为准,不可以口头答复为依据来确定报价。

(二)建筑工程施工投标文件的编制

建筑工程施工投标人应按照招标文件的要求编制投标文件。从合同订立过程来分析，招标文件属于要约邀请。投标文件属于要约，其目的在于向招标人提出订立合同的意思。投标文件作为一种要约，必须符合以下的条件。

(1)必须明确向招标人表示愿以招标文件的内容订立合同的意思。

(2)必须对招标文件提出的实质性要求和条件作出响应(包括技术要求、投标报价要求、评价标准等)。

(3)必须按照规定的时间、地点提交给招标人。

凡不符合上述条件的投标文件，将被招标人拒绝。

1.建筑工程施工投标文件的组成

投标人必须使用招标文件提供的表格格式，但表格可以按同样格式扩展，投标保证金、履约保证金的方式按投标须知有关条款的规定可以选择。

在实际工作中，一般将投标书分成3部分，分别由相应的投标人员完成编制。一是投标函部分，包括“投标函”在内的各种格式文件(如投标保函、授权书等)和其他“投标人须知”规定必须填写的内容；二是商务标书，即投标报价，以工程量清单为主；三是技术标书，即施工组织设计。

投标函部分包括：①投标函及投标函附录；②投标担保；③授权书；④联合体协议书(如果有)；⑤资格预审的资料；⑥投标人须知规定应填报的其他资料；⑦投标单位一般情况表；⑧投标单位财务状况表；⑨在建工程情况；⑩分包人情况。

技术标书部分包括：①施工组织设计文字说明；②项目施工组织管理机构；③拟投入的施工机械设备和试验仪器设备；④主要人员简历；⑤施工总体平面布置图；⑥施工总进度计划表；⑦工程进度管理曲线、网络图；⑧主要工序工艺流程图；⑨工程质量保证体系；⑩项目拟分包情况。

商务标书(报价)部分包括：①工程量清单说明；②工程量清单细目；③专项暂定金汇总表；④计日工明细表；⑤工程量清单汇总表；⑥单价分析；⑦合同支付结算；⑧外汇需求；⑨国外材料；⑩调价权值系数。

2.建筑工程施工投标文件的编制步骤

施工投标文件应当对招标文件提出的实质性要求和条件作出响应。

(1)实质性响应条款的编制。包括对合同主要条款的响应，对提供资质证明的响应，对采用的技术规范的响应等。

(2)复核、计算工程量。

(3)编制施工组织设计，确定施工方案。

(4)计算投标报价。

(5)装订成册。

3.施工组织设计的编写

这里主要介绍技术标书的施工组织设计编制，商务标书的投标报价部分将在后续章节中详细介绍。

1)施工组织设计的编写内容

投标施工组织设计的重点是根据招标文件的要求，认真进行调查研究，搞好方案比较选择，做好施工前的各项准备工作，根据招标工程的具体情况，遵循经济合理的原则，对整个工程，需从时间、空间、资源、资金等方面进行综合规划，全面平衡，并指出施工的目标、方向、途径和方法，为科学施工作出全面部署，保证按期完成建设任务。

在投标阶段，招标文件中提供了“施工组织建议书”格式，施工组织设计的主要内容包括以下内容：工程概况；施工总设计；主要工程项目的施工方案、施工方法；各分项工程的施工顺序；运输组织；工程质量控制和工期保证措施；设备、人员、材料使用计划；冬季和雨季的施工安排；质量、安全保证体系；其他应说明的事项。按照表现形式又可以将施工组织设计分为文字说明部分和图表部分。

(1)施工组织设计文字说明部分。

施工组织设计文字说明部分主要包含以下内容。

①工程特点或工程概况。一般包括建设项目主要概况、建设地区自然条件和技术经济条件、建设单位或上级主管部门对施工的要求等。

②编制范围。一般为投标工程范围。

③编制依据。投标施工组织设计的编制依据一般有下列资料：招标文件提供的图纸、工程数量；要求工程交验的日期；实地调查所掌握的有关气象、交通运输、材料分布、大型临时设施及小型临时设施的修建条件、水电的供应渠道、现有材料现状、旧料可利用的程度和数量、行车密度等资料；建设单位的特殊要求；本单位施工力量及机具的调配情况等。

④开工竣工日期计划。一般情况下，确保招标工程的竣工工期是中标的先决条件之一，因此，编制施工组织设计时，必须以招标文件规定的竣工日期为起点，逆推安排施工顺序，计算人力、财力、物力的需要量。先总体，再分部，通过网络计划进行综合平衡与方案优化。

⑤施工部署。如施工区段划分、设备人员动员周期及进场方法、施工队伍安排、材料供应途径等。施工区段的划分是根据招标工期要求、分段工程量、所处施工处(段)的劳动力及机具设备数、合理安排，既要考虑到施工处(段)的任务饱满，又要避免频繁转移机具和队伍。

⑥施工方案或施工方法及施工顺序。该部分是施工组织设计的关键部分。要根据工程的具体情况，对相应的准备工作、辅助工作、主体工程的基本工作及有关竣工收尾工作作出全面而详尽的安排。在编制施工组织设计时，应尽可能采用机械化施工，以提高劳动生产率，加快施工进度，缩短工期。应反映出本行业的新动向，即施工组织设计尽可能采用新技术、新结构、新材料、新设备。应表现出为建设单位降低造价的措施(如因地制宜、就地取材、缩短运距等)。

⑦安全、质量、环保及工期控制措施。

⑧需要说明的其他问题等。

(2)施工组织设计文字图表部分。

施工组织设计文字图表部分主要包括以下内容：施工总平面布置图，施工网络计划图，主要分项工程施工工艺框图，工程管理曲线图，资金、材料优化图，施工进度斜率图，分项工程生产率和施工周期表，主要施工机具、设备表，主要材料计划表，主要工程逐月完成数量表，安全、质量保证体系，工程计划进度曲线图。

2)施工组织设计编制应注意的问题

在编制施工组织设计时，应围绕施工总体安排和主要工程施工方案这两部分重点，突出投标人解决该项目工期、技术、质量等难点和重点的思路和方案;突出投标人的技术优势、管理优势、社会信誉优势,使编制的施工组织设计具有较强的针对性、实用性和工艺与管理上的先进性。编制时应注意以下几点。

(1)总进度计划。

在投标阶段编制的工程总进度计划不是实施性的施工计划,一般用横道图表示即可。除招标文件专门规定必须采用网络图者外,一般不一定采用网络计划,但应考虑和满足以下要求。

①总工期符合招标文件的要求。如果合同要求分期、分批竣工交付使用,应标明分期、分批交付使用的时间和数量。

②明确表示各项主要工程的开始和结束时间。

③体现主要工序相互衔接的合理安排。

④有利于基本上均衡地安排劳动力,尽可能避免现场劳动力数量急剧起落,这样可以提高工效和节省临时设施。

⑤有利于充分有效地利用施工机械设备,减少机械设备占用周期。

⑥便于编制资金流动计划,有利于降低流动资金占用量,节省资金利息。

(2)施工方案。

制定施工方案要从工期要求、技术可行性、保证质量、降低成本等方面来综合考虑,其内容应包括下列几个方面。

①选择和确定施工方法。根据工程类型,研究可以采用的施工方法。对一般的路基土石方工程、砌筑工程等比较简单的工程,可根据企业现有的施工机械及工人技术水平来选定施工方法,努力做到节省开支、降低标价。对于大型、复杂工程则要考虑几种施工方案,进行综合比较。如大跨度桥梁上部结构施工的方法对工期及造价均有很大影响。投标人应结合施工进度计划及施工机械能力进行研究确定。

②选择施工机械和施工设施。此过程一般与研究施工方法同时进行。如隧道施工中,结合开挖方式,按需要选择是使用掘进机开挖还是采用钻爆法开挖等,并计算所需机具数量和使用周期;研究确定是采购新设备、调进现有设备,还是在当地租赁设备。

③施工组织设计案例。

××住宅小区一期工程施工组织设计

建设单位:××房地产开发有限公司

设计单位:××建筑设计(北京)研究院

工程名称:××住宅小区一期工程

建设地点:××市××区

建筑规模:总建筑面积约330 000平方米,共14栋单体,1栋车库

结构形式:短肢剪力墙,框架结构,五层

质量目标:按照国家颁发的现行《建筑工程施工质量验收统一标准》(GB50300—2001)规定,必须达到合格标准。

施工工期:暂定2006年8月1日开工至2006年12月31日前竣工。

承包范围及承包方式:本工程以××建筑设计研究院提供工程施工图纸的房屋建筑、水电暖卫安装所示全部内容。

承包方式:由我公司独立完成承包范围的所有内容,不转包,不分包。

安全文明施工:按市级安全文明工地组织施工。

1　编制说明

1.1　编制依据

1.1.1　××住宅小区一期工程施工招标文件

A. 投标须知

B. ××住宅小区一期工程土建、安装工程图纸

C. 投标答疑

D. 现场踏勘

1.1.2　现行国家有关标准规范

详见附表一《满足本项目施工的主要规范标准》。

1.1.3　与本工程类型相似工程的施工经验及施工资料

1.2　适用范围

本施工组织设计适用于××住宅小区一期工程施工投标,适用于该工程土建工程、安装工程所有图纸和招标答疑文件。如果本工程中标,我们将在此基础上根据实际情况和业主的有关要求,进行增补或修正。

2　工程概况

2.1　项目总体布局

该工程位于××市××区,地处海滨,环境优美,交通便利。工程建筑面积约330 000平方米(14栋)。D9—22#楼、车库设计±0.000标高为绝对标高7.20米。

2.2　主要建筑设计概述

2.2.1　建筑功能与平面布置

本工程14栋楼(含2个网点)及车库。住宅楼均为5层住宅。

2.2.2　建筑构造(略)

2.3　主要结构设计概述

2.3.1　本工程抗震设防烈度为7度,现浇钢筋混凝土剪力墙结构,建筑抗震设防类别为丙类,结构安全等级为二级,耐火等级一级,剪力墙抗震等级三级。

2.3.2　结构体系和结构类型

本工程结构类型为现浇钢筋混凝土剪力墙结构。

2.3.3　基础类型

本工程基础为桩基础。

2.3.4　钢筋和混凝土

本工程钢筋采用HPB235级、HRB335级和HRB400级钢筋;混凝土:基础垫层采用C15素混凝土,其余均为C30混凝土。

2.4　主要安装工程设计概述

2.4.1　水卫工程

本工程管道安装部分包括生活给水工程、热水给水工程、污水排水工程、采暖工程。

2.4.2　电气工程

电气工程包括照明供电、防雷接地系统、等电位连接、弱电系统等。

2.5 工期情况

暂定2006年8月1日开工至2006年12月31日前竣工。因含雨期及冬期施工,工期比较紧张。

3 施工准备工作

3.1 组织准备

3.1.1 成立高效率的领导机构

我公司将遵循合理分工、密切协作、因事设职、因职选人和一人多职的原则,建立有施工经验、有开拓精神和工作效率高的项目组领导机构。详见3.2.2项目管理机构配备及职责分工情况。

3.1.2 选派精干专业人员

我公司将选派纪律性强、技术业务水平高、作风正派、身体健康、一专多能的各专业人员组成项目经理部,其组织详见"项目部组织机构及职能图"(图7-3)。

3.2 项目部机构组成

3.2.1 项目部组织机构及职能图

见图7-3。

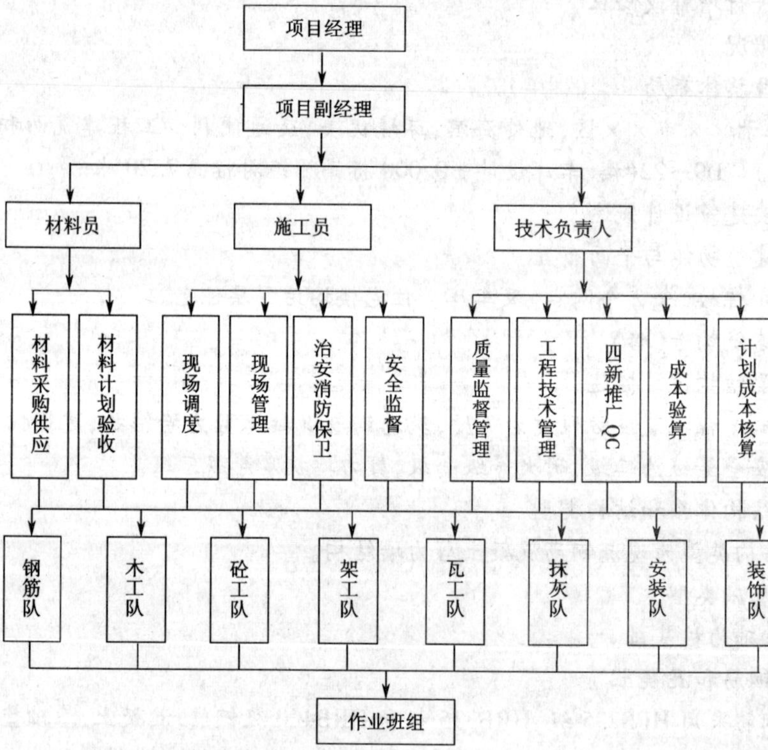

图7-3 项目部组织机构及职能图

3.2.2 项目管理机构配备及职责分工情况(略)

3.3 技术准备

3.3.1 熟悉"招标文件"

由公司组织项目经理部及公司有关职能处室,对"招标文件"逐项逐条进行学习,领会

“招标文件”精神，并分工按“招标文件”要求编写“投标书”文件。

3.3.2　设计交底

由设计人员对项目经理部各专业工程师进行设计交底，使其理解设计意图，为正确按图施工打好基础。

3.3.3　熟悉施工图纸，进行图纸会审（略）

3.3.4　编制施工预算（略）

3.3.5　编制施工组织设计和施工方案

(1)根据本项目的规模、建筑构造、结构特点和工期要求，编制指导本项目施工全过程的施工组织设计。对结构复杂影响整个工程工期的分部工程，将其列为关键工序单独编制施工方案。

(2)根据施工组织设计确定的关键工序和特殊工序详细编写能指导班组作业的可操作性强且有针对性的作业指导书。

3.3.6　编制本项目的质量保证计划和质量保证措施

在项目经理的领导下，由项目技术负责人和质量员负责编制本项目质量保证计划和质量保证措施，编制应具体、有针对性，切实保证我公司的质量体系在本项目中有效的运行。

3.3.7　计量、试验、检测准备（略）

3.3.8　收集整理本工程涉及的现行有关规范、标准、图集等

本工程主要用到的规范标准详见附表一《满足本项目施工的主要规范标准》。

3.3.9　技术管理工作

执行集团公司总部制定的各项管理制度，主要分项工程技术质量管理（略）。

3.4　物资准备（略）

3.5　现场准备

3.5.1　场地及道路

本工程现场地形较为平整，且已完成“三通一平”，场内将按平面布置图拟定的位置，修筑施工临时道路，道路两边设排水沟，表面采用砼进行硬化。场地四周按文明工地标准进行围挡。施工机械场地按总平面图进行布置，使用前调试至正常运转，原材料堆场用砼硬化。

3.5.2　施工临建（略）

3.5.3　施工临时用水（略）

3.5.4　施工临时用电（略）

3.6　劳动力安排（略）

4　主要分部、分项工程的施工工艺、方法和施工机械的选择

4.1　工程施工方案、主要施工方法及管理措施

4.1.1　现场规划方案

施工现场分3个阶段进行布置，现场主要布置办公、施工生产服务设施，钢筋、模板等构件加工场地和职工生活设施。

4.1.2　土方工程方案

根据本工程基础特点，采用人工开挖桩间土的方式，土方运至建设单位指定地点堆放。

4.1.3　钢筋工程方案

框架梁水平钢筋采用闪光对焊及绑扎搭接相结合，平板水平钢筋采用焊接及绑扎搭接，

剪力墙竖向钢筋采用电渣压力焊;钢筋加工采用工地现场加工的施工方法,钢筋在工地直接加工成型。

4.1.4 混凝土工程方案

根据投标文件要求,为避免产生噪声等环境污染,本工程采用商品混凝土,由混凝土拖式泵和混凝土布料杆一次性泵送到工作面。

4.1.5 模板工程方案

本工程剪力墙梁板墙砼构件均采用高强覆塑竹胶板模板。网点及车库外侧剪力墙采用直径12 mm对拉止水螺栓钢支撑,间距400 mm×400 mm;裙房地下室内侧剪力墙及1-4#楼内剪力墙、高度超过600 mm的梁均采用12 mm直径穿塑料管对拉螺栓钢支撑,间距400 mm×400 mm,其余工程构件均采用钢支撑。

楼梯模板采用12 mm厚高强覆塑竹胶板制作定型模板。异形构件部位,如梁、剪力墙接头、挑檐板等均加工制作特殊模板。

4.1.6 垂直运输方案(略)

4.1.7 脚手架施工方案(略)

4.1.8 装饰工程方案(略)

4.1.9 主要施工管理措施(略)

4.2 施工部署

4.2.1 施工部署原则(略)

4.2.2 施工段划分

根据工程特点本项目为14栋单体工程组成,因此将每栋单体工程作为一个施工段,这样可以有效控制施工节奏,展开作业面,加快施工进度,确保工程如期完成。

4.2.3 施工顺序

4.2.3.1 基础部分

定位放线→挖土→垫层→基础(含基础梁及灰砂砖条基)→基础回填。

4.2.3.2 主体、装饰部分(略)

4.2.3.3 安装施工程序(略)

4.2.4 施工进度安排及工程网络图(略)

4.2.5 主要施工设备配置(略)

4.2.6 劳动力安排及数量汇总表(略)

4.3 主要分部、分项工程的施工工艺、方法

4.3.1 施工测量(略)

4.3.2 土方工程(略)

4.3.3 模板工程(略)

4.3.4 钢筋工程(略)

4.3.5 混凝土工程(略)

4.3.6 砌体工程(略)

4.3.7 屋面工程(略)

4.3.8 抹灰工程(略)

4.3.9 楼地面工程(略)

4.3.10　门窗工程(略)

4.3.11　脚手架工程(略)

4.3.12　安装工程(略)

4.3.13　电气安装工程(略)

5　主要的技术组织措施

5.1　质量保证体系和措施

5.1.1　质量目标

按现行《建筑工程施工质量验收统一标准》(GB50300—2001),《砌体工程施工质量验收规范》(GB50203—2002)、《混凝土结构工程施工质量验收规范》(GB50204—2002)、《建筑地面工程施工质量验收规范》(GB50209—2002)、《建筑装饰装修工程质量验收规范》(GB50210—2001)、《屋面工程质量验收规范》(GB50207—2002)、《建筑电气工程施工质量验收规范》(GB50303—2002)、《建筑给排水及采暖工程施工质量验收规范》(GB50242—2002)的有关规定,质量达到合格标准。

5.1.2　建立质量保证体系

项目部成立质量领导小组,采用预控法进行质量控制。

根据实际情况采取相应的措施,保证该工程质量目标的实现。在施工过程中,我们将建立以项目经理为领导、技术负责人中间控制、质检员基层检查、班组自检的三级质量管理系统,推行区域责任负责制。对工程施工全过程质量进行监控,从而形成一个横向从土建、安装、装饰及各分部工程,纵向从项目经理到生产班组的质量管理网络。使质量管理体系延伸到各个施工班组各专业人员,建立高度灵敏的质量信息反馈系统,以试验、技术管理、质量检查为信息中心,负责收集、传递质量信息,经决策机构对异常情况迅速作出反应,并将新的指令传递到执行机构,调整施工部署,纠正质量偏差,确保质量目标实现。

6　施工进度计划及保证措施(略)

7　临时设施及平面布置(略)

8　临时施工用水电计划(略)

9　合理化建议(略)

10　治理质量通病措施(略)

11　新技术、新工艺、新设备、新材料的应用(略)

12　与建设、监理、设计单位配合措施(略)

13　成品保护措施(略)

14　工程成本管理和降低工程造价措施(略)

15　工程交付、回访及维修(略)

15.1　质量保修标准

依据《建筑工程质量管理条理》的规定,保修期限如下。

1. 基础工程和主体结构工程为设计文件规定的该工程的合理使用年限。
2. 屋面防水工程、有防水要求的卫生间、房间和外墙面的防渗漏为5年。
3. 供热与供冷系统为2个采暖期、供冷期。
4. 电气管线、给排水管道、设备安装为2年。
5. 装修工程为2年。

15.2 保修期内的回访计划

严格按照 ISO9001 质量保证体系标准和《建筑工程质量管理条例》的要求进行工程保修,做好工程竣工后的回访和保修服务工作,工程竣工验收后,四周内进行首次工程质量回访,半年后进行第二次质量回访,同时公司与业主签订回访责任书、维修服务卡,公司社会服务承诺留有回访维修服务电话。无论是保修期内还是保修期外,发现质量问题,业主只需拨打电话,保证4 小时内到现场,24 小时内制定维修方案,并及时实施维修,避免给业主造成任何经济损失。

(三)编制施工投标文件的注意事项

(1)投标人编制投标文件时必须使用招标文件提供的投标文件表格格式,但表格可以按同样格式扩展。投标保证金、履约保证金的方式,按招标文件有关条款的规定可以选择。填写表格时,要求填写的空格都必须填写,否则,即被视为放弃该项要求。重要的项目或数字(如工期、质量等级、价格等)未填写的,将被作为无效或作废的投标文件处理。

(2)编制的投标文件"正本"仅一份,"副本"则按招标文件中要求的份数提供,同时要标明"投标文件正本"和"投标文件副本"字样。投标文件正本和副本如有不一致之处,以正本为准。

(3)投标文件正本与副本均应使用不能擦去的墨水打印或书写。投标文件的书写要字迹清晰、整洁、美观。

(4)所有投标文件均由投标人的法定代表人签署、加盖印鉴,并加盖法人单位公章。

(5)填报的投标文件应反复校核,保证分项和汇总计算均无错误。全套投标文件均应无修改和行间插字,除非这些字删改是根据招标人的要求进行的,或者是投标人造成的必须修改的错误。修改处应由投标文件签字人签字证明并加盖印鉴。

(6)如招标文件规定的投标保证金为合同总价的某百分比时,开具投标保函不要太早,以防泄露报价。但有的投标人提前开出并故意加大保函金额,以麻痹竞争对手的情况也是存在的。

(7)投标文件应严格按照招标文件的要求进行包封,避免由于包封不合格造成废标。

(8)认真对待招标文件中关于废标的条件,以免被判为无效标而前功尽弃。

(四)建筑工程施工投标文件的提交

《招标投标法》第二十九条规定,投标人在招标文件要求提交投标文件的截止时间前,可以补充、修改或者撤回已提交的投标文件,并书面通知招标人。补充、修改的内容为投标文件的组成部分。在投标截止日期以后,不能更改投标文件。在投标截止时间与招标文件中规定的投标有效期终止日之间的这段时间内,投标人不能撤回投标文件,否则其投标保证金将不予退还。

投递投标书的方式最好是直接送达或委托代理人送达,以便获得招标机构已收到投标书的回执。当招标人延长了提交投标文件的截止日期,招标人与投标人以前在投标截止期方面的全部权利、责任和义务,将适用于延长后新的投标截止期。在投标截止期以后送达的投标文件,将被视为无效标而被拒收。

(五)建筑工程施工投标文件示范文本

在建筑工程施工投标过程中,投标文件应结合招标文件要求和工程实际情况进行编制。以下是某投标文件的示例。

______工程施工投标文件

商务标部分

一、投标书

______:

(1)根据已收到的______工程的招标文件,遵照《中华人民共和国招标投标法》等有关规定,经踏勘现场和研究招标文件后,我方愿以人民币(大写)______圆(RMB:¥______元)的投标报价,并按招标文件的要求承包上述工程的施工,施工后并修补其任何工程缺陷。

(2)一旦我方中标,我方保证在合同协议条款中规定的开工日期开始施工,并在合同协议条款中规定的预计竣工日期完成和交付上述工程。

(3)我方保证本工程的工程质量达到______,并保证承担工程质量未达到____的一切违约责任。

(4)我方保证在工程施工过程中,不影响业主方正常的工作秩序,不污染其环境,遵照甲方的要求施工。若造成环境污染,我方愿承担相应的责任和义务。保证文明施工达到优良施工工地,安全生产合格。

(5)如果我方中标,我方将按招标文件的规定提交______圆(RMB:¥______元)作为我方的履约保证金,并按约定的时间递交。

(6)如果我方中标,我方愿意接受业主方提出的工程款付款条件。

(7)你方的招标文件、中标通知书和本投标文件将构成约束我们双方的合同。

投标人(盖章):______

法定代表人或委托代理人(签字或盖章):______

单位地址:　　电话:　　传真:

年　月　日

二、投标书附表(见表7-5)

投标书附表包括项目内容、协议条款号和内容。

表7-5　投标书附表

序号	项目内容	协议条款号	内容
1	履约保证金: 银行保函金额 履约担保书金额		合同价款的__%(5%) 合同价款的__%(10%)
2	发出开工通知的时间		签订合同协议后__天内
3	误期赔偿金额		______元/天
4	误期赔偿的限额		合同价款的____%
5	提前工期奖		______元/天
6	工程达到优良标准补偿金		______元
7	工程质量未达到优良标准时的赔偿金		______元
8	预付款金额		合同价款的____%
9	保留金金额		每次付款额的____%

续表

序号	项目内容	协议条款号	内容
10	保留金限额		合同价款的____%
11	竣工时间		______天(日历日)
12	保修期		______天(日历日)

投标人(盖章):____________

法定代表人或委托代理人(签字或盖章):________

单位地址:　　　电话:　　　传真:

年　月　日

三、主要材料汇总表(见表7-6)

表7-6　主要材料汇总表

项目		数量				单位差价(元)	总差价(元)
		单位	土建	安装	合计		
钢材		t					
		t					
	分项合计	t					
木材		m^3					
		m^3					
	分项合计	m^3					
水泥		t					
		t					
	分项合计	t					
商品砼		m^3					
		m^3					
	分项合计	m^3					
其他材料							
人工	总用量						

投标人(盖章):____________

法定代表人或委托代理人(签字或盖章):________

单位地址:　　　电话:　　　传真:

年　月　日

四、法定代表人授权委托书

法定代表人授权委托书

本授权委托书声明:我__________(姓名)系__________(投标人)的法定代表人,现授权委托______________(单位)__________(姓名)为我的代理人,以本公司的名义参加__________工程的投标。授权委托人在开标、合同谈判过程中所签署的一切文件和处理与之有关的一切事务,我均予以承认。

代理人无转委托权,特此委托。

投标人(盖章):　　法定代表人(盖章):　　代理人:　姓名:　年龄:

身份证号码:　　职位:　　授权委托日期:　年　月　日

五、法定代表人的资格证明书

法定代表人资格证明书

单位名称:________________

地　址:________________

姓　名:__________性别:______年龄:________职务:__________

__________系__________的法定代表人。施工、竣工和保修______________的工程,签署上述工程的投标文件、进行合同谈判、签署合同和处理与之有关的一切事务。

特此证明。

附:法定代表人身份证复印件

投标单位:(盖章)__________________　　主管部门:__________________

日　期:____年____月____日　　日　期:____年____月____日

六、主要施工管理人员表和项目经理表(见表7-7和表7-8)

表7-7　主要施工管理人员表

名称		姓名	职务	职称	主要施工经验与承担过的项目
总部	生产经理				
	总工程师				
	技术负责人				
施工现场	项目经理				
	技术负责人				
	质量负责人				
	材料员				
	安全员				
	资料员				

表7-8　项目经理简历表

姓名		性别		年龄	
职位		职称		学历	
参加工作时间		从事项目经理年限			
已完工程项目情况					
建设单位	项目名称	建设规模	开、竣工日期	工程质量	

七、计划投入的主要施工机械设备表(见表7-9)

表7-9 计划投入的主要施工机械设备

序号	机械或设备名称	型号规格	数量	产地	制造年份	额定功率(kW)	生产能力	备注

八、劳动力计划表(见表7-10)

提交包括分包人在内的估计的劳动力计划表。本计划表是以每班8小时工作制为基础编制的。

表7-10 劳动力计划表

单位: 人

工种、级别	按工程施工阶段投入劳动力情况							

九、详细的工程预算书及投标报价表汇总

(一)详细的工程预算书(略)

(二)投标报价表汇总(见表7-11~表7-14)

表7-11 工程汇总表

序号	工程或费用名称	单位	数量	单价(元)	合价(元)

表7-12 开办费报价明细表

单元:元

条款	计费内容	小计	备注
	合计		

表 7-13　设备清单及报价表

序号	设备名称	型号及规格	单位	数量	出厂价(元)	运杂费(元)	合价(元)	备 注
共　页,本页小计　　元(其中设备出厂价　　元,运杂费　　元)								
合计		元						
税金								
设备价格(含运杂费)合计　　元								

表 7-14　工程量清单

工程名称:

序号	综合单价名称	单位	工程量(数量)	综合单价(元)	合价(元)

十、临时设施布置及临时用地表

(一)临时设施布置

投标人应提交一份施工现场的临时设施布置图表并附文字说明,说明加工车间、现场办公、设备及仓储、供电、供水、卫生及生活等的临时设施的布置情况,包括用电设备的额定功率及施工高峰时用电的总功率,对施工用电的总线径要求等。

(二)临时用地表(见表 7-15)

表 7-15　临时用地表

用途	面积(m^2)	位置	需用时间

十一、项目拟分包情况表(见表 7-16)

表 7-16　项目拟分包情况表

分包项目	主要内容	估算价格(万元)	分包单位名称、地址	做过同类工程的情况

十二、近两年承建工程一览表(见表7-17)

表7-17 近两年承建工程一览表

建设单位	项目名称	结构类型及层数	建筑面积(m^2)	开、竣工日期	合同价格(万元)	质量等级	项目经理	建设地点

技术标部分(略)

二、课堂实训

实训一 施工投标文件的编制训练

1. 目的

(1)掌握施工投标文件的组成内容。

(2)掌握编制施工投标文件的注意事项。

2. 环境要求

由指导教师准备7个不同类型的施工企业的基础资料,如企业的领导人员与组织情况、财务状况、主要技术人员的情况、项目经理业绩与施工企业业绩、主要施工设备与在建工程的情况等以及编好的工程施工组织设计和工程报价书。

3. 能力(分项能力)标准及要求

要求学生掌握施工投标文件的内容和编制要求。

4. 步骤提示

(1)将学生分成7个小组,每个小组作为一个投标企业,领取一份企业基础资料和编号的施工组织设计和工程报价书。

(2)根据提供的企业基础资料和编好的施工组织设计以及工程报价书编写投标函及投标附表、投标报价表、投入的主要施工设备表,整理项目经理业绩材料与施工企业业绩材料、营业执照、资质证书等。

(3)编号投标函部分,将施工组织设计和工程报价书附在其后。

(4)按施工投标文件示范文本的顺序整理和装帧投标文件。

5. 注意事项

(1)本训练对施工组织设计编制不做要求。

(2)本训练对投标报价书的编制不做要求。

(3)指导教师最后应总结每个小组的训练表现,指出投标文件中存在的问题并提出改进的建议。

6. 讨论与训练题

(1)施工投标文件的组成内容有哪些?

(2)编制施工投标文件的注意事项有哪些?

实训二 案例讨论

某省重点工程项目,建设单位采取公开招标方式。共有A、B、C、D、E、F、G、H 8家施工单位通过了资格预审，并于规定的时间 9 月 10 日～16 日购买了招标文件。招标文件中规定，10 月 18 日下午 4 时是投标截止时间，11 月 10 日发出中标通知书。

在投标截止时间之前，A、C、D、E、F、G、H 7 家施工单位均提交了投标文件，并按招标文件的规定提供了投标保证金。10 月 18 日，G 施工单位于下午 3 时向招标人书面提出撤回已提交的投标文件，E 施工单位于下午 3 时 30 分向招标人递交了一份投标价格下降 5% 的书面说明，B 施工单位由于中途堵车于下午 4 时 15 分才将投标文件送达。

评标委员会在评标时发现 A 施工单位投标报价大写金额小于小写金额；C 施工单位投标报价明显低于其他投标单位报价并且未能合理说明理由；D 施工单位投标文件虽无法定代表人签字和委托人授权书，但投标文件均已有项目经理签字并加盖了公章；F 施工单位投标文件提供的检验标准和方法不符合招标文件的要求；H 施工单位投标文件中某分项工程的报价有个别漏项。

建设单位最终确定 C 施工单位中标，并在中标通知书发出后第 28 天，与该施工单位签订了施工合同。

问题：

(1)G 施工单位提出的撤回投标文件的要求是否合理？其能否收回投标保证金？并说明理由。

(2)E 施工单位向招标人递交的书面说明是否有效？说明理由。

(3)A、B、C、D、F、H 6 家施工单位的投标是否有效？说明理由。

案例分析：

问题(1)：根据《招标投标法》的规定，投标人在招标文件要求提交投标文件的截止时间前，可以补充、修改或撤回已提交的投标文件，并书面形式通知招标人。本案例中 G 施工单位于投标文件的截止时间前向招标人提出的撤回投标文件的要求是合理的，并有权收回投标保证金。

问题(2)：E 施工单位向招标人递交的书面说明有效。根据《招标投标法》的规定，投标人在招标文件要求提交投标文件的截止时间前，可以补充、修改或撤回已提交的投标文件，补充、修改的内容作为投标文件的组成部分。

问题(3)：B、C、D、F 四家施工单位的投标不是有效标。B 单位标书逾期送达；C 单位的报价可以认为低于成本；D 单位的标书无法定代表人签字，也无法定代表人的授权委托书；F 单位的情况可以认定为是明显不符合技术规格和技术标准的要求，属于重大偏差。A、H 两家单位的投标是有效标，他们的情况不属于重大偏差。

实训三　案例讨论

某打捞局新购置了 4 部大型起重吊车进行装卸任务，需要在港口处建造 8 根支撑起重吊车的柱子。虽然工程项目较简单，但是为了慎重起见，该打捞局还是采取公开招标的方式，对项目进行招标。招标文件包括了工程情况，以及工程将来的使用环境情况。由于工程项目较简单，施工工艺非常成熟，因此有不少投标者进行投标。其中一家投标人的负责人在读过了招标文件中的工程情况后，觉得该工程非常简单就开始着手投标工作。而工程项目对使用环境的特殊要求这些内容就没有注意到，因此施工组织设计做得较为简单，相应报价就较低。

开标后，该投标人的报价仅为 9 800 万元，而次低报价超过 1.2 亿万，由于差距较大，业主要求投标人确认自己的报价。投标人对报价进行了书面确认。业主对确认还不放心,在授标以前召开了会议以便进一步确定投标人是否理解了招标文件的要求,能否完成该要求。业主要求该投标人提供费用分析材料,该投标人没有提供,但声称除了一个微不足道的错误外,没有其他错误,错误对总报价没有影响。考虑到该投标人一再表示保证按照招标文件的要求履行合同,业主将合同授予该投标人。

签订合同后,投标人进行施工组织设计的进一步完善与修改,这时才发现价格上的巨大差距。投标人要求修改合同,延长工期并增加费用。投标人认为如果合同价格远远偏离实际成本是由于双方的错误造成的,那么业主无权要求投标人履行合同;如果业主坚持要求履行合同,那就得对合同的价格和工期进行公平的调整以使合同价格反映实际成本。

法院认为,投标人只读了部分招标文件,根据部分招标文件进行的投标属于判断错误,而不属于错读招标文件,因此拒绝了投标人修改合同或撤销合同的诉讼请求。

问题:你认为法院的判决结果是否合理?为什么?

案例分析:

一般地说,投标人要求修改合同,必须证明:①因为错误,投标人的投标报价有遗漏;②错误必须是书写错误、计算错误或者错读了招标文件。本案例是比较典型的例子,投标人没有履行自己的职责认真审查招标文件,而仅仅根据其中部分招标文件制作了标书。而根据部分招标文件制作的标书是投标人经过谨慎考虑以后才决定。根据部分招标文件所做的投标属于一种判断错误,根据判断错误进行投标的错误投标人不能要求获得额外付款。

为什么错读技术规范就可以允许投标人撤回标书,而没读技术规范就不能允许撤回或给予费用调整呢?我们认为,错读招标文件与没读全部招标文件是有本质区别的。错读招标文件是投标人疏忽或其他原因造成的难以完全避免的结果,即使投标人非常认真仔细地制作标书也难免不发生疏漏。没有读全招标文件则是投标人没有认真履行自己的职责造成的,如果投标人认真一些,完全可以避免标书错误。本案中,业主对投标人的报价进行几次确认,投标人一直声明自己的报价是准确无误的。考虑到这样的因素,我们更容易理解法院的判决不能对标价进行调整的理由。虽然判决结果有些残酷,但我们应当理解,不能允许在招标投标过程如此不负责任的行为,让投标人品尝如此不负责任的苦果并不过分。

另外,在工程招标投标中,基于判断错误导致的标书错误也不能允许投标人撤回标书。我们知道,在市场经济下,影响工程价格的因素很多,对于各种材料、设备、服务价格的估计,对其他各种因素的估计等,尤其建筑工程大多工期很长,对这些因素的估计实际上属于正常的经营风险。对于这些因素和风险的估计必须在投标时进行充分的、比较准确的估计,投标以后就不能允许任意改变;否则,就意味着将这些本应由投标人承担的经营风险转移给了业主。在本案中,投标人是依据部分招标文件进行判断的,其制作的标书是投标人所作出的真正意思表示,因此其标书错误属于判断错误,不能允许投标人撤回标书或对其标书进行修正,所以法院的判决结果是合理的。

单元小结

建筑工程施工投标是指通过投标资格预审的投标人,以发包人提供的招标文件为前提,对招标文件的要求作出实质性的响应,经过详细的市场调查,按照招标文件的要求编写投标文件,通过投标报价的方式承揽工程的过程。

建筑工程施工投标的一般程序主要有:获取招标信息、前期投标决策、参加资格预审、购买和分析招标文件、组建投标班子、参加现场踏勘、参加投标预备会、计算或复核工程量、询价及市场调查、编制施工方案、编制和提交投标文件、接受中标通知书、签订合同、提供履约担保。

建筑工程施工投标决策是投标活动中的重要环节,投标决策的正确与否,关系到能否中标和中标后的效益。所谓施工投标决策,包括三方面的内容:其一,针对项目招标,是投标或是不投标;其二,倘若去投标,是投什么性质的标;其三,投标中如何采用以长治短,以优治劣的策略和技巧。

影响施工投标决策的主观因素主要有技术方面的实力、经济方面的实力、管理方面的实力和信誉方面的实力。影响施工投标决策的客观因素主要有业主和监理工程师的情况、竞争对手和竞争形势的分析、法律、法规的情况和风险问题。

建筑工程施工投标常用技巧有扩大标价法、不平衡报价法、多方案报价法、突然降价法、增加建议方案法、联合保标法、先亏后赢法。

建筑工程施工投标风险来源主要有公共关系风险、自然及环境风险、投标策略选择风险、技术管理能力风险、投标项目竞争风险、合同风险、

建筑工程施工投标文件一般分成三部分:投标函部分、商务标书和技术标书。

复习思考题

(1)施工投标的程序是什么?

(2)怎样理解施工投标时资格预审是投标人能否通过的第一关?

(3)为什么施工投标前需要现场踏勘?

(4)通常情况下放弃投标的范围有哪些?

(5)建筑工程施工投标项目的选择方法有哪些?

(6)影响施工投标决策的主客观因素有哪些?

(7)建筑工程施工投标的常用技巧有哪些?

(8)建筑工程施工投标的主要风险来源有哪些?

(9)怎样进行施工投标风险的防范?

(10)施工投标文件的组成内容有哪些?

(11)简述施工投标文件编制时应注意的事项?

(12)投标文件递交后可以进行修改吗?

单元八 建筑工程施工投标报价

内容提要

建筑工程投标报价是招投标过程中的重要环节。本单元主要从建筑工程施工投标报价概述、建筑工程施工投标清单报价、建筑工程施工投标定额报价、建筑工程施工投标经验报价等 4 个方面阐述建筑工程施工投标报价的内容及方法。

教学目标

了解施工投标报价的概念,理解投标报价的类型和投标报价的计价方法,掌握投标报价的计价模式;掌握建筑工程施工投标清单报价、建筑工程施工投标定额报价、建筑工程施工投标经验报价的报价方法和工程报价书的构成。

项目一 建筑工程施工投标报价概述

教学目标

- 了解建筑工程施工投标报价的概念。
- 理解建筑工程施工投标报价的类型。
- 掌握建筑工程施工投标报价的计价模式。
- 理解建筑工程施工投标报价的计价方法。

能力标准及要求

- 能够根据工程具体情况,选择投标报价适用的类型。
- 能够根据现有的资料选用对应的计价方法。

一、基础知识

建筑工程施工投标报价是招投标中的一个重要环节,对于施工单位来说,是获得招标项目的关键所在。一般在工程评标的时候,项目的报价要占到70%左右的权重,它也是衡量一个施工单位施工水平、管理水平的一个重要的参考标准。所以,结合本施工单位的各方面的水平,提出一个好的综合的报价,是投标中标乃至获利的基础。对于业主来说,通过各施工单位的投标报价的比较,也可以选出符合自己经济利益、保证工程质量的投标单位。

(一)建筑工程施工投标报价的概念

建筑工程施工投标报价,是指投标人在知悉招标工程后,按照招标文件的要求,结合自己本单位的施工水平、管理水平,对所投工程项目的全面的、综合的报价。

建筑工程施工投标报价,首先要熟悉招标文件,尤其是文件的工程量清单部分。除了按照工程计价程序,计算出工程造价外,还要对招标文件清单是否重复、漏项进行检查,以便于在报价策略上作出调整。

(二)建筑工程施工投标报价的类型

施工投标报价因工程情况而略有不同,并不是所有的工程都要求一致。报价书可以采用定额计价模式来进行编制,也可以用清单计价模式来进行,还可以根据长期同类型工程的经验来进行估价报价。

另外,根据《建筑工程工程量清单计价规范》(GB50500—2013)(简称《计价规范》)的规定,“全部使用国有资金或国有资金投资为主的工程项目,必须采用工程量清单计价”。这类工程项目在进行投标报价时必须采用清单计价的模式来进行施工投标报价。按照上述规范的要求,结合招标清单,进行工程报价书的编制,这也是目前使用最多的一类施工投标报价。

(三)建筑工程施工投标报价的模式

目前,我国存在着两种计价模式,一种是定额计价模式,一种是工程量清单计价模式,这两种模式都可以用在工程计价中,均可以计算出工程造价,可以用来进行施工投标报价。两种计价模式可以根据不同的工程和不同的要求来选择使用,国家法律法规和业主强制使用的除外。

定额计价模式,是指根据施工设计图纸,计算出工程量,然后套用预算定额,按照定额计价的程序计算出工程造价。在这种模式下,招标方(业主)不提供工程量的清单,工程数量需要投标方自己根据图纸来进行计算。此模式适用于金额小、招标方(业主)只进行总价承包的工程。

工程量清单计价模式,是指根据工程量清单,结合施工图纸,按照规范中的规定,结合施工企业自己的施工管理水平来填报单价,进而计算出工程造价。这种模式下,由招标方提供工程量的清单,投标方自主报价。此模式适用于各种类型的工程。

(四)建筑工程施工投标报价的计价方法

建筑工程投标报价的方法有3种:单价法、实物法和综合单价法(又叫全费用单价法)。

单价法是指根据施工设计图纸,计算出工程量,套用预算定额基价,计算出直接工程费,再计算出措施费、间接费、利润和税金,汇总后形成工程造价。单价法套用的是预算定额基价,而预算定额基价是根据定额编制时期的人工、材料、施工机械台班价格计算出来的,与工程修建时期的市场行情不一样,这就必须根据工程修建时期的市场行情来对直接工程费进行调整,这就是调整价差,也是单价法很重要的一个特点。

实物法是指根据施工设计图纸,计算出工程量,套用预算定额消耗量,计算出人工、材料、机械台班的使用量,分别乘以当时当地的人工、材料以及机械台班的单价,计算出直接工程费,再计算出措施费、间接费、利润和税金,汇总形成工程造价。

综合单价法是指根据施工设计图纸,计算出工程量,套用综合单价,汇总直接计算出工程造价。其综合单价又叫全费用单价,包括直接费、间接费、利润及税金。其综合单价可以根据单价法或实物法的计算步骤事先计算出来。

在这3种方法中综合单价法计算速度最快,其次是单价法和实物法。实物法与单价法比较,在于计算直接工程费的方法不一样,而且不需要进行价差调整。单价法则必须进行价差调整。

当然,这3种方法并不是适用所有的工程,投标单位还要结合当地管理部门发布的定额，或自己的企业定额的情况来选用。有的省的定额只有材料的消耗量，就只能采用单价法。如果定额中人工、材料和机械台班的消耗量都有，那么3种方法都可使用。

二、课堂实训

【案例讨论】某公司拟修建一个大门，包括一个门卫室，工程总造价估计约4万元，进行固定总价承包。该公司只有一份图纸，也没有编制招标文件，便直接邀请几家施工单位报价，时间要求较紧。

问题：

(1)该公司只计算出一个工程总造价，然后进行固定总价承包合适吗？为什么？

(2)根据该工程的实际情况，在定额计价、清单计价和经验报价3种报价方式中选择一种合适的报价方式，并说明理由。

三、知识拓展

《建筑工程工程量清单计价规范》(GB50500－2013)简介

本规范总结了《建设工程工程量清单计价规范》GB 50500－2008实施以来的经验，针对执行中存在的问题，特别是清理拖欠工程款工作中普遍反映的，在工程实施阶段中有关工程价款调整、支付、结算等方面缺乏依据的问题，主要修订了原规范正文中不尽合理、可操作性不强的条款及表格格式，特别增加了采用工程量清单计价如何编制工程量清单和招标控制价、投标报价、合同价款约定以及工程计量与价款支付、工程价款调整、索赔、竣工结算、工程计价争议处理等内容，并增加了条文说明。原规范的附录A～E除个别调整外，基本没有修改。原由局部修订增加的附录F，此次修订一并纳入规范中。

《建筑工程工程量清单计价规范》(GB50500－2013)不仅较好地解决了清单计价从2008年执行以来存在的主要问题，而且对清单计价的指导思想进行了进一步的深化，在“政府宏观调控、企业自主报价、市场形成价格”的基础上提出了“加强市场监管”的思路，以进一步强化清单计价的执行。

主要特点表现如下：

(1)条文数量：由2008版规范的5章17节137条，增加为2013版规范的16章54节329条。

(2)强制性条款：强条仍为15条，但更注重全过程造价管理的规定，减少了工程量清单编制的强条，增加了招标控制价、风险分担、投标报价的强条，且规定更严格。

(3)术语解释：2013版规范的术语解释为52个，较08版清单计价规范的23个术语多出一倍多，2013版规范涉及术语的范围更广，对术语的界定更全面。

(4)条文说明：增加条文说明，加强造价工作者对条款的理解，减少歧义。

(5)规范数量：2013版《规范》把计价与计量两部分的规定分开，将2008版《规范》的1本规范变为10本规范，其中计价规范1本，计量规范9本。

(6)专业划分：2013版《规范》将2008版《规范》中的六个专业(建筑、装饰、安装、市政、园林、矿山)，重新进行了精细化调整，调整后分为以下九个专业：

①将建筑与装饰专业合并为一个专业；

②将仿古建筑从园林专业中分开，拆解为一个新专业；

③新增了构筑物、城市轨道交通、爆破工程三个专业。

由此可见,2013 清单计价规范无论从条款数量、强制性条款、术语解释,还是规范数量、专业划分方面都有较大的改变。

项目二 建筑工程施工投标清单报价

教学目标

- 理解工程量清单计价模式及相关术语。
- 掌握工程量清单计价费用的组成,熟悉计价表格。
- 掌握清单项目综合单价的计算方法。
- 掌握施工投标报价的工作过程及工程造价的调整方法。

能力标准及要求

- 能够看懂施工投标报价计算书,掌握各部分计算表之间的对应关系。
- 能够在清单计价模式下编制施工投标报价书。

一、基础知识

工程量清单计价是目前我国大力推行的一种计价模式。工程量清单的编制与工程量清单计价都必须依据《建筑工程工程量清单计价规范》(GB50500—2013)来进行。

(一)工程量清单计价相关术语

1. 工程量清单

载明建设工程分部分项工程项目、措施项目和其他项目的名称和相应数量以及规费和税金项目等内容的明细清单。

2. 项目编码

项目编码为分部分项工程和措施项目清单名称的阿拉伯数字标识。

3. 项目特征

项目特征为构成分部分项工程量清单项目、措施项目自身价值的本质特征。

4. 综合单价

综合单价为完成一个规定清单项目所需的人工费、材料和工程设备费、施工机具使用费和企业管理费、利润以及一定范围内的风险费用。

5. 措施项目

此项目为完成工程项目施工,发生于该工程施工准备和施工过程中的技术、生活、安全、环境保护等方面的项目。

6. 暂列金额

此金额为招标人在工程量清单中暂定并包括在合同价款中的一笔款项。用于施工合同签订时尚未确定或者不可预见的所需材料、设备、服务的采购,施工中可能发生的工程变更、合同约定调整因素出现时的合同价款调整以及发生的索赔、现场签证确认等的费用。

7. 暂估价

暂估价为招标人在工程量清单中提供的用于支付必然发生但暂时不能确定价格的材料、工程设备的单价以及专业工程的金额。

8. 计日工

计日工为在施工过程中,承包人完成发包人提出的工程合同范围以外的零星项目或工作,按合同中约定的单价计价的一种方式。

9. 总承包服务费

此为总承包人为配合协调发包人进行的专业工程发包、对发包人自行采购的材料、工程设备等进行保管以及施工现场管理、竣工资料汇总整理等服务所需的费用。

10. 规费

根据国家法律、法规规定,由省级政府或省级有关权力部门规定施工企业必须缴纳的,应计入建筑安装工程造价的费用。

11. 税金

此为国家税法规定的应计入建筑安装工程造价内的营业税、城市维护建设税、教育费附加和地方教育附加。

12. 招标控制价

此为招标人根据国家或省级、行业建设主管部门颁发的有关计价依据和办法,以及拟定的招标文件和招标工程量清单,结合工程具体情况编制的招标工程的最高投标限价。

13. 投标价

此为投标人投标时响应招标文件要求所报出的在已标价工程量清单中标明的总价。

(二)工程量清单计价的费用构成

工程量清单计价的费用构成是基于建标2003[206]号文《建筑安装工程费用项目组成及计算》基础之上的。工程量清单计价包括分部分项工程费、措施项目费、其他项目费、规费和税金。

1. 分部分项工程费

分部分项工程费是根据招标方提供的分部分项工程量清单来编制的,其编制在分部分项工程量清单计价表中完成。表中的项目编码、项目名称、项目特征、计量单位、工程量计算规则等必须与招标方提供的一致。分部分项工程费 = ∑(分部分项工程量 × 综合单价),如表8-1。

表8-1 分部分项工程量清单与计价表

工程名称:人民医院门诊楼二期工程(土建)

序号	项目编码	项目名称	项目特征	计量单位	工程量	金额(元)		
						综合单价	合价	其中:暂估价
A:土(石)方工程								
1	010101001001	平整场地	m^2	3 221.22	2.48	7 988.63		
2	010101003001	挖基础土方	1. 土壤类别:坚土 2. 基础形式:筏基	m^3	30 164.67	14.08	424 718.55	
3	010103001001	土(石)方回填	回填材料要求:普通土	m^3	8 780.8	4.74	41 620.99	
D:砌筑工程								

续表

序号	项目编码	项目名称	项目特征	计量单位	工程量	金额(元)		
						综合单价	合价	其中:暂估价
4	010302004001	填充墙	1. 墙体厚度:200 2. 填充材料:加气砼砌块 3. 砂浆强度等级:M5 水泥砂浆	m^3	446.6	179.19	80 026.25	
5	010302004002	填充墙	1. 墙体厚度:200 2. 填充材料:加气砼砌块 3. 砂浆强度等级:M5 混浆	m^3	1 556.56	179.77	279 822.79	
6	010302004003	填充墙	1. 墙体厚度:250 2. 填充材料:加气砼砌块 3. 砂浆强度等级:M5 混浆	m^3	449.2	185.2	83 191.84	
7	010302004004	填充墙	1. 墙体厚度:370 2. 填充材料:KP1 煤矸石实心砖 3. 砂浆强度等级:M5 混浆	m^3	162.7	197.04	32 058.41	
8	010302004005	填充墙	1. 墙体厚度:240 2. 填充材料:KP1 煤矸石多孔砖 3. 砂浆强度等级:M5 混浆	m^3	607.52	193.83	117 755.6	
9	010302004006	填充墙	1. 墙体厚度:240 2. 填充材料:KP1 煤矸石多孔砖 3. 砂浆强度等级:M5 水泥砂浆	m^3	131.42	192.7	25 324.63	
10	010302006001	零星砌砖	1. 砖品种、规格:KP1 煤矸石实心砖 2. 砂浆强度等级:M5 混浆	m^3	37.77	223.64	8 446.88	
E. 混凝土及钢筋混凝土工程								
11	010401003001	满堂基础	1. 基础形式、材料种类:筏基 2. 混凝土强度等级:C35	m^3	2 124.9	363.52	772 443.65	

2. 措施项目费

措施项目包括一般措施项目(安全文明施工、夜间施工、非夜间施工照明、二次搬运、冬雨季施工、大型机械设备进出场及安拆、施工排水、施工降水、地上地下建筑物的临时保护设施、已完工程及设备保护)、脚手架工程、混凝土模板及支架(撑)、垂直运输、超高施工增加。

措施项目中列出了项目编码、项目名称、项目特征、计量单位、工程量计算规则的项目，编制工程量清单时，应按照国家标准《房屋建筑与装饰工程工程量计算规范》中分部分项工程的规定执行。

措施项目仅列出项目编码、项目名称,未列出项目特征、计量单位和工程量计算规则的项目,编制工程量清单时,应按国家标准《房屋建筑与装饰工程工程量计算规范》附录S措施项目规定的项目编码、项目名称确定。

措施项目中可以计算工程量的项目清单宜采用分部分项工程量清单的方式编制,列出项目编码、项目名称、项目特征、计量单位和工程量计算规则;不能计算工程量的项目清单,以"项"为计量单位。

措施项目清单费的确定原则是由投标人自主确定,但其中安全文明施工费应按国家或省级、行业建设主管部门的规定确定,不得作为竞争性费用。

措施项目费在总价措施项目清单与计价表中计算,如表8-2。

表8-2 总价措施项目清单与计价表

工程名称:人民医院门诊楼二期工程(土建)

序号	项目编码	项目名称	计算基础	费率(%)	金额(元)	调整费率(%)	调整后金额	备注
1	011707001001	安全文明施工费			33 783.51			
2	011707002001	夜间施工费			59 121.14			
3	011707004001	二次搬运费			50 675.26			
4	011707005001	冬雨季施工			67 567.02			
5	011705001001	大型机械设备进出场及安拆费			58 740.63			
6	011706001001	施工排水			86 741.86			
7	011706002001	施工降水						
8	011707006001	地上、地下设施、建筑物的临时保护设施						
9	011707007001	已完工程及设备保护			12 668.82			
10		各专业工程的措施项目						
(1)	011701001001	综合脚手架			445 693.27			
(2)	011703001001	垂直运输机械			530 707.11			
		合计			1 345 698.62			

3. 其他项目费

其他项目费根据招标方提供的其他项目清单来编制。其他项目清单包括以下内容组成:暂列金额;暂估价包括材料暂估单价、工程设备暂估单价、专业工程暂估价;计日工;总承包服务费。暂列金额应根据工程特点,按有关计价规定估算。暂估价中的材料、工程设备暂估单价应根据工程造价信息或参照市场价格估算,列出明细表;专业工程暂估价应分不同专业,按有关计价规定估算,列出明细表。计日工应列出项目名称、计量单位和暂估数量。总承包服务费应列出服务项目及其内容等。

其他项目费是在其他项目清单计价表中计算,如表8-3。

表8-3　其他项目清单与计价汇总表

工程名称:人民医院门诊楼二期工程(土建)

序号	项目名称	计量单位	金额/元	备注
1	暂列金额			
2	暂估价			
2.1	材料(工程设备)暂估价			
2.2	专业工程暂估价			
3	计日工			
4	总承包服务费			
合计				

4.规费和税金项目

规费和税金应按国家或省级、行业建设主管部门的规定计算,不得作为竞争性费用。投标方在投标报价时不能不计算或少计算,其金额反映在规费、税金项目清单与计价表中,如表8-4。

表8-4　规费、税金项目清单与计价表

工程名称:办公楼工程(建筑工程)

序号	项目名称	计算基础	计算基数	计算费率(%)	金额/元
1	规费				
1.1	工程排污费				
1.2	社会保险费				
(1)	养老保险费				
(2)	失业保险费				
(3)	医疗保险费				
(4)	工伤保险费				
(5)	生育保险费				
1.3	住房公积金				
2	税金	分部分项工程费+措施项目费+其他项目费+规费—按规定不计税的工程设备金额			
		合计			

(三)综合单价的计算

分部分项工程费的确定主要取决于综合单价的确定。这里的综合单价不是全费用单价，是国内清单计价模式中规定的综合单价，其费用组成如下：

综合单价 = 人工费 + 材料和工程设备费 + 施工机具使用费 + 企业管理费 + 利润

当然，综合单价应当包括招标文件中要求投标人承担的风险费用。一般情况下，主要是对人工、材料以及机械的风险考虑，可以考虑在人工单价、材料的预算单价及机械台班单价中。

清单项目综合单价 = (Σ该清单项目所包含的各定额项目工程量 × 定额综合单价) ÷ 该清单项目工程量

例：某工程屋面 SBS 卷材防水工程量清单如表 8-5 所示。

表 8-5　分部分项工程量清单

工程名称：略

序号	项目编码	项目名称	项目特征及工程内容	计量单位	工程量
1		A. 7 屋面及防水工程			
2	010702001001	屋面 SBS 卷材防水	(1) 找平层：1∶2 水泥砂浆，厚 20 mm (2) 防水层：SBS 卷材防水 (3) 保护层：1∶3 水泥砂浆找平，厚 20 mm (4) 找平层上撒石英砂，厚 20 mm	m^2	120

清单项目反映的是综合实体，一条清单项目往往包含了很多条定额项目。如上述“屋面 SBS 卷材防水”清单项目包含了 4 条定额项目。清单项目的工程量 120 m^2 是根据《计价规范》(13 规范)中工程量清单计算规则计算出来的工程量。对应的 4 条定额的工程量要根据所使用定额的工程量计算规则重新计算，其计算出来的工程量与清单工程量可能一致，也可能不一致。具体计算如表 8-6 所示(表 8-6 为四川省 2004 年清单计价定额分析清单项目综合单价的具体计算表)。

表 8-6　分部分项工程量清单项目综合单价计算表

工程名称：某工程　　　　计量单位：m^2

项目编码：010702001001　　　　工程量：120

项目名称：屋面 SBS 卷材防水　　　　清单项目综合单价：56.16 元/m^2

序号	定额编号	工程内容	单位	数量	综合单价(元)		其中(元)							
							人工费		材料费		机械费		综合费	
					单价	合价	单价	合价	单价	合价	单价	合价	单价	合价
1	BA0004	1∶2 水泥砂浆找平	m^2	120	8.70	1 044.00	3.16	379.20	4.70	564.00	0.05	6.00	0.79	94.80
2	AG0375	SBS 卷材防水	m^2	120	27.38	3 285.6	2.16	259.2	24.25	2 910	—	—	0.97	116.4
3	BA0003	1∶3 水泥砂浆找平	m^2	120	8.57	1 028.40	2.96	355.20	4.81	577.20	0.06	7.20	0.74	88.80
4	AG0432	撒石英砂保护层厚 20 mm	m^2	120	11.51	1 381.20	0.17	20.40	11.26	1 351.20	—	—	0.08	0.92

续表

序号	定额编号	工程内容	单位	数量	综合单价（元）		其中（元）							
							人工费		材料费		机械费		综合费	
					单价	合价	单价	合价	单价	合价	单价	合价	单价	合价
5	清单项目合价		m^2	120	—	6 739.2	—	1 014	—	5 402.4	—	13.2	—	300.92
6	清单项目综合单价		m^2	1	56.16	8.63	47.04	0.11	2.66	—	—	—	—	—

注：1. 清单项目综合单价 = 6 739.4 ÷ 120 = 56.16。

2. 在四川省清单计价定额中把管理费与利润合编为一项，叫综合费。

上述是关于清单综合单价的分析计算，如果手工计算，计算表比较复杂，但在实际工作中所有这些计算都是软件自动完成的。我们要做的就是把清单项目进行分解，并计算对应定额项目的工程量，剩下的工作由电脑去完成。

二、课堂实训

实训一　清单项目综合单价的计算

1. 目的

(1) 熟悉工程量清单计价法中的各种表格。

(2) 掌握工程量清单综合单价的分析计算。

2. 要求

(1) 准备计价定额。

(2) 准备工程量清单计价规范(GB50500—2013)。

(3) 综合单价分析计算表可参考基础知识部分的计算表。

3. 实训过程

(1) 要求学生熟悉对应清单项目和定额项目的计算规则，比较二者之不同。

(2) 要求学生把清单项目进行分解，并分别计算对应定额项目的工程量。

(3) 计算出清单项目的综合单价。

4. 实训题目

实训资料如表 8-7 所示。

表 8-7　分部分项工程量清单

序号	项目编码	项目名称	项目特征及工程内容	计量单位	工程量
1	020301001001	天棚抹混合砂浆	板底刷 107 胶水泥浆，面抹混合砂浆（细砂），刮滑石粉混合胶水腻子二遍	m^2	10.8
2	020401001001	镶木板门	规格为 1.8 m×2 m，框断面 45 cm^2，普通五金，面刷三遍调和漆，汽车运输 1 km	樘	2.00
3	040501002001	钢筋混凝土管道铺设	Φ500，180°C15 混凝土带基，水泥砂浆接口抹带，平接口	m	106

三、知识拓展

工程量清单投标报价的编制实例

表 8-8 ~ 8-20 为某工程量清单投标报价的编制实例。

表 8-8 某机械厂办公楼的招标清单

工程量清单

招　标　人:________________(单位签字盖章)

法定代表人:________________(签字盖章)

中介机构
法定代表人:________________(签字盖章)

造价工程师
及注册证号:________________(签字盖执业专用章)

编制时间: 2009 年 04 月 10 日

1. 施工投标清单报价编制准备

(1)招标文件。

(2)规范、图集、五金手册。

(3)计算器。

(4)工程计价定额(本案例使用的是四川省 2004 工程量清单计价定额)。

(5)工程计价软件(本案例使用的是鹏业清单计价 2007)。

2. 施工投标清单报价编制过程简介

①识图→②复核清单工程量→③分解清单项目为定额项目,并计算对应定额项目的工程量(组价)→④上机操作,录入相关信息→⑤造价调整→⑥输出投标报价书。

3. 施工投标清单报价过程详解

1)识图

对于施工图纸,应仔细阅读,检查图纸中是否存在问题。对于不清楚的地方或有错误的地方应做记录,以便在招标答疑中提出。

2)复核清单工程量

招标书所给的工程量清单不一定完全正确,所以一定要进行认真的复核。一是检查清单项目是否对应,有无多的项或漏项。二是检查工程量有无错误。对发现的问题做好记录,以便在招标答疑中提出,获得解释。另外,也便于在不平衡报价时作出调整。

3)分解清单项目为定额项目,并计算对应定额项目的工程量(组价)

这是最重要的一步,组价建立在熟悉定额及工程量清单计算规则的前提下。组价正确与否,直接关系到工程造价的准确性,也就是前面所讲的综合单价计算。下面以办公楼(建筑工程)分部分项工程量清单中的一项为例介绍,如表 8-9。

表 8-9 砖基础的清单分项

4	10301001001	砖基础 1. 垫层材料种类、厚度：C15 砼，200 2. 砖品种、规格、强度等级：MU15 页岩实心砖 3. 基础类型：带形 4. 基础深度：1.35 m 5. 砂浆强度等级：M10 水泥砂浆	m^3	32.73

这是砖基础的清单分项，对其分解时，主要看其项目特征。从项目特征中可以看出，砖基础的清单分项包括了垫层及砖基础，对应的定额项目是两项。工程量 32.73 m^3 是砖基础的工程量，C15 砼垫层的工程量在清单中没有反映出来，就必须要回到图纸中，按照所使用定额的工程量计算规则，重新计算 C15 砼垫层的工程量。经计算其 C15 砼垫层的工程量为 19.86 m^3。所以，其分解如表 8-10。

表 8-10 砖基础工程量清单

项目编码	项目名称	计量单位	清单工程量	对应定额项目的工程量
10301001001	砖基础	m^3	32.73	C15 砼垫层：19.86
				M10 水泥砂浆砌 MU15 页岩实心砖：32.73

4）上机操作，录入相关信息

首先必须要熟悉工程计价软件，操作过程如下。

（1）建立项目，录入工程信息。

（2）录入工程量清单，如果招标方提供工程量清单的电子版，也可以直接导入。

（3）组价，点击对应的清单项，录入定额及对应的工程量。把对应的材料改为工程所用的材料，如图 8-1“红青砖”改为图 8-2“MU15 页岩实心砖”。然后录入人工综合调整系数。

（4）随后就可以填写措施项目清单，规费清单，在工料机汇总表中填入材料的市场价格。最后修改单位工程费汇总表中的费率，得出单位工程的造价。

5）造价调整

有的施工企业有自己的企业定额，是根据自己的施工水平编制的适用于本施工单位的定额，所以依据自己的企业定额计算出来的工程造价就是一个比较合理的报价，因此可以不用调整。当然，有时根据投标报价的需要也要对其进行调整。

大部分的施工企业没有自己的企业定额，用的都是各地区各部门编制的预算定额来进行投标报价的编制，因此编制出来的工程造价与自己单位的施工水平多少有些不符。所以利用软件，按照工程量清单计价程序计算出工程造价以后，还要对工程造价进行调整。

投标报价时如果是低报价中标，要降低造价可以从以下几个方面来进行。

（1）适当调整材料单价，可以把所有的材料单价都乘上一个系数，这在软件中很好实现。如图 8-3 所示。

（2）适当调整材料单价之后，进入分部分项工程量清单，与自己施工单位施工水平相比，结合以前的竣工工程，检查分部分项工程综合单价是否合理，对于偏高的综合单价进行

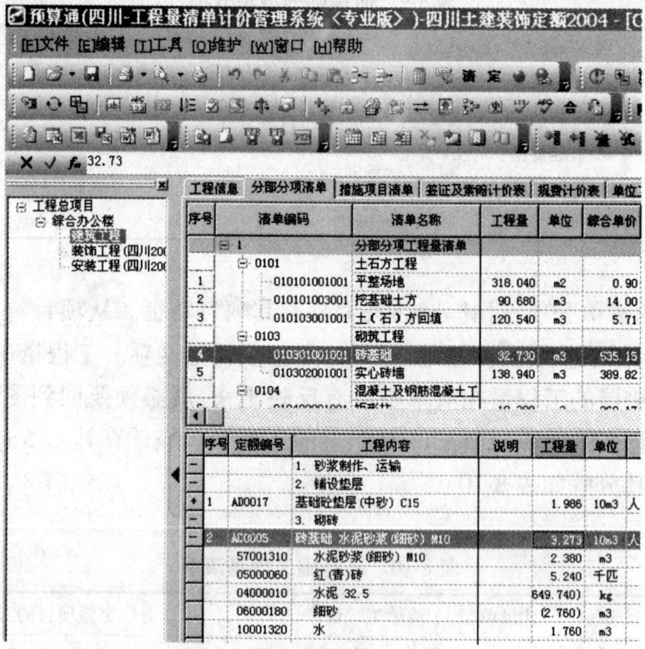

图 8-1 分部分项清单操作界面

图 8-2 修改后的分部分项清单操作界面

调整，对于低于成本价的综合单价要调整过来。在软件中，可以通过人工费、材料费及施工机械使用费等的系数的调整来实现，如图 8-4。

(3)上述两个步骤反复进行，直到调整到所需的工程造价。

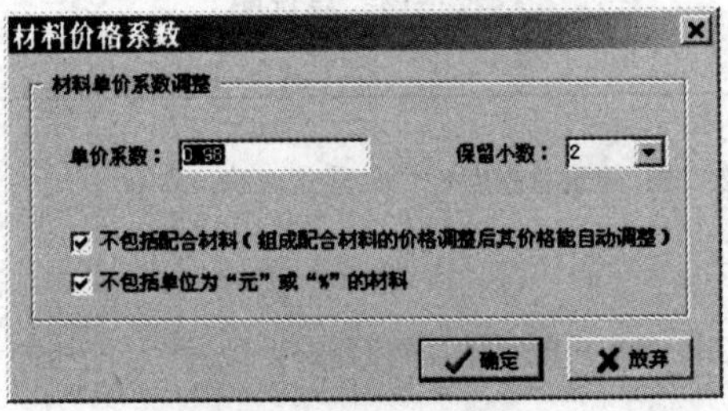

图 8-3 材料价格系数

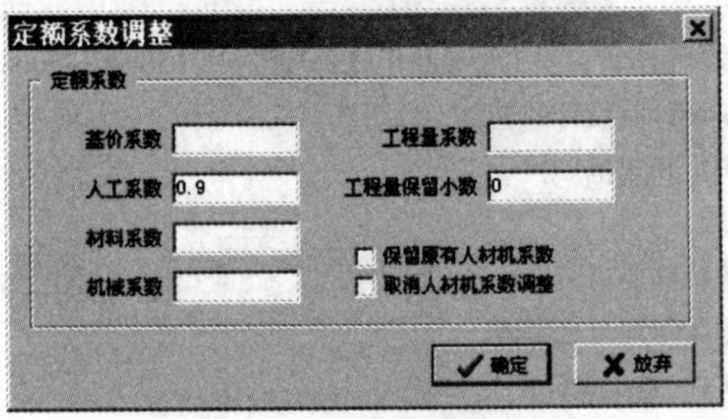

图 8-4 定额系数调整

4. 清单报价书组成

清单报价书包括：

①投标总价表；②工程项目总价表；③单项工程费汇总表；④单位工程费汇总表；⑤分部分项工程量清单计价表；⑥措施项目清单计价表；⑦其他项目清单计价表；⑧规费清单计价表；⑨分部分项工程量清单综合单价分析表；⑩措施项目清单分析表；⑪主要材料价表。

5. 办公楼清单报价（只列出了部分主要表格）

表 8-11 投标总价

投 标 总 价

建设单位：红星机械）（单位签字盖章）

工程名称：办公楼工程（签字盖章）

投标总价（小写） 636 228.27 元

（大写）：陆拾叁万陆仟贰佰贰拾捌元整

投 标 人：（单位签字盖章）

法定代表人：（签字盖章）

编制时间： 2009 年 05 月 10 日

表 8-12 总说明

工程名称:办公楼工程

1. 工程概况

①本工程为办公楼,建筑层数二层,建筑总高度 8.1 m,建筑面积:452 m^2。

②结构形式:砖混。

2. 工程投标和分包范围

①本工程招标范围设计图及招标清单中的所有工程内容。

②本工程分包范围无。

3. 工程量清单编制依据

①依据国家建设部 GB50500—2008《建筑工程工程量清单计价规范》工程量计算规则和 2004 年《四川省建筑工程工程量清单计价定额》编制。

②本工程量清单是按照建设部《建筑工程工程量清单计价规范》(GB50500—2008)进行编制的。

③中国工程物理研究院建筑设计院设计的全套工程图纸。

④其他与施工图纸相关的图集和规范。

⑤本工程报价币种为:人民币。

4. 工程质量、材料、施工等的特殊要求

①各种材料、半成品、成品的运距均自行考虑。

②其余未做说明参照招标文件、施工设计图。

③清单中项目特征描述不清或不全的,参照图纸及选用的标准图集进行报价。

④水泥和钢材使用大厂合格产品。

5. 其他需要说明的问题

本工程不含自动消防工程。

表 8-13 单项工程费汇总表

工程名称:办公楼工程

序号	单位工程名称	金额(元)
1	建筑工程	369 500.41
2	装饰工程	235 414.90
3	安装工程	31 312.96
	合计	636 228.27

单位工程费汇总见表 8-4。

表 8-14 分部分项工程量清单

工程名称:办公楼(建筑工程)

序号	项目编码	项目名称	计量单位	工程数量	综合单价(元)	综合价(元)
		土石方工程				
1	10101001001	平整场地	m^2	318.04	0.9	286.24
2	10101003001	挖基础土方	m^3	90.68	14	1 269.52
3	10103001001	土(石)方回填	m^3	120.54	5.71	688.28
		砌筑工程				

续表

序号	项目编码	项目名称	计量单位	工程数量	综合单价（元）	综合价（元）
4	10301001001	砖基础 1. 垫层材料种类、厚度：C15 砼，200 2. 砖品种、规格、强度等级：MU15 页岩实心砖 3. 基础类型：带形 4. 基础深度：1.35 m 5. 砂浆强度等级：M10 水泥砂浆	m^3	32.73	535.15	17 515.46
5	10302001001	实心砖墙 1. 砖品种、规格、强度等级：MU15 页岩实心砖 2. 墙体类型：内外墙 3. 墙体厚度：240 6. 砂浆强度等级、配合比：M7.5 混合砂浆	m^3	138.94	389.82	54 161.59
		混凝土及钢筋混凝土工程				
6	10402001001	矩形柱 1. 柱高度：构造柱 3. 混凝土强度等级：C20	m^3	19.39	360.17	6 983.70
7	10403002001	矩形梁 3. 混凝土强度等级：C20	m^3	3.12	314.03	979.77
8	10403004001	圈梁 3. 混凝土强度等级：C20	m^3	6.56	346.55	2 273.37
9	10403005001	过梁 3. 混凝土强度等级：C20 4. 混凝土拌合料要求：现浇	m^3	0.39	356.74	139.13
10	10405001001	有梁板 2. 板厚度：100 mm 3. 混凝土强度等级：C20	m^3	72.23	327.37	23 645.94
11	10406001001	直形楼梯 3. 混凝土强度等级：C20	m^2	19.44	88.14	1 713.44
12	10407002002	散水 1. 垫层材料种类、厚度：碎砖三合土 2. 面层厚度：60 mm 3. 混凝土强度等级：C15 砼	m^2	39.76	59.59	2 369.30
13	10407002003	坡道	m^2	6.12	34.97	214.02
14	10407002004	台阶	m^2	9.72	51.94	504.86
15	10410003001	过梁 1. 单件体积：预制 3. 混凝土强度等级：C20 4. 砂浆强度等级：混合 M7.5	m^3	0.17	433.59	73.71
16	10416001001	现浇混凝土钢筋 1. 钢筋种类、规格：10 mm 内	t	7.536	5 091.36	38 368.49
17	10416001002	现浇混凝土钢筋 1. 钢筋种类、规格：10 mm 外	t	3.57	4 752.63	16 966.89

续表

序号	项目编码	项目名称	计量单位	工程数量	综合单价（元）	综合价（元）
18	10416002001	预制构件钢筋 1. 钢筋种类、规格:10 mm 内	t	0.018	4 933.33	88.8
	107	屋面及防水工程				404.7
19	10703003001	砂浆防水(潮)	m^2	30.41	13.31	404.7
		防腐、隔热、保温工程				155 805.62
20	10803001001	保温隔热屋面 1. 保温隔热部位:屋面 2. 保温隔热方式 3. 踢脚线、勒脚线保温做法 4. 保温隔热面层材料品种、规格、性能:找平并铺小青瓦 5. 保温隔热材料品种、规格:50 mm 厚挤塑聚苯乙烯泡沫塑料板 6. 隔气层厚度:聚乙烯丙纶双面复合防水卷材 SBC 7. 黏结材料种类:25 厚水泥砂浆加 Φ4 mm 钢筋网 8. 防护材料种类	m^2	330.16	418.44	138 152.15
21	10803003001	保温隔热墙 1. 保温隔热部位:外墙 2. 保温隔热方式 3. 踢脚线、勒脚线保温做法 4. 保温隔热面层材料品种、规格、性能:挤塑聚苯板 5. 保温隔热材料品种、规格 6. 隔气层厚度 7. 黏结材料种类 8. 防护材料种类	m^2	396.6	44.51	17 652.67

表 8-15　单位工程费汇总表

工程名称:办公楼工程(装饰工程)

序号	费用名称	计费基础	费率(%)	金额(元)	备注
1	分部分项工程量清单计价合计			206 551.22	
2	措施项目清单计价合计			11 678.01	
3	其中:安全文明费			9 664.56	
4	可竞争措施项目费			2 013.45	
5	规费清单计价合计			9 060.51	
6	签证及索赔项目计价合计				

续表

序号	费用名称	计费基础	费率(%)	金额(元)	备注
7	工程定额测定费（1+2+3+4）×规定费率(成都市:1.3‰;中等城市:1.4‰;县级城市:1.5‰)	1+2+3+4	0.14	318.21	中等城市
8	税金(包括营业税、城市维护建设税、教育费附加)（1+2+3+4+5）×规定费率(工程在市区时3.43%;工程在县城、镇时3.37%;工程不在城市、县城、镇时3.25%)	1+2+3+4+5	3.43	7 806.95	(川建函[2005]115号)市区内
9	单位工程合计	1+2+3+4+5+6		235 414.9	

表8-16　分部分项工程量清单

工程名称:办公楼(装饰工程)

序号	清单编码	清单名称	单位	工程量	综合单价(元)	综合价(元)
		楼地面工程				56 879.32
1	20102002001	块料楼地面 1.垫层材料种类、厚度:20 mm厚1∶3干硬性水泥砂浆找平 2.找平层厚度、砂浆配合比 3.防水层厚度、材料种类 4.填充材料种类、厚度 5.结合层厚度、砂浆配合比:水泥砂浆(中砂)1∶2,厚度20 mm 6.面层材料品种、规格、品牌、颜色:防滑地砖600 mm×600 mm 7.嵌缝材料种类 8.防护层材料种类 9.酸洗、打蜡要求	m^2	16.93	80.52	1 363.20
2	20102002002	块料楼地面 1.垫层材料种类、厚度:80 mm厚C10砼 2.找平层厚度、砂浆配合比 3.防水层厚度、材料种类 4.填充材料种类、厚度 5.结合层厚度、砂浆配合比:水泥砂浆(中砂)1∶2,厚度20 mm 6.面层材料品种、规格、品牌、颜色:普通地砖 7.嵌缝材料种类 8.防护层材料种类 9.酸洗、打蜡要求	m^2	235.41	102.18	24 054.19

续表

序号	清单编码	清单名称	单位	工程量	综合单价（元）	综合价（元）
3	20102002003	块料楼地面 1. 垫层材料种类、厚度：80 mm 厚 C10 砼 2. 找平层厚度、砂浆配合比 3. 防水层厚度、材料种类 4. 填充材料种类、厚度 5. 结合层厚度、砂浆配合比：水泥砂浆（中砂）1：2，厚度 20 mm 6. 面层材料品种、规格、品牌、颜色：普通地砖 7. 嵌缝材料种类 8. 防护层材料种类 9. 酸洗、打蜡要求	m^2	16.93	102.02	1 727.20
4	20102002004	块料楼地面 1. 垫层材料种类、厚度：20 mm 厚 1:3 干硬性水泥砂浆找平 2. 找平层厚度、砂浆配合比 3. 防水层厚度、材料种类 4. 填充材料种类、厚度 5. 结合层厚度、砂浆配合比：水泥砂浆（中砂）1:2，厚度 20 mm 6. 面层材料品种、规格、品牌、颜色：防滑地砖 600 mm × 600 mm 7. 嵌缝材料种类 8. 防护层材料种类 9. 酸洗、打蜡要求	m^2	180.14	80.64	14 526.49
5	20102002005	块料楼地面 1. 垫层材料种类、厚度：台阶 160 mm 厚 C15 砼 2. 找平层厚度、砂浆配合比 3. 防水层厚度、材料种类 4. 填充材料种类、厚度 5. 结合层厚度、砂浆配合比：水泥砂浆（中砂）1:2，厚度 20 mm 6. 面层材料品种、规格、品牌、颜色：防滑地砖 600 mm × 600 mm 7. 嵌缝材料种类 8. 防护层材料种类 9. 酸洗、打蜡要求	m^2	9.72	184.19	1 790.32

续表

序号	清单编码	清单名称	单位	工程量	综合单价（元）	综合价（元）
6	20105002001	石材踢脚线 1. 踢脚线高度:150 mm 2. 底层厚度、砂浆配合比:1:2.5 水泥砂浆找平(10 mm 厚) 3. 粘贴层厚度、材料种类:1:2.5 水泥砂浆找平(15 mm 厚) 4. 面层材料品种、规格、品牌、颜色:花岗石 5. 勾缝材料种类 6. 防护材料种类	m^2	50.12	136.13	6 822.84
7	20106002001	块料楼梯面层 1. 找平层厚度、砂浆配合比:找平层 25 mm 厚 2. 贴结层厚度、材料种类 3. 面层材料品种、规格、品牌、颜色:面砖 4. 防滑条材料种类、规格:缸砖 7. 勾缝材料种类 6. 防护层材料种类 7. 酸洗、打蜡要求	m^2	17.34	280.89	4 870.63
8	20107002001	硬木扶手带栏杆、栏板 1. 扶手材料种类、规格、品牌、颜色:成品木扶手 2. 栏杆材料种类、规格、品牌、颜色 3. 栏板材料种类、规格、品牌、颜色 4. 固定配件种类 5. 防护材料种类 6. 油漆品种、刷漆遍数	m	15.11	114.17	1 725.11
		墙、柱面工程				50 545.18
9	20204003001	块料墙面 1. 墙体类型:砖墙 2. 底层厚度、砂浆配合比:1:3水泥砂浆 10 mm 厚 3. 贴结层厚度、材料种类:8 mm 厚 1:0.5:2水泥石灰砂浆 4. 挂贴方式 5. 干挂方式 6. 面层材料品种、规格、品牌、颜色:250 mm×330 mm 面砖 7. 缝宽、嵌缝材料种类 8. 防护材料种类 9. 磨光、酸洗、打蜡要求	m^2	169.52	77.45	13 129.32

续表

序号	清单编码	清单名称	单位	工程量	综合单价（元）	综合价（元）
10	20204003002	块料墙面 1. 墙体类型:砖墙 2. 底层厚度、砂浆配合比:20 mm 厚 1:3 水泥砂浆 3. 贴结层厚度、材料种类:黏合剂 4. 挂贴方式 5. 干挂方式 6. 面层材料品种、规格、品牌、颜色:面砖 7. 缝宽、嵌缝材料种类:1:1水泥砂浆勾缝 8. 防护材料种类 9. 磨光、酸洗、打蜡要求	m^2	315.46	102.47	32 325.19
11	20204003003	块料墙面 1. 墙体类型:砖墙 2. 底层厚度、砂浆配合比:14 mm 厚 1:3 水泥砂浆 3. 贴结层厚度、材料种类:8 mm 厚 1:0.15:2石灰砂浆 4. 挂贴方式 5. 干挂方式 6. 面层材料品种、规格、品牌、颜色:仿石面砖 7. 缝宽、嵌缝材料种类:1:1加浆勾缝 8. 防护材料种类 9. 磨光、酸洗、打蜡要求	m^2	54.14	94.03	5 090.78
		天棚工程				2 768.72
12	20302001001	天棚吊顶 1. 吊顶形式:钢桁架雨棚 2. 龙骨类型、材料种类、规格、中距:钢材 3. 基层材料种类、规格 4. 面层材料品种、规格、品牌、颜色:4 mm 厚阳光板 5. 压条材料种类、规格 6. 嵌缝材料种类 7. 防护材料种类 8. 油漆品种、刷漆遍数	m^2	30.24	91.56	2 768.77

续表

序号	清单编码	清单名称	单位	工程量	综合单价（元）	综合价（元）
		门窗工程				51 185.94
13	20401010001	成品装饰门 1. 门类型:成品木制门 2. 框截面尺寸、单扇面积:1 000 mm × 2 100 mm 3. 骨架材料种类 4. 防护材料种类 5. 油漆品种、刷漆遍数	樘	13	508.79	6 614.27
14	20401010002	成品装饰门 1. 门类型:成品木制门 2. 框截面尺寸、单扇面积:900 mm × 2 100 mm 3. 骨架材料种类 4. 防护材料种类 5. 油漆品种、刷漆遍数	樘	4	478.8	1 915.12
15	20402003001	金属地弹门 1. 门类型:DTM 地弹门 2. 框材质、外围尺寸:1 800 mm × 2 700 mm 3. 扇材质、外围尺寸 4. 玻璃品种、厚度、五金材料、品种、规格 5. 防护层材料种类 6. 油漆品种、刷漆遍数	樘	4	1 043.26	4 173.04
16	20406007001	塑钢窗 1. 窗类型:C1821 2. 框材质、外围尺寸:塑钢 3. 扇材质、外围尺寸 4. 玻璃品种、厚度、五金材料、品种、规格:中空玻璃 5. 防护材料种类 6. 油漆品种、刷油漆遍数	樘	4	1 056.88	4 227.52
17	20406007001	塑钢窗 1. 窗类型:C1521 2. 框材质、外围尺寸:塑钢 3. 扇材质、外围尺寸 4. 玻璃品种、厚度、五金材料、品种、规格:中空玻璃 5. 防护材料种类 6. 油漆品种、刷油漆遍数	樘	8	881.9	7 055.2

续表

序号	清单编码	清单名称	单位	工程量	综合单价（元）	综合价（元）
18	20406007001	塑钢窗 1. 窗类型:C1824 2. 框材质、外围尺寸:塑钢 3. 扇材质、外围尺寸 4. 玻璃品种、厚度、五金材料、品种、规格:中空玻璃 5. 防护材料种类 6. 油漆品种、刷油漆遍数	樘	10	1 209.47	12 094.67
19	20406007001	塑钢窗 1. 窗类型:C1515 2. 框材质、外围尺寸:塑钢 3. 扇材质、外围尺寸 4. 玻璃品种、厚度、五金材料、品种、规格:中空玻璃 5. 防护材料种类 6. 油漆品种、刷油漆遍数	樘	10	629.93	6 299.3
20	20406007001	塑钢窗 1. 窗类型:C7224 2. 框材质、外围尺寸:塑钢 3. 扇材质、外围尺寸 4. 玻璃品种、厚度、五金材料、品种、规格:5 厚浮法单层玻璃 5. 防护材料种类 6. 油漆品种、刷油漆遍数	樘	1	4 178.86	4 178.86
21	20406007001	塑钢窗 1. 窗类型:C1830 2. 框材质、外围尺寸:塑钢 3. 扇材质、外围尺寸 4. 玻璃品种、厚度、五金材料、品种、规格:中空玻璃 5. 防护材料种类 6. 油漆品种、刷油漆遍数	樘	1	1 511.83	1 511.83
22	20406007001	塑钢窗 1. 窗类型:C0912 2. 框材质、外围尺寸:塑钢 3. 扇材质、外围尺寸 4. 玻璃品种、厚度、五金材料、品种、规格:5 厚浮法单层玻璃 5. 防护材料种类 6. 油漆品种、刷油漆遍数	樘	4	259.67	1 038.68

续表

序号	清单编码	清单名称	单位	工程量	综合单价（元）	综合价（元）
23	20406007001	塑钢窗 1. 窗类型:C1157 2. 框材质、外围尺寸:塑钢 3. 扇材质、外围尺寸 4. 玻璃品种、厚度、五金材料、品种、规格:5 厚浮法单层玻璃 5. 防护材料种类 6. 油漆品种、刷油漆遍数	樘	2	1 038.68	2 077.36
		油漆、涂料、裱糊工程				44 032.04
24	20506001001	抹灰面油漆 1. 基层类型:21 mm 厚混合砂浆 2. 线条宽度、道数 3. 腻子种类 4. 刮腻子要求:两遍 5. 防护材料种类 6. 油漆品种、刷漆遍数:一底两面	m^2	902.82	29.2	26 362.34
25	20506001002	抹灰面油漆 1. 基层类型:砼天棚刷混合砂浆 2. 线条宽度、道数 3. 腻子种类 4. 刮腻子要求:两遍 5. 防护材料种类 6. 油漆品种、刷漆遍数:一底两面	m^2	579.56	30.48	17 664.99
		其他装饰工程				1 140.02
26	20603001001	洗漱台 1. 材料品种、规格、品牌、颜色:花岗石板厚 20 mm 台面双孔 2. 支架、配件品种、规格、品牌:角钢 3. 油漆品种、刷漆遍数:防锈漆,银粉漆	m^2	1.65	320.82	529.35
27	20603009001	镜面玻璃 1. 镜面玻璃品种、规格 2. 框材质、断面尺寸:1 600 mm × 1 200 mm 3. 基层材料种类 4. 防护材料种类 5. 油漆品种、刷漆遍数	m^2	3.84	159.03	610.68

表 8-17　单位工程费汇总表

工程名称:办公楼工程(安装工程)

序号	费用名称	计费基础	费率(%)	金额(元)	备注
1	分部分项工程量清单计价合计			27 816.96	

续表

序号	费用名称	计费基础	费率(%)	金额(元)	备注
2	措施项目清单计价合计			1 360.05	
3	其中:安全文明费			1 125.55	
4	可竞争措施项目费			234.5	
5	规费清单计价合计			1 055.2	
6	签证及索赔项目计价合计				
7	工程定额测定费(1+2+3+4)×规定费率(成都市:1.3‰;中等城市:1.4‰;县级城市:1.5‰)	1+2+3+4	0.14	42.33	中等城市
8	税金(包括营业税、城市维护建设税、教育费附加)(1+2+3+4+5)×规定费率(工程在市区时3.43%;工程在县城、镇时3.37%;工程不在城市、县城、镇时3.25%)	1+2+3+4+5	3.43	1 038.42	
9	单位工程合计	1+2+3+4+5+6		31 312.96	

表8-18 分部分项工程量清单

工程名称:办公楼(安装工程)

序号	清单编码	清单名称	单位	工程量	综合单价(元)	综合价(元)
	302	电气设备安装工程				20 719.8
1	30204018001	电度表箱(AW) 1.名称:AW配电箱 2.型号规格	台	1	236.71	236.71
2	30204018002	照明配电箱(AL) 1.名称:Al配电箱 2.型号规格	台	1	706.71	706.71
3	30204031001	小电器 单极开关	个/套	20	9.01	180.20
4	30204031002	小电器 双极开关	个/套	9	10.67	96.03
5	30204031003	小电器 三极开关	个/套	2	12.13	24.26
6	30204031004	小电器 空调三极插座 1.名称:小电器 2.型号:三极 3.规格:250V,16 A	个/套	12	19.66	236.00
7	30204031005	小电器 普通插座 1.名称:小电器 2.型号:二极 三极 3.规格:250 V,10 A	个/套	52	20.93	1 088.36
8	30208001001	电力电缆 YJV22-4×25 1.型号:YJV22 2.规格:4×25 3.敷设方式:SC	m	30.4	89.83	2 730.83

续表

序号	清单编码	清单名称	单位	工程量	综合单价（元）	综合价（元）
9	30209001001	接地装置	项	4	309.91	1 239.64
10	30209002001	避雷装置	项	1	2 857.37	2 857.37
11	30212001001	电气配管 SC50 1. 名称：入户管 2. 材质：焊接钢管 3. 规格：管径 50 mm 4. 配置形式及部位：埋地暗敷	m	7.6	18.34	139.38
12	30212001002	电气配管 PC20 1. 名称：电气配管 2. 材质：塑料管 3. 规格：管径 20 mm 4. 配置形式及部位：WC，FC	m	290.6	5.21	1 514.03
13	30212001003	电气配管 PC16 1. 名称：电气配管 2. 材质：PVC 3. 规格：管径 16 mm 4. 配置形式及部位：WC，CC	m	269.4	5.11	1 376.63
14	30212001004	电气配管 SC15 1. 名称：电气配管 2. 材质：SC 3. 规格：管径 16 mm 4. 配置形式及部位：WC，CC	m	69.2	6.72	465.02
15	30212001005	电气配管 PC40 1. 名称：电气配管 2. 材质：PVC 3. 规格：管径 40 mm 4. 配置形式及部位：WC	m	3.3	9.95	32.84
16	30212003001	电气配线 2.5 mm^2 1. 配线形式：管内穿线 2. 导线型号、材质、规格：BV - 2.5 3. 敷设部位或线制：2 × 2.5	m	778.8	2.47	1 923.64
17	30212003002	电气配线 16 mm^2 1. 配线形式：管内穿线 2. 导线型号、材质、规格：BV - 16 3. 敷设部位或线制：3 × 16	m	16.5	9.8	161.7
18	30212003003	电气配线 4 mm^2 1. 配线形式：管内穿线 2. 导线型号、材质、规格：BV - 4 3. 敷设部位或线制：3 × 4	m	915	2.63	2 406.45
19	30213001001	防水吸顶灯 1. 名称、型号：防水吸顶灯 2. 规格：1 × 40 W	套	6	49.57	297.42

续表

序号	清单编码	清单名称	单位	工程量	综合单价（元）	综合价（元）
20	30213001002	普通吸顶灯 1. 名称、型号：吸顶灯 2. 规格：1×40 W	套	12	40.48	485.76
21	30213001003	双头应急灯 1. 名称、型号 2. 规格：2×20 W	套	3	54.41	163.23
22	30213001004	安全出口 1. 名称、型号 2. 规格：1×10 W	套	2	54.41	108.82
23	30213001005	疏散指示灯 1. 名称、型号 2. 规格：1×10 W	套	3	50.27	150.81
24	30213004001	双管荧光灯 1. 名称 2. 型号：2×30 W 3. 规格 4. 安装形式	套	34	58.9	2 002.6
25	30213004002	单管荧光灯 1. 名称 2. 型号：1×30 W 3. 规格 4. 安装形式	套	2	48.88	97.76
	308	给排水工程				4 497.11
26	30801005001	塑料管 PP-R 给水管 DE25 1. 安装部位：室内 2. 输送介质：生活给水 3. 材质：PP-R 4. 型号、规格：DE25 5. 连接方式：热熔焊接 6. 套管形式、材质、规格：DE40 塑料套管 7. 接口材料 8. 除锈、刷油、防腐、绝热及保护层设计要求	m	3.37	20.12	67.80
27	30801005002	塑料管 PP-R 给水管 DE32 1. 安装部位：室内 2. 输送介质：生活给水 3. 材质：PP-R 4. 型号、规格：DE32 5. 连接方式：热熔焊接 6. 套管形式、材质、规格：DE50 塑料套管 7. 接口材料 8. 除锈、刷油、防腐、绝热及保护层设计要求	m	3.98	26.49	105.43

续表

序号	清单编码	清单名称	单位	工程量	综合单价（元）	综合价（元）
28	30801005003	塑料管 PP-R 给水管 DE40 1.安装部位:室内 2.输送介质:给水 3.材质:PP-R 4.型号、规格:DE40 5.连接方式:热熔焊接 6.套管形式、材质、规格:DE60 塑料套管 7.接口材料 8.除锈、刷油、防腐、绝热及保护层设计要求	m	18.35	26.88	493.25
29	30801005004	塑料管 PP-R 给水管 DE50 1.安装部位:室内 2.输送介质:给水 3.材质:PP-R 4.型号、规格:DE50 5.连接方式 6.套管形式、材质、规格:DE90 塑料套管 7.接口材料 8.除锈、刷油、防腐、绝热及保护层设计要求	m	3.5	33.84	118.44
30	30801005005	塑料管 UPVC 排水管 DE75 1.安装部位:室内 2.输送介质:排水 3.材质:UPVC 4.型号、规格:DE75 5.连接方式:粘接 6.套管形式、材质、规格:DE110 塑料套管 7.接口材料 8.除锈、刷油、防腐、绝热及保护层设计要求	m	21.24	29.76	632.10
31	30801005006	塑料管 UPVC 排水管 DE110 1.安装部位:室内 2.输送介质:排水 3.材质:UPVC 4.型号、规格:DE110 5.连接方式:粘接 6.套管形式、材质、规格:DE150 塑料套管 7.接口材料 8.除锈、刷油、防腐、绝热及保护层设计要求	m	12.02	53.13	638.62

续表

序号	清单编码	清单名称	单位	工程量	综合单价（元）	综合价（元）
32	30803001001	球阀 DN40 1.类型:浮球阀 2.材质 3.型号、规格:Q41T－10 DN40	个	1	39.02	39.02
33	30803001002	球阀 DN32 1.类型:浮球阀 2.材质 3.型号、规格:Q41T－10 DN32	个	2	27.49	54.98
34	30803010001	水表 1.材质 2.型号、规格:螺纹 3.连接方式:LXS－20	组	2	162.43	324.86
35	30804003001	台式洗脸盆 1.材质 2.组装形式 3.型号:515×438×190 4.开关	组	4	132.27	529.08
36	30804012001	蹲式大便器 1.材质 2.组装形式:自带存水弯 3.型号、规格:600×420×238	套	6	155.49	932.94
37	30804013001	立式小便器 1.材质 2.组装形式:自带存水弯 3.型号、规格:665×355×370	套	2	124.81	249.62
38	30804017001	地漏 DN75 1.材质 2.型号、规格:DN75	个	8	38.89	311.12
	311	通信设备及线路工程				2 571.34
39	31102057001	电话入户交接箱	个	1	329.72	329.72
40	31103001001	电话钢管 40	m	14	18.45	258.30
41	31103002001	电话硬质 PVC 管 20	m	83.4	6.57	547.94
42	31103002002	电话硬质 PVC 管 25	m	24	7.86	188.64
43	31103002003	电话硬质 PVC 管 32	m	25	8.58	214.50
44	31103002004	电视硬质 PVC 管 25	m	8.3	7.86	65.24
45	31103002005	电视硬质 PVC 管 20	m	24.5	6.57	161
46	31103007001	电话插座底盒(接线盒)	个	7	61.97	433.79
47	31103007002	电视插座底盒(接线盒)	个	6	61.97	371.82
	312	电视				28.71
48	31205010001	电视入户分配箱	个	1	28.71	28.71

表 8-19　措施项目清单

工程名称:办公楼工程

序号	项目名称
1	以下是用户费率设置
2	安全文明施工
3	夜间施工
4	二次搬运
5	冬、雨季施工
6	大型机械设备进出场及安拆
7	施工排水、降水
8	脚手架
9	混凝土、钢筋混凝土模板及支架
10	垂直运输机械
11	已完工程及设备保护

表 8-20　其他项目清单

工程名称:办公楼工程

序　号	项　目　名　称
一、招标人部分 1. 暂定金额 暂估价	
二、投标人部分 1. 零星工作项目费 2. 总承包服务费	

项目三　建筑工程施工投标定额报价

教学目标

- 了解施工投标定额报价的概念。
- 掌握施工投标定额报价的方法。
- 掌握施工投标定额报价书的构成。

能力标准及要求

- 能够根据工程具体情况进行定额报价的计算。
- 能够按顺序打印装订报价书。

一、基础知识

定额报价是在推行工程量清单计价以前广泛采用的一种计价模式,现在使用不是很多,但也并没有被淘汰。在一些中小型工程中,特别是对单价没有明显要求的非招标工程的预结算中,还是经常在使用。

(一)定额计价模式下的费用构成

定额计价模式,其费用构成与工程量清单计价模式费用构成具有相当大的差异,其费用构成包括:直接费、间接费、利润、税金。

1. 直接费

直接费是指在工程施工过程中直接耗费的构成工程实体和有助于工程形成的各项费用。直接费由直接工程费、措施费组成。

1)直接费工程费

直接工程费是指施工过程中耗费的构成工程实体的各项费用,包括人工费、材料费、施工机械使用费。

(1)人工费,是指直接从事建筑安装工程施工的生产工人开支的各项费用。

(2)材料费,是指施工过程中耗费的构成工程实体的原材料、辅助材料、构配件、零件、半成品的费用和周转使用材料的摊销(或租赁)费用。

(3)施工机械使用费,是指施工机械作业所发生的机械使用费、机械安拆费和场外运输费。

2)措施费

措施费是指为完成工程项目施工,发生于该工程施工前和施工过程中非工程实体项目的费用,其内容包括以下几个方面。

(1)夜间施工费

(2)二次搬运费

(3)大型机械设备进出场及安拆费

(4)已完工程及设备保护费

(5)施工排水、降水费

(6)冬雨季施工增加费

(7)混凝土、钢筋混凝土模板及支架费

(8)脚手架费

(9)垂直运输机械费

(10)构件吊装机械费

(11)总承包服务费

3)现场经费

现场经费是指为施工准备、组织施工生产和管理所需的费用,内容包括如下两项。

(1)临时设施费,是指施工企业为进行建筑安装工程施工所必需的生活和生产用的临时建筑物、构筑物和其他临时设施费用等。

(2)现场管理费。

2. 间接费

间接费由规费、企业管理费组成。

(1)规费,是指根据国家、省级有关行政主管部门规定必须计取或缴纳的,应计入工程造价的费用,其内容包括以下几个方面。

1)安全文明施工费:①安全施工费、②环境保护费、③文明施工费、④临时设施费;2)工程排污费;3)社会保险费:养老保险费、失业保险费、医疗保险费、工伤保险费、生育保险费;4)住房公积金;5)危险作业意外伤害保险。

(2)企业管理费

企业管理费,是指建筑安装企业组织施工生产和经营管理所需的费用,其内容包括以下几个方面。

1)管理人员工资;2)办公费;3)差旅交通费;4)固定资产使用费;5)工具用具使用费;6)劳动保险费;7)工会经费;8)职工教育经费;9)财产保险费;10)财务费;11)税金;12)其他

3. 利润

利润是指施工企业完成承包工程所获得的盈利。依据不同投资来源或工程类别实施差别利率。

4. 税金

税金是指国家税法规定的应计入建筑安装工程造价内的营业税、城市维护建设税及教育费附加。

(二)定额计价模式下工程报价的计算

定额计价模式不同于工程量清单计价模式,它的报价分为两大步骤,即计量与计价。

1. 计量

计量也就是计算工程量,它是定额计价模式下最重要的一个环节。工程量要根据所使用的工程计价定额中的工程量计算规则来进行。

1)按照施工的顺序进行计算

这种按顺序进行的计算要求计算人员对工程施工顺序有一定的了解。

砖混结构建筑工程的主要施工顺序为:平整场地→挖基础土方→浇筑基础垫层→砌筑基础→回填土→砌筑墙体→构造柱浇筑→现浇楼板→屋面工程。

框架结构建筑工程的主要施工顺序为:平整场地→挖基础土方→独立基础(桩基础)→现浇地梁→现浇砼柱、梁、墙、板→砌筑填充墙→屋面工程。

工程量的计算可以按照施工顺序逐步列项计算。

2)按照定额的顺序进行计算

工程定额里面包括了很多类型的工程分项,在计算工程量时,可以对照相应的项目进行列项计算工程量。这也要求计算者对工程定额要有一定的了解,因为定额中很多与本工程无关的分项工程,要一一排除也不是一件容易的事情。

3)按统筹原理法进行计算

找出建筑工程各个分部分项工程量计算之间的内在联系,合理安排工程量计算的顺序。例如在计算墙体工程量的时候要扣除门窗洞口的面积,所以可以先计算门窗的面积。

在工程量的计算中,上述两种计算顺序往往结合来进行。在计算同一分项工程的时候,还可结合顺时针,先上后下、先左后右的顺序来进行。

2. 工程计价

现在的投标报价中工程计价都是由电脑来完成的,手工要做的有以下几个方面。

1)定额套用

在工程量计算完成后,就要对所计算的分项工程套用定额,找到对应的定额编号。定额套用存在以下三方面的情况。

(1)直接套用。当分项工程的内容与定额项目内容完全一致时,则可直接套用定额。

(2)相似定额。当分项工程的内容与定额项目内容不完全一致,但是施工工艺、施工方法基本一致时,也可套用此定额。可对其使用的材料不同的地方进行换算修改。

(3)补充定额。当分项工程的内容在定额中没有类似的项目可以套用时,则必须编制补充定额项目。

2)收集整理材料市场价格

如果采用单价法编制施工图预算,还要收集人工、材料、机械的调整系数。

二、课堂实训

实训　工程量的计算

1. 目的

(1)学会正确识读施工图纸。

(2)掌握工程量计算的方法和程序。

(3)掌握定额的套用技巧。

2. 准备条件

(1)找一份较小工程的施工图纸。

(2)工程定额。

3. 步骤提示

(1)将学生分成3个人一组,让学生独立识读施工图纸。

(2)小组学生合作按定额顺序写出本工程包含的工程项目(建筑、装饰、安装),可以不计算工程量。

(3)简略地写出工程项目对应工程量的计算顺序(如按施工顺序、顺时针、先横后竖等)。

(4)每组学生阐述工程量计算的内容、顺序。

(5)其他组的学生对该组进行点评。

4. 注意事项

当一个小组在进行阐述时,其他小组可以对比自己的计算成果,找出漏掉的或别的组没有计算的项目,并做记录,在点评时提出。

三、知识拓展

定额计价投标报价的编制实例

某工程为砖基础景观墙,采用M7.5细砂水泥砂浆砌筑,图中尺寸单位为mm,如图8-5和图8-6所示试编制定额计价报价书。

1. 定额计价投标报价编制准备

(1)招标文件。

(2)规范、图集、五金手册。

(3)计算器。

(4)工程计价定额(本案例使用的是四川省2000计价定额)。

(5)工程计价软件(本案例使用的是鹏业预算通V4.01)。

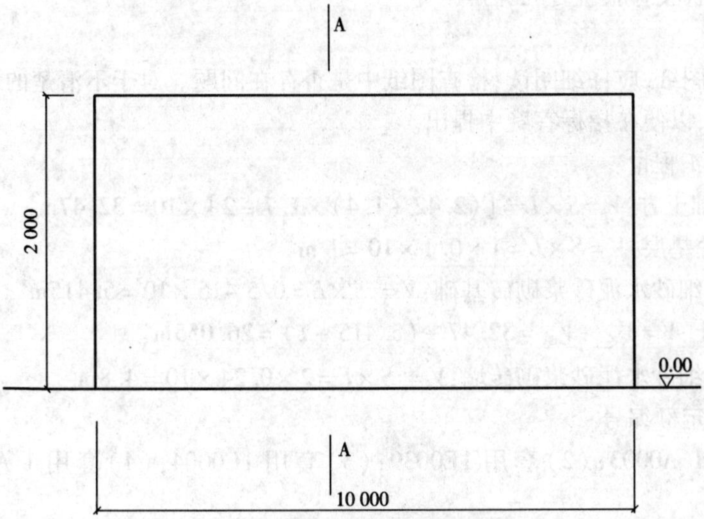

图 8-5　立面图

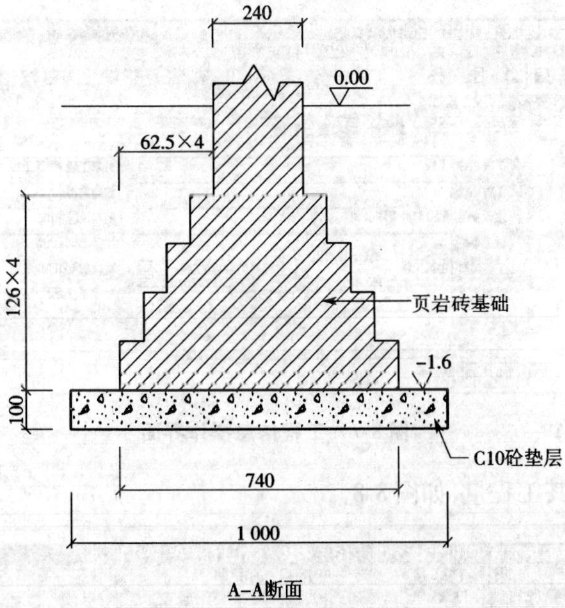

图 8-6　断面图

（6）收集整理材料的市场价及相关的取费文件（如人工调整系数）。

2. 定额计价投标报价编制过程简介

①识图→②计算工程量→③套用定额→④上机操作，录入相关信息→⑤造价调整→⑥输出投标报价书。

对于初学者来说，②③两个步骤顺序是颠倒的。因为初学者不熟悉定额项目及其计算规则，所以先要找到对应的定额项目，然后按照定额计算规则计算出工程量。

3. 定额计价投标报价过程详解

1） 识图

对于施工图纸，应仔细阅读，检查图纸中是否存在问题。对于不清楚的地方或有错误的地方应做记录，以便在招标答疑中提出。

2） 计算工程量

(1)挖基础土方：$V=S\times L=[(2.42+1.4)\times 1.7\div 2]\times 10=32.47\text{m}^3$

(2)C10 砼垫层：$V=S\times L=1\times 0.1\times 10=1\ \text{m}^3$

(3)M7.5 细砂水泥砂浆砌砖基础：$V=S\times L=0.5415\times 10=5.415\text{m}^3$

(4)回填土：$V=V_{挖}-V_{埋}=32.47-(5.415+1)=26.055\text{m}^3$

(5)M7.5 细砂水泥砂浆砌砖墙：$V=S\times L=2\times 0.24\times 10=4.8\text{m}^3$

3） 套用定额编号

(1)套用 1 A0003；(2)套用 1E0039；(3)套用 1C0004；(4)套用 1 A0007；(5)套用 1C0015。

4） 上机操作

(1)录入工程信息，如图 8-7。

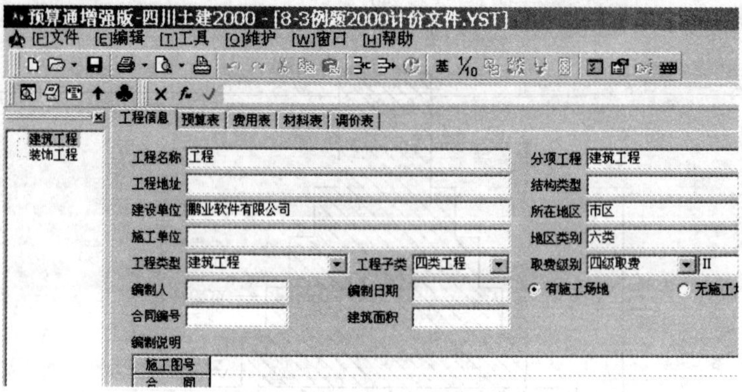

图 8-7 工程信息操作界面

(2)录入定额及其工程量，如图 8-8。

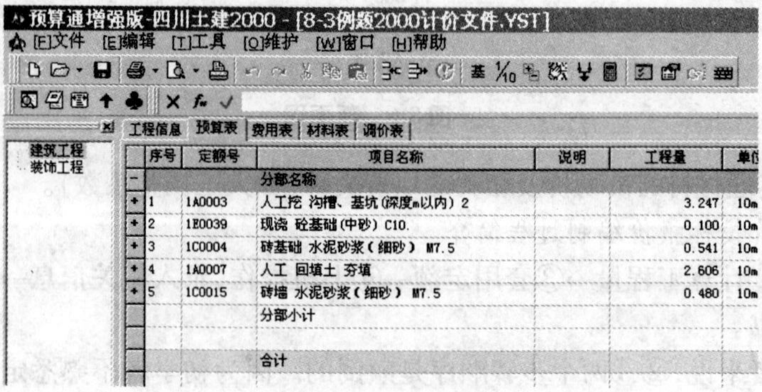

图 8-8 工程定额及其工程量操作界面

(3)录入材料调整价(即市场价),材料的市场价是事先收集的,也可以参考各地各部门发布的工程造价信息,如图 8-9。

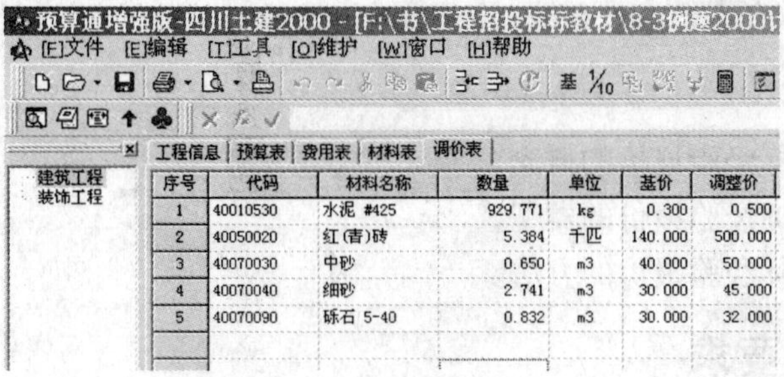

序号	代码	材料名称	数量	单位	基价	调整价
1	40010530	水泥 #425	929.771	kg	0.300	0.500
2	40050020	红(青)砖	5.384	千匹	140.000	500.000
3	40070030	中砂	0.650	m3	40.000	50.000
4	40070040	细砂	2.741	m3	30.000	45.000
5	40070090	砾石 5-40	0.832	m3	30.000	32.000

图 8-9　材料调整价操作界面

(4)填写费用表,即可得出总造价。各项费用的取费标准是 2000 定额计价费用定额及相关的取费文件提供的,如图 8-10。

序号	费用名称	计算公式	费率	金额
1	A. 定额直接费			1872.89
2	A.1 人工费			646.94
3	A.2 材料费			1170.80
4	A.3 机械费			55.15
5	B. 其他直接费	B.1+B.2+B.3		126.61
6	B.1 其它直接费	A×规定费率	2.450	45.89
7	B.2 现场管理费	A×规定费率	2.260	42.33
8	B.3 临时设施费	A×规定费率	2.050	38.39
9	C. 价差调整	C.1+C.2+C.3		2593.84
10	C.1 人工费调整	按地区规定计算	65.000	420.51
11	C.2 材料费调整	C.2.1+C.2.2+C.2.3+C.2.4		2173.33
12	C.2.1 单调材料价差	按地区规定计算		2173.33
13	C.2.2 地区材料综合调整价差	定额材料费×地区规定调整系数		
14	C.2.3 未计价材料价差(筑炉工程)	按地区规定计算		
15	C.2.4 计价材料价差调整(筑炉工程)	按省造价管理总站规定调整系数		
16	C.2.5 水泥标号调整量差			
17	C.3 机械费调整	按省造价管理总站规定调整系数		
18	D. 施工图预算包干费	A×规定费率	5.000	93.64
19	E. 企业管理费	A×规定费率	5.030	94.21

图 8-10　工程费用表操作界面

(5)造价调整。当投标时需要调整工程造价时可以通过调整人、材、机的系数及材料的市场价格来实现,同清单报价类似,在此不再叙述。

(6)输出投标报价书。四川省 2000 定额计价报价书包括封面、编制说明、工程取费表、工程计价表、单项材料价差调整表及材料汇总表等 6 个部分组成。在软件中打印后按上述顺序装订即可。

项目四　建筑工程施工投标经验报价

教学目标

- 了解施工投标经验报价的概念。
- 了解施工投标经验报价的类型。
- 掌握施工投标经验报价的方法。

能力标准及要求

- 能够根据工程具体情况进行经验报价的计算。

一、基础知识

建筑工程施工投标经验报价是根据咨询信息或所竣工的类似工程,经过分析计算,得出拟建工程的投标报价。经验报价对施工经验的要求较高,而且具有一定的地域性。因为不同地域的分项工程的工程成本因工程材料价格和人工价格的不同而有所不同。所以,由施工经验掌握的分项工程的单价,不能在市场行情差别较大的地方使用。

建筑工程施工投标经验报价要求有类似工程的经验。其经验可从以下几个方面来考虑。首先,是以前所施工的竣工工程。竣工工程应当选择具有参照性的,其结构特征应当与投标工程一致,或者与要报价的分项工程的内容一致。其次,咨询有经验的工程技术人员,或施工过类似工程的相关人员来获得报价信息。第三,可以向工程造价咨询机构进行咨询。

(一)总价承包工程的经验报价

如果投标工程与竣工工程的结构特征、工程内容一致,工程规模不同,则可直接套用竣工工程的单方指标进行计算。如果投标工程与竣工工程的结构特征一致,工程内容不完全相同,则投标报价时,对于不同的工程内容要换出,添加新的工程项目,重新计算单方指标计算投标报价。

(二)单价承包工程的经验报价

这里所说单价是指全费用单价,对于分项工程的单价要进行具体的分析。根据报价的要求,分别计算对应的费用,组成分项工程的单价。

二、知识拓展

经验报价分析

图 8-11 是一工程的围墙上部施工图,原围墙上部有玻璃渣需要去除,然后改建成铁花栏杆围墙。招标方要求报出围墙每米长的单价。

1)根据以前的经验对工程分项,并准确计算工程量

(1)铁花个数:$1\div0.16=6.25$ 个

(2)Φ16 mm 圆钢:横杆 $2+(1\div0.7)\times0.25=2.36$ m

(3)砼包脚:图中也无具体尺寸,根据以往经验,定为 20 元/m。

2)根据经验填报单价(见表 8-21)

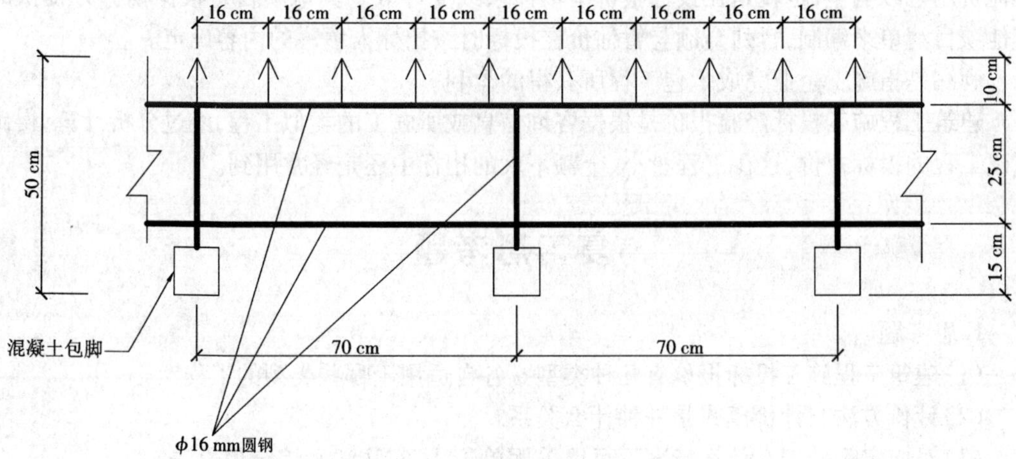

图 8-11　围墙上部施工图

表 8-21　铁花栏杆每米报价表

序号	费用名称	单价	每米栏杆用料数量	总价(元)
1	材料			
①	铁花	1.40 元/个	6.25 个	8.75
②	Φ16 mm 圆钢	10.30 元/m	2.36 m	24.31
③	砼包脚	20.00 元/m	1 m	20.00
④	油漆	3.00 元/m	1 m	3.00
2	拆除玻璃	5.00 元/m	1 m	5.00
3	人工及辅材	35.00 元/m	1 m	35.00
	合　　计			96.06

单元小结

建筑工程施工投标报价是指投标人在知悉招标工程后，按照招标文件的要求，结合自己本单位的施工水平、管理水平，对所投工程项目的全面的、综合的报价。经济(商务)标主要是指施工投标报价，它反映企业的施工管理水平。

建筑工程施工投标报价类型较多，可以采用定额计价编制报价，也可以用清单计价来编制报价，还可以根据长期同类型工程的经验进行估价报价。建筑工程投标报价的方法有3种：单价法、实物法和综合单价法(又叫全费用单价法)。单价法与综合单价法需要进行价差调整，而实物法不需要进行价差调整。

清单招标是目前大力推行、广泛使用的一种招标方式。工程量清单计价包括分部分项工程费、措施项目费、其他项目费、规费和税金。分部分项工程费是根据招标方提供的分部分项工程量清单来编制的，其编制是在分部分项工程量清单计价表中完成，最重要的就是确定综合单价。措施项目费在施工投标报价中要根据工程情况来确定，除安全文明施工费外，其他费用可以竞争,也就是在投标报价中不计取或少计取。其他项目费根据招标方提供的其他项目清单来编制,暂列金额与暂估价在投标时按招标人填写的内容确定。

利润是指施工企业完成承包工程所获得的盈利。

建筑工程施工投标经验报价是根据咨询信息或所施工的类似工程,经过分析计算,得出拟建工程的投标报价,这在工程量小、金额不大的招标中还是经常用到。

复习思考题

1. 思考题

(1)建筑工程施工投标报价有几种类型?各自适用于哪些类型的工程?

(2)计价方法与计价模式是一种什么关系?

(3)对应定额分别在什么情况下可以采用单价法、实物法和综合单价法?

(4)哪种计价方法是需要事先计算出来,在计价时才能加快报价速度?

(5)2003[206]号文的费用构成与(1993)894 号文的费用构成有何不同?

(6)清单计价各项费用分别由 2003[206]号文中哪些费用项目构成?

2. 实训题

某工程为砖基础景观围墙,采用 M7.5 细砂水泥砂浆砌筑,图中尺寸单位为 mm,如图 8-5 和图 8-6 所示,分部分项工程量清单如表 8-26,材料市场价格如表 8-27,试进行清单报价。

表 8-26 分部分项工程量清单

序号	项目编码	项目名称及特征	单位	工程量
1	010101003001	挖基础土方 1. 土壤类别:二类 2. 基础类型:砖基础 3. 垫层底宽、底面积:1 m 4. 挖土深度:1.6 m 5. 弃土运距	m^3	16
2	010103001001	土(石)方回填 1. 土质要求 2. 密实度要求 3. 粒径要求 4. 夯填(碾压) 5. 松填 6. 运输距离	m^3	10.59
3	010301001001	砖基础 1. 砖品种、规格、强度等级:页岩砖 2. 基础类型:条形基础 3. 基础深度:1.6 m 4. 砂浆强度等级:M7.5	m^3	5.42

续表

序号	项目编码	项目名称及特征	单位	工程量
4	010302001001	实心砖墙 1. 砖品种、规格、强度等级:页岩砖 2. 墙体类型:实心砖墙 3. 墙体厚度:240 mm 4. 墙体高度:2 m 5. 勾缝要求 6. 砂浆强度等级、配合比:M7.5 水泥砂浆	m^3	4.8
5	010401006001	垫层 1. 砼强度等级:C10 2. 混凝土拌和料要求 3. 砂浆强度等级	m^4	1

表 8-27　材料市场价格

序号	材料名称	单位	市场单价(元)
1	水泥 32.5	kg	0.5
2	红(青)砖	千块	500
3	中砂	m^3	50
4	细砂	m^3	45
5	卵石 5－40	m^3	32
6	砾石 5　40	m^3	32

单元九　工程建设项目货物招投标

内容提要

工程建设项目货物招投标是建筑市场公平竞争、依法采购货物的法定途径。本单元的内容主要是工程建设项目货物招标概述，货物招标投标人资格审查，货物采购招标文件，工程建设项目货物开标、评标、定标和工程建设项目货物投标等5个方面阐述工程建设项目货物招标投标的内容。

教学目标

了解工程项目货物的内容；理解工程建设项目货物招标的特点；熟悉建设项目货物招标的范围及货物招标方式；熟悉建设项目货物招标应具备的条件；熟悉建设项目货物招标对潜在投标单位的要求；掌握建设项目货物招标资格审查的方式；熟悉建设项目货物招标资格预审文件的内容；熟悉建设项目货物招标资格审查的内容；掌握招标文件内容组成；熟悉建设项目货物招标文件的编制；熟悉招标文件中合同条款的内容；熟悉开标程序；熟悉评标方法及适用范围；熟悉细微偏差和重大偏差的认定以及招标文件内容组成；掌握投标文件的编制。

项目一　工程建设项目货物招标概述

教学目标

- 了解工程项目货物的内容，理解工程建设项目货物招标的特点。
- 熟悉建设项目货物招标的范围及货物招标方式。
- 熟悉建设项目货物招标应具备的条件。
- 熟悉建设项目货物招标对潜在投标单位的要求。

能力标准及要求

• 能够通过对国家和地区各招标投标法律、法规的理解，培养学生依法进行招标投标的素质。

• 能够根据具体建筑项目货物的特点选择适宜的招标方式。

一、基础知识

工程项目从可行性研究、设计到施工的各个阶段，都与设备、材料具有密切联系。因此，设备、材料采购工作的成功与否，直接影响着整个建筑工程投资效率的高低、投资成本的多少、工程质量的优劣。现代工业的快速发展，使设备在性能、精度、电子控制系统和整体系统化等方面得到不断地发展，新型健康材料不断涌现，同时也带来了设备、材料单位生产成本的增加，在这种情况下，如何以最低的价格获取最优良的设备、材料，是每一个投资者所面临的重要课题。

（一）工程项目设备、材料概述

工程项目设备、材料是指建筑工程项目中作为货物来采购的标的物或对象物品。

（1）原材料，即建筑工程项目（产品）构成的主要成分。

（2）辅料，即在产品制造过程中，除原料以外的全部耗材。

（3）设备和机械，指制造产品的主要工具或者是人们生活、生产环境必不可缺的相关设施。

设备采购是资金向实物转化而形成固定资产的方式之一，作为固定资产投资组成部分的设备，大多需要通过工程建设项目的实施来得以实现。随着我国社会经济发展水平的不断提高，设备在工程建设项目的投资构成中所占的比重呈逐年上升趋势。

材料，通常被称之为“制作物体的物质”。材料存在于社会生活的各个方面，应用范围十分广泛，建筑工程的各个方面都离不开对建设材料的使用。因此，设备、材料采购手段的科学性、规范性，对于工程建设项目来说，是极其重要的。

设备、材料的招标采购，就是指在公平竞争的环境下，实现低价采购的一种贸易手段，制造商、供应商只有在价格、质量、服务等方面通过相互间的竞争，才能取得中标的商业机会。招标采购与直接交易等非竞争性采购方式相比，更有利于营造公平、公正的市场环境，促进企业间公平竞争；有利于节约和合理使用项目采购的资金；有利于抑制采购交易中腐败行为的形成以及不正当竞争等行为的产生。

1. 工程项目设备分类

1）设备的一般分类

由于设备的用途各不相同，设备的形状、规格、性能等方面也存在着差异。为了设计、制造、使用、管理的便利，可按设备的属性和形态等方面进行分类。

（1）按固定资产基本属性分类。

1994 年，国家颁布的《固定资产分类与代码》（GB/T14885—94）中，将固定资产按其基本属性划分为 10 个大类和 4 个层次。10 个大类为：①土地房屋及构筑物；②通用设备；③专用设备；④交通运输设备；⑤电气设备；⑥电子产品及通信设备；⑦仪器仪表、计量标准器具及量具、衡器；⑧文艺体育设备；⑨图书文物及陈列品；⑩家具用具及其他。4 个层次，即在各大类下按层次分，依次分为第一层（大类）、第二层（中类）、第三层（小类）和第四层（细类）。

（2）按设备的工业形态分类。

工业企业使用的生产设备可分为加工组装工业设备和装置工业设备两大类。

①加工组装工业设备是指工业企业用于产品或原材料加工的设备，通过机械动能的作业手段来加工产品，被加工物经过设备加工、组装后，只产生尺寸、外形等物理性质上的变化，不产生化学性质上的变化。如机械产品加工设备中的车床、刨床以及用来组装电视机的生产流水线等。

②装置工业设备是指化工、钢铁、食品等产业使用的，以容器、压缩机、泵、塔、冷热交换机等构成的设备。通过向这些容器装置内投入不定型的固体（粉状、颗粒状）物质或液体、气体原材料，并施以温度、压力等特定条件，最终通过这些装置的运行和自动处理，使被投入

的物质产生化学性质或物理性质的变化。

2)设备的其他分类

根据需要还可按设备适用范围将设备分为通用设备和专用设备。通用设备是具有普遍应用能力的设备,可适用于各种建设场合;专用设备是为某一特定产品或特定生产环节专门设计制造的机器,不具有普遍应用性。

按设备用途可将设备分为动力机械、金属切削机床、金属成型机床、交通运输机械、起重运输机械、工程机械、农业机械、通用机械、轻工机械、专用机械 10 个大类。

按设备使用性质可将设备分为生产用设备、非生产用设备、租赁机器设备等。

按设备工艺性质可将设备分为机械设备和动力设备。

3)招标投标中的设备分类

在设备采购中,涉及智能建筑的设备常被分为强电设备和弱电设备。强电设备包括高压配电设备、低压配电设备、配电变压器、发电机组成套设备等。弱电设备包括火灾自动报警与消防系统、楼宇自控系统、综合布线系统、闭路电视监控系统、广播电视系统等。涉及公路、港口、交通项目以及冶金、矿山项目建设的输送用机械设备、工程机械设备,纺织、机械加工、石油化工、轻工环保项目中使用的企业生产设备,医疗卫生项目所涉及的医疗设备等,大都需要通过招标的方式进行采购。

2. 工程项目材料分类

建设材料的基本性质,包括材料的可操作性、强度、耐久性、伸缩性等物理性质以及密度、容量、是否吸水、是否耐热、是否吸音隔音、硬度等其他性质。材料的分类按不同的标准可进行不同的分类,但以材料的性质、用途等要素进行分类的居多。最为常见的是将材料分为金属材料和非金属材料、有机材料和无机材料等。以土木建筑为主的材料采购,通常包括以下几类。

(1)水泥及水泥掺加剂。水泥包括硅酸盐水泥、矿渣硅酸盐水泥、粉煤灰硅酸盐水泥、白水泥等。水泥掺加剂包括减水剂、早强剂、速凝剂、防冻剂等。

(2)金属材料。包括:线材、螺纹钢、槽钢、工字钢、镀锌钢板等黑金属材料;铜、铝、铅、锡、锌等有色金属材料及制品;焊接材料。

(3)砖、瓦、灰、砂、石。

(4)原木、板材、竹等木材及木竹制品。

(5)玻璃及陶瓷制品。

(6)塑料、橡胶。

(7)油漆涂料及化工原料。

(8)门窗、幕墙、门窗五金。

(9)阀门、管件及消防器材。

(10)卫生洁具、器材。

(11)电线、电缆。

(12)通风器材。

(13)灯具、开关及室内电器材料。

(14)电缆连接件、电器设备室外材料。

(15)商品混凝土。

(16)管材、节能材料及制品等。

(二)工程建设项目货物招标的特点

1)产品的多样性

工程建设项目中材料和设备种类繁多。工程用材料主要包括三大建筑主材(水泥、钢材、木材)、墙体材料、屋面材料、地面材料、幕墙材料、内装材料、防水材料、保温材料、建筑陶瓷、建筑五金等数十个类别,在每一类别中都至少有上百种不同品牌、不同质量、不同规格的产品;工程用设备主要包括电梯、空调机组、锅炉、发电机组、水泵、泳池设备、给排水设备、高低压配电设备、消防设备、建筑智能化等数十个类别,每一类别中也至少有上百种不同品牌、不同质量、不同规格的产品。

2)技术的专业性

随着科学技术的不断发展,材料和设备的科技含量越来越高,技术水平也越来越复杂。有些设备既要了解其各种使用功能,又要了解其机械功能和控制功能。要编制好招标文件,至少需要十余个或数百个技术参数。例如,电梯需要提供载重、梯速、层站、控制方式、电梯装饰、土建尺寸、使用功能、主要部件要求等必备的技术信息。这些技术参数在设计图纸上均不可能提供,无法满足编制采购文件的要求,这就需要采购工作人员花费大量的时间和精力去搜集、整理这些复杂的技术信息,但也很难达到理想的要求。

3)设计的不充分性

由于设计方工作的局限性,在工程项目设计中对材料和设备的设计均采取粗线条的设计或说明,使一些主要材料和设备在设计上就存在“先天不足”,多数都需要材料或设备厂家进行二次深化设计,以实现整体工程的质量要求和使用功能。在这种设计不充分的情况下,如果单纯按照设计院提供的设计信息,根本无法完善招标文件的技术要求,甚至有可能产生一些事与愿违的招标结果,从而影响到整个工程的施工。

4)价格的层次性

由于在建筑材料和设备市场上各商家之间竞争非常激烈,再加上产品的多样性、复杂性,必然导致同类别、不同档次、多种品牌产品价格的层次性。有的时候还会存在同种品牌不同投标人报出不同的价格,增加了工程建设货物招标评标的难度,有可能采购不到性价比最优的产品,还有可能给一些不法投标人提供围标、串标的可乘之机。

(三)工程建设项目货物招标方式

1)工程建设项目货物招标范围

工程建设项目只要符合《工程建设项目招标范围和规模标准规定》(原国家计委令第3号)规定的范围和标准的,必须通过招标选择货物供应单位。任何单位和个人不得将依法必须进行招标的项目化整为零或者以其他任何方式规避招标。其具体的规模标准是:重要设备、材料等货物的采购,单项合同估算价在100万元人民币以上的,单项合同估算价低于前款标准但项目总投资额在3 000万元人民币以上的。

2)工程建设项目货物招标方式

《工程建设项目货物招标投标办法》(七部委27号令)规定:货物招标分为公开招标和邀请招标两种方式。对于国务院发展改革部门确定的国家重点建设项目和各省、自治区、直辖市人民政府确定的地方重点建设项目,其货物采购应当公开招标,但是存在下列情形之一的,经批准可以进行邀请招标。

(1)货物技术复杂或有特殊要求,只有少数几家潜在投标人可供选择的。

(2)涉及国家安全、国家秘密或者抢险救灾,适宜招标但不宜公开招标的。

(3)拟公开招标的费用与拟公开招标的节资相比,得不偿失的。

(4)法律、行政法规规定不宜公开招标的。

同时,国家重点建设项目货物的邀请招标,应当经国务院发展改革部门批准;地方重点建设项目货物的邀请招标,应当经省、自治区、直辖市人民政府批准。

(四)招标人的确定

《工程建设项目货物招标投标办法》(七部委27号令)中规定:工程建设项目货物招标投标活动,依法由招标人负责。工程建设项目招标人对项目实行总承包招标时,未包括在总承包范围内的货物达到国家规定规模标准的,应当由工程建设项目招标人依法组织招标。工程建设项目招标人对项目实行总承包招标时,以暂估价形式包括在总承包范围内的货物达到国家规定规模标准的,应当由总承包中标人和工程建设项目招标人共同依法组织招标。双方当事人的风险和责任承担由合同约定。

(五)工程建设项目货物招标应具备的条件

在招标投标工作中,存在一些招标人往往不具备招标条件就开展招标,进而损害广大投标人利益的情况,《工程建设项目货物招标投标办法》(七部委27号令)结合投资体制改革的情况,对施工招标应当具备的条件做了以下明确规定。

(1)招标人已经依法成立。

招标人是提出招标项目、进行招标采购的法人或其他组织。工程建设项目的招标人多是建筑工程的投资方,即发包人。使用国有资金投资项目的招标人,如系经营性项目,称之为项目法人,如系非经营性建设项目,则称之为建设单位。无论其是否是建设项目的直接投资人,只要是依法成立的法人或其他组织,根据法律、法规的规定,都可以是工程建设项目的招标人。但是,从事贸易代理的公司,不得作为招标人进行委托招标。具体而言,有以下几种情形。

①项目实行总承包时,未包括在总承包范围内的货物达到国家规定规模标准的,应由工程建设项目招标人依法组织招标;

②项目实行总承包时,以暂估价形式包括在总承包范围内的货物达到国家规定标准的,应当由总承包中标人和工程建设项目招标人共同依法组织招标。总承包中标人同招标时,也为招标人。

(2)按照国家有关规定应当履行项目审批、核准或者备案手续的,已经审批、核准或者备案。

依照法律、法规和各部门规章的规定,工程建设项目的立项大都需要履行审批手续。建筑工程所需货物的采购,则需要履行核准或备案手续。依法进行招标的工程建设项目,按国家有关投资项目审批管理规定,凡应报送项目审批部门审批的,招标人应当在报送可行性研究报告中将货物招标范围、招标方式(公开招标或邀请招标)、招标组织形式(自行招标或委托招标)等有关招标内容报项目审批部门核准。货物采购的招标人,只有在履行了相关的核准或备案手续后,其招标行为才能够被认为是合法有效的。利用政府财政性资金的企业投资项目中有关货物招标的内容,由提交项目资金申请报告的审批部门在批复中予以确定。

(3)有相应资金或资金来源已经落实。

资金保障是招标项目得以落实的货币基础,为保证建设项目的顺利实施,避免建设资金不能落实而形成问题,从招标法到各部门规章,均对此有明确规定。

(4)能够提出货物的使用与技术要求。

采购,不是简单的货物购买行为,设备、材料的采购中包含了技术业务和购买业务两部分内容。技术业务中存在着对技术规格、技术调查分析、验收标准等内容的把握,购买业务中存在着对价格分析、合同缔结、交付管理、支付手续等内容的把握。采购是技术与业务这两部分业务的结合,是一个复杂的过程,需要采购方或使用者提出设备、材料的使用和技术要求。

(六)工程建设项目货物招标对潜在投标单位的要求

(1)具有制造商、供应商的企业营业执照。

我国法律、法规规定,企业从事生产经营活动,必须持有经工商行政管理部门认可并颁发的营业执照,方能从事与许可范围相一致的生产经营活动。未持有营业执照或所从事的生产经营活动与营业执照所记载的内容不相一致的,该生产经营活动属违法行为,按照相关法律、法规的规定,应当承担相应的法律责任。

(2)具有与招标采购货物相对应的生产许可证和销售许可证。

国家行政管理部门根据各自的职责,为规范市场秩序,对所管理的产品和生产经营活动,制定了生产许可证制度和销售许可证制度。招标人应当明确招标采购货物的制造商、供应商所必须具备的生产许可证或销售许可证有哪些。

(3)招标人应当明确,如果招标采购的货物是国家统一管理的特定产品,参与投标的制造商、供应商还须具备相应的特定产品准销证。

(4)具有产品鉴定书。

合格的产品应当具备合格产品的鉴定书。招标人应当明确招标采购的产品按国家质量标准,应具备何种产品鉴定书。

制造商、供应商所应具备的上述条件,招标人应在招标文件中予以明确注明,并在资格预审或资格后审时加以确认,如投标商未能满足这些条件,可导致废标。

二、课堂实训

以某一商务楼工程为例,分析以下内容。

(1)工程项目设备、材料的内容。

(2)该设备及材料的特点。

(3)该设备及材料适合选用的采购方式。

1. 目的

(1)熟悉工程项目货物招标的内容及特点。

(2)掌握工程项目货物招标的方式。

2. 环境要求

以某一商务楼工程的设备及材料采购为模拟对象,工程资料由实训指导教师提供。

3. 能力标准及要求

要求学生掌握建筑工程项目货物招标的方式。

4. 步骤提示

将学生分成4组，一组分析确定工程项目设备、材料内容。一组分析本工程各货物招标的特点，一组分析本工程货物招标的方式，另外一组作为评论者。

5. 注意事项

作为评论者的一组学生的点评很重要，可以让其他3组学生意识到自己在分析过程中的错误或不足，最后由指导教师补充，并总结此次模拟训练各组学生的表现、存在的问题和改进的措施。

6. 讨论与训练题

(1)分析工程建设项目货物的内容。

(2)分析工程建设项目货物招标方式的确定。

三、知识拓展

国家发改委就《工程建设项目货物招标投标办法》的实施解析(2005年2月7日)

为了规范工程建设项目的货物招标投标活动，保护国家利益、社会公共利益和招标投标活动当事人的合法权益，保证工程质量，提高投资效益，根据《中华人民共和国招标投标法》和国务院有关部门的职责分工，2005年1月18日，国家发展改革委、建设部、铁道部、交通部、信息产业部、水利部、中国民用航空总局审议通过了《工程建设项目货物招标投标办法》(七部委27号令)，自2005年3月1日起实施。

1.《招标投标法》颁布实施以来，国家发展改革委已颁布了一系列配套规则，为什么还要专门制定《工程建设项目货物招标投标办法》?

解析:2000年1月1日开始实施的《招标投标法》，明确规定了设备材料等货物、工程施工、勘察设计监理等服务的强制招标制度。为了贯彻执行这一制度，国家发展改革委牵头起草并发布了《工程建设项目招标范围和规模标准规定》、《工程建设项目施工招标投标办法》、《工程建设项目勘察设计招标投标办法》等配套规章，对工程建设项目的招标范围和标准，以及施工和勘察设计招标做了具体规定。但作为强制招标范围之一的货物招标，至今没有出台具体实施办法。尽管上述配套规则所做的程序性规定可供参照适用，但与施工、勘察设计招标相比，货物招标具有以下3个显著特点:一是货物招标是实物招标，招标人看重的是投标人所供物品的性能和质量，而施工和勘察设计招标实质上都是服务招标，招标人看重的是投标人的服务能力和水平;二是货物招标在工程建设项目所占比重中往往占大头，招标人从控制造价和质量出发，即使在实行总承包招标时也经常将货物单独拿出来进行招标;三是货物有同一品牌、同一型号、同一标准的情况，代理商投标和中标人转分包问题与施工和勘察设计招标也很不一样。为了体现货物招标的上述特点，很有必要制定专门的货物招标投标办法。各地区、各部门和广大企业也都希望国家尽快出台货物招标的具体办法，为货物招标投标提供可操作的基本规则。

2.《工程建设项目货物招标投标办法》为什么要以七部委名义联合发布?

解析:针对我国招标投标实践中的情况和问题，国务院办公厅于2004年7月12日印发了《关于进一步规范招投标活动的若干意见》(简称《若干意见》)。《若干意见》提出了加强招标投标工作的主要任务和政策措施，并进一步明确了发展改革部门在招投标行政监督中的指导和协调地位，以及各有关部门的职责。国务院有关部门之间加大工作力度，特别是部门之间形成协调配合的机制，是贯彻实施《若干意见》、进一步规范招投标活动的重要举措。

《工程建设项目货物招标投标办法》以七部委名义发布，是加强部门间协调配合的具体体现，有利于在制度上严格贯彻《招标投标法》，有利于各地区和各部门统一执行。另外，根据《规章制定程序条例》关于"涉及国务院两个以上部门职权范围的事项，国务院有关部门应当联合制定规章"的规定，《工程建设项目货物招标投标办法》也需要有关部门联合发布。

3.《工程建设项目货物招标投标办法》中规定，本办法适用于在中华人民共和国境内依法必须进行招标的工程建设项目货物招标投标活动。这一规定有何特殊意义？

解析：这一规定有三层意义。一是规定了《工程建设项目货物招标投标办法》的空间效力。需要指出的是，尽管"中华人民共和国境内"从领土范围上说包括中国台湾、香港和澳门，但由于特区法的规定以及众所周知的现实情况，《工程建设项目货物招标投标办法》不在上述地区实施。二是规定了《工程建设项目货物招标投标办法》的适用范围。《工程建设项目货物招标投标办法》只适用于依法必须进行招标的活动，自愿招标的活动可参照《工程建设项目货物招标投标办法》执行。三是规定了《工程建设项目货物招标投标办法》的适用对象。《工程建设项目货物招标投标办法》适用对象只限于与工程建设项目有关的重要设备、材料等货物，与工程建设项目无关的货物如纯粹的办公用品、车辆等的采购，则由《中华人民共和国政府采购法》及其配套规章进行规范。

4.《工程建设项目货物招标投标办法》规定了哪些主要内容？

解析：《工程建设项目货物招标投标办法》除了在招标投标程序方面根据《招标投标法》做了照应性规定外，主要在以下几个方面做了较为明确具体的规定。

(1)总承包招标中的货物招标。目前，我国一些部门和地区已经开始对工程建设项目的勘察、设计、施工以及与工程建设有关的设备、材料等的采购实行总承包招标的方式。但具体做法各不相同，有的货物特别是某些设备并未包括在总承包范围内，有的货物即使包括在总承包范围内，但以暂估价的形式进行报价。为了防止一些项目法人通过总承包方式规避其中的货物招标投标活动，《工程建设项目货物招标投标办法》规定，工程建设项目招标人对项目实行总承包招标时，未包括在总承包范围内的货物达到国家规定规模标准的，或者以暂估价形式包括在总承包范围内的货物达到国家规定规模标准的，都应当依法进行招标。

(2)货物招标应当具备的条件。考虑到招标投标工作中，一些招标人往往不具备招标条件就开展招标，进而损害广大投标人利益的情况，《工程建设项目货物招标投标办法》结合投资体制改革的情况，对施工招标应当具备的条件做了明确规定，即：①招标人已经依法成立；②按照国家有关规定应当履行项目审批、核准或者备案手续的，已经审批、核准或者备案；③有相应资金或资金来源已经落实；④能够提出货物的使用与技术要求。

(3)招标内容的核准。根据《国务院办公厅印发国务院有关部门实施招标投标活动行政监督的职责分工意见的通知》(国办发[2000]34号)的有关规定，招标范围、招标方式、招标组织形式等招标内容，由项目审批部门在审批项目可行性研究报告时一并核准。《国务院关于投资体制改革的决定》实施后，审批可行性研究报告的项目仅限于采用直接投资或资本金注入方式的政府投资项目；采用投资补助、转贷或贷款贴息方式的政府投资项目以及企业投资项目，不再审批项目可行性研究报告。因此，除法律、行政法规另有规定外，在审批可研报告时一并核准招标内容的项目范围就限于采用直接投资或资本金注入方式的政府投资项目。但是，考虑到企业投资项目申请投资补助、转贷或贷款贴息等财政性资金时，政府有必要加强对资金使用的监督管理，而且对这些财政性资金的审批属于非行政许可审批，因此，项目审批部门在审批资金申请报告时，有权根据实际情况确定项目的招标内容。为此，《工程建设项目货物招标投标办法》中规定，企业投资项目申请政府安排财政性资金的，招标内容由资金申请报告审批部门依法在批复中确定。

（4）投标人资格预审和资格后审。《招标投标法》只对投标人资格的审查做了原则性规定，并没有区分资格预审和资格后审。我国招标投标实际工作中，多年来已经采取了资格预审和资格后审的做法。《工程建设项目货物招标投标办法》对这些有效做法做了总结，分别对资格预审和资格后审的定义、资格审查的内容和审查办法等做了详细规定，并强调，招标人在进行资格审查时，不得改变或补充载明的资格审查标准和方法或者以没有载明的资格审查标准和方法对潜在投标人或者投标人进行资格审查。

（5）对有关投标人同时投标的限制。根据货物招标的实际情况，《工程建设项目货物招标投标办法》规定，法定代表人为同一个人的两个及两个以上法人、母公司、全资子公司及其控股公司，都不得在同一货物招标中同时投标；一个制造商对同一品牌同一型号的货物，仅能委托一个代理商参加投标，否则应做废标处理。这样规定，主要是为了防止投标人之间相互串通投标报价。

（6）两阶段招标。《工程建设项目货物招标投标办法》在总结国内外货物招标经验的基础上，对无法精确拟定技术规格的货物，规定招标人可以采用两阶段招标程序。在第一阶段，招标人首先可以要求潜在投标人提交技术建议，详细阐明货物的技术规格、质量和其他特性。招标人可以与投标人就其建议的内容进行协商和讨论，达成一个统一的技术规格后编制招标文件。在第二阶段，招标人应当向第一阶段提交了技术建议的投标人提供包含统一技术规格的正式招标文件，投标人根据正式招标文件的要求提交包括价格在内的最后投标文件。

项目二　货物招标投标人资格审查

教学目标

- 掌握建设项目货物招标资格审查的方式。
- 熟悉建设项目货物招标资格预审文件的内容。
- 熟悉建设项目货物招标资格审查的内容。

能力标准及要求

- 能够通过对国家和地区各招标投标法律、法规的理解，培养学生编制建设项目货物招标资格预审文件的能力。
- 能够根据具体建筑项目货物的特点选择资格审查的方式。

一、基础知识

资格审查是招标人对工程建设承包商或设备、材料供应商等潜在投标人的经营规模、经营状况等客观事项进行分析、评价的一项制度，只有通过资格审查合格的潜在投标人，其投标行为本身才有可能被视为有效。

(一)资格审查方式的选择

《工程建设项目货物招标投标办法》(七部委27号令)中规定可以对潜在投标人进行资格审查。资格审查分为资格预审和资格后审两种方式。资格预审是指招标人出售招标文件或者发出投标邀请书前对潜在投标人进行的资格审查。资格预审一般适用于潜在投标人较多或者一些大型、技术复杂货物的公开招标,以及需要公开选择潜在投标人的邀请招标。资格后审就是在没有对投标人进行资格预审或招标人认为必要的情况下,对拟定的中标商是否有能力和资源有效地履行合同义务进行的审查。一般适用于技术要求不高的货物招标。

凡资格后审不合格的投标人,其投标将被视为废标。

(二)资格预审文件的内容

资格预审文件一般包括:①资格预审邀请书;②申请人须知;③资格要求;④其他业绩要求;⑤资格审查标准和方法;⑥资格预审结果的通知方法。

(三)资格审查的内容

货物采购招标对投标人的资格审查,其内容主要包括:①制造商、供应商名称、地址、联系方式和法定代表人姓名;②经营、生产、销售等营业许可证明材料;③企业资本额及近期资产负债表等企业经营财务状况;④制造投标货物的生产设施、生产能力、员工结构等;⑤以往生产或销售投标货物的经验及主要销售成果;⑥近期营业额等。

二、课堂实训

按照下列招标要求投标人报送的资格预审资料格式,以投标人身份编制某商务楼电梯设备采购及安装工程招标资格预审资料。

1. 目的

(1)熟悉资格预审文件的内容。

(2)熟悉资格审查的内容。

2. 环境要求

以某商务楼电梯采购招标为模拟对象。

3. 能力(分项能力)标准及要求

要求学生掌握工程建设项目货物招标资格预审文件的编制。

关于投标方为____________项目

提供货物的资格证明文件

目录

须知

1.1 制造商投标时,应填写和提交此后规定的附件 1-1、附件 1-2,以及提供其他有关资料。

1.2 对所附表格中要求的资料和询问应作出肯定的回答。

1.3 资格文件的签字人应保证他所作的声明及对一切问题的回答的真实性和准确性。

1.4 投标方提供的资格文件将由招标方及买方使用,并据此进行评价和判断,确定投标方的资格和履约能力。

1.5 投标方提交的文件将予以保密,但不退还。

1.6 全部文件应以中文书写,正本一份,副本四份,按投标方须知规定封装。

附件 1-1

关于资格的声明函

×××招标公司:

关于贵方____年____月____日第__________号(招标编号)投标邀请,本签字人愿意参加投标,提供招标文件中规定的______________________________(项目名称),并证明提交的下列文件和说明是准确的和真实的。

1. 制造商的资格声明正本一份,副本四份。

2. 本签字人确认资格文件中的说明是真实的、准确的,并附有我方银行(银行名称)出具的资信函。

制造商名称和地址　　　　　　　　受权签署本资格文件人:

名称:______________________ 签字:______________________

地址:______________________ 签字人姓名、职务

传真:______________________ ______________________

邮编:______________________ 电话:______________________

附件 1-2

制造商的资格声明

1. 制造商名称及概况

A. 制造商名称:______________________

B. 总部地址:______________________

传真/电话:______________________ 邮编:______________________

C. 成立日期或注册日期:______________________

D. 实际资本:______________________

E. 最近资产平衡表(到____时为止)。

(1)固定资产:______________________

(2)流动资产：________________

(3)长期债务：________________

(4)流动债务：________________

(5)净值：________________

F. 主要负责人姓名：________________

G. 制造商在中华人民共和国的代表姓名、地址、邮编、传真和电话(如有的话)：

____

2. 与投标提供的工程有关的情况

A. 关于制造商所提供工程的生产设施及其他情况：

工厂名称和厂址：________________

正在进行的工程：________________

年生产能力：________________

职工(雇员)人数：________________

B. 制造商不生产而从其他生产厂得到的主要材料：

外购材料名称	生产厂名称和地址、邮编

C. 制造商工程施工的经历(包括年限、项目所有人、额定能力、商业营运起始日期等)。

D. 最近3年该类工程在国内外主要用户的名称和地址：

用户名称和地址、邮编	工程名称

3. 近3年的年营业总额

年度	国内	出口	总额

4. 安装、施工协作单位的名称和地址、邮编

安装施工单位名称	地址、邮编

5. 近 3 年直接在中国境内所承接的工程(如有)

用户名称	签约日期	工程名称	数量	备注

6. 征信银行名称和地址：＿＿＿＿＿＿＿＿＿＿＿＿＿＿
7. 所属财团(如有的话)：＿＿＿＿＿＿＿＿＿＿＿＿＿＿
8. 其他情况(年表、组织、机构等)：＿＿＿＿＿＿＿＿＿＿＿＿＿＿

就我方全部所知，兹证明上述声明是真实、正确的，并已提供了全部现有资料和数据，我方同意根据贵方要求出示文件予以证实。

制造商名称：＿＿＿＿＿＿＿＿＿＿＿＿＿＿
受权代表签字：＿＿＿＿＿＿＿＿＿＿＿＿＿＿
受权代表职务：＿＿＿＿＿＿＿＿＿＿＿＿＿＿
传真/电话：＿＿＿＿＿＿＿＿＿＿＿＿＿＿
日期：＿＿＿＿＿＿＿＿＿＿＿＿＿＿

附件 1-3

贸易公司(作为代理)的资格声明

1. 名称和概况
A. 投标方名称：＿＿＿＿＿＿＿＿＿＿＿＿＿＿
B. 总部地址：＿＿＿＿＿＿＿＿＿＿＿＿＿＿ 邮编：＿＿＿＿＿＿＿＿＿＿＿＿＿＿
　传真/电话：＿＿＿＿＿＿＿＿＿＿＿＿＿＿
C. 成立日期或注册日期：＿＿＿＿＿＿＿＿＿＿＿＿＿＿
D. 实际资本：＿＿＿＿＿＿＿＿＿＿＿＿＿＿
E. 最近资产平衡表(到＿＿时为止)。
(1)固定资产：＿＿＿＿＿＿＿＿＿＿＿＿＿＿
(2)流动资产：＿＿＿＿＿＿＿＿＿＿＿＿＿＿
(3)长期债务：＿＿＿＿＿＿＿＿＿＿＿＿＿＿
(4)流动债务：＿＿＿＿＿＿＿＿＿＿＿＿＿＿
(5)净值：＿＿＿＿＿＿＿＿＿＿＿＿＿＿
F. 主要负责人姓名：＿＿＿＿＿＿＿＿＿＿＿＿＿＿
G. 制造商在中华人民共和国的代表姓名和地址、邮编、传真、电话(如有的话)：

＿＿＿＿＿＿＿＿＿＿＿＿＿＿＿＿＿＿＿＿＿＿＿＿＿＿＿＿

2. 近 3 年的年营业总额

年度	国内	出口	总额

3. 近3年国内外主要用户的名称和地址

用户名称和地址、邮编	工程名称
a. 出口销售	
b. 国内销售	

4. 同意为投标方制造投标工程的制造商(并附制造商的资格声明)

制造商名称和地址、邮编	工程名称和数量

5. 需要其他制造商供应和制造的零部件(如有)

零部件名称	制造商名称和地址、邮编

6. 近3年与中国成交的此类投标工程(如有)

用户名称	签约日期	工程名称	数量	备注

6. 征信银行名称和地址：

7. 所属财团(如有的话)：

8. 其他情况(年表、组织、机构等)：

就我方全部所知，兹证明上述声明是真实、正确的，并已提供了全部现有资料和数据，我方同意根据贵方要求出示文件予以证实。

受权代表签字：________________

受权代表职务：________________

传真/电话：________________

日期：________________

附件1-4

制造商出具的授权函

×××招标公司：

我们________________(制造商名称)是按________________(国家

名称)法律成立的一家制造商,主要营业地点设在＿＿＿＿＿＿＿＿(制造商地址)。兹指派按＿＿＿＿＿＿＿＿(合同工程货源国名称)的法律正式成立的,主要营业地点设在＿＿＿＿＿＿＿＿(贸易公司地址)的＿＿＿＿＿＿＿＿(贸易公司名称)作为我方真正的和合法的代理人进行下列有效的活动。

(1)代表我方在中华人民共和国办理贵方第一号招标邀请要求提供的由我方制造的工程的有关事宜,并对我方具有约束力。

(2)作为制造商,我方保证以投标合作者来约束自己,并对该投标共同和分别承担招标文件中所规定的义务。

(3)我方兹授予＿＿＿＿＿＿＿＿(贸易公司名称)全权办理和履行上述我方为完成上述各点所必须的事宜,具有替换或撤销的全权。兹确认＿＿＿＿＿＿＿＿(贸易公司名称)或其正式授权代表依此合法地办理一切事宜。

我方于＿＿年＿＿月＿＿日签署本文件,＿＿＿＿＿(贸易公司名称)于＿＿年＿＿月＿＿日接受此件,以此为证。

贸易公司名称:＿＿＿＿＿＿＿＿　　出具授权书的制造商名称:＿＿＿＿＿＿＿＿

正式授权签字的代表　　正式授权签字的代表

姓名、职务和部门:　　姓名、职务和部门:

＿＿＿＿＿＿＿＿＿＿＿＿　　＿＿＿＿＿＿＿＿＿＿＿＿

注:贸易公司与制造商的经销协议,符合法律手续,在其有效期内可代替此授权函。

三、知识拓展

工程建设项目货物招投标活动中存在的问题分析

1. 招标投标活动的主体

对于工程建设项目货物招投标活动主体包括招标人和投标人以及招标代理机构,他们是招投标过程的活动者,是履行合同的执行者,也是招投标制度目标体现的关键人。由于工程建设项目某些货物的专业性和特殊性较强(如钢结构工程、幕墙工程),一般来说目前招标代理机构不能很好地编制招标文件且难以具有组织评标的专业力量,再加上投资环境的宽松,业主单位也不大愿意出钱请招标公司代理招标。因此,业主单位就办理资质,自己组织招标投标,他们既是招标人也是合同签订后的发包人,由于目前的体制限制,在编制招标文件上各方利益不同会导致招标文件的要求有失公平。即使是业主自行办理招标,也符合法律的规定,但在评标过程中,往往评标委员的选择大多是业主单位的工作人员,这就给评标活动带来潜在的不公正因素。再看投标人,他们是负责项目的招投标以及合同过程的法人委托代表,实际上是一般的业务人员,他们在招投标过程中有很大的责任,可是这部分人往往对招投标不甚了解。尤其是技术经济及商务合同的脱节,导致合同履行的困难。出现在项目方案审查时还对合同条款存在争议,出现承包人的技术人员不按合同设计,没有合同概念,他们是按经验工作,常说"我们以前都是这样做的",完全没有照投标方式操作的概念。

2. 存在的问题分析

1)招标方式

目前,特殊工程建设项目货物的招标都采用邀请招标的方式,这在一定的条件下是可以理解的。由于专业性较强,潜在的投标人不多,用邀请招标方式可以简化程序,节省人力财力。但是,有些招标单位利用邀请招标的方式有意排除部分潜在的甚至可能是最合适的投标人,这样不仅损害了投标人的利益,也不能更好地保证项目质量。

2)招标文件的编制

业主虽然自己招标,但一般不具备编制招标文件的能力,所以他们需要委托设计单位编制招标文件。设计单位往往是由项目的主设人员根据已有的范本在有限的时间内草草了事,设计人员可能在专业技术上很熟悉,是技术能手,但是并不能说他们在商务、法律、合同以及工程建设管理上具备相应的能力。很多工程设计人员不了解招投标法、合同法、保险法、担保法等商事法律,也不清楚合同条件,这样编制的招标文件往往严密性、准确性不够,争议性大,难以达到预想的效果。

投标文件是对招标文件要约的承诺,是严肃的合同法律文件,然而,投标人在编制投标文件时往往不予重视,设备的性能特性保证随意填写,设备材质以及加工工艺模糊不清。工程建设项目货物采购和土建工程差异在于设备注重技术方案、机械加工工艺及设备性能保证。而对于这些与合同支付以及合同索赔有关的内容,投标单位往往重视不够。

3)开标、评标以及中标过程

有些业主单位往往不举行公开开标,其原因是为了不让商务报价影响技术评标,这其实是不符合招投标程序,也带有不公开性。有些评标虽然分技术、商务两组进行,一般却只看技术排名,然后进行商务谈判,其实谈判的是报价,这违背投标的基本精神,投标单位可以二次报价,造成无序竞争。从业主的角度看来,好像是力争要一个“物美价廉”的设备,有些确实在艰难的斗争中他们得到了,可是也埋下了隐患。商务谈判把价格杀下来了,接下来的技术谈判就艰难了。承包人是要在项目上获得一定的利润的,如果不能实现,他们会在供货范围、材质、加工工艺、配套设备、自动化元件配置水平等方面大打折扣,甚至出现不讲理、很任性的现象,给整个技术谈判带来麻烦,还为以后合同的履行留下后患。

4)合同的履行

由于在各种复杂因素的驱使下签订了合同,承包人开始认真研究合同条款、招标文件,力争从中找到追加的理由,如果找不到合适的,他们则会千方百计地为难业主。曾经出现过设计联络会无法正常进行的现象,本应该讨论技术方案的,却在扯商务条款,技术人员不谈技术问题,沟通非常困难。

在整个过程中存在的这些问题,业主单位应根据自己的实际情况确定是否自行招标,如果人力、物力不够,专业化水平不高,最好委托招标代理机构进行;招标方式的选择宜尽量体现公平竞争,不排除潜在的投标人。投标人应由懂技术、懂合同法律的专门人员代表法人进行招投标活动,投标文件的编制需真正当做合同文件认真对待,建立相应机构,方便技术人员和商务人员双方进行沟通。设计单位具有编制招标文件的技术优势,也应该重点培养专门人才,熟悉相关法律法规、合同条款以及招标投标程序,在编制招标文件时在合同、法律方面对招标文件的商务条款与技术要求进行严密准确的规定,减少争议。唯有这样,招投标工作才能实现其真正的目的。

项目三　货物采购招标文件

教学目标

- 掌握货物采购招标文件的内容组成。
- 熟悉建设项目货物招标文件的编制。
- 熟悉货物采购招标文件中合同条款的内容。

能力标准及要求

- 能够通过对国家和地区各招标投标法律、法规的理解,培养学生编制建设项目货物招标文件的能力。

一、基础知识

招标文件根据不同的法律规范和不同的招标项目,所选用的不同招标方式或合同格式以及所采购的货物不同,在内容和编制要求上会有所不同。

对于原产地在中国境内的设备、材料的招标采购,如果不采用国际招标的方式或所采购货物不涉及法定国际招标的范围,则可根据项目性质和特点、工程承包的类型、货物采购的习惯、选用格式合同、设备的复杂程度(是否系统设备、专用材料等)以及采购的便利性等要素来决定招标文件如何编制。

(一)招标文件的内容和编制要求

工程建设项目中,对于原产地在中国境内的设备、材料的招标采购,在编制招标文件时,应当按照《工程建设项目货物招标投标办法》的规定进行编制。招标文件应包括:①投标邀请书;②投标人须知;③投标文件格式;④技术规格、参数及其他要求;⑤评标标准和方法;⑥合同主要条款。

在编制招标文件时,招标人应当注意下列编制要求。

(1)在招标文件中规定实质性要求和条件,说明不满足其中任何一项实质性要求和条件的投标将被拒绝,并用醒目的方式标明。没有标明的要求和条件在评标时不得作为实质性要求和条件。对于非实质性要求和条件,应规定允许偏差的最大范围、最高项数以及对这些偏差进行调整的方法。

(2)国家对招标货物的技术、标准、质量等有特殊要求的,招标人应当在招标文件中提出相应特殊要求,并将其作为实质性要求和条件。

(3)招标货物需要划分标包的,在招标文件中应如实载明招标货物划分标包的依据和各标包的交货期。

(4)招标人允许中标人对非主体货物进行分包的,应当在招标文件中载明。

(5)招标人可以要求投标人在提交投标文件外,提交备选投标方案,并在招标文件中作出说明。

(6)招标文件规定的各项技术规范应当符合国家技术法规的规定。招标文件中规定的各项技术规格均不得要求或标明某一特定的专利技术、商标、名称、设计、原产地或供应者等,不得含有倾向或者排斥潜在投标人的其他内容。如果必须引用某一供应者的技术规格才能准确或清楚地说明拟招标货物的技术规格时，则应当在参照后面加上“或相当于”的字样。

(7)招标文件应当明确规定评标时包含价格在内的所有评标因素，以及据此进行评估的方法。

(8)招标人可以在招标文件中要求投标人以自己的名义提交投标保证金。

(9)招标文件应当规定一个适当的投标有效期，以保证招标人有足够的时间完成评标和与中标人签订合同。

以下对3种不同类型的设备，按货物招标的惯常做法对招标文件的编制分别加以说明。材料招标相对于设备招标而言，技术规范较为简单，其招标文件的编制可参照通用标准设备类型的招标文件。

(二)通用型标准设备、建设材料的招标文件

1. 招标文件的构成

单纯的采购工程设备、材料(例如单机采购、批量采购通用型标准设备或黄砂、水泥等建材)，合同特征明确，一般只需按买卖合同的相关条款来约定买方与卖方的权利和义务。招标文件主要包括下列几项内容。

(1)投标邀请书。

它是招标人通过法定媒介或其他法律认可的方法，向潜在投标人发出工程采购或货物采购的信息。承包商、供应商可以通过招标人所提供的投标邀请信息来参与投标竞争，以获取商机。

(2)投标人须知。

投标人须知包括以下几项。

①定义，即术语的解释。

②合格的投标人，即卖方和所提供服务的合格性。

③招标文件的说明，即对招标文件的构成、澄清、修改等作出的说明。

④投标文件的编写要求，包括投标文件的组成、格式、报价、货币要求、资格证明文件、技术响应文件、投标保证金、投标有效期、投标文件的签署及规定等内容。

⑤投标文件的递交，包括投标文件的密封与标记要求、截止时间、修改与撤回、延迟提交的处理等。

⑥开标与评标，包括对开标程序、评标委员会的组成、投标文件的审查与响应、投标文件的澄清、投标文件的评估和比较、评标原则和方法等内容的说明。

⑦合同的授予，包括定标原则、资格后审(未采用资格预审程序时)、中标通知、履约保证金等内容的说明。

(3)投标书及附件。

(4)协议书。

(5)合同一般条款。

(6)合同特殊条款。

(7)技术规定及规范(标准)。

(8)货物参数及数量表等。

2. 合同条款

单纯的采购工程设备、材料,如果选用买卖合同的格式和条款时,招标文件的合同条款主要包括以下内容。

(1)定义,即对合同条款的名词作出解释。

(2)卖方和所提供的服务的合格性(重申招标文件在这方面的规定)。

(3)履约保证金。

(4)检验和检测。

(5)包装、保险和运输。

(6)卖方违约。

(7)合同的终止。

(8)争端的解决和适用法律。

(9)税费。

(10)合同生效的条件。

(三)大型、复杂、系统专用标准设备采购的招标文件

1. 招标文件的构成

大型、复杂、系统专用标准设备采购的招标文件,在编制要求上,习惯按照采购货物的招标文件的编制要求进行编制。从招标文件的构成上来讲,无论是国内招标或国际招标,所包含的内容与前述通用型标准设备的招标文件基本上是一致的,只是在合同技术规格书的编制要求上,以及合同涉及的条款上有一些区别。

2. 技术规格部分的编制要求

1)技术规格的含义

设备规格书是指工程建设项目中,招标采购方与参加投标的供应商、制造商之间,为实现订立设备、装置、机器、工具及其相关服务的买卖合同以及设备安装工程的承包合同等,当事人之间规定做成的有关技术要求事项的文书。设备规格是针对设备特定的形状、构造、尺寸、成分、能力、精度、性能、制造方法、试验方法等,以文字、数字来加以规定。对招投标双方而言,技术规格不单纯是技术性的,还包括另一层含义,即买卖双方通过技术规格书的公示和响应,将技术要求事项固定化,从而使合同当事人负有法律上的义务和责任。

2)技术规格的编制原则

从招标方的视点来分析,为使投标人能够正确领会招标人的意图,在编制招标设备的技术规格部分时,应尽可能制作记载事项明确、内容排列标准化的技术规格书。针对每一个不同的项目和不同的设备,其技术规格的编制要求有所不同,设备采购的招标人应当根据自身的实际情况来编制符合实际需要的技术规格书。

制作招标文件的技术规格部分,应当遵循以下原则。

(1)不得制作和使用对某一特定对象不利的技术规格。招标文件中不得在无任何理由的情况下,含有对某一特定的潜在投标人不利的技术规格。

(2)设备性能标准。设备的采购方在编制招标文件技术要求时,只能提出性能、品质上的要求,不得提出有关式样、外观上的要求,避免使用某一特定产品或生产企业的名称、商标、目录号、分类号、专利、设计、原产地等相关内容。不得要求或标明特定的生产供应者以及含有倾向或排斥潜在制造商、供应商的内容。如果不引用这些名称或式样不足以说明买

方的技术要求时，必须加上“与某某同等”的字样。

(3)国际规格、国内规格要求如下。

①国际规格主要指国际通用规格，如国际标准化机构(ISO)、国际电气标准会议(IEC)等规格，以及国际上的工业强国制定的标准，如英国的BS、德国的DIN、美国的ASTM等。

②国内规格指国内法律、法规所认可的规格。

③其他标准指地方标准、行业标准、企业标准等。

设备种类、用途不同，其技术规格书的编制要求也各不相同，很难有一个统一的格式，尽管如此，我们仍应谋求一种设备规格记载事项、内容排列的标准化，其益处在于防止和减少技术规格内容表述的遗漏或不确切。在具体编制时，设备招标采购方在招标文件中编制的技术规格部分，与投标商在投标书中编制的技术规格部分有所不同。

3)采购标准设备的技术规格编制

采购高额、复杂标准型设备或系统设备的场合，除货物需求一览表中记载事项外，可另行编制设备规格书，记入对设备规格的具体要求。

此外，有些大型设备的采购还需制作整套设备的技术规格书。典型的系统设备技术规格主要包括下列内容。

(1)封面。标明××设备规格说明书字样和相关目录。

(2)设备装置全部技术规格。

(3)各机器(分项设备)、零部件的技术规格。

(4)控制系统规格。

(5)一般事项。如：①附属品；②预备品；③试验和检查方法；④保修期间和有关维修保养的方法、注意事项等；⑤包装；⑥其他说明，如故障处理、维修联络方法等；⑦附件。

3. 合同条款

大型、复杂、系统专用标准设备采购的招标文件的合同条款，除约定设备采购标的、数量、质量、价款、履行期限、地点方式、违约责任、解决争议的方法等一般条款外，还应当包括买卖合同所特有的，如包装方式、检验标准方法、结算方式、合同使用文字及效力等条款。

大型、复杂、系统专用标准设备采购招标的合同条款主要包括：①定义，即对合同条款涉及的专用词语和术语所作的解释；②货物标准和计量单位；③合同文件和资料；④专利权；⑤履约保证金；⑥货物检验和测试；⑦包装；⑧货物装运的标记、装运条件、装运通知；⑨交货和保险；⑩伴随服务；⑪品质保证；⑫索赔；⑬付款；⑭合同的变更、修改、转让；⑮合同终止和违约责任；⑯争端的解决；⑰合同的语言；⑱适用法律；⑲税和关税；⑳合同生效。

在这些条款中，有许多都需要以合同特殊条款的方式来加以约定。

1)支付条件

在设备采购中，招标文件的特殊合同条款都规定有支付条件，通常在订立合同、交付货物以及验收合格时分别支付其中的一部分。具体来说，即在签订合同后规定的日期内，买方按一定的百分比向供货方支付合同总价的一部分预付款。最终验收合格后，在规定的日期内向供货方支付剩余部分。对于这些付款条件，应当以合同的特殊条款方式在招标文件中予以明确规定。

2)验收和测试的具体条件

在设备采购中，单机设备与成套设备、系统设备的验收和测试条件是不同的，单机采购的验收以保证设备自身实现良好运行为目的,通常以1台为单位进行检查,而成套设备、系统集成设备则以保证整个系统的运行满足招标文件的技术规格要求为目的,通常以1套系统为单位进行检查。测试和检验的方法,以及验收条件,质量合格与不合格的判定标准,应当在合同特殊条款中明确规定。设备的调试、检查方法通常包括:①外观检查;②精度检查;③运行检查(设备性能检查、连续无负荷运行试验、无负荷运行检查、根据需要进行负荷运行试验和检查);④根据设备本身应具备的验收条件进行试验、检查。

设备的验收条件通常包括:①机器运行节奏或生产流水线的运行节奏;②设备正常运行率;③故障发生率;④平均故障间隔;⑤设备自身的质量特性等。

如果采购的是生产设备,还需结合所生产的产品质量考虑是否与设备相关,设备在试生产时的运行状态等因素来确定设备的验收条件。

3)履约保证金的金额提交方式

履约保证金是为使买方免受因卖方行为蒙受损失而设置的一项保护措施。履约保证金应用投标货币或相当于该金额的可自由兑换的货币,并可用下述方式中的任何一种来支付:现金、银行本票、现金保兑支票、投标人开户银行出具的保函、不可撤销的信用证等。卖方应在收到中标通知书后规定时间内向买方提交合同条款资料表中规定金额的履约保证金。

4)交货地点与报价方式

设备采购的交货地点一般均需在招标文件中表明。国内产品的交货地点通常为工地交货,投标报价包括:出厂价(含增值税)+国内运输费+保险费。国外产品的交货地点通常为目的地港的到岸价(CIF),投标报价包括:(CIF)价+进出口环节税+国内运输费+保险费。由于设备运至工地现场的内陆运输费用和保险费用在一般情况下是由买方负担。因此,如果工程地点分散、相距较远时,在编制招标文件时,应充分考虑交货地点的选择,以减少相应的支出。

(四)非标准设备(特殊规格的设备)的招标文件

1.非标准设备(特殊规格的设备)的技术规格

非标准设备的招标文件也需要参照采购货物的编制要求编制,其中主要区别是:在通常情况下,非标准设备的设计、制造费用一般要高于标准设备。因此,如果标准设备能够满足需要,应尽可能在技术规格中按标准设备的规格进行编制。非标准设备(特殊规格的设备)的采购,如果需要制造商单独设计、制造,应当编制特殊规格要求的技术规格说明书,供参加投标的设备制造商、供应商在投标文件中作出响应。

需要设备制造商特别制作的特殊设备,其技术规格书包括:①封面,标明××设备规格说明书字样和相关目录;②招标设备的使用目的和用途、特征;③设备名称、数量;④设备交货场所与设置场所;⑤设备规划、构思及构思图;⑥设备的基本要求条件。

2.合同条款

非标准设备采购的合同条款与大型、复杂、系统专用标准设备采购的招标文件的合同条款基本相同,在编制招标文件合同条款时,应根据加工承揽合同所特有的条款编制,内容包括:①承揽的标的、数量、质量、报酬;②承揽方式;③材料的提供;④履行期限;⑤验收标准和方法等。

在这些条款中,有许多都需要以合同特殊条款的方式来加以约定。

1)交货期要求

在每一个建设项目的设备采购中,交货期要求有所不同,通常需要根据工程进度来要求制造商、供应商供货,有时还需要制造商、供应商分批、分期交付货物。因此,应充分考虑工程进度安排的需要、资金、运输、仓储等条件来决定交货期。对于一些非标准设备,应考虑设备的生产周期,留有合理的制造、生产期间。在交货期时间短且工程急需的情况下,有可能需加班加点才能满足采购方的需要。在这种情况下,相对投标价格就可能会高于预算价格。同样,如果交货期要求过紧,有可能只有少数制造商、供应商能够达到采购方的要求,不能实现有效竞争,从而适得其反,不能达到招标采购的预期效果。因此,对于交货期,应当在条件允许的情况下,尽可能留有合理的期间。

2)约定设备制造商的责任范围

设备制造商应以自己的设备、技术和劳力完成主要工作。除非设备采购方同意,否则,不得将设备的主体部分转由第三人加工。设备制造商可以将所承担的设备制造业务的辅助部分交由第三人完成,并对由第三人负责制作的工作进行监督。非标准设备的买方应在设备制造承揽合同中约定有关材料提供、协作义务、质量标准和验收标准、报酬支付等条款。

二、课堂实训

根据以下资料编制一份招标文件(幕墙工程)。

1. 目的

掌握工程项目货物招标文件的编制。

2. 环境要求

由实训指导教师提供货物招标示范文本。

3. 能力标准及要求

要求学生参照货物招标示范文本掌握工程项目货物招标文件的编制。

项目名称:万达广场一期一组团(A、C栋),三、四组团

工程名称:幕墙和钢结构工程

地区:重庆

项目性质:新建

投资规模:541.7万元

资金来源:自筹

关键设备:幕墙工程

工程地址:南坪珊瑚村

工程范围:幕墙工程

招标方式:直接发包

资金来源:非国有单项合同估算价541.7万元

专业类别:幕墙工程

日期:2008-08-18

建设单位:重庆万达商业广场有限公司

三、知识拓展

上互联网收集各地区工程项目货物(材料、设备)招标文件示范文本,并做比较。

项目四　工程建设项目货物开标、评标、定标

教学目标

- 熟悉工程建设项目货物开标程序。
- 熟悉工程建设项目货物评标方法及适用范围。
- 熟悉细微偏差和重大偏差的认定。

能力标准及要求

- 能够根据招标文件规定，对投标文件进行开标、评标、定标。
- 能够根据具体工程建设项目货物编制评标方法。

一、基础知识

（一）开标程序

（1）开标应当在招标文件确定的提交投标文件截止时间的同一时间公开进行。开标地点应当为招标文件中确定的地点。

（2）开标由招标人或其委托的招标代理机构负责主持，同时须有招标人、招标代理机构相关人员以及参加投标的投标人的投标代表等参加。投标人或其授权代表有权出席开标会，也可以自主决定是否参加开标会。

（3）开标时，由投标人或其推选的代表检查投标文件的密封情况，也可由招标人、招标代理机构委托的公证机关当场履行公证监督职责。经确认无误，由工作人员当众拆封，宣读投标人名称、投标价格和招标文件的其他主要内容，投标人的投标方案、备选方案、降价声明或降价折扣在开标时必须同时唱出。

（4）开标过程包括开标时间、地点、参加人员、唱标内容、开标过程是否经过公证等，均应记录在案，以备查询。

（5）投标总价中不得附加含有未予列入招标文件的产品或服务。如已含有，评标时，该附加的产品或服务所涉及的价款不予核减。

（二）评标程序

1. 评标机构

评标由评标委员会负责。评标委员会对《评标委员会和评标办法暂行规定》的相关规定进行确定，按国家发改委和六部门联合发布的《工程建设项目货物招标投标办法》规定进行评标。

2. 评标过程

评标工作程序一般可分为评标准备、初步评审、详细评审、编制评标报告 4 个阶段。

1）评标准备

评标准备阶段的主要任务在于研究、熟悉和了解以下几点。

（1）招标的目的。

（2）招标项目的范围和性质。

（3）招标文件中规定的主要技术要求、标准和商务条款。

(4)招标文件规定的评标标准、评标方法和其他在评标中应考虑的因素。

编制供评标使用的相应表格,制定符合本项目评标的工作纲要。

2)初步评审

初评一般包括两方面的内容:一是对投标文件的完整性、编制的合理性、签署的合格性以及投标保证金是否提交、计算有无误差等基本项目进行审查,也称符合性审查。二是对投标文件是否实质上响应了招标文件所要求的全部条款、条件和规格进行审查,如无实质性偏差,则视为审查通过,反之投标将被拒绝。

评标委员会应当根据招标文件规定的评标标准和评标方法,对投标文件进行系统评审和比较,审查并列出投标文件的全部投标偏差。对于属于重大偏差的投标文件,应认定为没有对招标文件作出实质性响应,作废标处理。属于重大偏差的情况见47页相关内容。

细微偏差是指投标文件在个别地方存在漏项或提供的技术信息、数据不完整的情况,细微偏差不影响招标文件的有效性。评标委员会可以书面方式要求投标人对投标文件中含义不明确、对同类问题表述不一致或者有明显文字和计算错误的内容作必要的澄清、说明或补正。投标文件未响应招标文件实质性要求和条件的,不得通过修正或撤销其不符合要求的差异或保留,使之成为具有响应性的投标。

根据《工程建设项目货物招标投标办法》规定,投标文件有下列情形之一的,由评标委员会初审后按废标处理。

(1)无单位盖章并无法定代表人或法定代表人授权的代理人签字或盖章的。

(2)无法定代表人出具的授权委托书的。

(3)未按规定格式填写,内容不全或字迹模糊、无法辨认的。

(4)投标人递交两份或多份内容不同的投标文件,或在一份投标文件中对同一招标货物报有两个或多个报价,且未声明哪一个为最终报价的,按招标文件规定提交备选方案的除外。

(5)投标人名称或组织结构与资格预审时不一致且未提供有效证明的。

(6)投标有效期不满足招标文件要求的。

(7)未按招标文件要求提交投标保证金的。

(8)联合体投标未附联合体各方共同投标协议的。

(9)招标文件明确规定可以废标的其他情形。

3)详细评审

对经过初步评审的投标文件,应进行商务、技术各部分的详细评审,具体评标方法在招标文件中应予以明确规定。

详细评审的内容包括按招标文件规定的计算方法,纠正计算上的误差,调整不构成导致废标的细微偏差。

在评标过程中,如有投标人报价明显低于其他投标报价或在设有标底时明显低于标底的,可要求投标人提供证明材料并以书面澄清,不能合理说明或者不能提供相关证明材料的,由评标委员会认定该投标人以低于成本报价竞标,其投标应作废标处理。

4)编制评标报告

评标结束后,评标委员会应当推荐按顺序排列的中标候选人1~3人,并标明排列顺序。评标委员会应当编制书面评标报告并提交招标人,评标报告须由全体评委会成员签字。

评标报告应包括的内容见49页相关内容。

(三)评标方法

评标是按照招标文件所确定的原则、标准、计算方法等要素,对投标人提供的投标文件进行评比以确定中标人的行为。工程建设项目货物招标主要采用经评审的最低评标价法和综合评估法等方法进行评标。

1. 经评审的最低投标价法

1)适用条件

经评审的最低投标价法适用于技术简单或技术规格、性能、制作工艺要求统一的货物。即所采购的货物,具有通用技术、性能标准或者招标人对技术、性能没有特殊要求的。

2)评标结果及排序

采用经评审的最低投标价法进行评标的,按投标报价由低到高的顺序排列;投标报价相同的,按技术指标优劣顺序排列,投标人的报价中,最低投标价不得低于成本。只有能够满足招标文件的实质性要求,并且经评审的投标价格最低的,才能被推选为中标候选人或中标人。

2. 综合评估法

1)适用条件

由于使用这种方法评标难度较高,通常在采购货物涉及的技术复杂或技术规格、性能、制作工艺要求难以统一时予以采用。实践中多用于无法简单确认统一价格标准的货物、不具有通用技术和性能标准的专用设备或非标准设备、大型成套设备的采购。

2)评标结果及排序

采用综合评估法评标的,招标文件中必须明确规定采用综合评估法评标时各项商务要求和技术参数的评分方法和标准。评标者根据招标文件中规定的计算方法对投标文件的每一个单项的响应情况、涉及的价格、商务、技术、服务等内容的各种因素配以分值,继而评出应得分并将各分值相加,以评审后得分由高到低顺序排列,得分最高者为推荐中标候选人或中标人。中标人必须是投标文件能够最大限度地满足招标文件规定的各项综合评价标准的投标。

3)价格、商务、技术、服务等评分因素的设定和分值计算

衡量投标文件是否最大限度地满足招标文件规定的各项综合评价标准,可以采用折算为货币的方法、打分的方法或者其他方法将价格、技术、财务状况、信誉、业绩、服务、对招标文件的响应程度等因素,设定相应的比重或权值,根据量化结果进行加权,最终计算出每一投标的技术和商务部分综合评估价或评估分,这些需要量化的因素及权重应当在招标文件中明确规定。

(四)定标

工程建设项目货物招标的中标人,应当在评标委员会提出书面评标报告后的15日内由招标人确定,最迟在投标有效期结束日之前的30个工作日内确定。

1. 中标人条件

中标人的投标应当符合下列条件之一。

(1)能够最大限度满足招标文件中规定的各项综合评价标准(采用综合评估法评标)时。

(2)能够满足招标文件的实质性要求,并且经评审的投标价格最低,但投标价格低于成本的除外(采用最低投标价法评标时)。

使用国有资金投资或者国家融资的项目,招标人应当确定排名第一的中标候选人为中标人。排名第一的中标候选人因自身原因放弃中标、因不可抗力提出不能履行合同,或未在招标文件规定的期限内提交履约保证金的,招标人可以确定排在次位的中标候选人为中标人。

招标文件要求中标人提供履约担保的,中标人应当提交,履约保证金金额不得超过中标合同总价的10%,中标人拒不提交的,视为放弃中标。反之,招标人在接受中标人提供的履约担保的同时,也应向中标人提供货款支付担保。

2. 中标通知书

工程建设项目货物招标的中标人确定后,招标人或其委托的招标机构,应向中标人发出中标通知书,中标通知书对于招标人和中标人具有法律效力。中标通知书一旦发出,便不得更改,招标人改变中标结果,或中标人放弃中标,均应承担相应的法律责任。

3. 招标投标报告

按照《工程建设项目货物招标投标办法》的规定,招标人应当自中标人确定之日起之15日内向有关行政部门提交招标投标情况的书面报告。其内容至少应包括以下几点:①招标货物基本情况;②招标方式和发布招标公告或者资格预审公告的媒介;③招标文件中投标人须知、技术条款、评标标准和方法、合同主要条款等内容;④评标委员会的组成和评标报告;⑤中标结果。

4. 签订合同

货物招标采购合同,是指货物(设备、材料)采购的招标人和中标人之间依照招标文件和中标人的投标文件的内容订立的明确招标人与中标人之间权利义务关系的协议。

招标人和中标人应当在中标通知书发出之日起30日内,按照招标文件和中标人的投标文件之约定订立书面合同。所签订的合同,不得违背招标文件和投标文件的实质性内容。

招标人应当在与中标人签订合同后5个工作日内向中标人和未中标的其他投标人返还已经收取的投标保证金。

在合同订立后,如果相关法规规定需要履行备案手续的,招标人或其代理机构应当按照相关规定,履行备案手续。

二、课堂实训

模拟某建筑火灾自动报警与消防系统评标程序。

1. 目的

(1)掌握工程建设项目货物评标程序;

(2)熟悉工程建设项目货物开标、评标、定标阶段的工作内容。

2. 环境要求

以某一商务楼工程火灾自动报警与消防系统为模拟对象。

3. 能力(分项能力)标准及要求

(1)要求学生掌握工程建设项目货物开标、评标、定标的先后顺序;

(2)要求学生理解工程建设项目货物开标、评标、定标各个阶段的具体工作。

4. 步骤提示

(1)将学生分为4个小组,一组扮演招标代理人的角色,一组扮演投标人的角色,一组扮演评标专家的角色,另外一组作为评论者。

(2)由招标人确定火灾自动报警与消防系统采购招标技术规格及要求。

(3)由招标代理人编制评标方法。

(4)由扮演招标人、投标人的学生小组,分别阐述各个阶段的工作内容。

(5)招标投标结束后,由作为评论者的一组点评其他3个小组在招标投标过程中出现的问题。

(6)相互交换角色,再次模拟招标程序。

5. 注意事项

作为评论者的一组学生的点评很重要,可以让其他3组学生意识到自己在招标过程中程序上的错误或不足,最后由指导教师补充,并总结此次模拟训练各组学生的表现、存在的问题和改进的措施。

6. 讨论与训练题

(1)针对具体的火灾自动报警与消防系统工程,选择适宜的招标方式。

(2)模拟该火灾自动报警与消防系统工程的招标程序。

三、知识拓展

国际工程建材及设备采购评标方法

所谓国际工程,是指一个工程项目的参与者来自不止一个国家,并且按照国际上通用的工程项目管理模式进行管理的工程。从我国的角度看,国际工程既包括我国工程单位在海外参与的工程,也包括大量的国内涉外工程,如利用世界银行等国际金融组织的贷款项目,因而国际工程属于国际经济合作范畴。

国际工程承包市场是一个规模宏大的市场。随着世界经济的发展,用于工程建设的总投资额将呈逐年上升的趋势。国际工程需要采购大量的建筑材料及设备,如水泥、木材、金属材料、墙体材料、石材、玻璃、建筑陶瓷、其他建筑装饰材料及其他行业生产设备。这就为建材企业提供了一个巨大的商机。

国际工程建材及设备评标与国际工程施工评标不同的是,建材及设备采购评标在通常情况下不仅要看投标报价的高低,还要综合考虑其他多种因素。例如,买方在建材及设备运抵现场过程中可能要支付的运费和保险费,设备在评审预定的寿命期内可能投入的运行和维护费等。国际工程建材及设备采购评标通常采用两类方法,即评标价比较法和评分法。

1. 评标价比较法

评标价比较法是以国际工程建材及设备采购的费用为基础,对所有投标文件进行评审和比较,按照标的物性质和特点的不同,又可分为最低报价法、综合评标价法和寿命期费用评标价比较法3种。

1)最低报价法

采购简单商品、半成品、原材料以及其他技术规范简单的货物,由于它们的性能、质量相同或容易进行比较,评标仅以投标报价作为唯一尺度,即将合同授予报价最低的投标人。

价格计算分两种情况:若拟采购的货物由买方国国内生产,则投标报价应为工厂交货价、仓库交货价、展室交货价或货架交货价;若拟采购的货物从国外进口,则报价使用包括货款、保险费、运费的 CIF 价(适用于水上运输)或 DIP 价(适用于包括多式联运在内的各种运输方式)。无论采用哪种方式,报价都包括制造和装配货物所使用的材料、部件及货物本身已支付或将支付的关税、产品税、销售税和其他税款。

2)综合评标价法

综合评标价法是综合考虑投标报价以外的各种评标因素,并将这些因素用货币表示,然后在投标报价的基础上增加或减掉这些费用得到综合评标价。评标价最低者中标。采购机组、车辆等大型设备时,多采用这种方法。综合评标价的计算有一定难度,主要依靠评标成员的经验和水平。除投标报价外,尚需要考虑以下因素。

(1)国内运费和保险费。

在一般情况下,对每份投标文件而言,建材及设备从国内工厂(出厂价情况下)或目的港(CIF 价情况下)到达最终目的地的距离不同,运输条件各异,因而国内运费、保险费及其他有关费用也就不尽相同。这部分费用一般由买方承担,应在每份投标文件的评审中区别对待。将它们换算为评标价格时,可按照运输部门(铁路、公路、水运)、保险公司以及其他有关部门公布的收费标准,计算建材及设备运抵最终目的地将要发生的费用。

(2)交货期。

招标文件规定的交货期一般都有一个幅度。因提前交货而使买方获益者,除非另有规定,一般在招标文件中规定不给予评标优惠。投标文件提出的交货期超过招标文件规定的最迟日期时,其标书一般都被拒绝。交货期在允许幅度内的投标文件,应相互比较,并按一定标准将各标书不同交货期的差别及其给买方带来的不同效益影响作为评标因素之一,计入标价。例如,以所允许幅度范围内最早交货期为准,每迟交货一个月,按投标价的某一百分比(一般为 2%)计算折算价,将其加到投标报价上去。

(3)支付条件。

在一般国际工程建材及设备采购中,招标文件都规定在签订合同、装船或交货、验收时分别支付货款的一部分,投标人在报价时应考虑规定的付款条件。如果投标文件对此有较大偏离且令买方无法接受,则可视为非响应性投标而予以拒绝。反之,如果投标文件对付款条件的偏离在可接受的范围内,应将因偏离而给买方增加的费用(资金利息等),按招标文件中规定的贴现率换算成评标时的净现值,作为评标价的一部分加到报价之上。

(4)零配件和售后服务。

零配件的评价以设备运行期一定时间内各类易损件的获取途径和价格作为评标要素。售后服务的评价内容一般包括安装监督、设备调试、提供备件、负责维修、人员培训等工作,应评价提供这些服务的可能性和价格。

评标时如何对待这两笔费用,要视招标文件的规定区别对待。若这些费用已要求投标人包括在投际报价之内,则评标时不再考虑这些因素;若要求投际人在投标报价之外单报这些费用,则应将其加到报价上。如果招标文件中没有作出上述任何一种规定,则评标时应按投标文件技术规范附件中由投标人填报的备件名称、数量计算可能需购置配件的总价格,以及由招标人自行安排的售后服务价格,然后将其加到投标报价上去。

(5)性能、质量及生产能力。

投标设备应具有招标文件技术规范中规定的性能和生产效率。如所提供设备的性能、生产能力等某些技术指标没有达到技术规范要求的基准参数,则每种参数同基准参数相比每降低1 %，或相差一个计量单位，应在投标报价上增加若干金额。为了减少制定技术标准和评标时的工作量，实际操作中往往只将若干主要性能参数作为评标时应考虑的因素。

将以上各项评审价格加到投标报价上去后，累计金额即为该投标文件的综合评标价。

3）寿命期费用评标价法

这种方法是在综合评标价的基础上，再进一步加上一定运行年限内的费用作为评标价格。采购生产线、成套设备、车辆等运行期内各种后续费用（零配件、油料、燃料、维修等）较高的货物时，可采用寿命期费用评标价法。评标时应首先确定一个统一的设备评审寿命期，然后再根据各投标文件的实际情况，在投标报价上加上该寿命期内所发生的各项运行和维护费用，再减去寿命期末设备的残值。计算各项运行和维护费用及残值时，都应按招标文件中规定的贴现率折算成净现值。这些以贴现值计算的费用包括以下3方面。

（1）估算寿命期内所需的燃料、油料、电力和热能等消耗费。

（2）估算寿命期内所需零配件及维修费用。所需零配件及维修费用可按投标人在技术规范附件中提供的担保数字，或过去已用过、可作参考的类似设备实际消耗数据为基础，以运行时间来计算。

（3）估算寿命期末的残值。

以上在综合评标价法和寿命期费用评标价法中得出的评标价，仅在评标时作为投标比较、排名之用，以便选择中标人，而在签订合同时仍以原投标价为准。

2. 评分法

评分法是将各评分因素按其重要性确定权重（所占百分比），再按此权重分别对各投标文件的报价和各种服务进行评分，累计得分最高者中标。

建材及设备采购评价投标文件优劣的因素包括：①投标价格；②在买方将建材及设备由买方国国内工厂或目的港运至最终目的地过程中发生的运费、保险费和其他费用；③投标文件中所报的交货期；④偏离招标文件规定的付款条件；⑤备件价格；⑥技术服务和培训费；⑦设备的性能、质量、生产能力；⑧买方国国内提供所报设备备件及售后服务情况。

评分因素确定后，应依据采购标的物的性质、特点以及各因素对买方总投资的影响程度具体划分权重和评分标准，应分清主次，不能一概而论。最后，由评标人对各因素进行评分，累计得分最高的投标人即为中标人。

评分法的好处是简便易行，评标考虑因素更为全面，可以将难以用金额表示的各项要素量化后进行比较，从中选出最好的投标文件。缺点是各评标人独立给分，受评标人主观随意性的影响可能比较大。为了保证评标的准确性，要求评标人具有较高的专业水平和广博的知识面。另外，加工订购设备材料招标时，投标人提供的建材及设备型号、规格各异，难以合理确定不同技术性能的有关权重和每一性能应得的分数，有时甚至会忽视某一投标人建材及设备的一些重要指标。若采用评分法评标，评分因素和各因素的权重分配均应在招标文件中加以说明。

项目五　工程建设项目货物投标

教学目标

- 熟悉工程建设项目货物投标文件的内容。
- 掌握工程建设项目货物投标文件的编制。

能力标准及要求

能够根据招标文件的要求，编制一份符合要求的工程建设项目投标文件，避免出现废标。

一、基础知识

投标是招标程序中必不可缺的一个环节，它是投标人履行投标义务，在招标文件规定的日期内将制作的投标文件提交给招标人或其代理机构的行为。

1. 投标准备

1）收集信息

首先要了解招标工程所在地的政治经济形势、自然条件、交通运输、经济法规、税收制度等方面的情况，还要进行招标工程现场考察，考察的主要内容包括地形、地质、气候、材料来源等。其次要了解有关参考资料，包括单位资金状况、招标产品在当地的普及程度，以及投标各个竞争对手的动态。

2）明确投标目的

从近期和长远利益全面衡量，想在该地区打开局面，创出企业的社会信誉，一般采取低价策略以争取中标。

2. 投标文件的编制

（1）投标人购买标书后，应仔细阅读标书的投标项目要求及投标须知。在获得招标信息，同意并遵循招标文件的各项规定和要求的前提下，提出自己的投标文件。投标文件应对招标文件的要求作出实质性响应，符合招标文件的所有条款、条件和规定且无重大偏离与保留。

（2）投标人应对招标项目提出合理的价格。高于市场的价格难以被接受，低于成本报价将被视为废标。因唱标一般只唱正本投标文件中的“开标一览表”，所以投标人应严格按照招标文件的要求填写“开标一览表”、“投标价格表”等。

（3）投标人的各种商务文件、技术文件等应依据招标文件要求备全，缺少任何文件中的一个必需的投标要求将被排除在中标人之外。一般的商务文件包括资格证明文件（营业执照、税务登记证、企业代码以及行业主管部门颁发的等级资格证书、授权书、代理协议书等）、资信证明文件（包括保函、已履行的合同及商户意见书、中介机构出具的财务状况书等）。技术文件一般包括投标项目方案及说明等。除此之外，投标人还应有整套的售后服务体系和其他优惠措施等。

以上是投标人投标时制作投标文件应注意的基本问题。投标人另外还须按招标人的要求进行密封、装订，按指定的时间、地点、方式递交标书，否则迟交的投标文件将不被接受。

投标人应以合理报价、优质产品或服务、先进的技术、良好的售后服务为成功中标打好基础。但投标人还应学会如何包装自己的投标文件，如标书的印刷、装订、密封等均应给评委以良好的印象。

3. 制作投标文件应注意的问题

(1)对招标人的特别要求要注意，再决定是否投标。如招标人在业绩上要求投标人必须有几项业绩，要求投标人资金是多少。再如，参加国际标的必须是有进出口经营权的企业方可参加，等等。

(2)应认真领会招标文件的下列要求：①前附表各要点；②投标文件的组成；③投标报价要求；④投标保证金的金额及递交方式；⑤投标文件递交方式、时间、地点以及密封签字要求；⑥招标文件中废标条款；⑦评标方式。

(3)投标文件应严格按规定格式制作，如开标一览表、投标函、报价表、资格声明、授权书等，包括银行保函格式亦有统一规定。

(4)技术规格的响应。

(5)售后服务要求。

二、课堂实训

根据本单元项目三实训部分编制的招标文件，编制一份投标文件。

1. 目的

(1)熟悉工程项目货物招标的内容及特点。

(2)掌握工程项目货物招标的方式。

2. 环境要求

以某一商务楼工程的设备及材料采购为模拟对象，工程资料由实训指导教师提供。

3. 能力标准及要求

要求学生掌握建筑工程项目货物招标的方式。

4. 步骤提示

将学生分成4组，一组分析确定工程项目设备、材料内容，一组分析本工程各货物招标的特点，一组分析本工程货物招标的方式，另外一组作为评论者。

5. 注意事项

作为评论者的一组学生的点评很重要，它可以让其他3组学生意识到自己在分析过程中的错误或不足，最后由指导教师补充，并总结此次模拟训练各组学生的表现、存在的问题和改进的措施。

6. 讨论与训练题

(1)分析工程建设项目货物投标文件的内容。

(2)分析工程建设项目货物招标方式的确定。

三、知识拓展

上互联网收集工程建设项目货物(材料、设备)投标文件案例，并针对不同的材料或设备做简要分析。

单元小结

工程建设项目货物招标,是指招标人在货物采购之前,公开招标或邀请投标人,根据招标人的意图和要求提出报价,择日当场开标,以便从中择优选定中标人的一种经济活动。

工程建设项目货物投标,是工程建设项目货物招标的对称概念,指具有合法资格和能力的投标人根据招标条件,经过初步研究和估算,在指定期限内填写标书,提出报价,并等候开标,决定是否中标的经济活动。

根据我国《招标投标法》和《工程建设项目货物招标投标办法》规定,工程建设项目货物招标分为公开招标和邀请招标两种方式。

工程建设项目货物招标程序一般分为3个阶段:一是招标准备阶段,从办理招标申请开始,到发出招标公告或投标邀请函为止的时间段;二是招标阶段,从发布招标公告之日起到投标截止之日的时间段;三是决标阶段,从开标之日起到与中标人签订合同为止的时间段。

工程建设项目货物招标的工作内容主要包括:审查招标人资质,申请招标,标段的划分,招标公告和投标申请书的编制与发布,编制招标文件,资格预审,召开投标预备会,接受投标文件,评标,定标等。

《工程建设项目货物招标投标办法》规定,招标文件应包括下列内容:投标邀请书,投标人须知,投标文件格式,技术规格、参数及其他要求,评标标准和方法,合同主要条款。

初步评审一般包括两方面的内容:一是对投标文件的完整性、编排的合理性、签署的合格性以及投标保证金是否提交、计算有无误差等基本项目进行审查,也称符合性审查。二是对投标文件是否实质上响应了招标文件所要求的全部条款、条件和规格进行审查,如无实质性偏差,则视为审查通过,反之投标将被拒绝。

详细评审的内容包括按招标文件规定的计算方法,纠正计算上的误差,调整不构成导致废标的细微偏差。

复习思考题

(1)分析工程建设项目货物招投标中货物的含义。

(2)在工程建设项目货物招投标中有哪些设备和哪些材料?

(3)简述工程建设项目货物招标的特点。

(4)简述工程建设项目货物招标的方式及适用情况。

(5)简述工程建设项目货物应具备的条件。

(6)简述资格审查的方式及适用范围。

(7)简述资格预审文件的内容。

(8)简述招标文件的内容,其中有关合同条款的内容。

(9)简述工程建设项目货物招标的开标程序。

(10)投标文件出现什么情形时,初审时将被认定为废标?

(11)简述工程建设项目货物招标的评标方法及适用范围。

(12)简述工程建设项目货物招标的投标文件内容。

单元十 国际工程招标投标

内容提要

在国际工程中,业主通常都通过招标方式来选择他认为最佳的承包商。本单元的内容主要从国际工程招标投标概述、国际工程招标、国际工程投标以及国内与国际工程招投标的区别和联系4个方面介绍国际工程招标投标的内容。

教学目标

了解国际工程的概念和特点;了解国际工程招投标的概念和特点;熟悉国际工程招标各阶段的工作内容、公开招标的程序;熟悉国际工程投标的程序以及各阶段的工作内容;熟悉国际工程项目的投标决策;熟悉国际工程投标策略;熟悉国内与国际工程招标投标的区别和联系;掌握国际工程招标的方式;掌握国际工程招标文件的内容;掌握国际工程投标报价的组成和计算;掌握国际工程投标文件的编制。

项目一 国际工程招标投标概述

教学目标

- 理解国际工程的概念和特点。
- 理解国际工程招投标的概念。
- 掌握国际工程招投标的特点。

能力标准及要求

- 能够通过对国际工程招标投标概念和特点的理解,培养学生依法进行国际工程招标投标的能力。

一、基础知识

(一)国际工程的概念和特点

国际工程是指一个工程项目从咨询、投资、招投标、承包(包括分包)、设备采购、培训到监理各个阶段的参与者来自不止一个国家,并且按照国际工程项目管理模式进行管理的工程。国际工程包括我国去国外投资的工程,以及由外国参与投资、咨询、投标、承包(包括分包)、监理的我国国内的工程。国际工程有如下特点。

(1)国际工程是一项跨国性的经济活动,涉及不止一个国家和参与单位的经济利益,因而合同中各方不容易互相理解,容易产生矛盾与纠纷。

(2)严格的合同管理。由于不是一个国家参与,就不大可能完全靠行政管理,而是采取国际上业已形成多年的、行之有效的一整套合同管理办法。使用这套办法从工程准备到招标,虽然花费时间较多,但却为以后订好合同,从而在实施阶段严格按照合同进行项目管理,打下一个良好的基础。

(3)风险与利润并存。国际工程是一个充满风险的事业,一个公司要在这个市场中竞争与生存,就需要提高公司本身的素质。

(4)国际工程市场是从西方发达资本主义国家到国外去投资、咨询、承包开始的,他们凭借着雄厚的资本、先进的技术与管理水平以及多年的经验,占有绝大部分国际工程市场,因而发展中国家要打入这个市场就要付出加倍的努力。

(二)国际工程招投标的概念

招标是以工程业主为主体进行的活动,投标则是以承包商为主体进行的活动。招标是市场经济中一种最普遍和最常见的择优竞争方式,国际工程的业主通常都通过招标方式来选择他认为最佳的承包商。

国际工程招投标是指发包方通过国内和国际的新闻媒体发布招标信息,所有有兴趣的投标人均可参与投标竞争,通过评标比较优选确定中标人的活动。

在我国境内的工程建设项目,也有采用国际工程招投标方式的。一种是使用我国自有资金的工程建设项目,但希望工程项目达到目前国际的先进水平,如国家大剧院的设计招标、2008 年北京奥运会主场馆“鸟巢”的设计招标、央视新大楼设计招标、三峡工程的施工机具招标等。另一种是由于工程项目建设的资金使用国际金融组织或外国政府贷款,必须遵循贷款协议规定采用国际工程招投标方式选择中标人的规定。

(三)国际工程招投标的特点

国际工程招投标主要有择优性、平等性、限制性三大特点。

1)择优性

对工程业主来说,招标就是选择最优秀的。对于建筑工程来说,投标人的优秀主要表现在以下几个方面。

(1)技术最优,包括现代化的施工机具设备、先进的施工技术和科学的管理体系等。

(2)质量最佳,包括良好的施工记录和保证质量的可靠措施等。

(3)价格最低,包括单位价格科学合理和总价最低等。

(4)周期最短,能够保证按期或提前完成所要求的全部建筑工程任务。

通常在实际情况下,如果要求投标人在上述 4 个方面都是最优秀比较困难,也是不现实的,所以工程业主通过招标活动,从众多的投标者中进行评选,业主可以按照自己所要求的侧重点来确定评选标准。在评选过程中既综合上述各个方面的优劣,又从其突出的侧重点进行衡量,最终确定中标者。

2)平等性

市场经济要求平等性,国际工程招投标也不例外。招标通常都是要求制定统一的条件,即编制统一的招标文件;要求参加投标的承包商严格按照招标文件的规定报价和递交投标书,以便业主进行对比分析,作出公平合理的评价。

3)限制性

在国际工程招投标中,业主可以根据自己的意图来确定其优胜条件和选择承包商,承包商也可以根据自身的选择来确定是否参加该项工程的投标。但是,一旦进入招标和投标程序,双方都要受到一定的限制,特别是采取“公开招标”的方式时,它将受到公共的、社会的甚至国家法规的限制。

除了有上述 3 个主要特点以外,国际工程招投标还有其他一些特点,如商业性、综合性、风险性、法制性、监督性等。

二、课堂实训

【案例讨论】某国某地铁公司招标修复城市地下铁路系统,实施国际招标。业主(地铁公司)评标参考价为 1.0 亿至 1.4 亿美元。评标过程中,业主发现投标报价明显高于参考价。业主便同个别投标人进行磋商,次低价投标人建议修改合同文件后可显著降低合同价格。业主得到启发后,便与最低价投标人磋商,该投标人同意降价,但业主认为降价的幅度不够。于是业主拒绝所有投标,重新招标。在重新招标中,工程规模比原来减少了 2 000 万美元。原先的最低价投标人起诉,主张业主不应进行重新招标,应直接将合同授予给最低价投标商。法院认为,业主为获得更低的合同而再次招标,理由是正当的,应予以支持。

问题:你认为法院的判决合理吗? 为什么?

案例分析:

法院的判决是合理的。按所使用的国际招标规则,当所有投标报价都过高时,业主可以这样做。这一点体现了国际工程的择优性特点的价格最低方面。但是,目前我国招标投标法没有类似的规定,往往通过设置标底、编制概预算来解决这个问题。在我国,不赋予招标人任意否决权,比较适合国情。如果允许招标人可以行使这样的权利,则极有可能导致权利的滥用。比如,招标人发现中标人并非意中人,那么招标人便可行使任意否决权,重新招标,这势必导致招标投标市场的混乱。因此,国内招标中,招标人如果这么做,就必须承担缔约过失责任。而且开标后,招标人不得与投标人就实质性问题进行协商。

项目二　国际工程招标

教学目标

- 理解国际工程招标的方式,了解国际工程招标公告的内容。
- 熟悉国际工程招标中各种招标方式的优缺点、区别和适用条件。
- 熟悉国际工程招标程序的流程。
- 熟悉资格预审的程序和内容。
- 掌握国际竞争性招标的范围。
- 掌握国际工程招标文件的内容。

能力标准及要求

- 通过对国际工程招标的程序和内容的理解,培养学生对需要进行国际工程招标的项目依法招标的能力。
- 提高学生进行国际工程招标工作的管理能力。

一、基础知识

(一)国际工程招标方式

国际工程招标方式有 4 种类型:国际竞争性招标、国际有限招标、两阶段招标、议标。

1. 国际竞争性招标

国际竞争性招标,亦称国际公开招标,是指在国际范围内,采用公平竞争方式,定标时按事先规定的原则,对所有具备要求资格的投标者一视同仁,根据其投标报价及评标的所有依据,进行评标、定标。采用这种方式可以最大限度地挑起竞争,形成买方市场,使招标人有最充分的挑选余地,取得最有利的成交条件。

国际竞争性招标是目前世界上最普遍采用的成交方式。采用这种方式,业主可以在国际市场上找到最有利于自己的承包商,无论在价格和质量方面,还是在工期及施工技术方面都可以满足自己的要求。

国际竞争性招标主要适用范围如下。

(1)由世界银行及其附属组织国际开发协会和国际金融公司提供优惠贷款的工程项目。

(2)由联合国多边援助机构和国际开发组织地区性金融机构,如亚洲开发银行提供援助性贷款的工程项目。

(3)由某些国家的基金会和一些政府提供资助的工程项目。

(4)由国际财团或多家金融机构投资的工程项目。

(5)两国或两国以上合资的工程项目。

(6)需要承包商提供资金即带资承包或延期付款的工程项目。

(7)以实物偿付(如石油、矿产或其他实物)的工程项目。

(8)发包国拥有足够的自有资金而自己无力实施的工程项目。

上述项目包括高速公路、电站、水坝等大型土木工程;海底工程、工业综合设施;跨越国境的国际工程,如非洲公路等。

2. 国际有限招标

国际有限招标是一种有限竞争招标。较之国际竞争性招标有其局限性,即投标人选有一定的限制,不是任何对发包项目有兴趣的承包商都有资格投标。国际有限招标包括以下两种方式。

1)一般限制性招标

这种招标虽然也是在世界范围内,但对投标人选有一定的限制。其具体做法与国际竞争性招标颇为相似,只是更强调投标人的资信,采用一般限制性招标方式应在国内外主要报刊上刊登广告,只是必须注明是有限招标和对投标人选的限制范围。

2)特邀招标

特邀招标即特别邀请性招标。采用这种方式时,一般不在报刊上刊登广告,而是根据招标人自己积累的经验和资料或由咨询公司提供的承包商名单,由招标人在征得世界银行或其他项目资助机构同意后对某些承包商发出邀请,经过对应邀人进行资格预审后,再通知其提出报价,递交投标书。这种招标方式的优点是经过选择的投标商在经验、技术和信誉方面比较可靠,基本上能保证招标的质量和进度。但这种方式也有缺点,即由于发包人所了解的承包商的数目有限,在邀请时很可能漏掉一些在技术上和报价上有竞争力的承包商。

国际有限招标是国际竞争性招标的一种修改方式。这种方式主要适用于以下情况。

(1)工程量不大,投标商数目有限或有其他不宜国际竞争性招标的正当理由,如对工程有特殊要求(保密性)。

(2)某些大而复杂的且专业性很强的工程项目,如石油化工项目,可能的投标者很少,准备招标的成本很高。为了节省时间,又能节约费用,还能取得较好的报价,招标可以限制在少数几家合格企业的范围内,以使每家企业都有争取合同的较好机会。

(3)由于工程性质特殊,要求有专门经验的技术队伍和熟练的技工以及专门技术设备,只有少数承包商能够胜任。

(4)工程规模太大,中小型公司不能胜任,只好邀请若干家大公司投标。

(5)工程项目招标通知发出后无人投标,或投标商数目不足法定人数(至少3家),招标人可再邀请少数公司投标。

3. 两阶段招标

两阶段招标是在国际范围内实行竞争性招标与有限竞争招标相结合的招标方式。具体做法通常是:第一阶段按国际竞争性招标方式组织招标、投标,经开标、评标确定出3~4家报价较低或各方面条件均较优秀的承包商;第二阶段按国际有限竞争招标方式邀请第一阶段选出的数家承包商再次进行报价,从中选择最终的中标人。

两阶段招标方式主要适用于一些大型复杂项目、新型项目、工程内容不十分明确的项目。

4. 议标

议标又称谈判招标、制定招标、邀请协商,是一种非竞争性招标方式。其本意是由发包人寻找一家承包商直接进行合同谈判,一般不公开发布通告。严格来说,议标不是一种招标方式,只是一种"谈判合同"。

议标给承包商带来较多好处,竞争对手不多,缔约的可能性较大。议标对于发包单位也有好处,发包单位不受任何约束按其要求选择合作对象。当然议标毕竟不是招标,竞争对手少,无法获得有竞争力的报价。议标通常适用于以下情况。

(1)以特殊名义(如执行政府协议)签订承包合同。

(2)按临时签约且在业主监督下执行的合同。

(3)由于技术的需要或重大投资原因只能委托给特定的承包商或制造商实施的合同。

(4)属于研究、试验或实验及有待完善的项目承包合同。

(5)项目已付诸招标,但没有中标者或没有理想的承包商。

(6)处于紧急情况或急迫需求的项目。

(7)秘密工程。

(8)属于国防需要的工程。

(9)已为业主实施过项目且已取得业主满意的承包商重新承担基本技术相同的工程项目。

5. 我国工程项目的国际工程招标

我国面向国际工程招标的项目如下。

(1)世界银行和其他国际金融组织贷款的建设项目。这些项目按照这些金融组织的规定,其设备、物资采购和建设安装工程承包,一般都要求通过国际竞争性招标,向这些金融组织成员国的承包商提供公开和平等的投标机会,而且要求按其《国际复兴开发银行贷款和国际开发协会信贷采购指南》规定的程序和规则进行公开招标。

(2)外国政府贷款的建设项目。这类项目通常是根据我国政府同贷款政府之间的贷款协议来安排招标工作。

(3)外商投资项目。无论是外商独资项目、中外合资项目或者中外合作经营项目,其招标工作可以由企业自己进行。但是设备和技术的引进必须经过主管部门审查批准;土建和安装工程招标则应当优先考虑中国的工程公司,外国工程公司参加投标应当事先获得工程所在地的省市建设管理部门的审核批准。

(二)国际工程招标的程序

各国和国际组织规定的招标程序不尽相同,但其主要步骤和大体环节一般来说是大同小异。国际咨询工程师联合会(FIDIC)制定的招标程序,是世界上比较有代表性的招标程序,主要程序见图10-1。

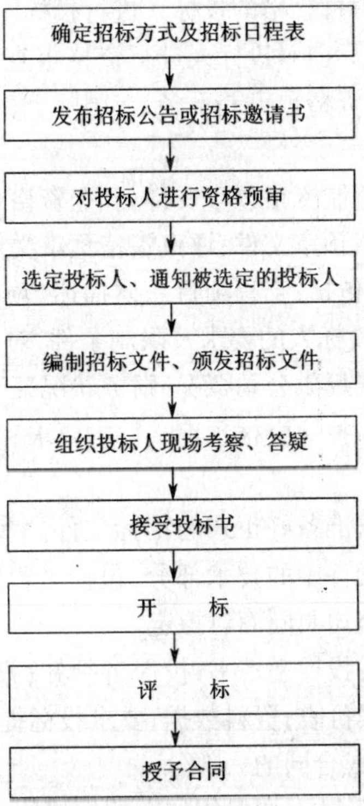

图10-1　国际工程招标程序

1. 招标公告、招标邀请书

凡是公开向国际招标的项目,均应在官方的报纸上刊登招标通告,有些招标通告还可寄送给有关国家驻地工程所在国的大使馆。世界银行贷款项目的招标通告除在工程所在国的报纸上刊登外,还要求在此之前60天向世界银行递交一份总公告,世界银行将它刊登在《联合国开发论坛报》商业版、世界银行的《国际商务机会周报》以及《业务汇编月报》等刊物上。

招标公告的主要内容通常包括:项目名称和业主名称;资金来源;项目地点;工程范围简况;招标项日主要部分的预定进展日期;申请资格预审须知;招标文件的价格;购领招标文件(包括招标细则和投标格式书)的时间和地点;投标保证金的数额;投标书寄送截止日期和寄送地点;公开开标的时间和地点;要求投标商提交的有关证明其资格和能力的文件资料。

对于邀请性招标，通常只向被邀请的承包商或有关单位发出邀请书，不要求在报刊上刊登招标通告。邀请书的内容除了表达邀请的意向外，还要说明工程简况、工期等主要情况以及被邀请人何时何地获得招标文件及相关资料。

2. 资格预审

在国际工程招标过程中，招标人在正式授标前一般都要对投标人的投标资格进行审查，以便以书面形式了解投标人的财务能力、技术状况、工程经历、施工经验等情况，淘汰不合格的投标人。

根据投标人进行资格审查的时间，资格审查可以分为资格预审和资格后审。资格预审是指在投标前对投标人进行资格审查，这是绝大多数国家通常采用的资格审查办法。其目的是通过投标前的审查，选出一批合格的投标人进行投标。

资格后审是指在开标后评标前对投标人进行资格审查，只对经资格审查合格的投标人进行评标。资格后审的内容与资格预审差不多，在国际上，一般是不能或不宜采用资格预审的，才用资格后审。

资格预审的程序主要是：编制资格预审文件；刊登资格预审公告；出售资格预审文件；资格预审邀请书的澄清；提交资格预审文件；评审资格预审文件；评审结果。

资格预审文件的内容主要包括：工程项目总体描述（项目内容、资金来源、项目条件、合同类型等）；简要合同规定（对投标人的要求及限制条件，对关税、材料和劳务的要求等）；资格预审须知，主要说明投标商应提供公司概况、财务状况证明、施工经验与过去履约情况、人员情况、设备情况。要求投标人按照资格预审文件的要求和格式进行填报。

3. 招标文件

在正式招标之前，必须认真准备好正式的招标文件。多数工程项目的招标文件是由咨询设计公司编制，特别是招标文件中的技术部分，包括工程图纸和技术说明等。商务部分，一般由业主、招标机构和咨询公司共同商讨拟定。

招标文件的主要内容包括：投标邀请书；投保者须知；投标格式及附录；合同条件、协议书；规范；图纸；工程量清单或报价表；资料数据；要求投标提交的附加资料清单。其中，投标邀请书和投标者须知一般不构成合同的一部分。

招标文件是在资格预审之后才开始发售的。招标机构或工程业主通常以书信方式通知获得投标资格的投标人，在规定的时间内到指定地点购买招标文件。

4. 现场踏勘及质疑

招标人应按照招标文件中规定的时间，组织投标人进行施工现场踏勘，主要目的是保证每个投标人查看现场并获得编标所需的相关资料。处理投标人的质疑，应按招标文件中的规定用书面形式答复或召开投标人会议的方式，解答的问题应发送给所有的投标人，但不应该说明问题的来源，对质疑解答的问题作为招标文件的补充。

5. 投标书的接受

招标人应指示投标人在提交投标文件时使用双层普通信封或封装，并将业主提供的事先写好地址的标签贴在上面，标签最好醒目，并标有“投标文件正式开标前不得启封”的字样，投标人在规定的提交日期前提交投标书，招标人应签收，但在规定时间以后送达的标书，招标人不得启封，并应立即还给投标人。

6. 开标

所有的投标文件在规定的日期、时间、地点按要求寄送到指定的投标地点。对未在规定日期收到的投标文件应被视为废标而予以原封未拆退还给投标者。

正式开标通常有两种方式:一是公开开标;二是限制性开标。

公开开标的做法主要如下。

(1)开标的日期、地点和时间在招标公告或通知中明文规定,一般应于投标截止日的当日或次日举行。

(2)投标人或其代表应按规定参加开标。

(3)开标一般由招标人组织的开标委员会负责。

(4)开标时应当众打开在投标开始日以后和截止日以前收到的所有投标书,并宣布因投标书提交迟到或没有收到以及不合格而被取消投标资格的投标人名单。

(5)开标委员会负责人当众宣读并记录投标人名称,以及每项投标方案的总金额,和经要求或许可提出的任何可供选择的投标方案的金额。

(6)参加开标的人对各投标人的报价均可记录,也可进行澄清,但不得查阅投标书,也不得改变投标书的实质性内容或报价。

限制性开标是指招标人把开标日期、地点和时间通知所有投标人,在愿意参加的投标人到场情况下开标,其他做法同公开开标。

开标后即转入评标阶段。

7. 评标

1)评标组织

国际工程评标委员会一般由业主负责组织。为了保证评标工作的科学性和公正性,评标委员会必须具有权威性。评标委员会的成员一般均由业主单位及咨询设计单位的技术、经济、法律、合同等方面的专家组成。评标委员会的成员不代表各自的单位或组织,也不应受任何个人或单位的干涉。

2)评标原则

在公开开标后到中标的投标者被通知授予合同之前,与投标审核、澄清及评估有关的信息不得泄露给投标者或其他与评标过程无关的人。在个别情况下,如业主需要,应以书面的形式,要求投标者对其标书中的含糊不清的内容和不一致的地方进行澄清。

在评标阶段,投标者可能会频繁尝试与业主直接或间接地接触,以询问评标进展情况,提供非经征询的澄清,或对其竞争对手提出批评。收到该类信息应仅答复收悉。业主必须以相应的标书所提供的信息为依据进行评标;不过所提供的附加信息可能有助于提高评标的精确性、快速性或公正性,但无论如何不允许改变投标报价或实质性内容。

3)评标过程

土木工程项目的评标一般分为两个阶段,即初步评审和正式评标。

初步评审的具体程序如下。

(1)投标文件的检查与核实。确认投标的有效性,例如必须要有授权代表的签字;若投标者是联营体,必须提供联营协议;如果投标者是代理人,除须提供必要的文件外,还应提供相应的代理授权书;此外,投标文件的所有副本都与正本比较,并以正本为准进行相应的更正。

(2)投标者的合格性检查。投标者必须是合格来源国家的公司或合法实体;若是联营体,则其中的所有各方均应是合格来源国家,并且联营体也应注册在一个合格来源国家。

(3)提交投标保证金。国际工程招标的招标文件一般都要求投标者提交投标保证金。投标保证金必须符合投标者须知的要求,且必须随投标提供。联营体投标的保证金应以联营体各方的名义提供。

(4)投标的完整性检查。除非招标文件特别允许部分投标,即允许投标者仅对其挑选的项或仅对特定项的部分数量提出报价,否则没有提供全部所要求项别的投标一般应被认为是非响应性的。但土木工程合同中,漏掉个别工程项的报价应被认为已包含在其他紧密相关项的报价中。如发现已做涂改、行间书写、添加或其他修改,修改处必须有投标者授权代表的签字。如修改是更正性、编辑性或解释性的,则可以被接受;反之,应被视为偏差,而在实质性响应检查中进行分析。除此之外,投标书正本缺页会导致废标。

(5)投标文件的实质性响应检查。所谓实质性响应是指投标文件与招标文件的全部条款、条件和技术规范相符,无重大偏差。这里的重大偏差是指:有损于招标目的的实现,或在与满足招标文件要求的投标进行比较时有碍公正的偏差。

重大偏差的情况主要包括:邀请固定价投标时提出价格调整;未能响应技术规范,而代之以提供在关键性能指标(参数)或其他要求方面实质性不同的设计或产品;合同起始、交货、安装,或施工的分段与所要求的关键日期或进度标志不一致;以实质上超出允许的金额和方式进行分包;拒绝承担招标文件中分配的重要责任和义务,如履约保函和保险范围;对关键性条款表示异议或例外(保留),如适用法律、税收标准及争端解决程序;那些在投标者须知中列明的可能导致废标的偏差。

若投标文件实质上不符合招标文件的要求(即存在重大偏差),则存在两种处理方式:其一是以世界银行为代表的处理方式,即业主对存在重大偏差的投标予以拒绝,并且不允许投标者通过修改投标文件而使之符合招标文件要求;其二是国际咨询工程师联合会推荐的投标程序中规定的处理方式,即如果业主不接受投标者提出的偏差,则业主可通知投标者,允许投标者在改变标价的前提下撤回此类偏差。

正式评标的具体工作内容如下。

(1)技术评审。此阶段对工程的施工方法、进度计划、工期保证、质量保证、安全保证、特殊措施、环境保护等方面进行审查、评价。

(2)财务评价。此阶段对投标总价、单价、计日工单价、资金支付计划、提供资金担保、合同条件、外汇兑换条件等进行评价。

(3)比标。此阶段对各家的报价、工期、外汇支付比例、施工方法,是否与本国公司联合投标等在统一基础上进行评比,确定得标候选人(一般是2~3名)。对于国际招标,首先要按“投标人须知”中的规定将投标货币折成同一种货币来进行比较。

在根据以上各点进行评标过程中,必然会发现投标人在其投标文件中有许多问题没有阐述清楚,评标委员会可分别约见每一个投标人,要求予以澄清。并在评标委员会规定时间内提交书面的、正式的答复。澄清和确认的问题必须由授权代表正式签字,并应声明这个书面的正式答复将作为投标文件的正式组成部分。但澄清问题的书面文件不允许对原投标文件做实质上的修改,除纠正在核对价格时发生的错误外,不允许变更投标价格。澄清时一般只限于提问和回答,评标委员在会上不宜对投标人的回答做任何评论或表态。

在以上工作的基础上,即可最后评定中标者。评定的方法既可采用讨论协商的方法,也可以采用评分的方法。评分的方法即是由评标委员会在开始评标前事先拟定一个评分标准,在对有关投标文件分析、讨论和澄清问题的基础上,由每一个委员采用不记名打分,最后统计打分结果的方式得出建议的中标者。用评分法评标时,评分的项目一般包括:投标价、工期、采用的施工方案、对业主预付款的要求等。

世行贷款项目的评标不允许采用在标底上下定一个范围、入围者才能中标的办法。

8. 决标与废标

决标,即最后决定将合同授予某一个投标人。评标委员会作出建议的授标决定后,业主方还要与中标者进行合同谈判。合同谈判以招标文件为基础,双方提出的修改补充意见均应写入合同协议书并作为正式的合同文件。双方在合同协议书上签字,同时承包商提交履约保证,才算正式决定了中标人。业主应及时通知所有未中标的投标人,并退还所有的投标保证金。

废标,即本次招标作废。在招标文件中一般规定业主有权拒绝所有投标,但绝不允许为了压低标价随意废标,再以同样条件招标的做法。一般在下列情况下,业主才考虑废标。

(1)所有的投标文件都不符合招标文件要求。

(2)所有的投标报价与业主的费用估算或业主的预算相比,都超额过大。

(3)在决标谈判时,没有达成一项满意的合同。

(4)收到的标书太少,不能保证一定的竞争性。

如果因为上述原因之一而废标时,业主应研究发生的原因,采用相应的措施,如扩大招标广告范围或与最低评标价的投标者进行谈判等。按照国际惯例,若准备重新招标,必须对原招标文件的项目、规定、条款进行审定修改,将以前作为招标文件补遗办法的修正内容和对投标者质疑的解答包括进去。

9. 授予合同

决标后,业主向投标者发出中标通知书,也可能发出一份授标的意向书。中标通知书会直接写明该投标者的投标书已经被接受,授标的价格是多少,应在何时、何地与业主商签合同。授标意向书则只是向投标者说明授标的意向,但结果最后取决于业主和该投标者进一步议标的结论。意向书通常不写明授标的价格,意味着业主可能认为投标者的报价有不合理之处,将在议标和商签合同时讨论。如果中标人未如期前来签约或放弃承包中标的工程的,招标人有权取消其承包权,并没收其投标保证金。

投标者中标后即已成为承包商,按照国际惯例,承包商应立即向业主提交履约保证,用履约保证换回投标保证金。在向中标的投标者授标并商签合同后,对未能中标的其他投标者,也应发出一份未能中标的通知书,不必说明未中标的原因,但应注明退还投标者投标保证金的方法。国际工程招标的合同订立,一般是承发包双方同时签字,合同自签字之日起生效。

(三)国际工程招标文件的内容

招标文件既是投标人编制投标书的依据,也是业主和中标的投标人签订承包合同的基础。通常招标文件主要包括以下内容。

1. 投标邀请函

投标邀请函内容一般包括:①项目编号与名称;②颁发的文件清单;③收到招标文件的

回执表格;④购买招标文件的地点、日期和价格;⑤接受投标书的最后日期和地点;⑥开标日期和地点;⑦投标保证书或保证金;⑧投标商的合格投标国籍。

2. 投标人须知或投标指南

投标人须知或投标指南是指导投标人进行正确投标、并说明应填写的投标文件和开标日期。主要内容有:投标书的语言;投标书的内容;要求提交投标书的份数;投标书的签署;招标文件解释、答疑的程序;投标人勘察施工现场的程序;关于取消投标资格、拒绝投标书的规定;投标书提交的有效期;投标保证书、履约保证;开标的安排及评标定标的标准;保密要求等。

3. 投标书格式与附录

投标书格式是业主在招标文件中为投标人拟定好统一固定格式的,以投标人名义写给业主的一封信,其目的是避免投标人在单独编写投标书时漏掉重要内容和承诺,并防止投标人采用一些含糊的用语,从而导致容易产生歧义和争端。

投标书附录是一个十分重要的合同文件,业主对承包商的许多要求和规定都列在此附录中,还有一部分内容要求承包商填写,投标书附录上的要求、规定和填入的内容,一经合同双方签字后即在整个合同实施过程中有约束力。

4. 合同条款

合同条款是合同双方为承包工程项目确定各自的权利和义务而订立的共同遵守的条文。合同一经双方签订就发生法律效力,当发生不可协调的分歧时,合同条款即是仲裁的依据。

合同条款通常分为通用条款和专用条款两部分。通用条款是适用于一般工程承包合同的基本条款,这部分条款不必起草,直接套用即可。专用条款是针对具体工程的需要而设的条款,需专门拟定。

国际上广泛应用的是国际咨询工程师联合会(FIDIC)编订的国际通用合同条款。

5. 规范

规范即工程技术规范,由咨询工程师参照国家的范本和国际上通用规范并结合每一个具体工程项目的自然地理条件和使用要求来拟定,可以说它体现了设计意图和施工要求,更加具体化,针对性强。技术规范中应对计量要求作出明确规定,以避免和减少在实施阶段计算过程量与支付时产生的争议。

6. 图纸

图纸是招标文件和合同的重要组成部分,是投标人在拟定施工方案,确定施工方法,选用施工机械以至提出备选方案,计算投标报价时必不可少的资料。招标文件应该提供大尺寸的图纸。图纸的详细程度取决于设计的深度与合同的类型。

7. 工程量清单

工程量清单是对合同规定要实施的工程的全部项目的内容按工程部位、性质或工序列在一系列表内。每个表中既有工程部位和该部位需实施的各个项目,又有每个项目的工程量和计价要求,以及每个项目的报价和每个表的总价等,后两个栏目留给投标人投标时填写。

8. 投标保函

投标保函是业主认可的银行或其他担保机构出具的文件,其内容是向业主担保投标人的标书被接受后,一旦同业主签订承包合同,不得反悔,不得中途退标。否则,将没收投标保函规定的担保金额,以赔偿业主损失。招标人应给出投标保函的格式,投标保函通常由投标人和担保人共同签署。

9. 履约担保

履约担保,是承包商向业主提出的保证认真履行合同的一种经济担保,一般有两种形式:银行保函(或履约保函)和履约担保。招标人要求投标人在中标签订承包合同时,提供银行履约保函或由担保公司、保险公司或信托公司提供的履约担保,履约担保是第三者保证投标人按照合同条款并履行合同的保证书。招标人应给出履约保证书的格式,一般在签订合同的同时填写履约保证书。

10. 协议书

协议书即投标人中标后,与业主签订合同时所使用的格式,协议书的格式由业主拟定好并附在招标文件中,以便让投标人了解中标后将同业主签订什么样的合同协议。由于合同的各种条款都已经分散写在招标文件中,所以协议书在正文中只需写明上述各种文件为本协议的组成部分,本人愿意遵守执行即可。一般由招标人预先印好,由投标人填好。

(四)国际工程招标实例

下面通过对我国小浪底水利枢纽主体土建工程国际招标的分析,进一步说明国际工程招标的程序和内容。

小浪底水利枢纽位于河南省洛阳市以北 40 km 黄河中游最后一段峡谷的出口处,坝址以上控制流域面积 69.4 万 km^2,占黄河流域面积的 92.3%。水库总库容 126.5 亿 m^3,其中后期有效库容 51 亿 m^3,是黄河干流在三门峡水库以下唯一能够取得较大库容的控制性工程,在黄河治理开发中具有重要战略地位。

小浪底水利枢纽部分资金利用世界银行贷款。从 1988 年起,世界银行先后 15 次组团对小浪底水利枢纽建设项目进行考察和评估。1993 年 5 月,小浪底水利枢纽工程项目顺利通过世界银行的正式评估。1994 年 6 月,世界银行董事会正式决定为小浪底工程提供 10 亿美元的贷款,其中一期贷款 5.7 亿美元,二期贷款 4.3 亿美元。在世界银行贷款中,其中 1.1 亿美元软贷款用于移民安置。

小浪底水利枢纽工程按照世界银行采购导则的要求面向世界银行所有成员国进行竞争性国际招标。小浪底主体工程的土建国际合同分为 3 个标:一标是大坝工程标(Ⅰ标);二标是泄洪排沙系统标(Ⅱ标);三标是引水发电系统标(Ⅲ标)。

小浪底水利枢纽主体工程 3 个国际土建标严格按照世界银行的要求和国际咨询工程师联合会(FIDIC)推荐的招标程序进行招标。其具体过程如下。

一、资格预审

(一)资格预审文件

1992 年 2 月,业主(黄河水利水电开发总公司)通过世界银行刊物《发展论坛》(*Development Business*)刊登了发售小浪底水利枢纽主体工程 3 个土建国际标资格预审文件的消息。资格预审邀请函于 1992 年 7 月 22 日同时刊登在《人民日报》和《中国日报》上。资格预审邀请函的主要内容如下。

(1)业主(黄河水利水电开发总公司)将利用世行贷款合法支付小浪底土建工程施工合同项目。

(2)介绍小浪底土建工程的分标情况及每标的工程范围、主要指标和工程量,并说明承包商可以投任何一标或所有标。

(3)业主委托中国国际招标公司在北京代售资格预审文件,发售时间自1992年7月27日起。承包商递交资格预审申请书的时间为1992年10月24日(后来延期至10月31日)。

小浪底土建工程资格预审文件是根据FIDIC的标准程序并结合小浪底工程的具体特点和要求编制而成的,主要内容如下。

(1)引言及工程概况。介绍业主及其工程背景,工程分标和工程范围,工程地理、地质条件简述,以及工程特点和特性。

(2)业主提供的设施和服务。如对外交通和道路、物资转运和存放、施工场地、通信系统、供水和供电系统以及当地劳务营地和医疗设施等。

(3)合同条件的合同形式和要点。

(4)资格预审要求。即要求承包商按表格填写其主要情况。

业主发出资格预审邀请函后,总共有13个国家的45个土建承包商(公司)购买了资格预审文件。在截止递交资格预审申请书日期35天前,承包商如对资格预审文件中的内容有疑问,可以向业主提出书面询问,业主在截止日21天前作出答复,并通知所有承包商。到截止日期10月31日时,共有9个国家的37家公司递交了资格预审申请书。其中单独报送资格预审文件的有2家承包商,其他的35家公司组成了9个联营体。这些承包商或联营体分别申请投独立标或投联合标的资格预审。

(二)资格评审

为了进行资格评审工作,业主成立了"资格预评审工作组"和"资格预评审委员会"。资格评审分两个阶段进行,第一阶段由评审工作组组成3个小组:第一小组审查资格预审申请者法人地位合法性,手续完整性及合法签字,表格填写是否完整,商业信誉及过去的施工业绩等;第二小组根据承包商提供的近两年的财务报告审查其财务状况,核查用于本工程流动资产总额是否符合要求,以及其资金来源、银行信用证、信用额度和使用期限等;第三小组为技术组,对照资格预审要求和承包商填写表格,评价承包商的施工经验、人员能力和经验、组织管理经验以及施工设备的状况等。最后,汇总法律、财务和技术资格分析报告,由"资格评审委员会"评审决定。评审时按预审文件中其资格作出分析。

评审标准分以下两类。

(1)必须达到的标准。若达不到此标准,申请会被拒绝(即"及格或不及格"标准)。

(2)计分标准。用以确定申请人资格达到工程项目要求的何种程度。同时,评审标准还可进一步分为:①技术标准(公司经验、管理人员及施工设备);②财务标准(反映申请人的财力);③与联营体有关的标准。

(三)具体标准和评分规则

1. 工程经验

1)承包商必须达到以下硬性指标,才能通过资格预审。

对于大坝工程标要求如下。

(1)联营体责任方建设过造价超过3亿美元的堆石坝。

(2)完成过至少一个填筑量大于2 500万m^3的工程,或两个大于1 900万m^3的工程。

(3)直接或通过其分包商完成水泥灌浆(3座大坝)、旋喷灌浆(至少30 m深)、岩石钻孔(一个工程 7 800 m)。

对于泄洪排沙系统标要求如下。

(1)完成 9 m 内径混凝土砌隧洞 2 000 m 和 6 m 内径隧洞超过 6 000 m。

(2)至少完成 1 个混凝土方量超过 60 万 m^3 的水工建筑物(混凝土坝、进水塔、消力塘和溢洪道)。

(3)安装过类似小浪底工程闸门尺寸的弧形门和平板门。

对于引水发电系统标要求如下。

(1)完成过一个跨度大于 17 m 的地下厂房。

(2)完成过 9 m 内径混凝土衬砌隧洞 1 000 m 或内径 5 m 的隧洞 5 000 m 长。

(3)安装过类似小浪底工程尺寸的压力钢管和闸门。

2)评分标准

(1)最近 20 年的公司总营业额。

分数 = 总营业额(以万美元计) ×0.001

(2)最近 20 年的水电工程营业额。

分数 = 水电工程营业额(以万美元计) ×0.001

(3)完成水电工程造价项目及数目 n_i。

分数 = $\sum n_i W_i$

加权系数 W_i 见表 10-1。

表 10-1　工程造价的加权系数

工程造价(亿美元)	<1	<2	<3	<4	≥4
加权系数 W_i	1	2	4	6	10

(4)凝土衬砌遂洞累计总长 L_i(Ⅱ、Ⅲ标)。

分数 = $\sum L_i W_i \times 0.000\ 5$

加权系数 W_i 见表 10-2。

表 10-2　隧洞内径的加权系数

隧洞内径(m)	<4	<6	<8	<10	≥10
加权系数 W_i	1	2	4	6	10

(5)坝高及大坝数目 n_i(Ⅰ标)。

分数 = $\sum n_i W_i$

加权系数 W_i 见表 10-3。

表 10-3　坝高的加权系数

坝高(m)	<60	<80	<100	≥100
加权系数 W_i	2	4	6	10

(6)堆石坝填筑方量及大坝数目 n_i(Ⅰ标)。

分数 $=\sum n_i W_i$

加权系数 W_i见表10-4。

表10-4 填筑方量的加权系数

填筑方量(万 m^3)	<1 500	<1 900	<2 500	≥2 500
加权系数 W_i	2	4	6	10

(7)填筑月进度及大坝数目 n_i(Ⅰ标)。

分数 $=\sum n_i W_i$

加权系数 W_i见表10-5。

表10-5 填筑月进度的加权系数

填筑月进度(万 m^3)	<40	<60	<100	≥100
加权系数 W_i	2	4	6	10

(8)混凝土防渗墙(Ⅰ标)。

分数 $=A/1\,000+D/2$

式中 A——防渗墙面积,m^2;

D——墙最大深度,m。

(9)混凝土水工建筑物方量及其数目 n_i(Ⅱ标)。

分数 $=\sum n_i W_i$

加权系数 W_i见表10-6。

表10-6 混凝土水工建筑物方量的加权系数

混凝土方量(万 m^3)	<30	<50	<75	<100	≥100
加权系数 W_i	1	2	6	8	10

(10)地下厂房开挖方量及其数目 n_i(Ⅲ标)。

分数 $=\sum n_i W_i \times 5$

加权系数 W_i见表10-7。

表10-7 地下厂房开挖方量的加权系数

开挖方量(万 m^3)	<10	<20	<30	<40	<50	≥50
加权系数 W_i	1	2	4	6	8	10

2. 技术人员(Ⅰ、Ⅱ、Ⅲ标)

分数 $=\sum P_i W_i$

(1)人员 P_i:①文化程度15%;②工作年限50%;③在现单位工作年限10%;④国外工作经历20%;⑤在中国工作经历5%。

(2)加权系数 W_i:①项目经理0.5;②高级施工工程师0.25;③高级技师0.25。

3.施工设备

在资格评审阶段,由于施工设备还是一个不稳定变量,没有采用上述标准。只是根据承包商申请人提交的设备清单及陈述,大致评定承包商设备"够"或"不够",待评标时再做详细分析。

4.财力评估

1)"及格或不及格"标准(Ⅰ、Ⅱ、Ⅲ标均相同)

(1)投标资格是否符合世行采购导则。

(2)是否满足工程周转资金规定金额,即Ⅰ标>4 000万美元;Ⅱ标>6 000万美元;Ⅲ标>1 500万美元。

2)评分标准

(1)年营业额稳定/不稳定:低年营业额(Ⅰ标、Ⅱ标<2亿美元,Ⅲ标<1.5亿美元);中等年营业额(Ⅰ标、Ⅱ标<5亿美元,Ⅲ标<3亿美元);高年营业额(Ⅰ标、Ⅱ标>5亿美元,Ⅲ标>3亿美元)。

(2)担保能力:够/不够。

(3)诉讼往史:可接受/不可接受。

(4)利润:赢/亏。

评分标准是用来评价申请人资格而不是用来排定名次的,实际上对申请人也只做了"预审合格"和"预审不合格"之分,而未排定名次。

根据评审结果,9个联营体和1个单独投标的承包商资格预审合格。1993年1月5日业主向世行提交了预审评审报告。世行于1993年1月28日和1月29日在华盛顿总部召开会议批准了评审报告。

二、招标和投标

(一)招标文件

小浪底水利枢纽工程招标文件由黄河水利委员会勘测规划设计院和加拿大国际工程管理公司(CIPM)从1991年6月开始编制。Ⅰ、Ⅱ、Ⅲ标招标文件的基本结构和组成是一样的,主要包括四卷共十章。

第一卷:投标邀请书、投标须知和合同条款

　　第一章:投标商须知

　　第二章:合同条款

　　　　第Ⅰ部分:一般条款

　　　　第Ⅱ部分:特殊应用条款

　　第三章:合同特别条件

第二卷:技术规范

　　第四章:技术规范

第三卷:投标书格式和合同格式

　　第五章:投标书格式、投标担保书格式及授权书格式

第六章:工程量清单

第七章:补充资料细目表

第八章:合同协议书格式、履约担保书格式与预付款银行保函格式

第四卷:图纸和资料

第九章:招标图纸

第十章:参考资料

招标文件是严格按照《国际复兴开发银行贷款和国际开发协会信贷采购指南》(简称《世行采购指南》)的要求和格式编制的,其中对有关世行要求的内容,如投标的有效期和投标保证金、合同条款、招标文件的确切性、标准、商标的使用、支付的限制、货币规定(包括投标所用的货币、评标中货币的换算、支付所用的货币等)、支付条件和方法、价格调整条款、预付款、履约保证金、运输和保险、损失赔偿和奖励条款、不可抗力以及争端的解决等,都有详细和明确的规定。

(1)投标邀请书。这是业主对通过资格预审的所有投标人发出的正式投标邀请函,函中说明招标文件的发售地点、投标保证金数额、投标书递交截止日期和开标日期等。

(2)投标商须知。小浪底招标文件"投标商须知"有六部分,共34条。包括总则、招标文件、投标书的编制、投标书的递交、开标和评标以及合同的授予等。陈述了工程和招标的基本条件,对招标文件的内容、澄清和修改做了说明,提出了投标书的编制要求,并规定了递交投标书、开标和评标以及合同授予的有关事项。

(3)合同条款。按照FIDIC的要求,小浪底的合同条款主要由一般条款和特殊应用条款两部分组成。一般条款即"土木工程施工条款"第四版,特殊应用条款也是参考FIDIC专用条款作为范本,根据小浪底工程的性质和特点编制的。由于合同条款规定了双方的权利、义务和责任,是双方必须遵守的规则、保护自己合法权益的依据以及出现争端时进行判断和仲裁的基础,所以它是招标文件和合同文件中最重要的部分。

(4)合同特别条款。这是小浪底招标文件比较特殊的部分。这是根据小浪底工程自身的特点和需要编制的,作为合同文件的一部分。该部分共26条,主要对工程范围、由其他承包商完成的工作、交通、工程开工、中间日期和竣工日期、施工进度、图纸和技术规范、承包商递交的资料、施工现场的布置和使用、由业主提供的现场设施和服务、环境保护、当地材料、劳务和服务的价格,以及国外费用调整等,都予以明确的规定。

(5)技术规范。小浪底技术规范主要参照美国的ASTM(美国试验和材料标准)和中国的一些规程、技术标准和施工规范。但当小浪底《技术规范》与其他规范和标准发生矛盾时,以该技术规范为准。

(6)投标书格式、投标担保书格式及授权书格式。这是投标者在投标时必须采取的格式,包括投标书格式、投标书附录、在投联合标提供折价时所用的投标书补充格式、投标银行保函格式、投标担保书格式以及授权书格式等。投标书格式实质上是根据业主的意愿,要求投标人用严密而相对统一的格式进行投标,并对一些必要的条件予以确认。

(7)工程量清单。小浪底是单价合同,在各标的工程量清单中详细划分了分项工程,列出了每个分项工程的估算工程量,要求投标人填写投标单价,据此可以计算出投标总报价。在工程实施阶段每月按实际完成的工作量和相应单价,对承包商进行支付。

(8)补充资料细目表。这是业主要求投标人填写的补充资料,这些资料将构成合同的

一部分,作为衡量承包商履行其承诺的参考。这些细目表共15个,包括承包商设备、人员、财务状况、组织机构、分包商施工方法和计划、承包商对当地材料、电力、税费、合同支付的估算和需求,以及价格调整和外币需求等。

(9)合同协议书格式、履约担保书格式与预付款银行保函格式。这些都是规定的合同格式,是在中标后签订合同时使用的,并都将作为合同文件的一部分。在投标时仅作为投标人确认的文件格式列入。小浪底的合同格式除上述3种外,还有履约银行保函格式。

(10)图纸和资料。这也是投标人编制投标文件的重要依据。包括各标的工程设计图纸、小浪底地质勘探、水文和气象资料等。

招标文件经水利部审查后于1993年1月提交世行,并于1993年2月4日获世行批准。1993年3月8日,业主向预审合格的各承包商发出招标邀请函并开始发售标书,所有通过资格预审的承包商均购买了招标文件。投标截止日定在1993年7月13日。

(二)现场考察与标前会

小浪底土建工程国际标的各家投标商的代表于1993年5月7日至12日,参加了黄河水利水电开发公司组织的现场考察、标前会和答疑。根据惯例,由业主准备了标前会和答疑的会议纪要,并分发各投标商。

(三)招标文件的修改

在小浪底土建国际招标过程中,业主对各投标商提出的疑问做了必要澄清,并将3次澄清通信分送给各投标商。

此外,黄河水利水电开发总公司还通过4份补遗发出了补充合同条款及其他修改内容。这些补遗都构成了合同的一部分。根据多数投标商要求,有一份补遗通知将投标截止日期推迟到1993年8月31日。

(四)投标和开标

根据《国际复兴开发银行贷款和国际开发协会信贷采购指南》(简称《世行采购指南》),准备投标和送交标书之间需留出适当的时间间隔,这个时间一般从邀请投标之日或发出招标文件之日算起,对大型项目一般不应少于90天。鉴于小浪底工程的规模和复杂性,从1993年3月8日开始发售标书,至原来预定的在7月31日开标,投标准备历时149天。后来由于投标商普遍要求推迟,所以业主决定将开标日期推至1993年8月31日。

所有通过资格预审的投标人都投了标。按照国际竞争性招标程序的要求,开标以公开的方式进行。业主于1993年8月31日下午2点(北京时间)在中国技术进出口总公司的北京总部举行开标仪式,开标时各投标商代表均在场。在投标截止日期后收到的标书,一概不予考虑。

三、评标、合同谈判及授予合同

根据世界银行的招标采购指南,评标的目的是为了能在标书评标价的基础上对各投标书进行比较,以确定业主对每份投标所需的费用。选择的原则是将合同授予评标价最低的标书,但不一定是报价最低的标书。

小浪底土建工程国际招标的评标工作从1993年9月开始,至1994年元月上旬结束,历时4个多月,主要分为初评和终评两个阶段。初评即全面审阅各投标商的标书,并提出重点评审对象,确定名单;终评包括问题澄清、详细评审,在对中标商的初步建议和意见的基础之上,完成评标报告并报送世界银行审批。

(一)小浪底土建工程国际评标工作的组织

小浪底土建国际标评标的机构分3个层次,其人员组成和职责如下。

1. 招标领导小组

1)领导小组负责内容

(1)审查评标委员会提交的评标报告。

(2)授权与可能中标的投标商预谈判。

(3)决定授标。

2)领导小组成员

(1)水利部副部长(兼组长)。

(2)水利部有关领导。

(3)黄河水利水电开发总公司总经理。

2. 评标委员会

1)评标委员会负责内容

(1)审查评标工作组提交的初步报告。

(2)审批和决定投标商的名单(即业主在初评阶段从众多投标商中筛选出来的、潜在的中标商名单。一般而言,列入名单的投标商是随后的评审工作的重点)。

(3)指明评标的原则、内容、日期和建议,召开澄清会。

(4)负责向招标领导小组报告。

2)评审委员会成员(共22人)

(1)黄河水利水电开发总公司总经理兼组长。

(2)下列单位有关部门的专家:①水利部;②其他部委(包括能源部);③黄河水利水电开发总公司;④黄河水利委员会勘测时代设计院;⑤国际招标公司。

3. 评标工作组

1)评标工作组工作内容

评标工作组是评标委员会下设的工作机构,负责对投标书进行检查分析。

(1)检查投标书是否符合招标文件规定。

(2)校对投标书中的计算成果:①对投标商提交的补充资料明细表进行审查和评价;②整理资料和数据;③评价投标商的附加条件、保留条件和偏差;④准备要求投标商澄清的问题;⑤就投标商名单提出建议;⑥编写向评标委员会提交的初步评价报告。

2)评标工作组成员

(1)黄河水利水电开发总公司副总经理(兼组长)。

(2)黄河水利水电开发总公司有关专家。

(3)黄河水利委员会勘测时代设计院有关专家。

(4) 国际招标公司有关专家。

评标工作组根据评标工作的需要,具体又分成了综合、商务和技术3个小组。

(二)初步评审

1. 初步评审的主要内容

(1)投标书的符合性检验。

(2)投标书标价的算术性校验和核对。

在以上两项工作的基础上,将符合要求的投标书按标价由低到高进行排列,从而挑选出在标底以下或接近标底的、排在最前面的数家有竞争性的投标人进入终评。

2. 评标标准

对小浪底土建3个标的评标标准已按《国际复兴开发银行贷款和国际开发协会信贷采购导则》(简称《世界银行采购导则》)确定并在招标文件中作出了规定,因此在对各投标书评审时,均按以下原则进行考虑。

(1)标书均按人民币进行评价,报价外币按投标截止日前28天资格银行公布外汇售价汇率折合成人民币。

(2)与招标要求不符的任何标书均不予受理。

(3)工程量清单或招标书格式中的计算错误按招标文件中规定的程序予以更正。

(4)评标时对关税不予考虑,因为投标商所报关税仅供参考。评标时仅保留工程量表总价和计日工费。

(5)评标时对任何拟用财务或技术替代方案均不予考虑。只有当投标商中标后,黄河水利水电开发总公司才在签订合同前考虑其拟用替代方案(若有的话),但黄河水利水电开发总公司并没有义务采纳此替代方案。

(6)个别偏差如改变预付款的支付条件等,适当时可以考虑。但评标时应采用一个合适的改正计算值。

另外,业主还邀请各标预审合格的投标商报出联合中标后的降价,以便使降价后的联合报价与相应的最低单个标的标价总和相比较。但是,业主并没有义务一定要授联合标。

3. 初步评审结果

评标工作组校对计算机结果并作出商务、技术分析后,在初步评审的基础上,汇总了有关材料,并于1993年10月18日向评标委员会报告。初步评审报告主要概括了对标书的分析结果,并列出在商务和投标书附加和保留条件方面需要投标商澄清的问题。经评标委员会评议后,确定了各标的投标商名单。Ⅰ标和Ⅱ标分别有5家投标商进入短名单,Ⅲ标进入短名单的只有3个投标商。

(三)最终评审

1. 澄清会

对投标书中与招标文件不符或不明确的地方,以及投标商的附加和保留条件,业主将其列了出来,于1993年11月15日向列入名单前3名的投标商发出见面澄清函,随后各投标商均做了书面答复。由业主于1993年11月23日~30日在郑州举行了澄清会。

在澄清会上,投标商对所有要求澄清的问题做了澄清。大多投标商主动放弃了附加和保留条件,但某些投标商要求保留在材料价差管理费、预付款和滞留金的有关规定方面的附加条件或建议。但业主坚持要求投标商撤销这些附加条件,否则将对其他投标商造成不公正,会议形成的纪要随后也成为合同的一部分。

2. 技术和进度评审

对投标书的施工组织方案、所采取的主要措施、派往现场的主要管理和工作人员、提供的主要施工机械设备等进行了详细的审阅。同时,对施工方案、主要技术措施以及进度的可靠性、合理性、科学性和先进性进行了深入具体的分析。

除了按以上内容评审投标书以外,对一些投标书在技术方面提出的一些小的技术偏离或保留条件,大多涉及个别工程项目的拟用施工方法、拟用施工公差、拟选择的料场等,也均要求承包商对这些偏离和保留予以澄清。

为了更好地评标,业主还要求投标商提供某些补充资料,尤其是以下几方面的情况:①某些施工任务的施工方法报告(如防护工程、坝料运输与填筑、防渗墙、材料加工、基础处理、地下工程等);②个别施工任务之计划施工进度;③计划生产强度;④更详细的施工设备之更详细的情况;⑤拟用的混凝土温控措施;⑥拟用现场设施等。

3. 确定评估价

按照世行的授标原则,合同将授予那些评估标价最低的投标人,而不是投标标价最低的投标人。根据世行采购导则,其评估标价一般由以下因素构成:①基本标价,即经评审小组进行算术校核后并已被投标人所认可的标价;②汇率引起的差价;③现金流动不同而引起的利差;④预付款的利息;⑤投标书所规定的国内优惠;⑥扣除的暂定费用和应急费,但须计入计日工费用。

如上所述,在投标书审查过程中发现,多数投标书提出了某些与投标文件规定不符的附加和保留条件。但经过澄清后,除了有两个联营体对Ⅱ标和Ⅲ标仍坚持某些附加和保留条件,需完全撤销外,其余各标的投标商均撤销了各自所提出的附加和保留条件。个别偏离条件按世界银行采购导则和招标文件规定,可考虑予以适当的接受,但在计算评标价时应按招标书规定,计入合适的定量修正值。所以,在确定小浪底土建 3 个标的评标价时,对承包商提出的预付款支付及扣还以及滞留金扣除等两项偏离招标书要求的条件,以贴现方式进行了定量计算并计入了评标价。

4. 评审报告

在最终评审的基础上,评标委员会准备了评审报告,经招标领导小组审定和国家有关部门批准,确定了中标意向,并报世界银行审核确认。

(四)合同谈判和授标

根据评审报告,业主于 1994 年 2 月发出了中标意向性通知,从 1994 年 2 月 12 日至 1994 年 6 月 28 日进行了合同谈判。

小浪底土建国际标的合同谈判分两步进行。第一步是预谈判,即就终评阶段的澄清会议所未能解决的一些遗留问题,再次以较为正式的方式与拟定的中标商进行澄清和协商,为正式合同谈判扫清障碍;第二步即正式合同谈判和签订合同协议书。在小浪底的合同谈判中,除了形成合同协议书外,还签署了合同协议备忘录及一系列附件,这个备忘录及其附件构成了合同的一个重要组成部分。备忘录的主要目的是明确某些合同条款的具体执行和操作办法和对合同条款做必要补充,其主要内容是澄清会议所澄清的主要问题。附件主要是一些补充协议,包括"指定供应当地材料的采购指标及价格调整办法"、"当地劳务营地公有设施的租赁办法"、"联合测量办法"、"承包商设备、永久设备和材料进口管理办法",以及双方协商达成一致的其他补充内容等。

小浪底的合同谈判是曲折和艰难的,在谈判过程中改变了两个标的中标对象。评标时曾考虑将Ⅰ标和Ⅲ标同时授予杜美兹(DUMEZ)联营体,后来业主接受了世行的意见,仍然将Ⅰ标单独授予评标价最低的英波吉罗联营体(IMPREGILOS. P. A)。Ⅱ标则由斯皮·巴蒂格诺尔联营体(SPIEBATIGNOLLES)改为旭普林联营体(Z _ BLIN)中标,因为斯皮·巴蒂格诺尔联营体的投标价虽然最低,但其在投标书中提出了许多与招标文件不符的附加条件,如对所有指定供应材料的价差要求业主支付管理费；要求中标后加快预付款进程，同时推迟预付款的扣还，要求以保函形式代替滞留金等。这些都严重改变了业主规定的招标条件，在评标时已要求该公司撤回，但斯皮·巴蒂格诺尔联营体一直到合同谈判时仍然坚持索要取消这些附加条件引起的高额费用。对此，业主显然不能接受。于是业主重新选择了第二个最低标，即旭普林联营体进行合同谈判。

业主分别于1994年4月30日和1994年6月8日就Ⅰ标、Ⅲ标及Ⅱ标正式签订了合同。中标单位如下。

项目：Ⅰ标大坝标；Ⅱ标泄洪工程标；Ⅲ标引水发电系统标。

联营体：黄河承包商 YRC；中德意联营体 CGIC；小浪底联营体 XJV

责任公司及所占股份：英波吉罗（意大利）IMPREGILOS. P. A（36.5%）；旭普林（德）Z _ BLIN（26%）；杜美兹（法）DUMEZ（44%）。

成员公司及所占股份：HochtiefA. G（德）（36.5%）；ItalsfradeS. P. A（意）（14%）；中国水电14局（13%）；Strabag（德）（18%）；Wagss&Freytag A. G（德）（15%）；Del Favero S. P. A（意）（15%）；Salini S. P. A（意）（14%）；中国水电7局（6%）；中国水电11局（6%）；Holzmann（德）（44%）；中国水电6局（12%）。

正式签约时间：1994.7.16；1994.7.16；1994.7.16。

中标金额：5.6亿元人民币；10.9亿元人民币；3.16亿元人民币。

合同工期：91个月；84个月；74个月。

完工日期：2001年12月31日；2001年6月30日；2000年7月31日。

进场时间：1994年6月；1994年7月；1994年6月。

通过国际竞争性招标，业主以比较低的价格引进了合格的和优秀的国际承包商。所以，从总体上来讲，小浪底土建工程国际招标是非常成功的。一方面，水利部和上级有关部门的正确领导和大力支持为招标的成功奠定了坚实的基础，提供了有力的保障；另一方面，业主单位在招标过程中抓住了几个关键和重要的阶段，倾注全力，进行了广泛、深入、细致和全面的工作。首先，由黄河水利委员会勘测规划设计院在CIPM专家的协助下，编制了结合中国国情并具有工程特点的详细的招标文件，为招标工作及工程管理奠定了重要的基础；随后，在评标过程中组建了由上级领导部门、设计院、CIPM专家和监理工程师组成的精干的评标机构和工作组，开展了深入细致、一丝不苟的评标工作，选定了初步的中标对象；最后，在合同谈判阶段，业主更是克服了重重困难，与承包商签订了具有重要意义的合同协议。这3个阶段，应该是国际招标采购中的最重要的阶段。业主能否以合适的价格选择一个实力雄厚、经验丰富并具有良好信誉和履约能力的承包商，是否能签订一个双方权责明确，既全面又具体，既具有原则性又具有操作性的合同，关键在于这些阶段的工作。

二、课堂实训

【案例讨论】我国某水电站工程，通过国际竞争性招标，选定外国承包公司进行工程施工。在招标文件中，列出了承包人进口材料和设备的工商统一税率。但在施工过程中，工程所在地的税务部门根据我国税法规定，要求承包人交纳营业环节的工商统一税，该税率为承包合同结算额的3.03%，是一笔相当大的款额（比承包人进口材料和设备的工商统一税的税率还大）。但外国承包公司在投标报价时没有包括此项工商统一税。为此，发包方和承包方发生如下争执。

外国承包方认为:业主的招标文件仅列出了进口工商统一税,而遗漏了营业工商统一税,是属于招标文件中的错误,此税项应由业主承担。

业主认为:合同文件中明确规定了一些条款,如"承包人应遵守工程所在国的一切法律","承包人应交纳税法所规定的一切税收"。此项税收应由承包人自理。

问题:你认为业主方、承包方谁的观点正确呢?

案例分析:

总的看,承包方的观点是对的。

(1)招标文件是投标人据以报价的依据,承包方在投标报价时没有包括营业工商统一税,不是自身原因疏忽造成的,而是招标文件的疏忽造成的,招标文件没有提及的内容,投标文件不可能涉及。

(2)业主的观点只能说明承包方应该依法交纳该项税,但并不能作为该项税金必须由承包人负担的依据。一般而言,作为工程承包的营业税形式上由承包方向税务部门交纳,实际它应包括在承包方的承包价格内,是由业主一方实际支付的。作为业主一方,在招标文件中把税额较小的几个税种都详细列出,而没有列出数额较大的营业工商统一税,能使人信服的解释只有两个:一是招标文件遗漏了此税种;二是该项工程不纳此税,否则,不能自圆其说。总之,最终的费用应由业主负担。

在此案例中我们可以看出,招标发包中,招标文件对投标人重要,对招标人也同样重要。招标人的风险很大程度是由于招标文件准备不足所造成的。因此,招标文件的编写十分重要,关系到招标的成败,也关系到履约的顺利程度;招标文件每一条款字里行间都渗透着风险的分配问题,本案例就是一个很好的经验教训。

三、知识拓展

国际竞争性招标工程的招标过程解析

小浪底工程是我国成功进行国际竞争性招标的工程,通过对其招标过程分析,可以总结出在《国际复兴开发银行贷款和国际开发协会信贷采购指南》下国际竞争性招标工程过程中应注意的几点问题。

1. 工程招标实践及特点

按照《国际复兴开发银行贷款和国际开发协会信贷采购指南》要求,其评标程序严格按国际工程师联合会(FIDIC)推荐的招标评标程序"土木工程合同招标评标程序"进行,可以使得招标与投标工作在大家都熟悉的标准程序下公开地进行,同时减少合同实施过程中所出现的纠纷。

2. 对投标者的资格预审

资格预审是世界银行授予合同的关键前期控制条件。资格预审的关键是确定标准,标准高,投标人减少,降低了竞争,或导致投标人数不满两家,招标失败;标准低,投标人数增多,业主评标工作量过大,并且可能选定的中标人整体水平较低,给业主带来风险。

3. 招标文件

招标文件既是招标工作的基础,又是合同执行的依据,是保障优选承包商和工程顺利实施的至关重要的因素。有的工程由于缺乏国际工程实践经验,最后导致合同执行中出现了大量的变更、索赔及争议,其中招标文件的缺陷是重要原因之一。只有招标文件质量高,投标书的各方面响应才明确,报价也更贴近工程的实际费用。小浪底工程于1991年6月业主委托黄委会设计院和加拿大国际工程管理公司(CIPM)进行编制,严格按《世行采购指南》的要求和格式编写。经过4次修改,报世行批准后发售。

4. 开标与评标

开标的时间和地点最好与截标时间和地点相同。开标后须把该开标开档记录立即送报世行。评标是双方签订合同之前的最后一个阶段,能否发现并澄清投标人投标书潜在问题,能否通过签订合同协议的方式对招标文件做圆满的修改,这些都取决于评标质量的好坏。

5. 正确理解"最低评标价"

世行评标坚持"最低评标价"的授标原则,但其前提是该投标人必须在技术能力、设备能力、财务能力上全部响应业主的要求,且报价不严重失衡,不隐含有对业主不利的因素和潜在索赔要求,"最低评标价"并非最低报价。业主在评标时应对标书进行认真的分析,在世行的授标原则的前提下,合理运用国际竞争性招标的评定标准和尺度。对"最低评标价"的投标书有附加条件和隐含因素的业主可要求取消其标书,对不取消的投标书视为不响应招标文件可取消其中标资格。

6. "合同预谈判"是国际招标的好方法

业主和承包商都愿意接受"合同预谈判"。首先,承包商的最大愿望就是中标,通过了"合同预谈判"就基本确定承包商中标。再者,业主通过"合同预谈判"可以达到以下几个目的:一是将争取世行贷款的压力转移一部分给承包商;二是可以避免一次招标所带来的损失,若迟迟不进行预谈判,国际行情上涨,承包商可能提高合同价,导致一次招标损失;三是为正式合同谈判打下坚实基础。

以上几点可以为我们今后在进行国际竞争性招标时起到一定的指导作用。

项目三　国际工程投标

教学目标

- 理解国际工程投标的概念和性质,了解国际工程投标策略。
- 熟悉国际工程项目的投标决策和项目选择方法。
- 熟悉报价前的准备工作和工程报价的准备工作。
- 掌握工程报价的组成和计算。
- 掌握国际工程投标文件的内容。

能力标准及要求

- 能够通过对国际工程投标程序的理解,培养学生进行国际工程投标的能力。
- 能够根据国际工程招标项目编制国际工程投标文件。
- 能够根据给定国际工程招标项目灵活选择投标策略。

一、基础知识

(一)国际工程投标的程序

根据国际咨询工程师联合会(FIDIC)制定的招标程序,相应地国际工程投标的工作程序大体上可分为工程项目的投标决策、投标前的准备工作、工程报价的计算和投标文件的编制和送达，具体程序见图 10-2。

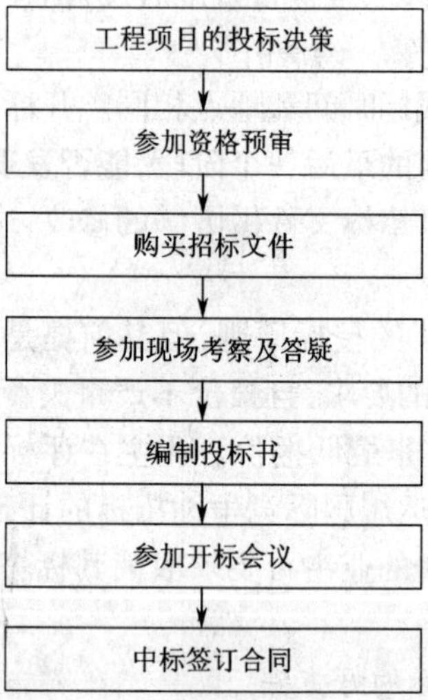

图 10-2 国际工程投标程序

（二）国际工程项目的投标决策

国际工程市场招标项目繁多。对承包商来说，投什么样的标是提高中标率和获得良好经济效益的首要环节。

1. 投标决策的影响因素

影响投标决策的因素较多，但综合起来主要有以下 3 个方面。

（1）业主方面。主要考虑工程项目的背景条件，如业主的信誉和工程项目的资金来源，招标条件的公平合理性。还有业主所在国的政治、经济形势以及对外商的限制条件等。

（2）承包商方面。根据本身的经历和施工能力，在技术上能否承担该工程；能否满足业主提出的付款条件和其他条件；本身垫付资金的能力；对投标对手情况的了解和分析等。

（3）工程方面。主要有工程性质和规模、施工的复杂性、工程现场的条件、工程准备期和工期；材料和设备的供应条件等。

2. 投标项目的评估与选择

投标项目的评估与选择可采取专家打分、加权汇总的方法，也可以根据具体情况侧重某一方面进行评估。总之，承包商应对当前的国际市场进行认真的分析，对自己的实力进行客观评价，针对特定的项目设置具体的评标指标和标准，通过专家打分法来实现信息的筛选和项目的选择。下面通过某工程项目来说明项目的评估与选择方法。

（1）指标设置。根据某工程具体情况设置以下 10 项指标，来判断是否应该参加投标。①项目所在地的地理位置；②当地政局的稳定性；③该国法律的健全程度；④该国市场的竞争程度；⑤本公司的施工能力；⑥当地代理人情况；⑦业主的资金状况和支付能力；⑧项目技术的复杂程度；⑨项目预计赢利能力；⑩合同条件。

（2）根据各指标对于本项目的重要性，分别确定权数。

（3）设置评分标准。按照各项指标对于本项目的有利程度可以分别设定分值 1.0、0.8、

0.6、0.4、0.2。

(4)由7位专家分别打分,某专家的打分情况见表10-8。

表10-8　某专家的打分情况

投标考虑的指标	权数	等级					得分
		好1.0	较好0.8	一般0.6	较差0.4	差0.2	
地理位置	0.15		√				0.12
政局稳定性	0.10	√					0.10
法律健全程度	0.05	√					0.05
市场竞争程度	0.10			√			0.06
本公司施工能力	0.15			√			0.09
当地代理人情况	0.05	√					0.05
业主资金状况	0.15		√				0.12
项目技术复杂程度	0.10			√			0.06
项目预计赢利能力	0.10				√		0.04
合同条件	0.05					√	0.01
合　计							0.70

其他几位专家的打分加权总分分别为0.80、0.60、0.80、0.70、0.90、0.80。

(5)7位专家的打分平均值为(0.70+0.80+0.60+0.80+0.70+0.90+0.80)/7=0.76分。

(6)作出是否适宜投标的决策。假定企业的投标标准分数是0.65分,根据专家的打分情况,认为该项目投标具有较好的可行性,可以投标。

(三)投标前的准备工作

当承包商分析研究作出决策对工程进行投标后,应进行大量的准备工作。

1.登记注册,取得承包经营权

有些国家允许外国公司参加该国的各项投标活动,但只有在投标取得成功、得到工程合同后,才准许该公司办理注册登记手续,发给在该国进行营业活动的执照。所以外国承包商进入工程项目所在国开展业务,必须按各国规定办理注册手续,取得合法地位。办理注册手续时,一般必须提交如下文件:公司章程、营业证书、公司资本证明、详细地址、在世界各地的分支结构清单;公司董事会成员名单,主要管理人员、技术人员名单;公司董事会关于拟在某个国家开展业务、设立经营机构的决议,对分支机构负责人的委托书,经营机构的通信地址、电话号码;招标工程业主与申请注册公司签订的工程承包合同、协议和有关证明文件;政治性的确认书和两国互惠证书;公司授权签约证明书、资信证明书。

2.参加资格预审

国际承包商都十分重视投标前的资格预审工作,这是因为他们都把资格预审看成是招标投标的第一轮竞争,只有做好资格预审并通过资格预审,方能取得投标资格,继续参与竞争。从工程业主来说,事先通过资格预审,可以筛选出少数几家确有实力和经验的承包商参加第二轮的竞争。对于承包商来说,通过资格预审,可以减少一批投标竞争对手。

3. 雇佣代理人

代理人是能够代表雇主利益开展某些工作的人。在国际工程承包中通行代理制度,代理人实际上是为外国承包公司提供综合服务的咨询机构或个人,其作用是为外国承包商提供办理注册、投标甚至整个承包业务中的各项服务。代理人对工程项目的投标、中标起着相当重要的作用。因此,选择代理人时应选择那些有丰富的知识和工作经验、信誉可靠、交际广泛、活动能力强、信息灵通的人。代理人的主要作用如下。

(1)协助外国承包商争取通过投标资格预审,取得招标文件并获得授标。

(2)协助办理各种例行手续,如人员注册手续、入境签证、居住证、工作证、物资进口许可证及各种执照等;提供供应渠道、商务经验及价格等。

(3)代表运输、物资进口清关手续,申请许可证、申报关税、申请免税等。

(4)协助办理工程材料及机械设备和生活资料的采购。

(5)推荐分包商,征召当地工人。

(6)协助承包商租用土地、房屋,建立电报、传真、邮政、信箱、户头等。

(7)向业主提供投标所需的各种费率、单价。

(8)提供当地有关工程承包的法律、法令条款及实际执行情况。

(9)提供当地工程市场情况及该国政治经济对它的影响,以及工程市场招标信息及背景材料。

(10)提供当地金融市场现状,该国外汇管理法、外汇市场情况以及工程款中自由外汇的比例情况。

代理人一般只有协助承包商达到中标目的后才能得到代理费。代理费一般为合同总价的2% ~3%,视工程项目的大小和代理业务繁简程度而定。代理费应分期支付,或等合同期满一次支付。

4. 建立公共关系

在开辟新的国际市场过程中,国际承包公司更应从踏上新地区开始就要重视和有意识地着手设法在当地建立本公司的公共关系。企业公共关系的内容包括建立公共关系网络和树立企业的公众形象,这不应仅仅是为了得到一个项目,而应有一个长远的目标,把它和本公司开拓当地市场的长期政策结合起来。

5. 办理投标保函

业主为了防止投标人退出投标给自己带来损失,要求投标商随投标文件同时提交投标保函。保证金额一般为投标总价的2% ~5%。

保函是委托人、权利人、保证人之间的担保文件,其作用是委托人的一定保证金交付保证人作抵押,为他对权利人应尽的义务做保证。保证人可开具保函给权利人,一旦委托人不履行义务,保证人有权将保证金的部分或全部偿付给权利人以弥补其损失。委托人一般为工程承包公司,保证人一般为银行,而权利人为工程业主。

6. 雇佣外籍人员

除雇佣代理人外,在投标期和承包工程期间还需雇佣外籍人员,一般通过合同雇佣和聘任。需聘任的主要外籍业务人员如下。

(1)估算师。估算师也叫工料测量师、工料估算师,他们具有丰富的工程经验、管理方面的专业知识和经验。对于工程的成本、价格、财务、合同及有关法律法规都很熟悉,可为承包商提供工程概预算咨询及工程管理咨询。

(2)工程技术人员,有的国家规定必须雇佣当地工程技术人员。由于他们熟悉当地工程市场商情、当地工程惯例、有关法律法令、规程规范、投标中的基本单价和劳务市场情况,若使用得当,可起到本国技术人员难以实现的作用。

(3)法律顾问。各国法律、法令条文繁杂,非当地律师难以掌握,承包商应根据当地形势聘请法律顾问,以免无意触犯当地法律法规,并在出现纠纷时协助承包商解决问题。

(四)工程报价的准备工作

1. 核算工程量

招标文件中提供的工程数量是否符合实际,是直接影响投标的成败和能否获得利润的关键,因此要对招标文件中的工程量进行复核。国际招标文件中一般都有工程量清单,但要注意的是工程量清单是按什么方法计算的。

复核工程量要求必须吃透图纸要求,改正错误、检查疏漏,必要时实地勘察取得第一手资料,掌握一切与计算工程量有关的因素,如实计算。若发现招标文件中的工程量有重大不符时,应提请工程师修改,如不答复可提出相应的报价,并在备忘录中指出,要求按实际调整。

2. 编制施工组织设计

施工组织设计是标价计算的依据。施工组织设计的主要内容如下。

(1)施工方法及施工方案。确定施工方法及施工方案,应吃透招标文件中的技术规范和当地技术惯例,研究施工机械化水平并探讨采用先进工艺的可能性,提出保证质量、工期、安全、防尘防噪等方面的措施。

(2)编制总进度计划。编制总进度计划要坚持工期的严肃性,并在总工期中留有富裕时间,以避免由于各种原因造成的工期拖延,导致业主罚款。一般以横道图和网络图形式表现。

(3)施工总体部署和总平面布置图。

(4)主要材料用量\施工机械设备清单及运输方式、材料及施工机械配置及供应计划。一般货源有当地采购商品(包括地方材料如砂、石等、本国建材工业产品、外国公司在本地的经销产品)、第三国进口商品和本国出口产品,要保证到货日期和到货质量。

(5)劳动力来源的优选与供应计划。一般国家限制外国工人入境,因此要确定当地工人和本国技术工人的比例。通过比较工资水平和劳动生产率高低决定劳动力的来源。

(6)工程分包计划。当工程需进行分包时,进行分包与否的经济比较,并根据设备及技术力量以及本国劳动力供应情况决定是否分包,分包哪些工程项目。

(7)提出现场临时设施的数量和标准。制订这一计划必须适应当地生产、生活条件及惯例,调查施工时对私人道路、建筑物有无妨碍,是否形成施工费用,并考虑工程试验室建筑费和试验设备使用费,对业主工程师办公用房的建造标准等。

3. 进行器材、施工机械设备询价

各种器材.施工机械设备可从当地采购,也可从第三国采购及本国供应。因此,必须通过信函、电报或电传向供应商和生产厂家询价。对于租赁的机械设备,可向专门从事租赁业务的机构询价。

4. 分包询价

分包工程报价高低，对总报价有一定的影响。因此，报价前应进行分包询价。

5. 进行现场勘察

要充分考虑施工现场的现场地质、水文气象条件、现场“三通一平”条件，以及环境对施工的影响，并取得施工规划所需的基础数据。

（五）投标报价的组成和计算

投标报价是整个投标工作的核心。工程项目投标报价的具体组成应随投标的工程项目内容和招标文件进行划分。一般由分部分项工程单价汇总的单项工程造价、开办费、分包工程造价、暂定金额和不可预见费等项组成。

1. 分部分项工程单价

分部分项工程单价就是工程量清单上所列项目的单价。分项工程单价的估算是工程估价中最重要的基础工作。分项工程单价由直接费、间接费（现场综合管理费等）和利润等组成。

1）直接费

直接费是直接用于工程的人工费、材料费、机械使用费以及周转材料费用等。

（1）人工费。

人工费单价需根据工人来源情况确定。我国到国外承包工程，劳动力来源主要有两方面：一是国内派遣工人；二是雇佣当地工人（包括第三国工人）。人工费单价的计算就是指国内派出工人和当地雇佣工人平均工资单价的计算。在分别计算出这两类工人的工资单价后，再考虑工效和其他一些有关因素，原则上就可以确定在工程总用工量中这两类工人完成工日所占的比重，进而加权平均算出平均工资单价。

考虑到当地雇佣工人的功效可能较低，而当地政府又规定承包商必须雇佣部分当地工人，则计算工资单价时还应把功效考虑在内。根据已经掌握的当地雇佣工人的功效和国内派出工人的功效，确定一个大致的功效比（通常小于1的数字），用下式计算：

$$\text{考虑工效的平均工资单价} = \text{国内派出工人工资单价} \times \text{国内派出工人工日占总工日的百分比} + \text{当地雇佣工人工资单价} \times \text{当地工人工日占总工日的百分比} \div \text{功效比}$$

①国内派出工人工资单价计算如下。

$$\text{国内派出工人工资单价} = \frac{\text{一个工人出国期间的全部费用}}{\text{一个工人施工年限} \times \text{年工作日}}$$

工人出国期间的全部费用应当包括从工人出国准备到回国休整结束后的全部费用，可由国内和国外两部分费用构成。

工人施工年限应当以工期为基础，考虑多数或大多数工人在该工程的工作时间来确定。

工人的年工作日是工人在一年内的纯工作天数。一般情况下，可按年日历天数扣除星期天、法定节假日和天气影响的可能停工天数计算。实际报价计算中，每年工作日不少于300天，以利于提高报价的竞争能力。

②当地雇佣工人的工资单价计算如下。当地雇佣工人包括具有工程所在国国籍的工人和在工程所在国的外籍工人。当地雇佣工人工资单价主要包括下列内容：日标准工资（国外一般以小时为单位）；带薪法定假日、带薪休假日工资；夜间施工或加班应增加的工资；按

规定由承包商支付的所得税、福利费、保险费等；工人招募和解雇费用；工人上下班交通费；按有关规定应支付的各种津贴和补贴（如高空或地下作业津贴、上下班时间补贴）。

在计算报价时，一般直接按工程所在地各类工人的日工资标准的平均值计算。

若所算的国内派出工人工资单价和当地雇佣工人工资单价相差甚远，还应当进行综合考虑和调整。当国内派出工人工资单价低于当地雇佣工人工资单价时，固然是竞争的有利因素，但若采用较低的工资单价，就会减少收益，从长远考虑更不利，应予以向上调整。调整后的工资单价以略低于当地雇佣工人工资单价的5% ~10%为宜。当国内派出工人工资单价高于当地工人时，如在考虑了当地雇佣工人的功效、技术水平后，国内派出工人工资单价仍有竞争力，就不需调整；反之，应向下调。若下调后的工资单价仍不理想，就得考虑不派或基本不派国内工人。

国际承包工程的人工费有时占到总造价的20% ~30%，大大高于国内工程的比率。因此，确定一个合适的工资单价，对于作出有竞争力的报价是十分重要的。

（2）材料设备费。

材料和设备费在直接费中所占的比例很大，准确计算材料、设备的预算价格是计算投标报价的重要一环。材料设备费应当按当地采购、国内供应和从第三国采购分包确定。

①当地采购。在工程所在国就地采购，其预算价格应为施工现场交货价格。通常按下式计算：

$$预算价格 = 市场批发价 + 运杂费$$

②国内供应。国内供应的材料、设备，其预算价格应为到岸价格及卸货口岸至施工现场仓库运杂费之和，具体内容有：原价，即出厂价；物资供应部门的管理费；国内运杂费，由国内供货单位仓库到出口港上船所发生的包装、运输、装卸、仓储和装船的全部费用；海运及保险费，即货物从出口港启运，到达卸货口岸的海运费和保险费，应根据远洋运输公司和中国人民保险公司的有关规定计算；当地运杂费，应根据当地运价和运距及有关规定计算。

③第三国采购。从第三国采购，其预算价应为到岸价加当地运杂费及关税之和。

（3）施工机械费。

施工机械费是指用于工程施工的机械和器具的费用。由于工程建设项目大都采用机械化施工，所以施工机械费用占直接费用的主要部分。该费用在工程建成后不构成发包人的固定资产，而是承包人的设备。主要施工机械费以台时费为单位，辅助施工机械费则只计算总费用。主要施工机械台时费为：施工机械折旧费、施工机械海洋运保费、施工机械陆地运保费、施工机械进口税、施工机械安拆费、施工机械修理费、施工机械燃料费和施工机械操作人工费。

以上8项费用合计成主要施工机械台时费，其中属于固定费用的有施工机械折旧费、施工机械海洋运保费、施工机械陆地运保费、施工机械进口税（这些费用即使不运转也要计算）；其中属于运转费用的有施工机械安拆费、施工机械修理费、施工机械燃料费、施工机械操作人工费。

国外承包工程施工机械除了承包企业自行购买外，有些还可以租赁使用，如果决定租赁机械，施工机械费（台时单价）就可以根据事先调查的市场租赁价来确定。

2）间接费

间接费主要是组织和管理施工生产而产生的费用，该费用的消耗并不是为直接施工某一分项工程，因此，不能直接计入分部分项工程中，而只能间接地分摊到所施工的建筑产品中。间接费用一般由以下费用组成。

(1)临时设施工程费。

此部分包括全部生产、生活和办公所需的临时设施，施工区内道路、围墙及水、电、通信设施等。如果在工程量清单通用费项目中，有大型临时设施项目，如砂石料加工系统、混凝土拌和系统和附属加工车间等时(一般用项目总包干价投标)，则间接费用中仅包括小型临时设施费用。

(2)保函手续费。

保函手续费是指投标保函、预付款保函、履约保函(或履约担保)、保留金保函等交纳的手续费。银行保函均要按保函金额的一定比例由银行收取手续费。

(3)保险费。

承包工程中一般保险项目有工程保险、施工机械保险、第三者责任险、人身意外保险、材料和永久设备运输保险、施工机械运输保险。后3种险已计入人工、材料和永久设备、施工机械单价中，不要重复计算。而工程保险、施工机械保险、第三者责任险、发包人和监理工程师人身意外保险的费用，一般为合同总价的0.5%~1%。

(4)税金。

税金应按招标文件规定及工程所在国的法律计算。由于各国对承包工程的征税办法及税率差别极大，应预先做好调查。一般常见税金项目有合同税、利润所得税、营业税、增值税、社会福利税、社会安全税、养路及车辆牌照税、关税、商检税等。上述税金中额度最大的是利润所得税或营业税，有的国家分别达到30%或40%以上。

(5)业务费。

①投标费。此费用包括购买资格预审文件和招标文件费用、投标期间差旅费、编制资格预审申请和投标文件费用。

②监理工程师(或工程师)和发包人费。此费用是指承包人为他们提供现场工作和生活条件而产生的费用，主要包括办公和居住用房、室内全部设施和用具以及交通车辆等费用。有的招标文件在工程量清单中对上述费用开发项目有明确的规定，投标人可按此要求填报该项费用；也可按招标文件规定，由投标人配备，并计入间接费用中的业务费。

③代理人佣金。投标人通过代理人协助收集、通报消息，并帮助投标，以及中标后协助承包人了解当地政治、社会和经济状况，解决工作和生活中的困难问题。其费用按实际情况计列，代理费一般约为总合同价的0.5%~3%。小工程费率高些，大工程费率低些。上述情况适用于我国施工企业参加国外的国际招标的投标。我国境内工程建设项目进行国际招标时，外国公司参与投标，一般也雇佣代理人，以便尽快了解我国国情和市场情况。

④法律顾问费。此费用一般为雇佣当地法律顾问而支付的固定的月工资。当受理法律事务时，还需增加一定数量的酬金。

(6)管理费。

①施工管理费。此费用包括现场职工的工资和补贴、办公费、差旅费、医疗费、文体费、业务经营费、劳动保护费、生活用品费、固定资产使用费、工具用具使用费、检验和试验费等。应根据实际需要逐项计算其费用，一般情况下为投标总价的1%~2%。

②总部管理费。此费用是指上级管理总部对所属项目管理企业收取的管理费，一般为

投标总价的2% ~4%。

(7)财务费。

财务费主要是指承包人为实施承包工程向银行贷款而支付的资金利息,并计入成本。首先应编制预计工程进度计划投入的资金和预计工程各项收入,以及各项支出,按季度为单位的资金平衡表(即工程资金流量表)。根据资金平衡表算出施工期间各个时期承包人垫付的资金数量及垫付时间,再计算资金利息。

另外,发包人为解决资金不足的问题,在招标文件中规定由承包人贷款先垫付部分或全部工程款项,并规定了还款的时间、年限以及规定的利息。承包人应对银行贷款利率作出评估,应将此利息差计入投标报价中,即计入成本中。

3)利润

利润是指承包商的预期税前利润,不同的国家对账面利润的多少均有规定。承包商应明确在该工程应收取的利润数额。利润也应分摊到分项工程单价中。

2. 开办费

有些国际承包工程,往往将属于施工管理费和待摊费中的若干项目在报价单中的开办费项下单独列出,也称准备工作费。但是在《建筑工程量计算原则(国际通用)》的"总则"中明确规定,除非另有规定,开办费应分摊到分项工程单价中。开办费的内容因不同国家和不同工程而有所不同。一般包括:施工用水、用电,施工机械费,脚手架费,临时设施费,业主工程师(即监理工程师)办公室及生活设施费,现场材料试验室及设备费,工人现场福利及安全费,职工交通费,日常气象报表费,现场道路及进出场通道修筑及维持费,恶劣气候下的工程保护措施费,现场保卫设施费等。

3. 分包工程估价

分包工程估价由分包工程合同价和总包管理费及利润两部分组成。

(1)分包工程合同价是分包出去的工程项目的分包报价,这一部分的估价工作可由分包商去进行。总包的估价师一般对分包部分不做估算或仅做粗略估算,待收到来自各分包商的报价之后,再对这些报价进行分析比较后选出合格的分包报价。

(2)总包管理费及利润是对分包工程收取的总包管理费、其他服务费和利润。

4. 暂定(项目)金额和指定单价

有的工程项目还规定有暂定金额和指定单价项目。

(1)暂定金额是包括在合同内和承包清单内,以此名义标明用于工程施工,或供应货物与材料,或提供服务,或以应付以外情况的暂定数量的一笔金额,也称特定金额或备用金。这些项目的费用将按业主工程师的指示与决定,或全部使用,或部分使用,或全部不予动用。暂定金额还应包括不可预见费用。不可预见费用是指预期在施工期间材料价格、数量或人工工资率、消耗工时可能增长的影响所引起的全部费用。一般情况下,不可预见费不再计算利润,但对列入暂定金额项目而用于货物或材料者可记取管理费等。

(2)指定单价可并列在工程量清单的任何一个分项工程内,由业主工程师自行决定使用。该指定单价仅包括运到施工现场的特殊项目的材料费用,其他一切费用均包括在清单项目中,包括辅助材料、人工、管理费和利润等。

(六)投标文件的编制和送达

编制投标书是投标过程中最重要的一环,是决定投标胜负的关键。承包商经过投标准备和报价准备之后，即可编制投标文件。对国际工程来说，投标人编制投标文件（投标须知中有明确规定），通常可分为商务法律文件、技术文件、价格文件三大部分的编制。

1. 商务法律文件

这类文件是用以证明投标人履行了合法手续及为业主了解投标人商业资信、合法性的文件。商务法律文件包括：①投标保函（应符合要求的格式）；②投标人的授权书及证明文件；③联营体投标人提供的联营协议；④投标人所代表的公司的资信文件，包括银行出具的财务状况证明、完税证明、资产负债表、未破产证明、公司法人证件等，如投标人为联营体，则联营体各方均应出具这类资信文件；⑤如有分包商，亦应出具其资信文件供业主审查。

2. 技术文件

技术文件包括全部施工组织设计内容，用以评价投标人的技术实力和经验。技术复杂的项目对技术文件的编写内容及格式均有详细的要求，投标人应认真按规定填写。

技术文件的主要内容是：①施工方案和施工方法说明，包括有关的施工布置图等；②施工总进度计划表及说明，有的招标项目还规定有关施工期，有的要求有网络图；③施工组织机构说明及各级负责人的技术履历及外语（合同语言）水平；④承包人营地（生产、生活）计划；⑤施工机械设备清单及设备性能表；⑥主要建筑材料清单、来源及质量证明；⑦如招标文件中有要求，或投标人认为有必要时，承包人建议的变通方案。建议方案是投标人对招标文件原拟的工程方案的修改建议，应使总价有所降低，供业主和咨询工程师在评标时参考。

3. 价格文件

这是投标文件的核心，是投标成败的关键所在。全部价格文件必须完全按招标文件规定的格式编制，不许有任何改动，如有漏填，则应视为其已包含在其他价号的报价中。

价格文件的内容包括：①价格表（即带有填报单位和总价的工程量表）；②计日工的报价表；③主要单价分析表（如果招标书中有此要求）；④外汇比例表及外汇费用构成表；⑤外汇兑换率（通常由业主提供）；⑥资金平衡表或工程款支付估算；⑦施工用主要材料基础价格表；⑧设备报价及产品样本；⑨用于价格调整的物价上涨指数的有关文件。

目前，国际上趋向于（业主要求）将上述3部分文件分装两包，即将商务法律文件和技术文件装入一包，俗称“资格包”；而将价格文件装入一包，俗称“报价包”。业主和咨询工程师在评标时，对投标人的两包文件分别审查，综合评定。如果“资格包”评分不高甚至通不过的投标者，报价再低，也不会授标。因此，投标文件是一个整体，哪方面的内容都不容忽视。

投标文件的每一页，投标人都要签名，而在投标致函上，投标人必须写自己的全名再加公司印章。所有这些均表示对此文件的确认。

除了按上述规定填报投标文件外，投标人还可以另写一份更为详细的致函，对自己的投标报价做必要的说明。写好这份额外增加的投标致函是十分重要的，它一方面是对自己投标报价做某些解释，使审标和评标者更能理解此报价的合理性；另一方面是借此对本公司的优势和特点做宣传，给评标者和业主以深刻印象。可在致函中说明以下问题。

（1）宣布降价的决定。多数投标者有意在书面报价单中将价码提高一些，以防自己在投标过程中的价格被泄露；而在实际递交的投标致函中写明：“考虑到同业主友好和长远合作的诚意，决定按报价单的汇总价格无条件地降低×%，即将总价降到××万元，并愿意以这一降低后的价格签订合同。”

(2)说明由于做了上述降价,与投标同时递交的银行保函有效金额相应降低多少,并写明有效金额数。

(3)可以根据可能和必要情况,对自己选择的施工方案的突出特点做简要说明,主要表明选择这种施工方案可以更好地保证质量和加快工程进度,保证实现预定的工期。

(4)只要招标文件没有特殊的限制,可以提出某些可行的降低价格的建议。要声明这些建议只是供业主参考的,如果本公司中标,而且业主愿意接受这些建议时,可在商签合同时探讨细节。

(5)如果发现招标文件中有某些明显的错误,而又不便在原招标和投标文件上修改,可以在此函中说明,如进行这项修改调整将是有益的,还可说明其对报价的影响。

(6)有重点地说明本公司的优势,特别是说明自己的经验和实力,使业主感到满意。

(7)如果公司有能力和条件向业主提供某些优惠的利益,可以专门列出说明。例如支付条件的优惠、提供出口信贷等,用以吸引业主的兴趣。当然,提出这些优惠应当慎重,自己要确有把握。

(8)如果允许投标人另报替代方案者,除按招标文件报送该替代方案文件外,还可在本致函中做某些重点的论述,着重宣传替代方案的突出优点。

在编制投标文件时,应注意:防止无效标书的发生;不得改变标书格式;对标书所列工程量经核实有误时,不得任意涂改,也不得按自己核实的工程量计算报价,应将核实情况另附说明或在投标文件中另附的专用纸上进行补充和更正;计算数字要正确无误,无论单价、总价、合计、分部合计、大写数字、外文均应仔细核实。将有关报价的全部计算,分析资料汇编归档,妥善保存。

全部投标文件编号后,经校核无误,由负责人签署。按“投标人须知”的规定分装,然后密封,在投标截止期之前派专人或邮递,送到招标业主指定地点,并取得收据。

(七)参加开标、洽谈和签订合同

投标人按招标通知在指定时间前往开标地点。由于开标日不立即作出决定,只是把开标口的全部报价记入正式记录,投标人有权在规定的时间、地点查阅记录,探明对于的报价价格和其他条件。当承包商被选为中标候选单位时(一般为2~3家),就须为争取中标进行紧张的工作,千方百计地击败竞争对手,促使业主接受自己成为中标者。

投标人的标书被接受后,会接到中标通知书,在规定日期、地点,由业主、中标人双方洽谈。协商谈判各种商业、技术、法律等合同条款,并提交履约保证金,签订合同。

(八)国际工程投标策略

国际工程承包市场是一个竞争日趋激烈的市场,一方面许多有经验的、发达国家的大中型公司,他们既有自己传统的市场,又有开拓和占领新市场的能力;另一方面有大批发展中国家的公司进入这个市场。另外,许多国家的地方保护加强。在这种激烈竞争的形势下,除了组织一个强有力的投标班子,加强市场调研,做好各项准备工作之外,对于如何进行投标,投标中应注意哪些事项,投标的技巧和辅助中标手段等问题,都应该进行认真的分析和研究,制定出投标策略,争取在竞争中取胜。

1. 投标策略制定的前提

投标策略是投标的艺术,要制定投标策略,首先要做好以下工作。

(1)理智地分析是否参加计划中的工程项目投标。仔细研究承包合同条件,勘察现场,分析研究项目内容,预见工程建设时期可能发生的工程项目调整、工作条件变化、价格变动等情况及其他意外事件。

(2)对竞争投标的其他对手情况要了解清楚,对其一贯做法要掌握,最好能探知对手的报价范围,这要从各承包商对该工程的积极性大小和具体情况分析。通过分析其材料、设备等方面是否具备报价的条件,在以往类似工程上其最低价格为多少等,权衡其在该工程上可能提出的最低报价范围。

(3)还要对业主的低标范围有所了解,主要是通过经济分析,从招标人(业主或其代理人)的角度来分析而不是以自己的投标角度来衡量。

通过准确及时的信息资料及其经验的积累,就可以对其进行正确分析,为制定投标决策做好准备。

2. 投标策略

在投标过程中为了达到中标的目的,有时可能在原报价上打一个折扣,有时也可增加一定的条款,总的要求是不一定报最低标,而以争取前三名最为有利。因为在报价相似的情况下,往往是施工方案、质量、工期、技术经济实力、管理经验和企业信誉等因素综合起作用,并且一个决策人的机智魄力也对中标有重要意义。另外,在具体进行报价时,不能单纯采用"低利政策",否则利润率和管理费率都定得很低,即使中标也可能给承包商带来损失。因此,制定适当的报价策略对中标有决定性意义。

1)不平衡报价法

不平衡报价法是国际上常用的一种报价方法,即在总标价固定不变的前提下,提高某些施工项目的价格(如前期施工项目),降低某些施工项目的价格(如后期施工项目)的报价方法。一般来说,是采用提高早期施工项目价格,降低后期施工项目价格的办法。这样可在承包施工的前期收回比正常价格下更多的工程款,有利于施工流动资金周转,减少贷款利息支出,获得更多的存款利息。

2)多方案报价法

当工程说明书或合同条款不够明确,以及合同条款中有业主过于苛求使承包商难以接受的条件时,可采用多方案报价法,以争取修改工程说明书和合同,具体做法是:在标书上报两个单价,一是按原工程说明书和合同条款报价;二是加以注释,说明如工程说明书或合同条款可做某些改变时,则可降低多少费用,以求报价最低,吸引业主修改说明书和合同条款。另外,一般招标书中规定不得变更规定的条件,承包商可提出建议,提出可降低价格的措施,将难以接受的条款加以改变,又使业主不认为是改变规定条款(因这种建议属于标书附件),而接受他的标书。通常业主若接受了某承包商的建议,也就会使该投标商成为中标人。

(九)国际工程投标实例

下面通过对某国际工程投标实例情况的分析,进一步说明国际工程投标中容易出现的问题。

某工程为某国政府建设两所学院,资金由世界银行提供,属技术援助项目,招标范围仅为土建工程的施工。

1. 投标过程

我国某工程承包公司获得该国建设两所学院的招标信息,考虑到准备在该国发展业务,决定参加该项目的投标。由于我国与该国没有外交关系，经过几番周折，投标小组达到该国时离投标截止日20天。买了标书后，没有时间进行全面的招标文件分析和详细的环境调查，仅粗略地折算各种费用，仓促投标报价。待开标后发现报价低于正常价格的30%。开标后业主代表、监理工程师进行了投标文件的分析，对授标产生分歧。监理工程师坚持我国该公司的投标为废标，因为报价太低肯定亏损，如果授标则肯定完不成。但业主代表坚持将该标授予我国公司，并坚信中国公司信誉好，工程项目一定很顺利，最终我国公司中标。

2. 合同中的问题

中标后承包商分析了招标文件，调查了市场价格，发现报价太低，合同风险太大，如果承接，至少亏损100万美元以上。合同中有如下问题：①没有固定汇率条款，合同以当地货币计价，而经调查发现，汇率一直变动不定；②合同中没有预付款的条款，按照合同所确定的付款方式，承包商要投入很多自然资金，这样不仅造成资金困难，而且财务成本增加；③合同条款规定不免税，工程的税收约为合同价格的13%，而按照世界银行与该国政府的协议本工程应该免税。

3. 承包商的努力

在收到中标函后，承包商与业主代表进行了多次接触。一方面感谢他的支持和信任，决心搞好工程，另一方面又讲述了所遇到的困难——由于报价太低，亏损是难免的，希望他在几个方面给予支持：①按照国际惯例将汇率以投标截止期前28天的中央银行的外汇汇率固定下来，以减少承包商的汇率风险；②合同中虽没有预付款，但作为非洲银行的经济援助项目通常有预付款，没有预付款承包商无力进行工程；③通过调查了解获悉，在非洲银行与该国政府的经济援助协议上本项目是免税的，而本项目必须执行这个协议，所以应该免税，合同规定由承包商缴纳税赋是不对的，应予修改。

4. 最终状况

由于业主代表坚持将标授予中国的公司，如果这个项目失败，他脸上无光甚至要承担责任，所以对承包商提出的上述3个要求，他尽了最大努力与政府交涉，并帮承包商讲话，最终承包商的3点要求都得到满足，这一下扭转了本工程的不利局面。最后在本工程中承包商顺利地完成了合同。业主满意，在经济上不仅不亏损而且略有盈余。本工程中业主代表的立场以及所作出的努力起了十分关键的作用。

5. 几个注意点

(1)承包商新到一个地方承接工程必须十分谨慎，特别在国际工程中，必须详细地进行环境调查，进行招标文件的分析。本工程虽然结果尚好，但实属侥幸。

(2)合同中没有固定汇率的条款，在进行标后谈判时可以引用国际惯例要求业主修改合同条件。

(3)本工程中承包商与业主代表的关系是关键。能够获得业主代表、监理工程师的同情和支持，这对合同的签订和工程施工是十分重要的。

二、课堂实训

实训　案例讨论

新加坡某局为一座集装箱仓库的屋盖进行工程招标，该工程为60 000 m^2的仓库，上面为6组拼联的屋盖，每组约为10 000 m^2，原招标方案用大跨度的普通钢屋架、檩条和彩色涂层压型钢板的传统式屋盖。招标文件规定除按原方案报价外，允许投资者提出新的建议方案和报价，但不能改变仓库的外形和下部结构。一家中国公司参加了投标，除严格按照新的建议方案报价外，提出的新建议是，将普通钢屋架——檩条结构改成钢管构件的螺栓球接点空间网架结构。这个新建议方案不但节省了大量钢材，而且可以在中国加工制作构件和接点后，用集装箱运到新加坡现场进行拼装，从而大大降低了工程造价，施工周期可以缩短两个月。开标后，按原方案的报价，中国公司名列第5名；其可选择的建议方案报价最低、工期最短且技术先进。招标人派专家到中国考察，看到大量的大跨度的飞机场和体育场馆均采用球接点空间网架结构，技术先进、可靠、而且美观，因而宣布将这个仓库的大型屋架工程以2 000万美元的承包价格授予这家中国公司。

问题：分析该案例的工程项目是否属于一个项目投了两个标？

案例分析：

本案例确实属于一个项目投了两个标。在一般的招标中，一个投标人只能投一份投标文件，即"一标一投"，这是招标投标活动的惯例。但是在一些招标中，招标文件规定投标人"除按报价外，允许投标者提出新的建议方案和报价"，即投标人在一个项目中，可以提供两份投标文件。但必须注意的是，两份投标文件中，一份是对招标文件所提供方案的投标，另一份是对投标人自己所提方案的投标，而不能对招标文件所提供的方案投两个标。

《FIDIC招标程序》明确提出："一般提交一份符合要求的投标书是替代方案的先决条件"，最终接受的替代设计方案投标书可以不是投标人提交的标价最低且符合要求的投标书。如果接受替代设计方案对雇主有利，则应允许雇主这么做。然而，只有投标人提交了符合要求的投标书的条件下，才应考虑替代方案。否则就会出现所有投标人只提交替代设计方案的投标的危险，所以此类投标书可能都是雇主不可接受的。

本案例中，中国公司很好地利用了招标人允许提供建议方案的机会，使自己的投标不但具有价格上的优势，而且具有技术上的竞争优势，因而赢得了合同。

有时招标人对原设计方案并不是很满意时，会在招标文件中规定，投标人可以提一个建议方案，即可以修改原设计方案，提出投标人的方案。但是，为了减少或避免争议，他们在招标的文件中一般作出某些限制性规定，例如，规定承包人必须首先对原设计方案完全按招标文件报价，新建议只是一种可供选择的方案，并且建议方案要包括设计计算书、技术规范、建议方案价格、实施技术方案，甚至应当包括合同条件及环境影响情况等内容；还可以规定，新建议必须保留或遵守原招标方案的某些要点，例如不能改变建筑物的功能和外形、不能改变工程规模生产能力等。招标文件也会对接受建议方案的条件和评价方法作出明确的说明。因此，投标人进行此类项目的投标必须先按投标文件规定的方案报一个价格，另外再报备选方案及其价格。同时，投标人也应注意建议方案不要写得太具体，要保留方案的关键技术，防止业主将方案交给其他承包人。同时要强调的是，建议方案一定要比较成熟，有很好的操作性。假设本案例的中国公司仅提供建议方案的投标，而未对原设计方案报价，尽管其按新建议方案的投标报价最低，一般也会被认定为未对招标文件进行实质性响应而成为"废标"。

项目四 国内与国际工程招投标的区别和联系

教学目标

- 理解国内与国际工程招投标适用范围的区别和联系。
- 理解国内与国际工程招投标标底的区别和联系。
- 理解国内与国际工程招投标中标原则的区别和联系。
- 理解国内与国际工程招投标评标组织的区别和联系。
- 理解国内与国际工程招投标评标程序的区别和联系。

能力标准及要求

- 培养学生正确处理国内与国际工程招投标关系的能力。

一、基础知识

招投标作为商品经济的必然产物,作为建筑承包市场商品交易行为的重要手段,国内国际工程招投标必然存在较为密切的联系。然而,招标投标是一种不仅涉及一定的科学技术、经济制度,还涉及一定的政治法律制度、社会风俗习惯的复杂商务活动。由于各国政治经济制度的差异,经济发展时期的变化,经济体制、政策法规、风俗习惯的不同,国内国际工程招投标也就必然存在着差异。

(一)国内与国际工程招投标适用范围的区别和联系

招投标制度在适用范围上的区别,主要体现在招标投标制度与政府采购的关系不同。具体表现在以下几方面。

1. 国内招标投标制度的适用范围

国内的招标投标立法与政府采购是相互独立的,现已先后发布了《中华人民共和国招标投标法》和《中华人民共和国政府采购法》。

在中华人民共和国境内进行招标投标活动,都应适用《中华人民共和国招标投标法》的规定。国内的招标投标法与政府采购法既相互区别,也相互联系,这种联系与区别主要包括以下几方面。

1)两法具有不同的调整范围

《招标投标法》要调整所有的招标采购活动,包括强制招标与自愿招标;《政府采购法》则要规范所有的政府采购活动,包括直接采购、招标以及参与拍卖等方式所进行的政府采购。

2)两法在强制招标问题上有一定的交叉

《政府采购法》规定政府采购达到一定资金数额时必须进行招标,《招标投标法》规定强制招标的范围应包括政府采购中的强制招标,在这一点上两法有一定的交叉。《招标投标法》规定的强制招标不仅要适用于政府采购,而且要适用于其他采购中的强制招标,这部分内容不能取消;而《政府采购法》规定的强制招标,指政府采购活动达到固定的限额后必须采用招标方式来进行,这部分内容同样不能取消。

3)两法具有一定的互补性

《政府采购法》规范政府采购所需的资金来源渠道和程序,以及资金使用的正常监督,同时要求达到规定限额的政府采购要依据《招标投标法》进行招标；而《招标投标法》规范通过招标所进行的政府采购，使这部分采购活动更加公开、公正与公平。

2. 国际招标投标制度的适用范围

国际上，世界银行和亚洲开发银行基本相同，没有独立的招标投标制度，只有政府采购方面的强制性规定，要求政府采购一般情况下必须采用招标投标。从一般意义上说，政府采购法就是招标投标法，国际强制性招标投标只适用于政府采购。国际的采购政策，是以公开、公平、清楚明确和一视同仁的招标制度采购货品和服务，目的是确保投标者受到平等的对待，并使政府能取得价廉物美的货品和服务。

凡是《关税及贸易总协定》缔结的《政府采购协定》的缔约成员，均应依循《世界贸易组织政府采购协定》(下称《世贸采购协定》)。政府采购制度所依据原则与世贸采购协定相符，为本地及外地供应商及服务承办商提供公开、公平的竞争环境。所有政府部门在采购货品及服务和招商承造各类工程时均须依循《物料供应及采购规例》规定的招标程序，但若干例外情况(如专营权和特许权)则另受其他程序归管。

(二)标底的区别和联系

长期以来，国内在建筑工程的招标投标中都是设置标底的。标底是招标工程的预期价格，是招标者对招标工程所需费用的自我测算和控制，并被作为判断投标报价合理性的依据。由于标底的编制依据是政府发布的定额标准，定额不但有单位工程的标准消耗量，也含有材料、机械和人工的单价，实际是一种量价合一的单价。因此，从理论上说，任何单位或个人编制的标底都应是一样的。标底编制完成后，将作为判断投标人报价是否合理的重要依据。2003 年 5 月 1 日起实施的《工程建设项目施工招标投标办法》规定招标项目可以不设标底，进行无标底招标。

国际建筑工程招标并无实际意义上的标底。当然，招标人一般在招标前会对拟建项目的造价进行估算，这是其决定是否进行建设和筹措资金的基础。这种事先估算的价格与国内的标底类似，一般是由工料测量师完成的。工料测量师的造价估算一般不会对投标报价产生约束力，不会因为投标报价高于或低于这一估算值一定幅度就导致废标的结果。当然，由于这一估算值会成为业主筹措资金的依据，有时会出现“底价”的概念。“底价”一般都高于工料测算师的造价估算，它与拍卖中的“底价”不同，更不同于国内的标底，它一般是投标报价的高限，并不排斥低报价的情况。

(三)中标原则的区别和联系

《中华人民共和国招标投标法》规定，“中标人的投标应当符合下列条件之一：①能够最大限度地满足招标文件中规定的各项综合评价标准；②能够满足招标文件的实质性要求，并且经评审的投标价格最低，但是投标价格低于成本的除外。”这样的规定体现了国内建设项目的中标原则有两种：综合评价最优原则和最低评价中标原则。当然，在具体项目中只能采取其中的一种。采用第一种原则是建设项目评标中的主流做法。与这一原则相对应的评标方法是百分法和综合评议法。这一中标原则中，价格不是需要竞争的主要内容，并且在实际操作中，由于对报价有严格的限制，在标底一定幅度范围内的报价才被认为是合理的，因此投标人实际无法在价格上展开竞争。

随着我国市场经济的发展，建筑产品的市场变化所需的环境条件也在逐渐成熟。为适应不断发展成熟的建筑市场需求，建设部修订了最新版的《建筑施工发包与承包计价管理办法》和《建筑工程工程量清单计价规范》(GB50500－2013)分别于2014年2月1日和2013年7月1日起实施,最新版实施办法的施行推动着建筑产品价格市场化的改革步伐。规定投标报价应根据招标文件中的工程量清单和有关要求、施工现场实际情况及拟定的施工方案或施工组织设计,依据企业定额和市场价格信息,并参照省、自治区、直辖市建设行政主管部门发布的社会平均消耗量定额进行编制。而且,国内各地也逐步采取以最低报价中标原则为主的评标体系。当然,综合评价最优中标原则应当予以保留,因为在建设项目的招标中,包括勘察、设计、监理等招标是无法采用最低报价中标的原则的。因为在这些招标中,投标主要不是在价格上展开竞争,因此只能采用综合评价最优中标原则。但这一原则不应成为建设项目主流的评标方法。

在国际上,建设项目招标实行的是最低报价中标原则,即应当由报价最低的投标人中标。但是,最低报价中标是一个原则,它并不排除在个别情况下淘汰最低价投标。因为建设项目的招标主要是施工的招标,而施工招标的质量、进度等要求已体现在招标文件中了,这一中标原则体现了投标人在投标时应当产生中标报价与其他报价有巨大差距的结果,也有可能产生投标报价与招标人的估价有较大差距的结果。当然,实行这样的中标原则应当具备相应的环境条件,主要是要有严格的合同管理制度和担保、保险制度。

(四)评标组织的区别和联系

《中华人民共和国招标投标法》对评标的组织作出了明确的规定,评标由招标人依法组建的评标委员会负责。在国际上,政府对非政府投资项目的招标是不进行干预的,当然对非政府投资项目的评标组织的组成也是不进行干预的。对于非政府投资项目,只有当招标人在评标组织的组成上违反招标文件的规定,才可能受到司法部门的干预。

(五)评标程序的区别和联系

国内评标实践中采用的评标程序一般包括投标文件的符合性鉴定、技术评估、商务评估、投标文件澄清、综合评价与比较、编制评标报告等几个步骤。

评标委员会完成评标后,应当向招标人提出书面评标报告,推荐合格的中标候选人。招标人也可以授权评标委员会直接确定中标人。评标报告应报有关行政监督部门审查。

国际建设项目的评标重点是集中在最低报价的3份标书上。但如有必要,如第三标与第四标非常接近,第四标也在审核之列。除了审核标书在计算上有没有错误,主要的分析工作一般集中于小项的单价是否合理。特别是审核那些有可能增加或减少数量的小项及投标的策略是否正常,如有否将大部分费用集中在早期施工的项目。除上述价格、数量与投标策略的审核外,还要注意前三标承包商的以往工程表现、财务与信用状况、以往工程现场的安全表现、以往违法记录等。

二、课堂实训

理解国内与国际工程招投标的区别和联系的模拟训练。

1. 目的

熟悉国内与国际工程招投标的区别和联系。

2. 环境要求

提供一份国内工程的招投标文件(复印件5份)和一份国际工程的招投标文件(复印件5份)为模拟对象。

3. 能力(分项能力)标准及要求

要求学生能够分析出国内与国际工程招投标的区别和联系。

4. 步骤提示

(1)将学生分为5个小组,由指导教师分发给每个小组一份国内工程招投标文件和一份国际工程招投标文件。

(2)第一个模拟训练,5个小组各自分析给定的国内工程和国际工程招投标适用范围上的区别和联系。

(3)各小组将分析结果形成文字资料,并轮流发表。

(4)指导教师进行第一次汇总并加以评价。

(5)第一个训练完成后,再进行分析标底的区别和联系,步骤同上。

(6)最后指导教师讲评每个小组的分析结果。

5. 注意事项

(1)选取的工程招投标文件尽量详细。

(2)指导教师最后应总结每组投标人的模拟训练表现,分析过程中存在的问题并提出改进的建议。

6. 讨论与训练题

(1)国内工程在进行设计招标时能否只采用最低标价原则?

(2)国际工程招标投标的中标原则是什么?

单元小结

国际工程是指一个工程项目从咨询、投资、招投标、承包(包括分包)、设备采购、培训到监理各个阶段的参与者来自不止一个国家,并且按照国际工程项目管理模式进行管理的工程。

国际工程招投标是指发包方通过国内和国际的新闻媒体发布招标信息,所有有兴趣的投标人均可参与投标竞争,通过评标比较优选确定中标人的活动。

国际工程招投标主要有择优性、平等性、限制性三大特点。

国际工程招标方式有4种类型:国际竞争性招标、国际有限招标、两阶段招标和议标。

国际工程招标的程序主要是:确定招标方式及招标日程表,发布招标公告或招标邀请书,对投标人进行资格预审,选定投标人、通知被选定的投标人,编制招标文件、颁发招标文件,组织投标人现场考察、答疑,接受投标书,开标,评标,授予合同。

国际工程招标的程序主要是:国际工程项目的投标决策,参加资格预审,购买招标文件,参加现场考察及答疑,编制投标书,参加开标会议,中标签订合同。

投标报价的组成一般由单项工程造价、开办费、分包工程造价、暂定金额和不可预见费等项组成。

对国际工程来说,投标人编制投标文件,通常可分为商务法律文件、技术文件、价格文件三大部分的编制。

国际工程常用的投标策略有不平衡报价法和多方案报价法。

国内与国际工程招投标的区别和联系主要表现在5个方面:适用范围的区别和联系;标

底的区别和联系;中标原则的区别和联系;评标组织的区别和联系;评标程序的区别和联系。

复习思考题

(1)国际工程招标投标的特点是什么?

(2)国际工程的招标方式主要有哪些?

(3)国际工程招标时,资格预审文件的主要内容有哪些?

(4)国际工程招标文件的主要内容有哪些?

(5)简述国际工程投标的一般程序。

(6)投标人雇佣代理人的作用是什么?

(7)进行投标决策时,应考虑的因素有哪些?

(8)国际工程投标报价一般由哪些内容组成?其中人工费如何计算?

(9)投标人雇佣代理人的作用是什么?

(10)简述国内与国际工程招标投标的区别和联系。

单元十一　建筑工程招投标阶段的合同管理

内容提要

建筑工程的合同管理不只体现在施工阶段,招投标阶段的合同管理也是非常重要的。本单元主要讲解招投标阶段合同管理的含义,管理的内容及管理工作;合同策划的分类,业主与承包商合同管理策划的内容;合同谈判的含义、谈判内容、谈判方法技巧以及合同签订的注意事项。

教学目标

使学生了解招投标阶段合同管理的重要性,合同管理的工作及内容;了解合同策划的内容,掌握策划的方法;了解合同谈判的内容,合同谈判的准备工作,掌握合同谈判的技巧。了解合同签订的注意事项。

项目一　建筑工程合同管理概述

教学目标

- 理解招投标阶段合同管理的重要性。
- 理解招投标阶段合同管理的含义。
- 掌握招投标阶段合同管理的依据。
- 了解招投标阶段合同管理的工作。

能力标准及要求

- 能够根据招投标阶段合同管理的要求,收集相应的资料。
- 能够分辨资料的重要性。

一、基础知识

合同管理是一项很重要的工作,它直接影响工程的质量、工期、投资以及安全等各方面。有效的合同管理能够确保工程按照预定的程序进行,达到预期目标。对于承包商来说,有效的合同管理,能够最大限度地降低承包商的损失,提高经济效益,免除相关责任。但说到合同管理,往往只是联想到施工阶段的合同管理,而忽略了招投标阶段的合同管理。实际上,施工阶段的合同管理是合同实施的管理,招投标阶段是合同签订前的管理,直接关系到合同的可操作性,对工程造价的控制、后期施工阶段的合同管理起着重要的影响。

(一)招投标阶段合同管理的含义

招投标阶段合同管理是指综合研究分析招标公告、资格预审文件、招标文件及其他相关信息和资料,为投标方向、投标策略、合同策划、合同谈判及合同签订等方面决策的制定提供依据。

招投标阶段合同管理包括了从招标公告开始,至合同签订结束整个过程,随着招投标的结束而结束,并继续影响着后续的工作。

(二)招投标阶段合同管理的依据

招投标阶段合同管理对于承包商有非常重要的意义,重大的决策也需要相关的资料信息为依据。主要包括以下几个方面。

1. 招标公告(投标邀请书)

1)招标公告

招标公告是公开招标时在公共媒体上发布的信息,包括招标条件、项目概况与招标范围、投标人资格要求、招标文件的获取、投标文件的递交、发布公告的媒介、联系方式等方面的内容。

2)投标邀请书

投标邀请书是邀请招标时招标方发布的信息,包括招标条件、项目概况与招标范围、投标人资格要求、招标文件的获取、投标文件的递交、确认、联系方式等方面的内容。

2. 资格预审文件

资格预审是招标方筛选合格投标人的重要的一步,要求投标方按规定提交相关信息资料,包括资格预审公告、申请人须知、资格审查办法、资格预审申请文件格式、项目建设概况等方面的内容。

3. 招标文件

招标文件是招标方根据工程情况编制的详细的文件,《中华人民共和国标准施工招标文件》包括了四卷八章,主要有招标公告(投标邀请书),投标人须知、评标办法、合同条款及格式、工程量清单、图纸、技术标准和要求、投标文件格式等方面的内容。它是招标投标阶段合同管理最重要的资料。

4. 其他相关信息和资料

工程决策需要很多相关的信息和资料,除了前面提到的可以直接收集到的资料,还应当多方面了解、收集与该工程有关的其他信息和资料,比如业主的相关信息与资料、潜在投标人的相关信息与资料、类似竣工工程的相关信息与资料等。

(三)招投标阶段合同管理工作

1. 投标形势

随着施工单位越来越多,在一个招标工程中往往会有很多的承包商来参与竞争,这样就形成了一个买方市场。业主控制着主动权,所以很多工程业主在合同条款中添加了很多不平等条约,这对承包商是很不利的。

在进行工程量清单招标以后,实行的是低报价中标,在一个工程中竞争的承包商很多,为了能拿到工程,有些承包商不惜放弃利润、管理费甚至于赔本报价。这是后期施工管理陷入困境的致命点。

也有的工程业主要求承包商在签工程承包合同时交现金押金。施工时预付款支付又不及时,工程款迟迟不到位,造成工程款一拖再拖。

这些都是承包商在承包工程中面临的严峻形式,这就要求承包商必须要做好招投标阶段的合同管理工作,尽可能地消除隐患,减少损失。

2. 合同管理的工作

从投标的形势可以看出,在承包工程中,承包商有很多的风险,要充分地预测和认识这些风险，需要做好以下几个方面的工作。

1）组建一支合同管理队伍

选择在技术、经济、法律等方面有经验的人员组建一个队伍，制订详细的工作流程和管理制度，专门负责招投标阶段的合同管理。

2）投标方向的选择

根据掌握的信息资料，由合同管理队伍研究讨论中标的可能性以及投标策略等，以便在确定是否投标方面作出决策。

3）招标文件的分析审查

由合同管理队伍从技术、经济以及法律等方面对招标文件进行分析审查，分析投标的技术优势、经济可行性以及投标文件合同条款的合法性，为投标及后期的合同谈判、合同签订打下基础。

4）合同谈判工作

由合同管理队伍分析研究当前的政策、合同条款等方面，在与业主进行的合同谈判中磋商，力争改进。

二、知识拓展

《建设工程施工合同（示范文本）》简介

《建设工程施工合同（示范文本）》（GF－2013－0201）是为了指导建设工程施工合同当事人的签约行为，维护合同当事人的合法权益而形成的合同示范文本，里面内容全面，对于承发包双方的责权利及相关方面都有比较详细的界定。

示范文本共包括3部分：第一部分为合同协议书，第二部分是通用合同条款，第三部分为专用合同条款。

1. 合同协议书

合同协议书是与拟建工程紧密相关的一些基本的重要的信息，双方的签字盖章也在此，见表11-1。

表11-1 协议书

第一部分 合同协议书
发包人（全称）：＿＿＿＿＿＿＿＿＿＿＿＿＿＿ 承包人（全称）：＿＿＿＿＿＿＿＿＿＿＿＿＿＿ 根据《中华人民共和国合同法》、《中华人民共和国建筑法》及有关法律规定，遵循平等、自愿、公平和诚实信用的原则，双方就＿＿＿＿＿＿＿＿＿＿工程施工及有关事项协商一致，共同达成如下协议： 一、工程概况 1. 工程名称：＿＿＿＿＿＿＿＿＿＿＿＿。 2. 工程地点：＿＿＿＿＿＿＿＿＿＿＿＿。 3. 工程立项批准文号：＿＿＿＿＿＿＿＿＿＿。 4. 资金来源：＿＿＿＿＿＿＿＿＿＿＿＿。 5. 工程内容：＿＿＿＿＿＿＿＿＿＿＿＿。 群体工程应附《承包人承揽工程项目一览表》（附件1）。 6. 工程承包范围： ＿＿＿＿＿＿＿＿＿＿＿＿＿＿＿＿＿＿＿＿＿＿＿＿＿＿＿＿＿＿。

续表

二、合同工期

计划开工日期：________年____月____日。

计划竣工日期：________年____月____日。

工期总日历天数：____天。工期总日历天数与根据前述计划开竣工日期计算的工期天数不一致的，以工期总日历天数为准。

三、质量标准

工程质量符合________________________________标准。

四、签约合同价与合同价格形式

1. 签约合同价为：

人民币(大写)(￥元)；

其中：

(1)安全文明施工费：

人民币(大写)(￥元)；

(2)材料和工程设备暂估价金额：

人民币(大写)(￥元)；

(3)专业工程暂估价金额：

人民币(大写)(￥元)；

(4)暂列金额：

人民币(大写)(￥元)。

2. 合同价格形式：____________________。

五、项目经理

承包人项目经理：____________________。

六、合同文件构成

本协议书与下列文件一起构成合同文件：

(1)中标通知书(如果有)；

(2)投标函及其附录(如果有)；

(3)专用合同条款及其附件；

(4)通用合同条款；

(5)技术标准和要求；

(6)图纸；

(7)已标价工程量清单或预算书；

(8)其他合同文件。

在合同订立及履行过程中形成的与合同有关的文件均构成合同文件组成部分。

上述各项合同文件包括合同当事人就该项合同文件所作出的补充和修改，属于同一类内容的文件，应以最新签署的为准。专用合同条款及其附件须经合同当事人签字或盖章。

七、承诺

1. 发包人承诺按照法律规定履行项目审批手续、筹集工程建设资金并按照合同约定的期限和方式支付合同价款。

2. 承包人承诺按照法律规定及合同约定组织完成工程施工，确保工程质量和安全，不进行转包及违法分包，并在缺陷责任期及保修期内承担相应的工程维修责任。

3. 发包人和承包人通过招投标形式签订合同的，双方理解并承诺不再就同一工程另行签订与合同实质性内容相背离的协议。

八、词语含义

本协议书中词语含义与第二部分通用合同条款中赋予的含义相同。

九、签订时间

本合同于年月日签订。

十、签订地点

本合同在签订。

十一、补充协议

合同未尽事宜，合同当事人另行签订补充协议，补充协议是合同的组成部分。

十二、合同生效

本合同自生效。

十三、合同份数

本合同一式份，均具有同等法律效力，发包人执份，承包人执份。

发包人：（公章）	承包人：（公章）
法定代表人或其委托代理人：	法定代表人或其委托代理人：
（签字）	（签字）
组织机构代码：__________	组织机构代码：__________
地　　址：__________	地　　址：__________
邮政编码：__________	邮政编码：__________
法定代表人：__________	法定代表人：__________
委托代理人：__________	委托代理人：__________
电　　话：__________	电　　话：__________
传　　真：__________	传　　真：__________
电子信箱：__________	电子信箱：__________
开户银行：__________	开户银行：__________
账　　号：__________	账　　号：__________

2. 通用合同条款

第二部分为通用合同条款，内容较多，包括以下 20 项内容。

具体条款分别为：一般约定；发包人；承包人；监理人；工程质量；安全文明施工与环境保护，工期和进度，材料与设备，试验与检验，变更，价格调整，合同价格，计量与支付，验收和工程试车；竣工结算；缺陷责任与保修；违约；不可抗力；保险；索赔和争议解决。

3. 专用合同条款

专用合同条款是双方根据有关法律、行政法规规定，结合工程实际经协商一致后，对通用条款内容的具体化、补充或修改。专用条款见表 11-2。

表 11-2　专用条款

第三部分专用合同条款

1. 一般约定

1.1 词语定义

1.1.1 合同

1.1.1.10 其他合同文件包括：____________________。

1.1.2 合同当事人及其他相关方

续表

1.1.2.4 监理人:
名　　称:______;
资质类别和等级:______;
联系电话:______;
电子信箱:______;
通信地址:______。
1.1.2.5 设计人:
名　　称:______;
资质类别和等级:______;
联系电话:______;
电子信箱:______;
通信地址:______。
1.1.3 工程和设备
1.1.3.7 作为施工现场组成部分的其他场所包括:______。
1.1.3.9 永久占地包括:______。
1.1.3.10 临时占地包括:______。
1.3 法律
适用于合同的其他规范性文件:______。
1.4 标准和规范
1.4.1 适用于工程的标准规范包括:______。
1.4.2 发包人提供国外标准、规范的名称:______;
发包人提供国外标准、规范的份数:______;
发包人提供国外标准、规范的名称:______。
1.4.3 发包人对工程的技术标准和功能要求的特殊要求:
______。
1.5 合同文件的优先顺序
合同文件组成及优先顺序为:______。
1.6 图纸和承包人文件
1.6.1 图纸的提供
发包人向承包人提供图纸的期限:______;
发包人向承包人提供图纸的数量:______;
发包人向承包人提供图纸的内容:______。
1.6.4 承包人文件
需要由承包人提供的文件,包括:______;
承包人提供的文件的期限为:______;
承包人提供的文件的数量为:______;
承包人提供的文件的形式为:______;
发包人审批承包人文件的期限:______。
1.6.5 现场图纸准备
关于现场图纸准备的约定:______。
1.7 联络
1.7.1 发包人和承包人应当在___天内将与合同有关的通知、批准、证明、证书、指示、指令、要求、请求、同意、意见、确定和决定等书面函件送达对方当事人。

续表

1.7.2 发包人接收文件的地点：______________________________；
发包人指定的接收人为：______________________________。
承包人接收文件的地点：______________________________；
承包人指定的接收人为：______________________________。
监理人接收文件的地点：______________________________；
监理人指定的接收人为：______________________________。
1.10 交通运输
1.10.1 出入现场的权利
关于出入现场的权利的约定：____。
1.10.3 场内交通
关于场外交通和场内交通的边界的约定：____。
关于发包人向承包人免费提供满足工程施工需要的场内道路和交通设施的约定：____________________。
1.10.4 超大件和超重件的运输
运输超大件或超重件所需的道路和桥梁临时加固改造费用和其他有关费用由____________承担。
1.11 知识产权
1.11.1 关于发包人提供给承包人的图纸、发包人为实施工程自行编制或委托编制的技术规范以及反映发包人关于合同要求或其他类似性质的文件的著作权的归属：__________________________________。
关于发包人提供的上述文件的使用限制的要求：____。
1.11.2 关于承包人为实施工程所编制文件的著作权的归属：______________________。
关于承包人提供的上述文件的使用限制的要求：______________________。
1.11.4 承包人在施工过程中所采用的专利、专有技术、技术秘密的使用费的承担方式：________________。
1.13 工程量清单错误的修正
出现工程量清单错误时，是否调整合同价格：______________________。
允许调整合同价格的工程量偏差范围：____。
2. 发包人
2.2 发包人代表
发包人代表：
姓　　名：__________________；
身份证号：__________________；
职　　务：__________________；
联系电话：__________________；
电子信箱：__________________；
通信地址：__________________。
发包人对发包人代表的授权范围如下：____。
2.4 施工现场、施工条件和基础资料的提供
2.4.1 提供施工现场
关于发包人移交施工现场的期限要求：____。
2.4.2 提供施工条件
关于发包人应负责提供施工所需要的条件，包括：____。
2.5 资金来源证明及支付担保
发包人提供资金来源证明的期限要求：__________。
发包人是否提供支付担保：__________________。
发包人提供支付担保的形式：__________________。

续表

3. 承包人

3.1 承包人的一般义务

(9)承包人提交的竣工资料的内容：________________。

承包人需要提交的竣工资料套数：________________。

承包人提交的竣工资料的费用承担：________________。

承包人提交的竣工资料移交时间：________________。

承包人提交的竣工资料形式要求：________________。

(10)承包人应履行的其他义务：________________。

3.2 项目经理

3.2.1 项目经理：

姓　　名：________________；

身份证号：________________；

建造师执业资格等级：________________；

建造师注册证书号：________________；

建造师执业印章号：________________；

安全生产考核合格证书号：________________；

联系电话：________________；

电子信箱：________________；

通信地址：________________；

承包人对项目经理的授权范围如下：________________。

关于项目经理每月在施工现场的时间要求：________________。

承包人未提交劳动合同，以及没有为项目经理缴纳社会保险证明的违约责任：________________

________________。

项目经理未经批准，擅自离开施工现场的违约责任：________________。

3.2.3 承包人擅自更换项目经理的违约责任：________________。

3.2.4 承包人无正当理由拒绝更换项目经理的违约责任：________________

________________。

3.3 承包人人员

3.3.1 承包人提交项目管理机构及施工现场管理人员安排报告的期限：________________。

3.3.3 承包人无正当理由拒绝撤换主要施工管理人员的违约责任：________________。

3.3.4 承包人主要施工管理人员离开施工现场的批准要求：________________。

3.3.5 承包人擅自更换主要施工管理人员的违约责任：________________。

承包人主要施工管理人员擅自离开施工现场的违约责任：________________。

3.5 分包

3.5.1 分包的一般约定

禁止分包的工程包括：________________。

主体结构、关键性工作的范围：________________。

3.5.2 分包的确定

允许分包的专业工程包括：________________。

其他关于分包的约定：________________。

3.5.4 分包合同价款

关于分包合同价款支付的约定：________________。

3.6 工程照管与成品、半成品保护

承包人负责照管工程及工程相关的材料、工程设备的起始时间：________________。

续表

3.7 履约担保 承包人是否提供履约担保:______________________。 承包人提供履约担保的形式、金额及期限的:____。 4. 监理人 4.1 监理人的一般规定 关于监理人的监理内容:________________________。 关于监理人的监理权限:________________________。 关于监理人在施工现场的办公场所、生活场所的提供和费用承担的约定:______________________。 4.2 监理人员 总监理工程师: 姓　　名:____________________________; 职　　务:____________________________; 监理工程师执业资格证书号:______________; 联系电话:____________________________; 电子信箱:____________________________; 通信地址:____________________________; 关于监理人的其他约定:__________________。 4.4 商定或确定 在发包人和承包人不能通过协商达成一致意见时,发包人授权监理人对以下事项进行确定: (1)________________________________; (2)________________________________; (3)________________________________。 5. 工程质量 5.1 质量要求 5.1.1 特殊质量标准和要求:____。 关于工程奖项的约定:____。 5.3 隐蔽工程检查 5.3.2 承包人提前通知监理人隐蔽工程检查的期限的约定:________________________________。 监理人不能按时进行检查时,应提前______小时提交书面延期要求。 关于延期最长不得超过:_______小时。 6. 安全文明施工与环境保护 6.1 安全文明施工 6.1.1 项目安全生产的达标目标及相应事项的约定:______________________________________。 6.1.4 关于治安保卫的特别约定:____。 关于编制施工场地治安管理计划的约定:____。 6.1.5 文明施工 合同当事人对文明施工的要求:________________________。 6.1.6 关于安全文明施工费支付比例和支付期限的约定:____________________________________。 7. 工期和进度 7.1 施工组织设计 7.1.1 合同当事人约定的施工组织设计应包括的其他内容:______________。 7.1.2 施工组织设计的提交和修改 承包人提交详细施工组织设计的期限的约定:______________。 发包人和监理人在收到详细的施工组织设计后确认或提出修改意见的期限:______________________。

续表

7.2 施工进度计划

7.2.2 施工进度计划的修订

发包人和监理人在收到修订的施工进度计划后确认或提出修改意见的期限：____________________。

7.3 开工

7.3.1 开工准备

关于承包人提交工程开工报审表的期限：__________。

关于发包人应完成的其他开工准备工作及期限：____________________。

关于承包人应完成的其他开工准备工作及期限：____________________。

7.3.2 开工通知

因发包人原因造成监理人未能在计划开工日期之日起____天内发出开工通知的，承包人有权提出价格调整要求，或者解除合同。

7.4 测量放线

7.4.1 发包人通过监理人向承包人提供测量基准点、基准线和水准点及其书面资料的期限：__________。

7.5 工期延误

7.5.1 因发包人原因导致工期延误

(7)因发包人原因导致工期延误的其他情形：____________________。

7.5.2 因承包人原因导致工期延误

因承包人原因造成工期延误，逾期竣工违约金的计算方法为：__________。

因承包人原因造成工期延误，逾期竣工违约金的上限：__________。

7.6 不利物质条件

不利物质条件的其他情形和有关约定：____________________。

7.7 异常恶劣的气候条件

发包人和承包人同意以下情形视为异常恶劣的气候条件：

(1)____________________；

(2)____________________；

(3)____________________。

7.9 提前竣工的奖励

7.9.2 提前竣工的奖励：____________________。

8. 材料与设备

8.4 材料与工程设备的保管与使用

8.4.1 发包人供应的材料设备的保管费用的承担：____________________。

8.6 样品

8.6.1 样品的报送与封存

需要承包人报送样品的材料或工程设备，样品的种类、名称、规格、数量要求：____________________。

8.8 施工设备和临时设施

8.8.1 承包人提供的施工设备和临时设施

关于修建临时设施费用承担的约定：____________________。

9. 试验与检验

9.1 试验设备与试验人员

9.1.2 试验设备

施工现场需要配置的试验场所：____________________。

施工现场需要配备的试验设备：____________________。

施工现场需要具备的其他试验条件：____________________。

续表

9.4 现场工艺试验

现场工艺试验的有关约定：______________________________。

10. 变更

10.1 变更的范围

关于变更的范围的约定：______________________。

10.4 变更估价

10.4.1 变更估价原则

关于变更估价的约定：______________________________。

10.5 承包人的合理化建议

监理人审查承包人合理化建议的期限：__________。

发包人审批承包人合理化建议的期限：____________。

承包人提出的合理化建议降低了合同价格或者提高了工程经济效益的奖励的方法和金额为：______________________________。

10.7 暂估价

暂估价材料和工程设备的明细详见附件11：《暂估价一览表》。

10.7.1 依法必须招标的暂估价项目

对于依法必须招标的暂估价项目的确认和批准采取第______种方式确定。

10.7.2 不属于依法必须招标的暂估价项目

对于不属于依法必须招标的暂估价项目的确认和批准采取第______种方式确定。

第3种方式：承包人直接实施的暂估价项目

承包人直接实施的暂估价项目的约定：______________。

10.8 暂列金额

合同当事人关于暂列金额使用的约定：____________。

11. 价格调整

11.1 市场价格波动引起的调整

市场价格波动是否调整合同价格的约定：__________。

因市场价格波动调整合同价格，采用以下第______种方式对合同价格进行调整：

第1种方式：采用价格指数进行价格调整。

关于各可调因子、定值和变值权重，以及基本价格指数及其来源的约定：______________________；

第2种方式：采用造价信息进行价格调整。

(2)关于基准价格的约定：______________。

专用合同条款①承包人在已标价工程量清单或预算书中载明的材料单价低于基准价格的：专用合同条款合同履行期间材料单价涨幅以基准价格为基础超过____%时，或材料单价跌幅以已标价工程量清单或预算书中载明材料单价为基础超过____%时，其超过部分据实调整。

②承包人在已标价工程量清单或预算书中载明的材料单价高于基准价格的：专用合同条款合同履行期间材料单价跌幅以基准价格为基础超过____%时，材料单价涨幅以已标价工程量清单或预算书中载明材料单价为基础超过____%时，其超过部分据实调整。

③承包人在已标价工程量清单或预算书中载明的材料单价等于基准单价的：专用合同条款合同履行期间材料单价涨跌幅以基准单价为基础超过±____%时，其超过部分据实调整。

第3种方式：其他价格调整方式：________________。

12. 合同价格、计量与支付

12.1 合同价格形式

1、单价合同。

综合单价包含的风险范围：______________________________。

续表

风险费用的计算方法：________________。
风险范围以外合同价格的调整方法：________________。
2、总价合同。
总价包含的风险范围：________________。
风险费用的计算方法：________________。
风险范围以外合同价格的调整方法：________________。
3、其他价格方式：________________。
12.2 预付款
12.2.1 预付款的支付
预付款支付比例或金额：________________。
预付款支付期限：________________。
预付款扣回的方式：________________。
12.2.2 预付款担保
承包人提交预付款担保的期限：________________。
预付款担保的形式为：________________。
12.3 计量
12.3.1 计量原则
工程量计算规则：________________。
12.3.2 计量周期
关于计量周期的约定：________________。
12.3.3 单价合同的计量
关于单价合同计量的约定：________________。
12.3.4 总价合同的计量
关于总价合同计量的约定：________________。
12.3.5 总价合同采用支付分解表计量支付的，是否适用第 12.3.4 项〔总价合同的计量〕约定进行计量：________________。
12.3.6 其他价格形式合同的计量
其他价格形式的计量方式和程序：________________。
12.4 工程进度款支付
12.4.1 付款周期
关于付款周期的约定：________________。
12.4.2 进度付款申请单的编制
关于进度付款申请单编制的约定：________________。
12.4.3 进度付款申请单的提交
(1)单价合同进度付款申请单提交的约定：________________。
(2)总价合同进度付款申请单提交的约定：________________。
(3)其他价格形式合同进度付款申请单提交的约定：________________。
12.4.4 进度款审核和支付
(1)监理人审查并报送发包人的期限：________________。
发包人完成审批并签发进度款支付证书的期限：________________。
(2)发包人支付进度款的期限：________________。
发包人逾期支付进度款的违约金的计算方式：________________。
12.4.6 支付分解表的编制
2、总价合同支付分解表的编制与审批：________________。

续表

3、单价合同的总价项目支付分解表的编制与审批：________________________。

13. 验收和工程试车

13.1 分部分项工程验收

13.1.2 监理人不能按时进行验收时，应提前______小时提交书面延期要求。

关于延期最长不得超过：________小时。

13.2 竣工验收

13.2.2 竣工验收程序

关于竣工验收程序的约定：________________________。

发包人不按照本项约定组织竣工验收、颁发工程接收证书的违约金的计算方法：________________________。

13.2.5 移交、接收全部与部分工程

承包人向发包人移交工程的期限：________________。

发包人未按本合同约定接收全部或部分工程的，违约金的计算方法为：________________________。

承包人未按时移交工程的，违约金的计算方法为：________________________。

13.3 工程试车

13.3.1 试车程序

工程试车内容：____。

(1)单机无负荷试车费用由________________承担；

(2)无负荷联动试车费用由________________承担。

13.3.3 投料试车

关于投料试车相关事项的约定：________________________。

13.6 竣工退场

13.6.1 竣工退场

承包人完成竣工退场的期限：________________________。

14. 竣工结算

14.1 竣工结算申请

承包人提交竣工结算申请单的期限：________________。

竣工结算申请单应包括的内容：____。

14.2 竣工结算审核

发包人审批竣工付款申请单的期限：________________。

发包人完成竣工付款的期限：________________________。

关于竣工付款证书异议部分复核的方式和程序：____。

14.4 最终结清

14.4.1 最终结清申请单

承包人提交最终结清申请单的份数：________________。

承包人提交最终结算申请单的期限：________________。

14.4.2 最终结清证书和支付

(1)发包人完成最终结清申请单的审批并颁发最终结清证书的期限：________________________。

(2)发包人完成支付的期限：________________________。

15. 缺陷责任期与保修

15.2 缺陷责任期

缺陷责任期的具体期限：____。

15.3 质量保证金

关于是否扣留质量保证金的约定：________________________。

续表

15.3.1 承包人提供质量保证金的方式

质量保证金采用以下第____种方式：

(1)质量保证金保函，保证金额为：________________；

(2)______%的工程款；

(3)其他方式：________________。

15.3.2 质量保证金的扣留

质量保证金的扣留采取以下第____种方式：

(1)在支付工程进度款时逐次扣留，在此情形下，质量保证金的计算基数不包括预付款的支付、扣回以及价格调整的金额；

(2)工程竣工结算时一次性扣留质量保证金；

(3)其他扣留方式：________________。

关于质量保证金的补充约定：________________。

15.4 保修

15.4.1 保修责任

工程保修期为：________________。

15.4.3 修复通知

承包人收到保修通知并到达工程现场的合理时间：________________。

16. 违约

16.1 发包人违约

16.1.1 发包人违约的情形

发包人违约的其他情形：________________。

16.1.2 发包人违约的责任

发包人违约责任的承担方式和计算方法：

(1)因发包人原因未能在计划开工日期前7天内下达开工通知的违约责任：________________。

(2)因发包人原因未能按合同约定支付合同价款的违约责任：________________。

(3)发包人违反第10.1款〔变更的范围〕第(2)项约定，自行实施被取消的工作或转由他人实施的违约责任：________________。

(4)发包人提供的材料、工程设备的规格、数量或质量不符合合同约定，或因发包人原因导致交货日期延误或交货地点变更等情况的违约责任：________________。

(5)因发包人违反合同约定造成暂停施工的违约责任：________________。

(6)发包人无正当理由没有在约定期限内发出复工指示，导致承包人无法复工的违约责任：________________。

(7)其他：________________。

16.1.3 因发包人违约解除合同

承包人按16.1.1项〔发包人违约的情形〕约定暂停施工满____天后发包人仍不纠正其违约行为并致使合同目的不能实现的，承包人有权解除合同。

16.2 承包人违约

16.2.1 承包人违约的情形

承包人违约的其他情形：________________。

16.2.2 承包人违约的责任

承包人违约责任的承担方式和计算方法：________________。

16.2.3 因承包人违约解除合同

关于承包人违约解除合同的特别约定：________________。

发包人继续使用承包人在施工现场的材料、设备、临时工程、承包人文件和由承包人或以其名义编制的其他文件的费用承担方式：________________。

续表

17. 不可抗力
17.1 不可抗力的确认
除通用合同条款约定的不可抗力事件之外，视为不可抗力的其他情形：＿＿＿＿＿＿＿＿＿＿＿＿＿＿＿＿。
17.4 因不可抗力解除合同
合同解除后，发包人应在商定或确定发包人应支付款项后＿＿天内完成款项的支付。
18. 保险
18.1 工程保险
关于工程保险的特别约定：＿＿＿＿＿＿＿＿＿＿。
18.3 其他保险
关于其他保险的约定：＿＿＿＿＿＿＿＿＿＿＿＿＿。
承包人是否应为其施工设备等办理财产保险：＿＿＿＿＿＿。
18.7 通知义务
关于变更保险合同时的通知义务的约定：＿＿＿＿＿＿＿＿＿＿＿＿＿＿＿＿＿＿＿＿＿＿＿＿。
20. 争议解决
20.3 争议评审
合同当事人是否同意将工程争议提交争议评审小组决定：＿＿＿＿＿＿＿＿＿＿＿＿＿＿＿＿＿。
20.3.1 争议评审小组的确定
争议评审小组成员的确定：＿＿＿＿＿＿＿＿＿＿＿＿＿。
选定争议评审员的期限：＿＿＿＿＿＿＿＿＿＿＿＿＿＿。
争议评审小组成员的报酬承担方式：＿＿＿＿＿＿＿＿＿＿。
其他事项的约定：＿＿＿＿＿＿＿＿＿＿＿＿＿＿＿＿＿＿。
20.3.2 争议评审小组的决定
合同当事人关于本项的约定：＿＿＿＿＿＿＿＿＿＿＿＿＿。
20.4 仲裁或诉讼
因合同及合同有关事项发生的争议，按下列第＿＿种方式解决：
(1)向＿＿＿＿＿＿＿＿＿＿仲裁委员会申请仲裁；
(2)向＿＿＿＿＿＿＿＿＿＿人民法院起诉。

项目二　合同策划

教学目标

- 理解合同策划的意义。
- 了解合同策划要做的工作。
- 掌握业主合同策划的工作内容。
- 掌握承包商合同策划的工作内容。

能力标准及要求

- 能够收集并分析相关资料，进行业主的合同策划工作。
- 能够收集并分析相关资料，进行承包商的合同策划工作。

一、基础知识

（一）合同策划概述

合同策划是一项很重要的工作，是一个根本性的问题，直接影响后期整个合同的管理与实施、工程责任的落实、项目目标的实现等一系列的问题。合同策划主要确定以下一些方面的重大问题。

(1)工程是否划分标段，应划分为几个标段，如何划分及确定每个标段的工程内容。

(2)采用哪种承包方式更为有利。

(3)合同文本如何确定。

(4)相关合同之间如何协调。

（二）合同策划的分类

1. 业主的合同策划

大多数的合同策划是指业主的合同策划，业主为确保工程按预期的目标实现，就拟建招标项目的各个方面都要有详尽的说明，在一些重大问题上必须要有明确的说法，避免后期不必要的麻烦。

2. 承包商的合同策划

承包商也有自己的合同策划，虽然工程不是承包商制定合同，但是对于发包方的合同要进行分析研究，找出在合同中不合理的条款，在合同谈判中以期得到改善。对于要分包的部分工程也要制定自己的合同，与分包商进行签订。

（三）业主的合同策划

在招投标过程中，业主的合同起着主导作用。在发放给投标方的招标文件中附带的合同条款，对承包商的合同策划也有着十分重要的影响。所以在招标前，业主就要对合同涉及的重大问题作出决策。

1. 标段的划分

新建工程是划分为一个标段还是划分为几个标段来进行招标，也就是业主打算把工程交给一个承包商还是多个承包商去完成，目前，建筑市场上存在两种承包形式：分散平行承包和总承包。

1）分散平行承包

它是将工程的勘察、设计、施工分别委托给不同的承包商。在这种模式下，业主的工作量将会大大增加。首先需要进行多次招标，因为工程的阶段性，必须要等上一阶段的工作完成后，才能进行下一阶段的工作，所以整个工程的工期控制比较难。其次，业主要负责对各承包商之间进行沟通，勘察影响设计、设计又影响施工，上一阶段的工作如果出现了问题，业主要承担责任，所以对于各种工程问题都需要作出决策。这类工程合同容易发生争执，扯皮，对业主的管理水平要求较高。

2）总承包

总承包又叫交钥匙工程，也就是业主把工程委托给一个承包商来完成。由总承包商来负责平行承包中业主要做的工作。这种承包模式下，业主的工作量小，责任小，只需要从总体上作出要求，到最后按要求验收工程即可。一般来说，总承包商对于总包工程有丰富的经验，能对整个项目进行统一管理和协调，业主也能按预期目标和工期接收工程。这种承包方式在国际上越来越受欢迎，当然，这种承包方式对总承包商的要求也较高。

2. 合同种类

根据付款方式的不同,合同可以分为固定总价合同、固定单价合同以及成其他价格形式合同(如成本加酬金与定额计价以及其他合同类型)。

1)固定总价合同

固定总价合同是指承包单位完成工程项目全部的工程内容,即可得到合同中事先约定的金额。这种合同总价固定,不受市场行情的变化而波动,合同价是业主与承包商的最终支付价款。对于业主来说,合同内容简单,工程结算方便,避免了市场波动对投资的影响,减少了风险。对于承包商来说,要考虑政策、法律法规变化以及市场行情变化等多方面的风险,在工程报价中风险费用因此也相应地增加,使得报价提高。

这种合同一般适用于有完善的施工图纸、工程量小且能准确计算、工期短、工程结构技术简单、风险不大的工程。

2)固定单价合同

这也是目前国际上普遍采用、国内也大力推广的一种合同形式。

固定单价合同是承包商根据工程的具体情况填报分项工程的单价,并计算出工程总造价,以此总造价为基础与业主签订承包合同的形式。这种合同虽然在签订合同时也要确定工程造价,但是工程的总造价并不固定,固定的是投标单位所填报的分项工程的综合单价,工程的总造价以实际完成的工程量与综合单价来具体计算。

这种合同适用工程设计图纸完善,招标清单准确清晰的各类工程。在清单招标模式下,它对业主的要求较高,业主也需要承担较大的风险。

3)成本加酬金合同

它是指承包商完成工程项目建设内容,并按完成的工程费用从业主处获得一定比例的酬金。这类合同,承包商不承担任何风险,业主承担了包括工程量的增减、设计变更、政策变化及市场行情变化带来的全部风险。承包商获得酬金的多少与最终的工程造价有关,结算价越高,获得的酬金越多,反之越少。因此,承包商不会积极地进行工程成本的控制,反而会增加工程成本来获得更多的酬金。这种合同对于业主是不利的,因此,除非特殊情况应尽量避免采用这种合同。

这种合同适合于工程图纸不完善,不能准确计算工程造价;工程技术复杂,不能事先确定方案;工程量不能确定,随时有可能发生变更以及时间要求紧迫,来不及准备详细资料的工程。

业主在合同的承包方式上,要权衡利弊,综合分析研究工程的具体情况,外部环境等各个方面来确定,在保证工程质量的前提下,节约投资,减少工作量。

3. 招标方式的选择

我国的招投标法规定招标分为公开招标和邀请招标。另外,根据工程情况,有时也可采用议标的方式来选择承包商。

4. 合同文本的确定

合同文本是承发包双方确定法律关系的文件,直接关系到后期施工过程中的责权利。合同文本的构成有3部分:合同协议书、通用合同条款和专用合同条款。在招标文件中业主就要提供合同条款。国家九部委56号令规定:“试点项目招标人编制招标文件中的‘专用合同条款’可根据招标项目的具体特点和实际需要,对《标准施工招标文件》中的‘通用合同条款’进行补充、细化和修改,但不得违反法律、行政法规的强制性规定和平等、自愿、公平和诚实信用原则。"

对于合同中的重要条款，主要是指专用条款中的重要条件应当经过精细的策划、综合分析研究来确定。比如合同价款与调整、工程预付款、工程变更、工程违约与索赔、工期保证的处罚与奖励方法等方面。

(四)承包商的合同策划

承发包双方签订的合同是由发包方制订的，承包方处于不利的被动地位，这是不可争议的事实。但在招投标过程中，承包商应从企业的发展战略、经营原则出发，认真地进行合同策划，有的放矢，不卑不亢，与业主进行沟通，争取最大的经济效益。

1. 投标判断

建筑市场上每天都有很多工程项目在进行招标，承包商每天都可从不同渠道获得招标信息，但是又不可能做到每个工程都去投标，否则就会得不偿失。这就要求承包商对招标信息加以认真的分析研究，进行认真的策划，判断是否投标。承包商可以从以下几个方面来判断是否投标。

1)招标信息的真实性

招标信息的来源渠道主要有如下几种。

(1)《国家计委关于指定发布依法必须招标项目招标公告的媒介的通知》(计政策〔2000〕868号)规定的媒介：如《中国日报》、《中国经济导报》、《中国建设报》、《中国采购与招标网》及各地人民政府发展计划部门指定的媒介。这些媒介上发布的招标信息一般都真实可靠。

(2)各地方网站或地方报纸等媒介获取的招标信息，对从这些渠道获得的信息应进行核实。

(3)其他渠道，如从朋友或伙伴处获得。这类信息尤其要注意其真实可靠性，如公司不是长时间没揽到工程，最好不要轻易去投标。

2)招标项目的信息

招标公告上一般都会写明项目概况、招标范围以及投标人资格要求等方面的内容。承包商在投标时要注意，是否满足投标人的资格要求；工程的技术难度是否较高，承包商以前是否做过同类的工程；工期要求是否较紧，现有的在建工程多不多，投标后是否在资源配置上有困难；工程所在地的社会治安等情况如何。

3)业主的信誉

业主的信誉对承包商来说是很重要的，会影响到后期的很多方面。应从多方面了解业主是否为信誉良好的企业或政府机关，以前由此业主负责的竣工工程是否存在托欠工程款、协调不力和为难承包商的情况。如果存在上述情况，那么在是否投标上应进行仔细的研究。

4)资金的来源

这对投标的判断也是至关重要的。很多承包商对于资金来源稳妥的工程非常热情，即使是工程报价低一点，也会毫不犹豫地选择。比如像亚行贷款项目、世行贷款项目、国家直接投资的项目等，参加投标的承包商就会有很多。而对于地方政府自筹资金，私人集资等工程项目，即使是条件有多项优惠，也会慎重对待。

资金来源证明

(1)对于财政预算投资的工程，项目立项批复文件应当对此载明，故项目立项批复文件即为资金来源证明。

(2)对于自筹资金投资、银行贷款投资、利用外资、证券市场筹措资金等工程，发包人应当取得资金来源方的投资文件或资金提供文件等。

2. 合作方式的选择

这是承包商得到招标信息，准备投标前，需要对如何完成工程项目作出决策。任何一个承包商都不可能独立地完成工程的全部内容，针对工程的具体情况，是单独投标还是联合投标，需要作出选择。

1)单独投标

招标工程在技术、工期、质量等方面的要求上没有难度，依靠本公司长期类似工程的经验，完全有能力来承揽此项目，那么可以单独投标。在中标后，通过部分分包，劳务分包来降低成本，转移风险。这也是目前国内采用较多的一种投标方式。

单独投标在投标报价时，首先对拟分包出去的工程向分包商进行询价，结合本公司的报价，进而估算整个投标价。当然，如果投标价是必须要依靠分包才能接受的价格，那么必须要考虑业主是否允许进行分包，在合同谈判中是否能说服业主同意。否则，就考虑别的合作方式来进行投标。

2)联合体投标

《招标投标法》规定：两个以上法人或者其他组织可以组成一个联合体，以一个投标人的身份共同投标。

3. 分包合同条款的确定

分包是一种普遍存在的现象，很多承包商在承揽工程以后，都存在分包现象。通过分包降低造价，减少风险。那么，在与分包商签订的分包合同中，要体现利益共享、风险共担的思想，主要应考虑以下几方面的重要条款。

(1)分包范围的界定。

(2)把业主对承包商的工期要求，结合承包商自己的施工计划安排，在工期上对分包商作出要求。

(3)分包合同：是采用单价合同还是固定总价合同。

(4)安全生产。这是很重要的一个方面，在低报价的情况下，如果因为人员伤亡而引起官司，进行赔付，会导致工程陷入困境。很多分包商的报价低，就是因为它不遵守国家的法律法规，不给工人买保险等。在合同中，要明确分包方的责任，但是又不能出现如“所有安全事故由乙方负责”之类的语言，这是违背国家法律的。最好的做法是由总包商强制分包商买保险，并在合同条款中写明。

(5)违约责任。在分包的工程中不允许分包商对工程再进行转包，对达不到工程质量要求，未按工期完成工程等违约责任要约定处罚措施。

(五)合同的协调

大型建设项目，如果业主采用分散平行承包方式，那么要签订的承包合同是很多的。对于一个大的合同承包体系进行管理显得十分重要。首先，在时间的安排上，要注意前后的衔接。勘察合同、设计合同、施工合同等在合同工期的制定上，要环环相扣，不能等勘察完工，才着手进行设计的招标，这样难以保证总体目标工期的实现。另外，按标段划分工程进行的招标，是否包含了全部的工程内容，标段的界限要明确。再者，如果存在甲方供应材料，有可能会影响工程的施工。那么，甲方的采购合同与施工合同之间就存在责任搭接问题，必须作出明确的界定。

当然,承包商在与分包商签订合同时,也要注意协调。一是要注意,分包合同要服从总包合同;其次是各个分包商之间的协调。

二、课堂实训

实训　业主的合同策划

1. 目的

(1)了解业主合同策划。

(2)掌握合同策划的工作内容。

(3)掌握合同策划的方法。

2. 准备条件

以本市的拟建工程或假定工程为例。

3. 步骤提示

(1)将学生分成4个人一组,推举一名组长。

(2)小组学生内部讨论该建筑工程拟建条件,进行合同策划(包括标段的划分、拟采用的承包方式、合同种类、招标方式及合同中重要条款如何确定)。

(3)简略地写出讨论结果。

(4)每组的组长分别阐述自己组合同策划的内容及相应的理由。

(5)其他组的学生对其进行点评。

4. 注意事项

当一个小组在进行阐述完时,其他小组可以对比自己组的合同策划进行点评。最后,老师应就学生的阐述及其他小组的点评给出自己的意见,并作出补充。

三、知识拓展

实例　合同分析(表11-3、11-4)

本合同是甲乙双方签订的地质灾害抢险合同,采用邀请招标的形式。因工程量较小,金额不大,工期较紧,所以合同内容简单。

从合同内容的完整性及可操作性方面来讲,它存在着一些问题。

(1)《建设工程施工合同(示范文本)》的协议书中规定,组成本合同的文件应包括:①本合同协议书;②中标通知书;③投标书及其附件;④本合同专用条款;⑤本合同通用条款;⑥标准、规范及有关技术文件;⑦图纸;⑧工程量清单;⑨工程报价单或预算书;⑩双方有关工程的洽商、变更等书面协议或文件视为本合同的组成部分。

此工程,当时没有图纸、招标文件、工程量清单,直接要求乙方按常规施工方案报价。所以构成合同文件很不完整。

(2)合同中未提到工期,对于承包方在时间上没有约束。

(3)合同中对于工程变更未作出具体的规定。

(4)合同中没有写明合同的类型,是采用固定总价合同,还是固定单价合同,还是另外的合同类型。

(5)未约定工程款支付违约责任。

(6)未对工程保险、不可抗力以及工程是否允许分包等方面作出约定。

对于工程量较小、金额不大、工期较紧的合同，合同形式上可以简单，但如果合同存在的漏洞太多，也会导致工程后期投资失控。所以在合同的制定上，如果时间较紧，来不及制定具体的细则，可以在合同中增加"合同中未尽事宜，可依照《建设工程施工合同(示范文本)》中通用条款的规定，结合工程具体情况，协商解决"，为后期施工过程中可能产生的问题提供解决的依据。

表 11-3　新镇地质灾害抢险工程合同

新镇地质灾害抢险工程合同

甲方：新镇人民政府

乙方：红星建筑工程有限公司

因地震导致新镇发生地质灾害，地质灾害损坏农业基础设施，根据上级文件精神，为确保人民生命财产安全，恢复灾后生产，甲乙双方就工程抢险事宜达成如下协议。

一、工程地点：银沟村地质灾害点二、三号隧洞抢险工程

二、工程内容：地质灾害导致隧洞跨塌土石方清运、挡土墙安砌等

三、工程单价：隧洞跨塌土石方清运 50 元/米(清运工作难度和安全隐患大)；隧洞拣底 15 元/米(清运工作难度和安全隐患大)；挡土墙砖砌体安砌 500 元/立方米(转运工作难度大、隧洞内作业难度大、安全隐患大)；600 大 U 型槽安砌 105 元/米(含清底、回填土、U 型槽安砌、12 cm 红砖戴帽、抹面)；挡土墙红砖 1:2.5 砂浆抹面 15 元/平方米，具体结算以实地收方为准。

四、质量：按国家建筑行业标准执行，以甲方验收合格为准。

五、安全：在施工中，乙方应严格按工程安全操作规程执行，如出现安全事故，由乙方负责。

六、付款方式：乙方进场后，每一周按实际完成工程量付应付工程款的 60%，余款在工程竣工后付 30%，其余 10% 作为质量保证金，一年后无质量事故如数付清。

七、本合同未尽事宜，双方协商解决。

八、本协议一式两份，甲乙双方各持一份，签字盖章生效。

甲方：新镇人民政府　　　　代表签字：王一兵

乙方：红星建筑工程有限公司　　　　代表签字：张帅

表 11-4　新盛镇地质灾害抢险工程概算表

新盛镇地质灾害抢险工程概算表

工程名称:银沟倒虹管二、三号隧洞及渠系整治

编号	费用名称	单位	数量	单价/元	合价/元	备注
			一、工程直接费			
1	隧洞淤泥清运	m^3	362	50	18 100	含转运
2	隧洞拣底	m	320	15	4 800	含转运
3	浆砌挡土墙	m^3	210	500	105 000	含材料转运
4	挡土墙抹面	m^2	1 040	15	15 600	含材料转运
5	输水渠整治	m	280	105	29 400	含材料转运
	小计	172 900 元				
			二、其他费用			
1	工程税金				5 830	3.37%
2	工程管理费				3 460	2%
	小计				9 290	
	工程总造价	182 190 元				

项目三　合同谈判

教学目标

- 了解合同谈判的含义。
- 理解合同谈判的重要意义。
- 掌握承包商谈判的准备工作。
- 掌握谈判的技巧方法。

能力标准及要求

- 能够根据工程具体情况,收集分析谈判前的相关资料。
- 能够根据分析的相关资料,运用谈判技巧进行谈判。

一、基础知识

(一)合同谈判的含义

合同谈判是承诺,是指中标后,通过协商、谈判,确定合同价格,明确双方责权利关系的活动。

合同的价格在投标报价阶段基本上已经敲定。当然,业主在谈判中也可能提出希望承包商进一步降低工程造价的要求。合同是业主或业主委托咨询单位起草的文本,反映了业

主对工程的要求、对承包商的要求、对风险的分配、价款的支付等方面的意思,通过合同谈判,希望承包商能接受,并将谈判内容落实到文本上。对于承包商来说,业主的合同条款并不是他的意思表示,对于业主的合同条款不一定能完全接受,也希望通过合同谈判能将其中的一些明显不平等的条款进行修改,以减少自己的风险和责任,提高经济效益。

合同一经签字即生效,受到法律的保护,工程实施过程中就要参照执行,直接影响到后期的经济利益,所以合同签订前的谈判工作对于双方来说显得尤为重要。

(二)承包商合同谈判前的准备

1. 成立谈判专家组

成立由技术、经济、管理、法律方面专家组成的谈判专家组,专家组成员应具有丰富的工程施工经验,最好是具有类似工程施工经验的人员,并熟悉合同谈判中的一些技巧。确定专家组的负责人,该负责人应具有丰富的合同谈判经验、社会交往和公关能力,良好的心理素质以及把握谈判尺度、反应敏捷的能力。

2. 分析招标文件

招标文件由很多个部分组成,工程量清单及图纸在投标报价前已经进行过分析,只需要对以前分析产生的问题进一步明确化,并记录下来,以备谈判时用到。谈判前,还要分析投标人须知、合同条款、技术标准和要求。

(1)对投标人须知进行分析,从总体上熟悉工程的概况、工期要求、工程分包条件及要求、履约保证金的支付形式等。

(2)分析技术标准和要求,对于过高的技术标准及要求进行记录,在谈判时力争修改。

(3)对合同进行合法性检查,分析合同条款,找出其中定义不清楚、不完整的地方,尤其要注意合同中显失公平的条款。

3. 猜测对方的意图

(1)通过谈判,发包人与承包人的经济、技术、管理等方面的人员接触,加深对该承包商的了解,以确认委托方的能力,做到心中有底。

(2)对评标过程中,评标专家要求承包人澄清的事项进行进一步的确认,并可能提出希望承包人降价的要求。

(3)讨论承包方提出的多方案报价,要求承包商对此做进一步的解释,并作出方案选择。

(4)要求承包商对某些方面提出的优惠条件进行确定,并作出解释。

(5)将过去双方业已达成的其他协议进一步确认和具体化。

4. 确定谈判方针及了解谈判对手

(1)承包商承揽工程是以经济效益为前提的,合同谈判应尽量维护承包商的经济利益,这是谈判的一个基本原则。可将某些合同条款变动对经济利益的影响分成不同的级别,力争最大级别的利益,力保最低级别的利益。

(2)了解业主的背景、习惯做法、谈判对手的组成,分析谈判对手的心理,制定不同的谈判对策。

5. 谈判的心理准备

(1)首先要认识到,谈判不是一帆风顺的。国际间的谈判有历时几年之久的,所以谈判是艰巨的,在心理上一定要有充分的准备。

(2)底气要足,敢于谈判。不要认为业主高人一等,发包方是认为承包商具有一定的实力,才会进行谈判,所以不会轻易放弃谈判。对于发包方的强压方式,要敢于抵抗,但语气尽量委婉。

(3)坚持原则,不怕失标。坚持自己的谈判原则,在发包商的无理要求触及自己的底线时,要敢于拒绝。

(三)合同谈判

进行合同谈判时要注意如下几项。

(1)合同谈判要分清主次。通过分析招标文件,研究合同条款,把谈判条款进行分类。把承包商认为条款中符合自己利益的部分列为不谈判部分,不能有得寸进尺的思想,在谈判中尽量不提及它。把可能危及自己利益的条款,列为协商部分,尽量争取修改。把已伤害到自己利益的条款列为谈判必争条款,坚持自己的原则,要求业主进行修改。

(2)在谈判中让业主认识自己在技术、经济以及管理方面的优势及特长,加深业主印象,逐步取得信任。

(3)清楚自己投标报价的水平,是否还有降价空间。在谈判中,阐明自己的报价水平已经较低,对于业主提出的降价要求予以回绝,也可给出降价条件,比如增加预付款,减少履约保证金等,来争取弥补降价带来的损失。

(4)把握谈判火候,谈判不是辩论,据理力争有可能会激怒对方。如果业主已经在很大程度上作出了让步,承包方应当适可而止。

(5)创造良好的谈判氛围,使谈判在轻松的气氛下进行。对于双方都坚持的条款,唇枪舌战会使谈判陷入僵局,承包商要善打圆场,可以先把它暂时放一放,或从别的角度来委婉地说明道理。

(6)谈判时切忌语言尖酸刻薄,不能用脏话,不能挖苦骂人。买卖不成仁义在,低头不见抬头见,抱着即使谈判不成功、大家也是好朋友的心态与业主进行友好的沟通。

(7)谈判过程中应做好记录,对于谈判已经达成的条款双方应当签字认可。因为谈判的时间也可能会很长,以前已经谈好的条款随着谈判延续会遗忘,为避免重复谈判增加工作量,也为避免谈判双方的出尔反尔,每一次谈判之后将达成一致意见的条款双方签字确认。

二、课堂实训

实训　模拟合同谈判

1. 目的

(1)了解合同谈判的内容。

(2)掌握合同谈判的方法、技巧。

2. 准备条件

以本市的拟建工程或假定工程为例,准备相关合同文件,进行合同谈判。

3. 步骤提示

(1)将学生分成甲乙两方,分别代表业主与承包商,每一方推荐 5 个人组成谈判专家组,并推举一个组长。

(2)甲乙两方的学生,研究同一工程的合同文件,专家组成员负责收集各方组员对合同文件的理解、看法和谈判要点。

(3)专家组成员一起讨论收集的资料,并做进一步的整理,达成一致意见。

(4)代表甲乙双方的专家组分坐谈判桌两边,进行合同谈判。其余学生围坐旁听,并可私下将谈判过程中自己的看法、主张与本专家组其中一位组员交换意见。

(5)谈判过程中,乙方专家组派一位组员负责记录已达成的协议。

4. 注意事项

(1)甲方代表业主,主要是坚持合同条款的内容;乙方代表承包商,是对合同中的一些不利条款,提出修改,或增加一些有利条款。

(2)老师在谈判的过程中注意谈判秩序,不要将谈判演变成了辩论。在谈判过程中负责裁判的角色,对于谈判一方提出的合理的意见和建议,判定应当由甲乙双方哪方来接受。

三、知识拓展

实例　合同谈判分析(表 11-5)

表 11-5　实例　合同谈判分析

建筑安装工程合同

建设单位:昆鹏机械有限公司(简称甲方)

施工单位:开元建筑工程有限公司(简称乙方)

根据《中华人民共和国合同法》,为了明确双方经济关系和责任,分工合作,互相配合,互相促进,共同多快好省地完成施工任务,除依照国家现行“建筑安装工程合同试行细则”规定外,结合本工程情况,经双方协商一致,签订本合同。

第一条　工程名称:二分厂车间工程。

第二条　工程地址:二分厂生产区。

第三条　工程范围:设计施工图及招标文件规定的所有工作内容。

第四条　工程中标价:313 957 元,大写:叁拾壹万叁仟玖佰伍拾柒元。

工程期限:2008 年 2 月 20 日开工,2008 年 4 月 20 日竣工,总工期 60(日历)天,以实际开工时间为准。

第五条　承包方式及材料供应

1. 承包方式:中标价包干,包干价 313 957 元,大写:叁拾壹万叁仟玖佰伍拾柒元。新增加且综合单价没有的项目按四川省“2004 清单计价定额”计算,规费按中标单位核定的规定费率计取,安全施工措施费按《四川省建筑工程安全文明施工措施费计价管理办法》的通知(川建发【2006】107 号)文件规定基本费率执行,材料单价按投标方报价书内材料单价执行,投标报价没有的材料价格,按施工所在地施工当期的造价信息价执行,信息价未公布的由双方共同认质认价,压缩空气及给水扩建跨内管道、电气部分 ALl 进线、弱电部分配线架进线不计入工程量。以现场签证量为准。压缩空气一般管道支架按 30 kg 计,包括制作、安装、除锈、防锈漆两道,调和漆两道,工程量以最终现场签证量为准。

2. 材料采购:除灯具、配电箱、洗涤盆、阀门由甲方供应外,其余的材料均为乙方供应。

第六条　技术资料提供:由甲方提供施工图及相关技术文件。

第七条　付款方法和结算

1. 本工程开工后,甲方在 10 日内付给乙方工程造价 20% 备料款,以后按工程进度拨付工程款(拨付时乙方需按进度填写“工程进度结账单”,建设单位签证后转银行拨款),竣工验收 15 日内作出工程结算,经甲、乙双方审查后结清全部账款(除质保金外,质保金为工程结算造价的 5%),工程竣工验收合格满一年且无质量问题后退还质保金(无息)。

2. 承包人在工程变更确定 7 天内,提出变更工程价款的报告,监理工程师应在 4 天内予以确认。在 14 天内承包人未向工程师提出变更合同价款报告的,视为该项变更不涉及合同价款的变更。超过 14 天后确认的所有费用,不予认可。

第八条　工程质量和验收

1. 工程质量的检查及验收以国家颁发的“施工验收规范”和“质量评定标准”为依据,进行检查验收。

续表

2. 钢材必须有材质证明书，各种现浇混凝土、预制件的混凝土、砂浆必须有实验室报告单。竣工时，由乙方一并装进竣工资料中交甲方存档。

3. 隐蔽工程在隐蔽前由承包方提前48小时通知甲方现场监理人员到场检查，经检查合格后，监理人员签字后方可隐蔽。如承包方不预先通知发包方，单方完成隐蔽工程，发包方有权要求重新检查，检查费用由承包方承担。如发包方收到通知后48小时内不按时到场检查，承包方可自行隐蔽，并确认如实填写隐蔽记录，发包方应予承认，如事后发包方提出检查，检查合格，费用由发包方承担，如发现隐蔽工程不合格，承包方无偿返工。

4. 工程竣工验收前，乙方应提前10天将竣工图纸及竣工资料交甲方审定，审定合格后可进行竣工验收和资料存档。工程结算书应在工程验收合格后15日内交甲方。

5. 保修期，土建工程为壹年，在保修期内，由于施工质量问题所发生的返工、修补、更换等，所需工料均由乙方承担。

第九条　安全责任

1. 施工中所发生的一切人员伤亡及机械设备安全事故，概由乙方负责。

2. 乙方在甲方作业现场的人员应自觉遵守国家和甲方安全生产的规定和制度，乙方要保证现场人员的各种劳动防护用品的使用，对从事有害作业的人员应按照《职业病防治法》的要求进行必要的健康检查，并记录备查。

3. 甲乙双方在同一区域内发生相互伤害事故时，被伤害一方有权提出经济赔偿和责任追究，发生争议时由政府主管部门进行裁决。

4. 乙方特种作业人员必须符合国家有关规定要求，持证上岗。

5. 如遇上级主管部门检查发现存在安全隐患，对建设方进行处罚时，建设方将对承包方进行加倍处罚。

第十条　其他

1. 根据《建筑安装工程合同实施细则》附则的精神，施工中发生不可抵抗的自然灾害，如地震、不明飞行物、洪灾等，由双方签证，其超过部分工期应顺延，另行结算。

2. 本合同未尽事宜，经甲乙双方协商可增补条款，并报送有关部门。

3. 双方当事人中一方不能完全(或已无能力)履行合同条款，另一方将有权终止合同要约，并结清在合同履行过程中所发生的一切债权债务。

第十一条　本合同经双方签字后生效，并具法律效力，竣工结算后(除保修期一条外)自动失效。

第十二条　因履约本合同发生争议，由当事人协商解决，协商不成时，由仲裁委员会仲裁。

建设单位：(盖章)　昆鹏机械有限公司　　　施工单位：(盖章)　开元建筑工程有限公司

委托代理人：谢苗　　　负责人：罗开

经办人：刘莉　　　经办人：伍明

时间：2008年2月19日

地址：绵阳市××镇

实例分析：

(1)本工程合同签订时间为2008年2月19日，2008年2月20日开工，仅隔一天，人员、机械、材料等的安排也需要时间。而施工时间为60日历天，工期较紧，所以在谈判中施工方向甲方提出了推迟开工时间的要求，经双方协商，在合同中加入了“以实际开工时间为准”，争取了时间。

(2)由于本工程由公司基建处负责，它要接受上级主管部门的监管。所以在合同谈判中,业主特地加入了"如遇上级主管部门检查发现存在安全隐患,对建设方进行处罚时,建设方将对承包方进行加倍处罚。"

(3)对于工程保险,甲方认为已包括在工程报价中,乙方却没有计算,在双方的谈判中没有结果,工程也没有保险。后来,由于工期推迟,经历了5·12地震,给工程双方的结算造成很大困难。

项目四　合同签订

教学目标

- 了解合同文件的构成。
- 了解合同文件解释的先后顺序。
- 掌握合同签订中的注意事项。

能力标准及要求

- 能够进行合同的审查及签订。

一、基础知识

(一)合同签订的内容

合同签订意味着招投标阶段合同管理的结束,而将进入施工阶段。前面已经经过合同策划、合同谈判的阶段,订立的合同文件应当是反映了承发包双方的意思。剩下的就是双方的签字盖章认可。

合同文件的组成包括:①本合同协议书;②中标通知书;③投标书及其附件;④本合同专用条款;⑤本合同通用条款;⑥标准、规范及有关技术文件;⑦图纸;⑧工程量清单;⑨工程报价单或预算书;⑩双方有关工程的洽商、变更等书面协议或文件。

合同谈判后,要签字盖章的是合同协议书。

(二)合同签订时的注意事项

(1)检查合同文件的完整性。检查施工合同协议书中注明的合同文件的构成部分是否符合要求,是否还有未注明的应记入合同文件的部分。容易遗漏的是招标答疑、承包商关于投标文件的澄清、双方在合同谈判阶段达成的协议。

(2)在合同谈判阶段,承发包双方经过长时间的磋商,在某些方面达成一致,是否都写入了合同中,要改的合同条款在合同文本中是否都已做了修改。

(3)合同签订的主体资格是否合法,是否为公司的法人代表,或法人的授权代表。所盖公章是否为法人的公章。对方公章若为法人的分支机构或内设机构公章,应要求其提供所属法人机构的授权书。

(4)检查合同文件用词的准确性,例如将"定金"写成"订金"。

(5)法人签字应字迹清楚,且与真实姓名相符。

二、课堂实训

实训　模拟合同签订

1. 目的

(1)了解合同文件的内容。

(2)掌握合同签订时的填写方法。

2. 准备条件

准备一份空白的合同协议书。

3. 步骤提示

(1)将学生分成2人一组,一个代表业主,一个代表承包商,分别给自己所代表的一方取名。如甲方取为“瑞晨房地产开发公司”,乙方取为“胜利建筑工程有限公司”。

(2)每组学生分别检查自己的合同协议书的完整性。

(3)分别签字,合同生效。

4. 注意事项

老师在合同签订过程中给予指导,并提示一些注意事项。

单元小结

招投标阶段合同管理是指综合研究分析招标公告、资格预审文件、招标文件及其他相关信息和资料,为投标方向、投标策略、合同策划,合同谈判及合同签订等方面决策的制定提供依据。

招投标阶段合同管理分为承包商的合同管理与业主的合同管理两个方面。承包商的合同管理主要是依据招标公告、招标文件及其他相关信息,在是否投标、投标报价及合同谈判中作出决策。《建设工程施工合同(示范文本)》包括了合同协议书、通用合同条款及专用合同条款3个部分的内容,其中包括了很多重要的条款,是承发包双方订立的合同的重要参考。

合同策划从业主和承包商两个角度阐述了合同策划的内容。业主的合同策划包括了如何划分标段、如何确定合同种类、招标方式及合同文本的确定方面的内容;承包商的合同策划包括投标判断,投标采用的合作方式,工程分包合同的确定等方面的内容。

投标是要约,合同谈判是承诺,是指中标后,通过协商、谈判,确定合同价格,明确双方责权利关系的活动。主要从承包商的角度出发,讲述了合同谈判前的准备工作,包括人员、文件资料、心理准备以及合同谈判的技巧和注意事项。

合同的签订是招投标合同管理的最后阶段。在这个阶段中要仔细审查经过谈判后的合同文件,是否加入了合同中协商修改的条款,并注意合同签订的主体资格,确保合同签订的有效性。

复习思考题

1. 思考题

(1)招标答疑是否可以作为承包商在招投标阶段合同管理的依据?

(2)《建设工程施工合同(示范文本)》的构成部分有哪些?

(3)与招标工程信息最紧密的是示范文本中的哪个部分?

(4)业主的合同策划与承包商的合同策划的区别是什么?

(5)分散平行承包与总承包有何不同?

(6)不同合同种类各自的优缺点是什么?

(7)承包商的合同策划涉及哪些方面的工作?

(8)合同谈判中的一些注意事项有哪些?

2. 实训题

万能电气集团拟新建一隔板堆放场地,工程资料均齐全,工程地址在厂区内,四通一平工作均已完成。工程中标价为118万元,总工期为30日历天,在工期及造价的控制上要求较严格,不能突破。无履约保证金及甲方供材料,可以支付工程造价20%的备料款。

请帮助业主拟定一份建安合同。

单元十二　建筑工程招投标的信息化管理

内容提要

计算机信息技术在建筑工程招投标活动中的作用越来越大。本单元的内容主要从建筑工程招投标信息化管理概述、计算机信息技术在招投标中的应用、应用信息技术编制商务标、应用信息技术编制技术标等4个方面阐述建筑工程招投标信息化管理的内容。

教学目标

了解建筑工程招投标常用软件及功能；熟悉辅助电子评标流程；熟悉网络信息系统在建筑工程招投标中的使用；了解计算机辅助评标系统的功能；了解计算机辅助评标的流程；了解本地区计算机辅助评标的发展情况；掌握工程量清单计价软件的使用；掌握工程量计算软件的使用；掌握钢筋统计软件的使用；掌握标书制作工具的使用；掌握网络计划软件的使用；掌握施工现场平面图制作软件的使用方法。

项目一　建筑工程招投标信息化管理概述

教学目标

- 了解建筑工程招投标常用软件及功能。
- 熟悉辅助电子评标流程。
- 熟悉网络信息系统在建筑工程招投标中的使用。

能力标准及要求

- 通过实训能了解本地区常用招投标软件及市场占有情况。
- 培养学生能正确使用互联网的能力。

一、基础知识

建筑工程招投标信息管理系统，是指由人和计算机组成，能够对工程招投标信息进行收集、加工、传输、应用和管理的系统。建筑工程招投标信息管理系统的用户可以是建筑工程造价管理部门、建设单位及其主管部门、设计单位、施工单位及咨询单位。

(一)计算机辅助管理系统

随着计算机技术的迅速发展与普及，信息技术正以前所未有的迅猛速度渗透到我们工作、学习、生活的每一角落，改变着我们生存的社会，信息技术已成为经济发展的关键因素，影响着生产、经营和管理各个领域各个过程的发展，日前在建筑工程招标的各个阶段、各项工作中都离不开信息技术。

随着计算机应用技术的发展，各专业软件开发公司开发的商业化软件功能越来越强大，使用也更为方便。从20世纪90年代中期至今,计算机在我国各行各业都得到了广泛使用,特别是施工企业中对工程造价和项目管理软件的应用,计算机开始发挥其无可比拟的优势,成为企业不可缺少的重要工具。

在工程造价确定过程中,有大量需要造价人员计算和分析的工作(如清单工程量计算、定额工程量计算、钢筋抽样计算、工料分析等)。以确定工程造价为核心目的的软件中,如PKPM工程造价管理系统软件、未来造价软件、广联达工程量清单整体解决方案、电脑造价师3 000、工程量清单报价软件、一点智慧等造价软件都能实现定额库管理、造价管理、材料价格管理等功能。借助这些软件可迅速确定工程造价,可以方便及时地提供多种造价数据资料,能清楚地反映工程量清单项目的详细成本、利润状况及工程造价;可以根据企业自身技术能力、管理水平和装备来编制企业定额,满足工程量清单计价下企业的需求。PKPM、鲁班、广联达、神机妙算等专业公司开发的计算机辅助工程量计算软件和钢筋抽样软件现在也很成熟,基本上都是操作界面简单,简便易学,界面友好,计算准确、迅速。工程造价软件为施工企业投标报价、业主或咨询机构编制标底等工作提供了方便。

一些项目管理软件,如梦龙项目管理软件、Primavera Project Planner(P3)项目管理软件、Microsoft Project项目管理软件等都带有标书制作功能,能方便地进行进度计划编制、资源、工作量和费用曲线绘制,对投标文件的编制特别是技术标的编制有很大的辅助作用;有些专业系列软件如广联达、同望、未来、易达、PKPM、神机妙算等都有标书制作系统,能提供各类标书素材模板、最新工艺规范,提供各类实际工程案例模板,便于投标人在较短的时间内编制一份全面符合招标要求的投标书。

在工程量清单计价模式下,由于市场价、管理费、利润的全面放开,实行企业自主报价,对招投标特别是评标带来新的要求,对清单综合单价、材料单价等项目评审的要求更规范、更严格,评审的工作量、难度均比以前大幅度增加,人工评标已不能适应工作的需要。因此,采用以电子标书技术为基础,运用科学的方法,通过计算机辅助,完成招投标、评定标工作显得尤为重要。使用计算机软件辅助评标可使评审过程变得更科学、更合理、更规范、更专业,并最大限度地避免评审过程中人为因素的影响,评标定标过程中更能充分体现建筑工程招标投标公开、公平、公正、择优的原则。广联达、一点智慧、未来、神机妙算等软件公司适时推出了电子辅助评标系统,利用计算机评标系统强大的计算功能,将评委从寻找简单计算错误的工作中解脱出来,充分发挥评委的专业技能,作出专业、公平、公正的评审,达到评标的最佳效果,充分保证了招标人和投标人的利益。

(二)信息网络系统

20世纪90年代兴起的Internet在过去如火如荼地发展,其影响之广、普及之快是前所未有的,正是由于Internet技术的快捷、迅速、方便地传递信息的特点,目前国内相继成立了一些大型的发布建筑工程招标信息、价格信息的专业网站,如中国工程招标网(www. cnbidding. com. cn)、中国建筑工程招标网(www. projectbidding. cn)、中国价格信息网(www. chinaprice. gov. cn)、中国建筑工程造价信息网(www. ccost. com)等,这些网站发布工程招标信息、拟建在建工程信息、材料设备价格信息,采集各地各企业的工程实际数据,为各地咨询机构、造价编制及审计单位提供基础数据。由于各个地区生产力发展水平不一致,经济发展不平衡,我国各地价格差别较大,因此各地区的造价管理部门定期发布反映当地市场价格水平的材料、设备价格信息和价格指数,各地区均建立了自己的网站,如江苏工程造价信息网

(www. jszj. com. cn)、南京市建筑工程信息网(www. njcein. com. cn)。这些网站采集本地区的价格信息、实际工程信息,并定时、及时地发布,同时还发布各种工程招标信息,介绍当地知名的施工企业、建材供应商、咨询机构和建设单位。随着互联网的发展,现在大多数的政府部门、企事业单位也都拥有了自己的网站,如中华人民共和国住房和城乡建设部(www. mohurd. gov. cn)、中华人民共和国国家发展和改革委员会(www. ndrc. gov. cn)、中国工程建设网(www. cacem. com. cn)等,这些网站上发布政策法规、新闻、建设规划等消息,这些消息对于从事招标市场工作的人员、承包商来说是十分珍贵的资源。现在大多数企事业单位都建立了自己的网站,充分利用网络资源来开展业务,更好地展示自己。

在建筑工程的招标过程中,由于计算机辅助管理系统、网络信息系统的广泛引入,使施工企业的投标报价工作更加便捷、准确、科学;计算机强大的计算功能可以加快评标时的处理速度,考虑更多参数,也减少营私舞弊,使招标工作处于更加公开、公平的环境中;在一定范围内数据资源可以实现共享,行业监管信息能动态、准确、实时地采集,为建设行政主管部门制定建筑业的发展规划和宏观调控政策时提供科学依据。

二、课堂实训

1. 实训内容

(1)在互联网上查阅常用的计价软件、算量软件、钢筋抽样软件、标书制作软件、电子辅助评标系统软件等。

(2)在中华人民共和国国家发展和改革委员会(www. ndrc. gov. cn)网站上,查阅并下载《标准施工招标资格预审文件》和《标准施工招标文件》试行规定 2007 年第 56 号令。

(3)在有关网站上查询工程招标信息。

(4)在互联网上下载和工程招投标有关的法律法规、地方规章和行政条例等。

2. 目的

(1)熟悉建筑工程招投标常用软件。

(2)合理利用信息网络系统为建筑工程招投标服务。

3. 环境要求

能连接互联网的计算机实训室。

4. 能力标准及要求

(1)要求学生了解建筑工程招投标软件及使用情况,熟悉本地区常用软件并调查市场占有情况。

(2)要求学生能熟练使用互联网查阅相关资料。

三、知识拓展

招投标信息管理系统的功能

系统功能基本上只有系统管理员拥有,包括以下主要功能:

(1)系统单位管理:增、删、改系统。

(2)单位系统用户管理:增、删、改系统登录账号及相关信息。

(3)主表(字典表)维护:调整字典表。

(4)权限部门管理给不同角色和部门赋权限。

(5)用户密码管理:修改、删除账号密码。

1. 企业信息管理

主要实现企业基础数据录入、更新及招标办/质监站对企业数据的审核入库管理。

系统为企业提供企业数据填报、更新、查询统计及报表管理功能；为管理部门（招标办、质监站）提供上报数据（含新报数据、更新数据）审核、审核结果反馈、企业数据维护、字典表维护、查询统计及报表管理功能。

为方便区分填写和审核，企业填报时数据存在临时库中，在临时库中，各单位只能访问属于本单位的信息；通过审核的数据存于正式库中，只有管理部门才能访问正式库。

企业信息管理子系统分为：数据维护、查询统计、报表管理。其中，数据维护按照用户的不同又分为两种：对于企业用户，数据维护即：企业数据填报（含填报和更新）。对于管理部门而言，数据维护包括：企业上报数据审核、（相关）字典表维护、企业数据维护。这两种维护是互斥的，即不同身份的用户进入系统只能看到其中一种。

2. 招投标流程管理

这部分是招标流程管理功能。对项目从立项招标公告直到中标通知书的发放。对招标每阶段的情况进行监督管理，记录招标过程中产生的数据，并对资审报名等阶段进行数据的汇总。

流程管理子系统是几个模块组成，包括项目维护、招标流程、查询、统计。流程管理子系统有三个模块，其中招标流程是重要的业务模块，用来控制流程。查询与统计是针对数据库内已有的招投标数据进行的查询和统计。

3. 履约考核

履约考核子系统为招标人提供季度履约考核数据填报（每个季度第一个月上报上个季度的考核数据）、中标单位基本信息维护及一些辅助功能如查询、报表（中标单位考核情况一览表）生成功能；为招标办提供字典表维护、招标人基本信息维护、履约考核数据维护及辅助功能如查询、报表（招标人季度考核情况统计表、中标单位历史考核情况统计表）生成功能。

履约考核子系统包括：字典表维护、基础数据维护、考核结果填报、考核数据维护、查询统计、报表管理。

4. 项目统计

项目统计子系统的用户是各级招标人。

该系统用于每季度统计该单位本季度标段招标情况及截至本季度的招标情况。

项目统计子系统需要实现各级招标人的项目基础数据填报、报表管理（含生成、保存、打印）及查询统计功能。

项目统计子系统分为：数据填报（招标人）、招标人层级关系树维护、字典表维护、数据备份及统计汇总、数据查询。

数据填报：录入项目统计所需的基础数据，操作对象是除了招标人层级树顶层外的其他招标人，各相关招标人的上级单位只能访问所管辖下级招标人的上报数据。

数据统计汇总：生成各类需要的统计表或汇总表并提供打印输出的功能。系统要求提供报表导出的功能，满足报表导出到 Excel 中进行排版输出和备份的实际需要。

数据查询：按照权限的不同，不同的用户能查询不同范围的数据。

5. 专家管理

专家子系统主要实现对交通行业资审评标专家库的维护，包括专家的入库、专家考核、受限专家名单；抽签功能，为招投标的资格预审和评标提供专家组；查询功能，用来查询专家情况和抽取的项目组情况。

专家子系统主要分为以下几个模块：专家维护、抽签、专家考核、受限专家名单、专家培训、查询。

专家库维护是各模块的基础，招标办录入各专家信息，并根据专家考核信息进行删除和修改工作。抽签模块是根据用户录入的条件从专家库内随机抽取符合条件的专家，受限名单内的专家也是根据专家考核信息进行增加和修改工作的。专家培训主要记录每位专家的培训内容和通过情况。查询是在专家库和记录的专家组信息基础上进行的，包括查询专家库内的专家，查询过去抽取过的专家组的信息。

6. 信用档案

信用档案管理主要是记录投标人奖励与处罚情况、行贿行为档案查询、履约考核等信用情况，将记录登记到系统中进行信用评级，供查询和使用。有如下几个功能：

①企业信用维护，维护投标人信用记录；

②信用评级，定期进行投标人信用等级评定与公示；

③企业信用查询，对企业信用情况查询并打印报表。

项目二　计算机信息技术在招投标中的应用

教学目标

- 了解计算机辅助评标系统的功能。
- 了解计算机辅助评标的流程。
- 了解本地区计算机辅助评标的发展情况。

能力标准及要求

- 通过对本地区建筑工程交易情况的调查，使学生了解本地区建筑工程交易流程。
- 能够掌握计算机评标系统的操作。

一、基础知识

为了适应城市建设发展的需要，适应全球信息化、网络化的发展潮流，加快电子信息招投标服务水平，各地区建筑工程交易中心一直将推动招投标电子信息化、网络化作为加强自身建设的重要手段来抓。经过近几年的发展，在解决信息孤岛问题、实现数据共享方面取得了突破性进展，在方便广大招投标单位、创造一个公开、公平的招投标市场方面取得了一定成效，电子信息技术在招投标领域的大力推广也为建设行业的反腐倡廉提供了有力保障。

招投标电子信息化是指运用信息技术，特别是计算机技术、网络技术、通信技术、控制技术、系统集成技术和信息安全技术等，改造和提升招投标手段和组织方式，提高招投标单位管理水平和核心竞争能力，提高招投标监管部门的监督、管理、决策和服务水平。

各地区建筑工程交易中心积极推行招投标电子信息化，电子信息技术已广泛应用于招投标各个阶段，以南京市建筑工程交易中心为例，已基本形成了一个平台（网络网站平台）、三大系统（招投标管理信息系统、评标专家语音通知指纹验证系统、电子辅助评标系统）和一个开评标全程电子监控的电子信息化建设格局，实现了信息、服务、监管有机结合的招投标体系，做到了信息资源数字化、信息传输网络化、信息技术应用集约化。

（一）信息资源数字化

1. 建立三大基础数据库

南京市建筑工程交易中心从成立之初，就注意对原始数据的归纳和整理，尤其是招投标活动过程中产生的实时数据，经过对这些数据的编辑和保留，中心先后建立了企业信息（图12-1、12-2）、项目信息、人才信息（图12-3、12-4）三大数据库，通过这些数据库，可以方便地查询企业资质、企业中标情况、企业荣誉和不良记录等，可以查询各建设项目的立项信息、交易和招标情况，可以查询项目经理（总监）的在建工程以及执业资格情况等。三大数据库的建立为中心电子信息化建设打下了扎实基础。

图 12-1 施工企业信息数据库

2. 科学规划建设两网

为充分发挥网络资源的优势，南京市建筑工程交易中心开发建设了南京市建筑工程信息网（外网 www. njcein. com. cn）和招标投标管理信息系统（内网）。南京市建筑工程信息网以企业、项目、人才三大数据库为支撑，开设了开标视频直播、造价指数分析等栏目，投标单位不需到达现场即可通过网络观看开标实况，开标直播同样支持招投标双方之间的互动。通过网络这个平台，投标单位可以方便地进行网上报名（如图12-5）和下载资格预审文件，而不必来回奔波。招标单位对企业、项目经理业绩和不良行为可以方便快捷地查询，真正实现了信息共享。招投标管理信息系统实现了从立项批文到档案归档的全电子化流程管理。同时为满足招投标监管、监察等部门的管理需要，系统可提供招投标项目全过程的实时跟

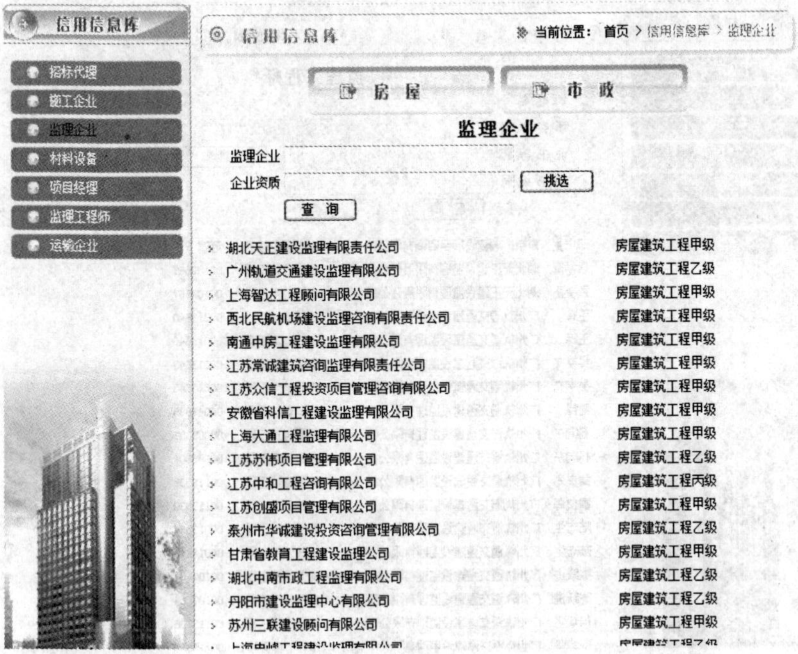

图 12-2 监理企业信息数据库

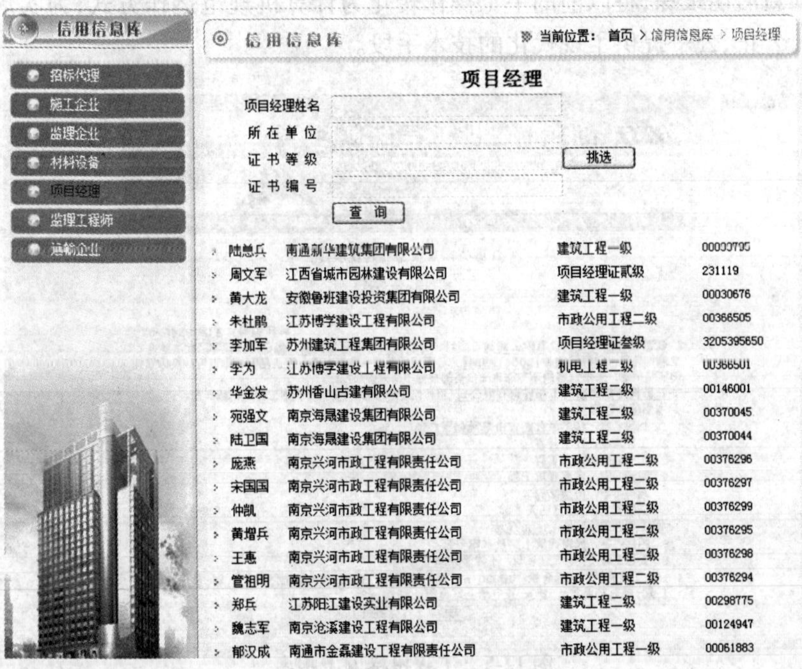

图 12-3 项目经理信息数据库

踪，可查询项目招投标过程中的各类统计数据(如图 12-6)。招投标管理系统借鉴办公自动化思想开发出规范的招投标流程，从项目初始化开始，包括项目进场交易登记、发包方案登记、招标公告发布、资格预审文件上传、招标文件备案、评标专家抽签、开评标情况录入、中标

图 12-4　监理工程师信息数据库

公示、直至项目后期跟踪，将以前的手工操作转化为计算机规范运作方式，为实现建筑工程交易的公开、公正、公平提供了现代化的技术手段。

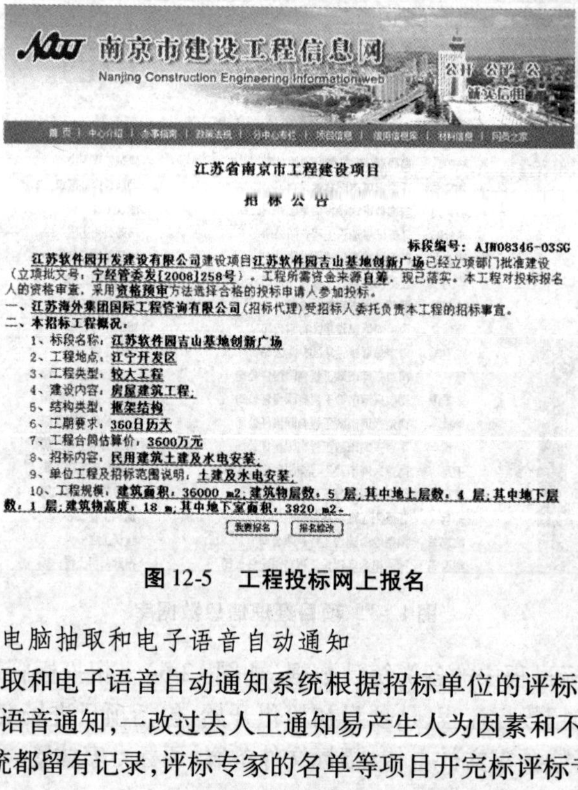

图 12-5　工程投标网上报名

3. 实现评标专家电脑抽取和电子语音自动通知

评标专家电脑抽取和电子语音自动通知系统根据招标单位的评标专家电脑抽签，自动对评标专家进行电子语音通知，一改过去人工通知易产生人为因素和不规范行为的弊端，电脑通知的全过程，系统都留有记录，评标专家的名单等项目开完标评标专家进入封闭评标区

招标进程

项目编号:	000003
项目名称:	江宁新校区建设
标段编号:	000003-02SG
标段名称:	南京晓庄学院图书馆工程
建设单位:	南京晓庄学院
代理单位:	南京银佳建设监理有限公司
发包方式:	公开招标
异常情况:	资格预审不足9家2次
流程状态:	

	项目注册	初步发包方案	招标公告	投标报名	资格预审	招标文件备案	开标	评标	中标公示	进场交易证明	书面报告备案	合同备案	项目销号
进度													
时间	04/3/18	09/2/6	始09/4/2 止09/4/9	始09/4/2 止09/4/9	09/4/20	09/4/20	09/5/11	09/5/11	始09/5/13 止09/5/15				

图 12-6　建筑工程招标进程查询

后系统才解除锁定,做到了事前有监督,事后可查询。评标专家进入评标区必须经过指纹验证系统的效验,系统自动提示评标专家进入各自的评标室等候,这样既做到了评标专家的准确无误,又加强了评标专家和评标项目的保密性,防止了评标前投标单位试图接近和影响评委的可能,同时也一定程度上保证了评标工作的质量。

(二)信息传输网络化

招投标信息化管理有以下特点。

(1)统一的网络运行平台。以市建筑工程交易中心内、外网为主干,南京市行政区域包括江宁、浦口、六合3个分中心及各开发区和专业工程均统一使用南京市招标投标管理信息系统,统一了数据标准和数据接口,为建立全市统一、标准的招投标市场创造了有利条件。

(2)良性的网员互动机制。建筑工程交易中心通过建筑工程信息网及时把国家、省、市有关招投标的法律、法规和有关规定传达给广大招投标单位,各网员单位通过网络也可以把招投标过程中的有关问题及时反馈给交易中心和招投标监管部门,形成了中心和网员单位的良性互动机制。

(3)操作流程的网上固化。交易中心从事招投标服务及相关部门的监督管理人员,按照各自的职责范围,在使用管理信息系统过程中分配了不同的权限,权限的设定严格依照中心招投标的流程进行,在网上的所有操作事项都留有记录,前道程序未完,后道程序锁定,流程的网上固化大大减少了人为干扰的几率。

(三)信息技术应用集约化

电子辅助评标的应用随着《建筑工程工程量清单计价规范》的施行,建筑工程招投标市场全面进入清单计价模式,价格机制的形成迫切需要新的相配套的评标办法及评标办法的规范化。在此基础上,相关市建筑工程交易中心与相关软件单位一道开发出一整套的电子辅助评标系统,并且在多个招投标项目上得到了使用,取得了不错的效果。它 是可以智能对比招标人提供的工程量清单与投标单位提供的工程量清单之间的一致性,快速、准确地发现任何不符合招标人要求的部分,并自动加以标记,并给出明确的不符合性说明,包括清单编码、名称、单位、工程量的符合性检查项目。二是可以自动检查投标报价的各种计算关系，自动判断并给出明确提示。三是可以对投标总价、分部分项工程量清单、措施项目费、其他项目费、清单综合单价、材料单价等的评审为评标提供了横向、纵向形式、多种多样的对比参考数据，提供可自由设定范围、自由设定基准价的偏差比较方法，为评委确定合理价提供依据，体现出评标工作的“科学择优”原则，在一定的范围保证有竞争能力的乙方利益。评标电子信息化技术的深入推广和应用，能大大提高评标质量，提高评标效率，缩短评标时间。

开、评标电子监控系统直观、详细地保留开、评标资料，中心对所有开、评标情况进行了电子监控和录像刻盘保存，开、评标电子监控系统的使用一方面为招标单位、监察部门事后监督提供了有效手段，另一方面也可以对评标现场干涉评委评标的行为形成威慑机制，同时，也可以作为对评委的评标态度和评标质量考核的依据。

数据统计分析中心通过电子辅助评标过程中的电脑数据分析，形成了各种造价信息，对这些造价信息的不断升级和循环，经过一定的研究整理，定期在建筑工程信息网上发布，这些指数可以为投标单位投标报价提供真实、完整、有效的第一手资料，同时，也为招标单位和专家评委确定工程成本提供了有效依据；提升了整个行业和相关主管部门的工作效率。

随着《电子签名法》的实施，南京市建筑工程交易中心要进一步研究实施网上招投标平台，运用多年招投标的经验，依托招投标管理信息系统和数据库的支持，适时推出在线招投标交易系统，招标单位可以通过网络完成招标项目建立、项目审核等事项，投标单位可以通过网络递交投标文件等投标工作全过程，评委可以利用网络进行评标等，系统不仅可以同时进行多个不同项目招投标工作，而且还支持多个不同招标单位各自独立组织招标活动。并且，系统还为招标单位提供标书费用、投标保证金等辅助管理和招投标用户注册、审核、系统资料维护等业务管理功能，真正实现招投标过程的无纸化交易。当今时代是信息时代、网络时代，信息化、网络化已经渗透到城市建设管理的每一个方面，并将发挥越来越重要的作用。

二、课堂实训

实训　利用模拟招投标系统进行招标和投标

1. 目的

让学生掌握了解招标流程。

2. 环境要求

计算机实验室，需配置 PKPM 招投标的模拟实践课程。

3. 能力标准及要求

通过招投标模拟实践，掌握主要环节的工作过程。能在实际工作中熟练地进行招标投标工作的实际运行。

4. 步骤

(1)学生分为若干组，每组划分为两种角色——招标人和投标人。

(2)按照招标投标的工作流程，完成一个项目的招投标工作。

(3)系统自动进行评判。

(4)角色互换，重复招标投标的工作流程。

(5)系统再次进行评判。

(6)系统综合两次的评判结果，给出学生的实验成绩。

三、知识拓展

(一)南京市建筑工程交易中心电子辅助评标系统简介

(注:南京市建筑工程交易中心计算机辅助评标系统由江苏国泰新点软件公司开发)

电子辅助评标适用于建筑招投标项目、政府采购招投标项目的招投标过程。

评标由两个部分组成,分别是商务标和技术标,两个部分可以同时采用电子评标,也可以选择其中的一项采用电子评标。在远程电视监控、视频会议的支持下,评委可以在异地采用远程电子评标的方式评标。

电子评标有利于招投标的公开、公平、公正,大大减少人为因素的干扰,是对原有的招投标评标方式的一次突破,从制度上防止腐败的滋生。

电子评标有利于节约投标单位的投标成本和投标工作量。一般只需要提供一份正本标书及刻录在一张光盘上的电子标书,不再需要很多份的副本;电子标书的自动约束和检查功能大大减小投标单位废标的可能性。

电子评标有利于简化评委评标过程。商务标的报价由电脑自动分析,技术标的评分要点自动定位。对原来手工评标难以处理的不合理报价、错误计算等能够自动报警;可以直观对比各个投标单位的清单价格、技术措施;评标报告自动出具,评委填写关键点后,自动生成报告。

电子评标有利于监管机构的监督。评标内容全程数字化,招标文件、投标文件、评标过程、评标结果能够长期保存,随时查询。

电子评标有利于建立高水平的专家队伍。评标专家的各次评标结果需集中保存在数据库中,这样可以加强对专家的考核管理,也为交易中心客观、量化地评价专家的能力和评标准确性提供了依据。

电子评标有利于节约招投标中心的成本。一些重大项目需要经异地评委来评标,通过电子评标的异地评标功能,评委在异地的指定地点即可参加评标,节约了评委专家来回的接送、住宿、招待等费用,也节约评委的时间,提高了评委的效率。

1. 电子评标的流程

由招投标办、招投标中心根据本地的实际,预先设计好数个招投标通用模板文件,作为以后编制招投标文件的原始初稿。招标方发布招标书,招标书内容刻录在光盘上;投标单位领到光盘后读取数据内容,用软件填写标书,生成的投标书再重新刻录到光盘上;评标系统从光盘上获取投标书,在评标系统里显示,供评委专家逐项打分,完成整体评分。如图12-7所示。

2. 招标文件模板制作

根据当地招标办的招投标文件格式,针对不同的专业、不同的项目规模,制作几套招投标的模板,供招标代理选择,这是以后招标代理编制招投标文件的原始初稿。招标文件模板由模板制作软件生成,由软件公司相关人员操作使用,协助招标办制作。

3. 招标文件制作

一个使用对象:招标代理。

两个制作软件:工程量清单软件、招标文件制作软件。

三个制作过程:模板文件的填写、清单文件的导入、补充说明文件的导入。

首先使用工程量清单软件,根据项目内容,生成工程量清单,生成的清单是投标人商务

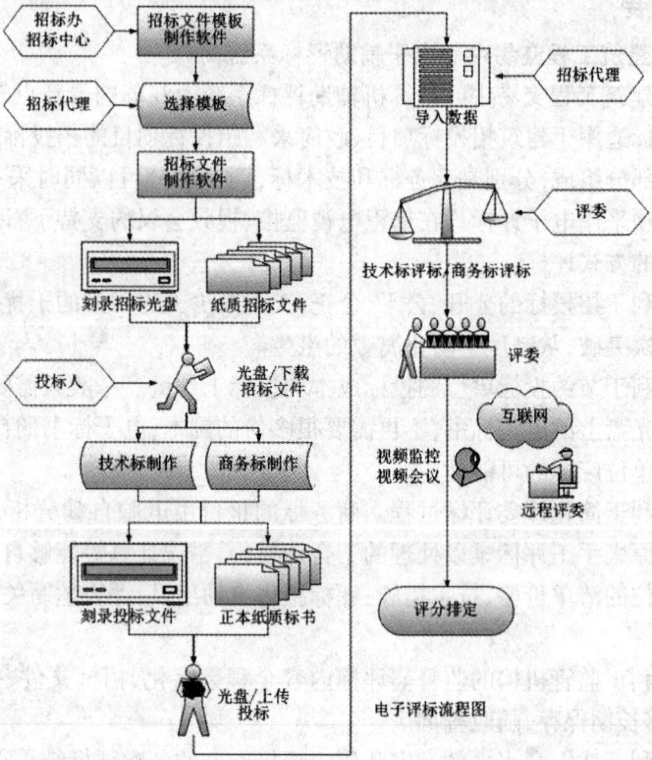

图 12-7 电子评标流程图

报价的主要依据。

招标代理使用编标软件,填写招标必要的参数,如项目名称、规模、投标文件要求、投标时间、地点等,快速编制招标文件的文字说明部分,设计投标文件的投标模板,供投标人填写,确保以后投标单位的投标文件格式一致,便于电脑自动查询和比较;导入项目工程量清单,作为招标文件的商务数据;导入补充文件,通常是一些文字资料、图片资料等说明文件,供投标人查阅。完整的招标文件在编标软件的引导下,将数据库刻录到招投标专用光盘;将招标文件同时打印成书面文件。

4. 投标文件制作软件

投标文件的制作也是 3 个步骤:技术标的模板文件的填写、技术标的图纸文件和附件的导入、商务标的清单报价的导入。投标单位主要使用两种应用软件来制作投标文件:工程量清单软件和编标软件。

投标人领取招标文件的光盘,或通过下载文件的方式,获得招标文件。将招标文件数据导入编标软件中,阅读招标文件的文字说明和图片说明,明确投标的要求。

模板文件填写在编标软件中完成,主要包括标书基本内容的填写、评分项内容的填写。基本内容有投标单位名称、项目经理名称、工期等。评分项内容指在技术标中的 8 到 10 个打分点,根据投标单位填写的内容,将由评委进行打分。

图纸文件和附件的导入也在编标软件中完成。导入的图纸有网络图、平面图等,导入的其他文件有营业执照、资质证书等。

商务标主要由清单报价组成,清单报价由工程量清单软件制作和生成。工程量清单软件接收招标光盘中的工程量清单,企业预算员根据本企业的特点进行组价,生成投标文件的商务标部分。

在编标软件、工程量清单软件的引导下,分别将项目的技术标部分、商务标部分的数据刻入领取的招投标专用光盘中,准备投标。

5. 评标软件

将包含投标数据的光盘连同投标文件的一份正本,密封后在规定时间内交到投标地点;投标数据也可以用加密传输的办法,通过网上传送到指定的服务器。开标时间到达后,将光盘数据导入到评标系统中;如果是网上传送的数据,则由投标单位现场解密,导入到评标系统中。评标系统由两部分组成,分别针对商务标、技术标进行评标。

1)商务标评标

评委登录评标系统,查看标书内容并对其打分。

通常有下列步骤:清单符合性检查,检查投标人清单是否与招标文件保持一致;检查计算错误,检查投标人提供的数据是否含有计算错误;清单价格分析,判断清单报价是否合理;投标价格分析,确定投标人的投标报价排名情况;计算商务标分数。

2)技术标评标

支持评委的远程评标,异地评委在指定的时间、地点,通过安全的方式登录系统后,可以对各企业投标书进行阅读,并对各投标人进行打分。

标书的评分点在电脑上逐个展示,评委打分有针对性,也从技术上抑制了评委可能随意打分的倾向;对投标企业的应答信息进行类比,如将各投标企业的相同的技术指标、服务内容等进行直观比较,结论一目了然;自动查找和定位,随时切换到评委想看的地方,减少了来回翻标书的繁琐;限定评委只对主观项目进行打分,评标的结果合理;专家提交打分结果,系统会检查评分的完整性,既无缺项,也无多项;按设定的评标办法对各投标单位得分进行统计,各投标单位技术标得分、商务标得分、总得分一览表一起生成。

3)远程电视监控和视频会议

采用异地评标时,可同时建立远程电视监控系统、视频会议系统。由纪检监察部门、公证部门实时查看评标情况,并可以对评标过程进行全程录像,以备查询。

远程电视监控系统实时监控评委的评标过程,并可以供以后回溯查看。

会议系统可以使异地评委和本地评委进行实时通话和讨论,就像在本地一样;讨论过程的声音和视频同时被记录,供事后回溯查看。

(二)未来(Futuresoft)电子辅助评标系统

“未来电子辅助评标系统”是真正具有三层体系的 DCOM 分布式网络系统,实现了多个评标室使用一套系统同时进行开标和评标的需要。本系统利用计算机强大的计算与分析处理能力,在工程量清单招标中对评标过程中产生的大量数据进行分析计算,辅助评委进行评标,极大地提高了评标工作的效率与准确性。本系统采用通用的“Access”数据格式来接收招投标数据,并公开数据接口标准,使目前安徽市场上的所有造价软件生成的招投标数据均可自由导入,实现真正意义上的标准公开,接口共享。

1. 电子辅助评标系统实施的现实意义

(1)把评委从繁重的“找错”工作中解脱出来。

(2)体现公平、公正、科学、择优的原则。

(3)可以降低业主和施工企业的招投标成本。

2.“未来电子辅助评标系统”的特点

(1)起点高,速度快。本系统的开发语言是 C++ ,采用 SQL Server 数据库,是 3 层体系的 DCOM 分布式网络系统。开发平台高,导入、分析数据速度快是该系统的一大优势。

(2)实现需要,易学易用。本系统界面友好,操作简便,容易上手。相关操作人员只需根据系统向导一步一步进行操作,即可实现复杂的清标、评标工作。

(3)最佳的网络清标、评标解决方案。本系统除了可以实现各评委对同一个评标项目的独立评审外,更为重要的是,实现了多个评标室使用一套系统同时进行开标和评标的需要。

(4)清标、评标任意组合。由于市场上不同用户对清标和评标的需求不尽相同,本系统可以根据用户的需求将清标、评标模块拆分、组合。

(5)功能强大的报表打印系统。该系统提供了丰富的报表,如清标报告、初步评审报告及评标报告。更重要的是用户可以根据自己的需要设计报表,并存为模板,方便下次调用。

(三)广联达电子评标系统 GXB 4.0

1. 产品概述

GXB 4.0 是为清单环境下评标工作提供的专业、高效的电子评标软件产品,它利用信息技术帮助用户提高评标工作效率与评标工作的效果,帮助建筑交易市场创造出“公平、公正、科学择优”的市场环境。

该软件在全国与 34 个交易中心合作,一年应用于实际工程的数量为 4 000 个工程。

计算机辅助评标流程如图 12-8 所示。

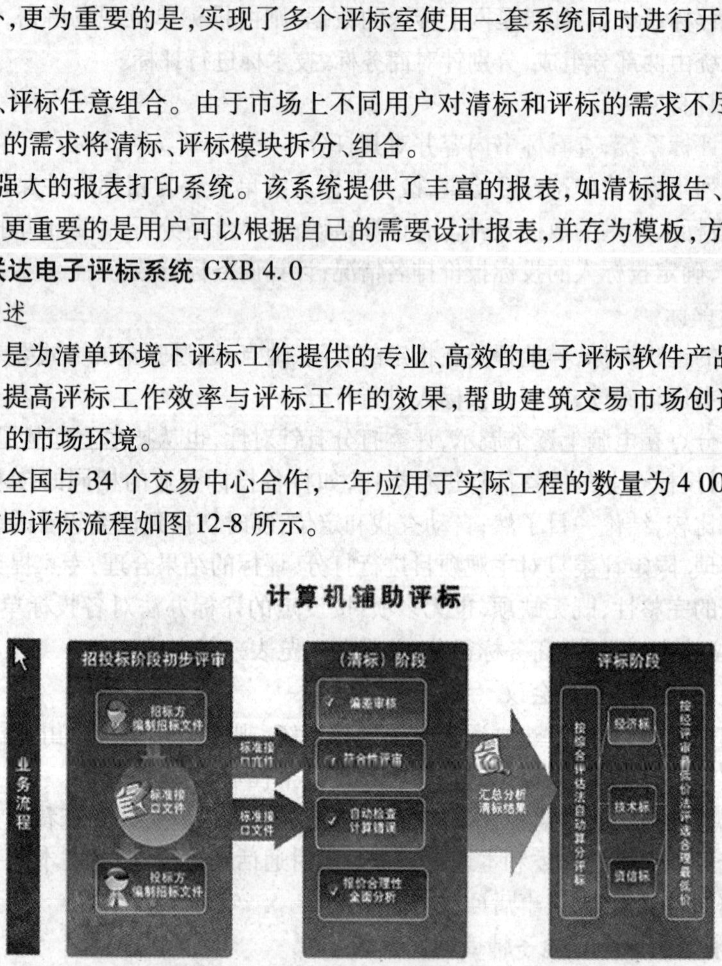

图 12-8　计算机辅助评标流程

2. 产品特点

(1)自由个性化的操作模式配置。实现了真正的网络评标模式,合理分配网络资源,不但可以实现多个评委对同一项目的同时独立评审,还可以多个标室同时开标,产品仍然可以保持高效稳定的运行。

(2)灵活配置评标办法。多年的开标经验积累,广联达已经将全国常用的 70 余种评标办法分析透彻,这些评标办法已经内置在软件中,用户可以依据自己的评标办法描述,轻松、快速的配置用户需要的评标办法,并可对分值和参数值进行修改,如图 12-9 所示。

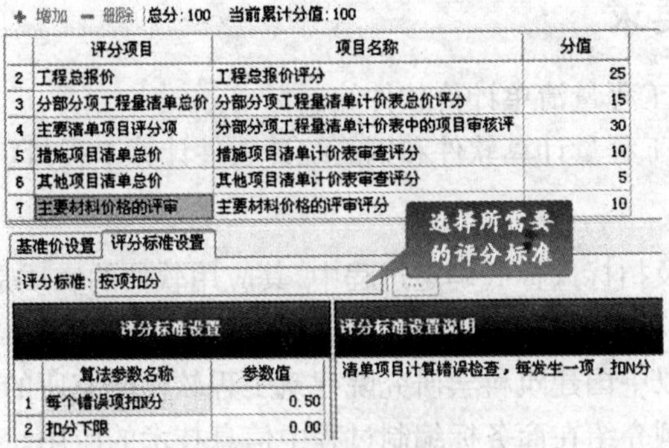

图 12-9　评标方法选择

(3)独有的横向对比大表。系统提供了平均价、标底价等常用的10种价格对比方式和实用灵活的范围控制方式,您可以根据工程的特点进行灵活设置,如图12-10所示。

通过强大的横向对比功能,所有的清单报价过高、过低一览无余,帮助评委快速判断不合理、不平衡报价。

各单位横向对比功能,深度剖析清单报价资源组成,专家、评委可以轻松把握每一处细节。

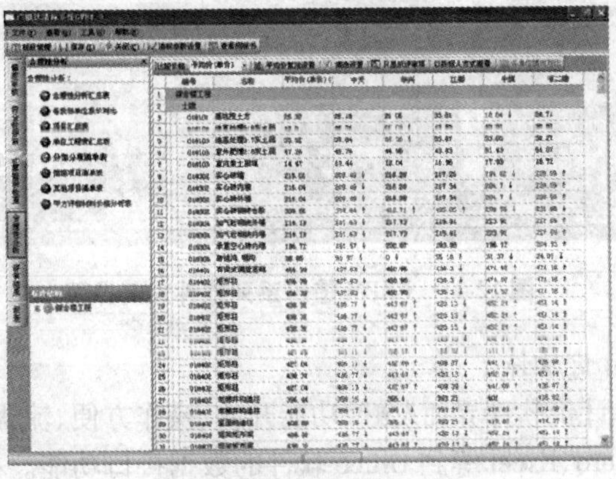

图 12-10　横向对比表

项目三　应用信息技术编制商务标

教学目标

- 掌握工程量清单计价软件的使用。
- 掌握工程量计算软件的使用。
- 掌握钢筋统计软件的使用。

能力标准及要求

- 培养学生利用工程量清单计价软件编制标书。
- 培养学生利用工程量计算软件和钢筋统计软件计算工程量。

一、基础知识

在商务标编制以及招标人标底确定过程中,其应用软件的实质是工程造价软件,大致可分为工程计价软件、工程算量软件、钢筋放样软件。目前国内建筑市场上的工程造价软件较多,且各有千秋,本节以中国建筑科学研究院建筑工程软件研究所的"PKPM 造价系列软件"(如图 12-11 所示)为例介绍在商务标编制过程中信息技术的应用。

图 12-11 PKPM 造价系列软件安装界面

(一)工程量清单计价软件

PKPM 工程量清单计价软件界面友好、功能开放、操作方便、流程清晰,具有 Windows 软件操作风格,提供与 Word、Excel 等到 Office 软件的数据接口功能。在进行工程量清单报价时,软件可采用动态费率表的形式,来解决不同的清单项目取不同的费率的情况,通过智能识别进行取费,取费过程完全开放,可根据工程的实际情况对取费公式进行修改,大大减轻了手工做工程量清单的烦琐。下面对软件的使用进行简要介绍。

1. 软件安装

点击图 12-11 界面中"套价报表和清单"按钮,根据提示即可进行计价软件的安装。

2. 软件简介

点击桌面上"PKPM 工程量清单"图标,即可进入工程量清单计价软件的启动界面,如图 12-12 所示,可以进行学习版和正式版的选择。

选择"正式版"进入工程量清单计价软件主界面,如图 12-13 所示。

主界面窗口分为 3 个部分:上部是主菜单条、操作向导工具条和系统工具条;中部是操作页面,随操作状态的不同而显示不同的内容;底部是状态栏,用来显示当前操作文件的状态,包括文件来源及合计金额。

图 12-12　工程量清单计价软件启动界面

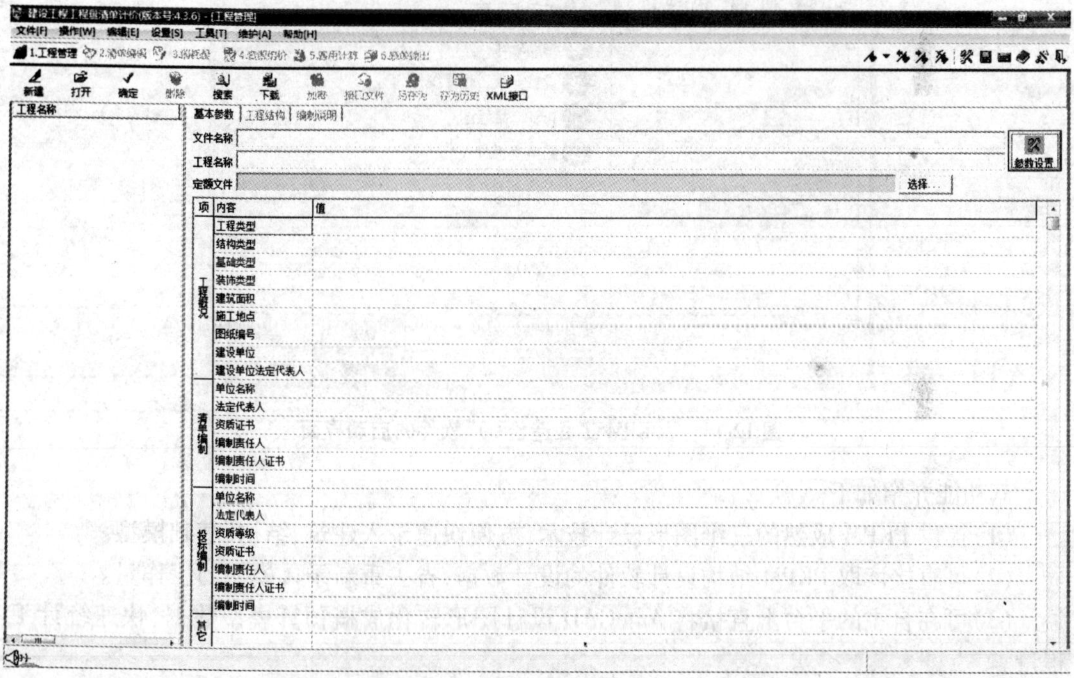

图 12-13　工程量清单计价软件主界面

（二）工程量计算软件

工程量计算是造价人员耗费时间和精力最多的重要工作，特别是清单模式下，无论是招标方还是投标方都需要计算两遍工程量。招标方需要计算清单量和计算标底定额消耗工程量，并且需要对清单项进行特征描述。由于计算规则不同，两遍计算得出的是不同的计算结果。而投标方需要核对招标方提供的清单量，同时计算施工方案工程量，也需要两种计算结果。因此，相比定额模式下双方都多计算了一遍工程量。由于工期时间比较紧张，要求造价人员高效、精确地完成工程量计算，把更多的时间运用在投标报价技巧上。这些单靠手工是很难按时保质保量完成的。

工程量计算软件是中国建筑科学研究院 PKPM 软件研究所在自主研发的 CFG 图形平

台基础上开发的,依托 PKPM 结构设计软件的技术优势,可适用于建筑工程的工程量计算,尤其是对于有 PKPM 结构设计数据的用户,可省去模型建立的工作,快速统计出工程量。

1. 软件安装

点击图 12-11 界面中“工程量计算和钢筋统计”按钮,根据提示即可进行工程量计算软件的安装。

2. 软件简介

点击桌面上“PKPM 工程造价 09”图标,即可进入“PKPM 工程造价 09”软件的启动界面,如图 12-14 所示,可以选择“1 工程量计算”,即可进入工程量计算软件,如图 12-15 所示。

图 12-14 “PKPM 工程造价 09”软件的启动界面

其功能介绍如下。

(1)提供 PKPM 成熟的三维图形设计技术,方便快速录入建筑、结构、基础模型。

(2)可直接读取 PKPM 结构设计软件的设计数据,省去重新录入模型的工作量。

(3)可在自主的平台上直接将 AutoCAD 设计图形转化成概预算模型数据,快速统计工程量。

(4)独到的三维模型立体显示(如图 12-16 所示),便于审查校核。

(5)基础模型可在任意楼层上布置,解决了建筑物底层标高不同的难题。

(6)灵活的异型构件处理功能,用户可单独绘制或在楼层中绘出异型构件,提取计算结果并能任意组合工程量表达式。

(7)真正的三维扣减计算,准确的计算结果,并同时提供计算式的反查功能。

(8)依据构件的属性自动套取定额子目,同时也可以人为给构件套定额,提供构件信息的导入和导出功能。

(9)提供装修做法、预制构件等标准图集。

(10)提供 30 多个省市的计算规则库,依据不同地区的计算规则,可实现一模多算。

(11)多种统计方式,可按定额模式或工程量清单模式统计工程量。

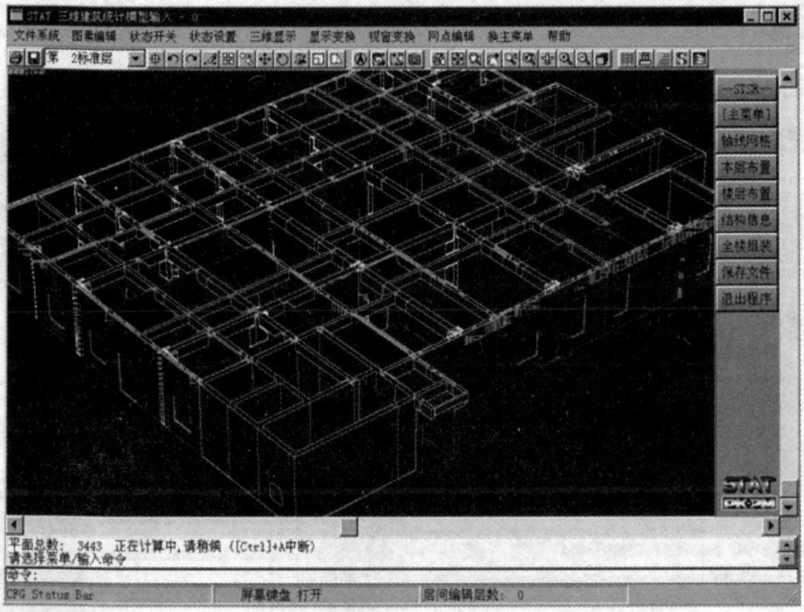

图 12-15　工程量计算软件操作界面

图 12-16　三维模型立体显示

（三）钢筋统计软件

选择图 12-14 中“2 钢筋统计”选项卡，即可进入钢筋统计软件（如图 12-17、12-18、12-19 所示）。PKPM 钢筋统计软件能计算各类钢筋混凝土构件。下面简单介绍 PKPM 统计钢筋工程量的思路。

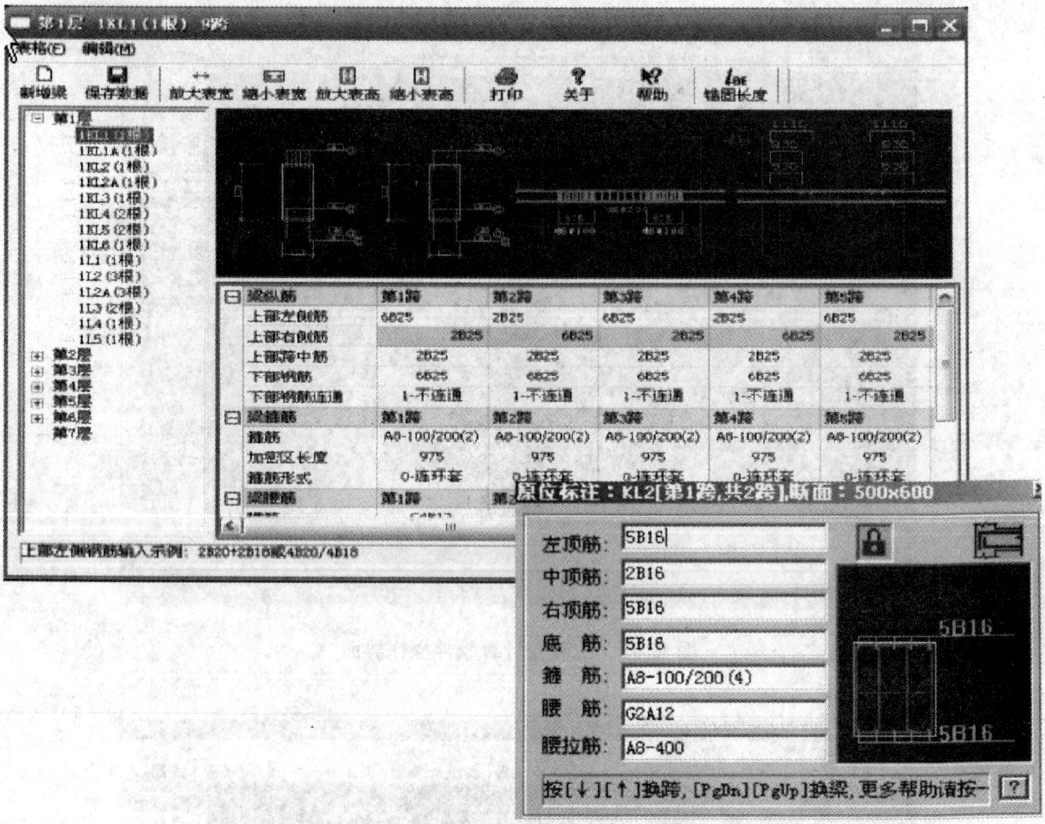

图 12-17　梁钢筋录入

1. 围绕建筑模型统计钢筋量

用户首先建立全楼的建筑模型,随着一层层图纸的翻阅,用户按楼层输入建筑模型,把图纸上的轴线、梁、柱、墙、基础等构件布置上去。输完一层后先将其复制到另一层,再修改后形成另一层的布置,最后把各层按自下而上顺序组装成全楼模型。

在这个全楼建筑模型上清楚地反映出两类信息,其一反映各类构件的几何尺寸,例如梁构件,在模型中体现出每一根梁的具体位置、跨数、轴线长度、截面尺寸。再例如柱构件,在模型中体现出每根柱的位置、高度、截面尺寸。其二反映各类构件相互之间的连接或支撑关系,如楼板支撑在梁还是墙上,梁是支撑在柱上还是支撑在墙上。

在计算钢筋长度和根数时就围绕着建筑模型上已经布置好的建筑构件进行,如梁、柱、剪力墙、楼板、基础等,程序以这些构件为模板,只需用户输入若干钢筋参数,程序把用户输入的钢筋参数在构件模板内自动展开布置,依据模型尺寸算出每根钢筋的详细尺寸和数量,其中钢筋的搭接、弯钩、锚固等数据程序可根据规范或用户控制参数自动算出,从而达到快速、自动、准确统计的效果。

比如楼板的板底钢筋统计时,用户指定布置的房间区域并给出钢筋的直径和间距,程序会根据房间的形状算出钢筋的尺寸和数量,会根据构造要求算出弯钩尺寸,从而自动给出该种钢筋的数量。

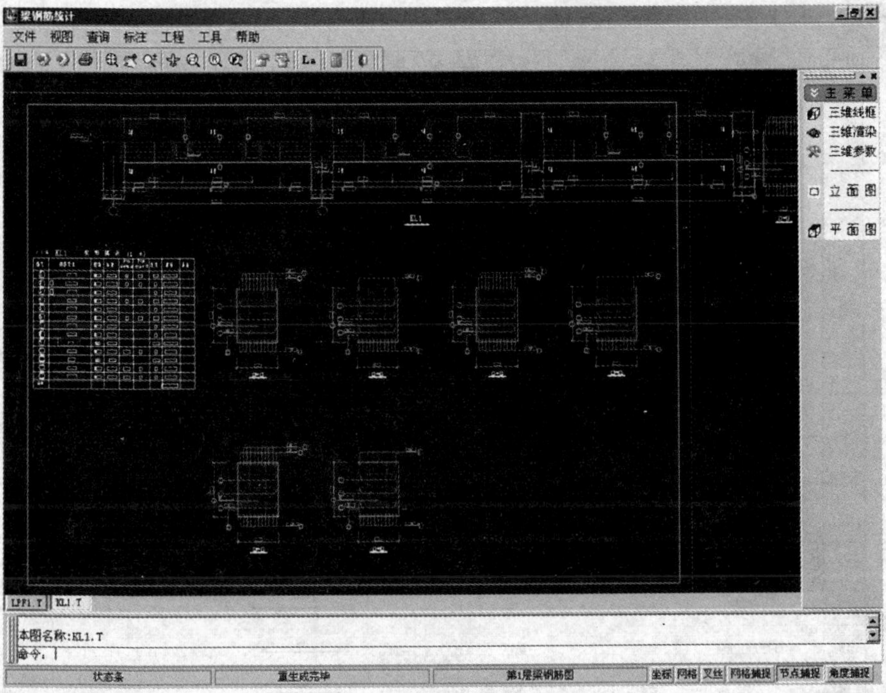

图 12-18　梁立面图和剖面图

又比如对梁钢筋，用户给出每跨梁上、下排布置的钢筋根数和直径，箍筋的直径和是否加密等，程序会根据规范或标准图的要求算出钢筋的弯钩、搭接、断点尺寸，根据该梁跨度截面尺寸算出每根钢筋总长，并算出加密区长度和箍筋数量、尺寸，从而得出整根梁的钢筋详表，当然很多细部可由用户修改。

2. 图集单构件方式统计钢筋

全楼建模算量方式对于常用的规则构件处理方便、快速，但对于一些零星应用或造型复杂的构件，把它放到全楼模型中输入可能工作量较多，操作复杂，未必能够提高工作效率。比如挑檐构件和阳台构件，它们的形式变化多样。算量软件把这种特殊的、零星应用的构件钢筋采用单构件方式输入和统计，作为对全楼模型输入方式的补充。

单构件统计方式就是对某种构件单独输入它的模型尺寸和钢筋参数，由程序逐根地统计钢筋。比如对挑檐类型构件，程序通过参数对话框让用户输入描述挑檐的形状参数和钢筋参数，确定后程序计算统计出该挑檐构件的全部钢筋。这种构件的类型常有挑檐、阳台、雨篷，砖混结构的挑梁、托梁、过梁，基础结构的集水坑、电梯井、异型承台等。

也有按标准图集的构造做法进行钢筋统计的方式，软件已经依据标准图集开发了各种复杂构件图形库，并绘制带有常用钢筋的构件简图，在计算钢筋时，只要选择相应类型的构件并按照图纸录入构件的几何尺寸和钢筋配筋信息，软件就会自动计算钢筋长度和根数。

标准图集构件包含的类型多、范围广、变化多样。比如标准图集 6101 系列、12 系列、036101 结构标准设计图集中有楼梯、基础承台、集水坑、圈过梁、构造柱、阳台、现浇桩、墙柱和砌体拉结筋、牛腿等大量的结构构件类型。算量钢筋软件设计了标准图集单构件的统计

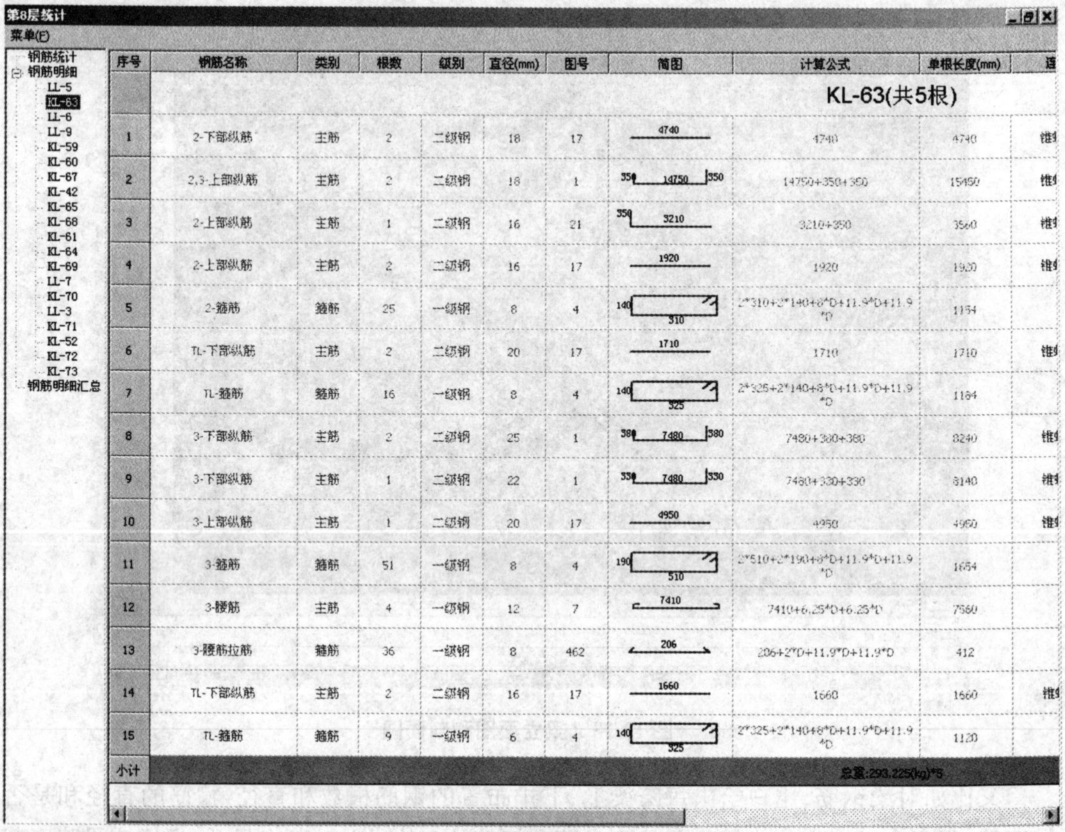

序号	钢筋名称	类别	根数	级别	直径(mm)	图号	简图	计算公式	单根长度(mm)	连
								KL-63(共5根)		
1	2-下部纵筋	主筋	2	二级钢	18	17	4740	4740	4740	锥
2	2,3-上部纵筋	主筋	2	二级钢	18	1	350 14750 350	14750+350+350	15450	锥
3	2-上部纵筋	主筋	1	二级钢	16	21	350 3210	3210+350	3560	锥
4	2-上部纵筋	主筋	2	二级钢	16	17	1920	1920	1920	锥
5	2-箍筋	箍筋	25	一级钢	8	4	140 310	2*310+2*140+8*D+11.9*D+11.9*D	1154	
6	TL-下部纵筋	主筋	2	二级钢	20	17	1710	1710	1710	锥
7	TL-箍筋	箍筋	16	一级钢	8	4	140 325	2*325+2*140+8*D+11.9*D+11.9*D	1184	
8	3-下部纵筋	主筋	2	二级钢	25	1	380 7480 380	7480+380+380	8240	锥
9	3-下部纵筋	主筋	1	二级钢	22	1	330 7480 330	7480+330+330	8140	锥
10	3-上部纵筋	主筋	1	二级钢	20	17	4950	4950	4950	锥
11	3-箍筋	箍筋	51	一级钢	8	4	190 510	2*510+2*190+8*D+11.9*D+11.9*D	1654	
12	3-腰筋	主筋	4	一级钢	12	7	7410	7410+6.25*D+6.25*D	7560	
13	3-腰筋拉筋	箍筋	36	一级钢	8	462	206	206+2*D+11.9*D+11.9*D	412	
14	TL-下部纵筋	主筋	2	二级钢	16	17	1660	1660	1660	锥
15	TL-箍筋	箍筋	9	一级钢	6	4	140 325	2*325+2*140+8*D+11.9*D+11.9*D	1120	
小计								总重:293.225(kg)*5		

图 12-19　梁钢筋计算结果

方式，这是一种适应性更加广泛的单构件统计钢筋方式。

标准图集单构件的钢筋统计方式简称图集方式。这种方式按照图集的构件分类管理，对每种图集构件，在标准图大样上面设计描述构件形状和钢筋布置的主要参数，用户输入参数后即可由程序完成该构件的钢筋统计。如图 12-20 所示。

图集方式的最大特点是程序设计了可以由用户自定义构件的方式。用户可以自己录入任何构件的标准图大样，自己在图形上指定输入哪些参数，包括构件形状参数和钢筋布置参数。自定义的大样类型可以方便地加入到程序的大样库管理中。这样用户可以建立自己定义的零星构件库和标准大样库，逐渐适应多样的钢筋统计需要。

3. 直接读取 PKPM 结构数据计算钢筋工程量

接结构数据可以使算量钢筋软件直接导入全楼建筑模型，直接导入各种结构构件的实际钢筋配置数据，软件可以立即执行计算并得到统计结果，省去人工输入建筑模型、人工录入各种构件钢筋的大量工作，因此是一种最理想、高效的工作方式。

PKPM 设计软件(又称 PKPMCAD)是一套集建筑、结构、预算、设备(给排水、采暖、通风空调、电气)设计于一体的集成化 CAD 系统。它在国内设计行业占有绝对优势，拥有上万家用户，目前应用普及率接近 100%，现已成为国内应用最为普遍的 CAD 系统。PKPM 建筑结构设计软件已在全国普及应用近 20 年，全国大部分建筑都是用 PKPM 完成结构设计的，大

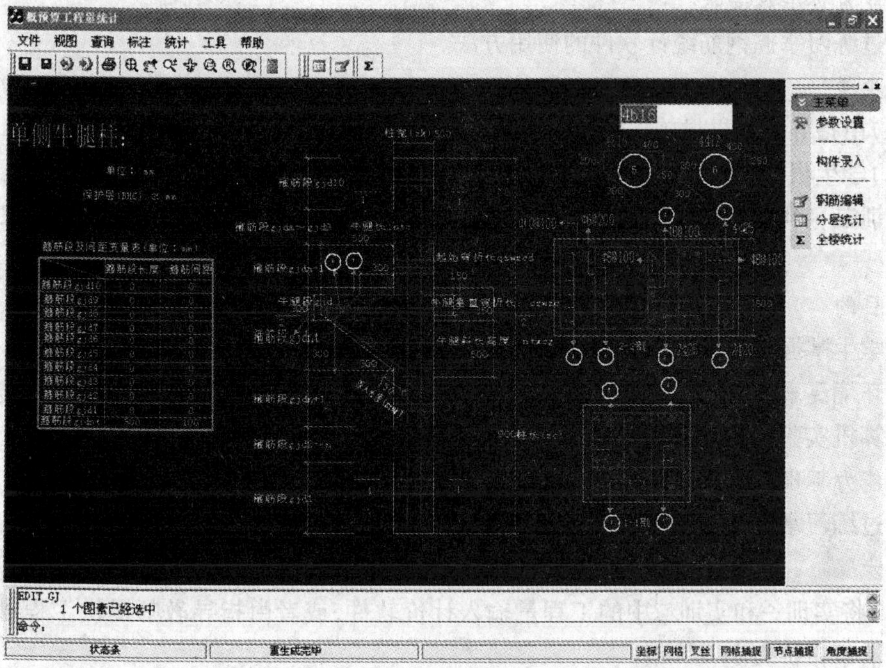

图 12-20　单构件输入界面

部分工程都具有 PKPM 设计数据。因此是一种用户最容易得到的设计数据来源。

算量钢筋软件可接 PKPM 结构数据完成工程量统计和钢筋统计，使得结构设计数据资源实现最大程度共享，极大节省了概预算的工作量，免去了重复劳动，节约了人力资源。

二、课堂实训

实训一　利用 PKPM 工程量计算软件（或其他算量软件）计算工程量

1. 目的

让学生掌握工程量计算软件的使用方法。

2. 环境要求

计算机实验室，需配置网络版 PKPM 工程量计算软件（或其他算量软件）。

3. 能力标准及要求

通过练习掌握算量软件的使用方法。

4. 步骤

（1）由指导教师提供施工图（以一两层框架结构房屋为宜）。

（2）学生根据施工图建模，汇总工程量。

实训二　利用 PKPM 钢筋统计软件（或其他钢筋软件）计算钢筋工程量

1. 目的

让学生掌握钢筋统计软件的使用方法。

2. 环境要求

计算机实验室，需配置网络版 PKPM 钢筋统计软件（或其他钢筋软件）；由指导教师提供施工图（以一两层框架结构房屋为宜）。

3. 能力标准及要求

通过练习掌握钢筋统计软件的使用方法。

4. 步骤

(1)由指导教师提供施工图(以一两层框架结构房屋为宜)。

(2)学生根据施工图建模,输入钢筋参数,汇总钢筋工程量。

实训三　利用 PKPM 工程量清单软件(或其他计价软件)编制工程量清单及工程量清单报价

1. 目的

让学生掌握工程量清单计价软件的使用方法。

2. 环境要求

计算机实验室,需配置网络版 PKPM 工程量清单软件(或其他计价软件)。

3. 能力标准及要求

通过练习掌握钢筋统计软件的使用方法。

4. 步骤

(1)将实训一和实训二中的工程量输入计价软件,或者由指导教师提供工程量清单和工程量清单报价表。

(2)根据以上内容,由学生利用计价软件编制商务标。

三、知识拓展

请调查本地区工程量计算软件和钢筋统计软件的普及程度及市场占有情况。

项目四　应用信息技术编制技术标

教学目标

- 掌握标书制作工具的使用方法。
- 掌握网络计划软件的使用方法。
- 掌握施工现场平面图制作软件。

能力标准及要求

- 培养学生利用信息技术编制技术标的能力。

一、基础知识

随着建筑市场的日益规范化,投标工作亦趋于更公开、公平、公正,公开招标已经成为普遍采用的工程交易方式,同时市场竞争更为激烈。因此,在其他条件相近的情况下,编制科学合理、规范美观的投标文件成了企业进入市场的头等大事。技术标是投标文件的重要组成部分,是编制投标报价的基础,是反映投标企业施工技术水平和施工能力的重要标志,在投标文件中具有举足轻重的地位。而技术标的编制工作量大且繁琐,投标时间却往往非常紧迫,即使是非常有经验的投标人有时也难免因疏漏而造成遗憾。借助于辅助投标软件,就有可能在有限的标书编制时间内编制出针对性强、重点突出、个性鲜明的高质量的投标文件，达到在投标竞争中获胜的最终目的。目前相关标书制作软件众多，现以"PKPM投标系列软件"（如图12-21所示）为例介绍信息技术在编制技术标中的应用。

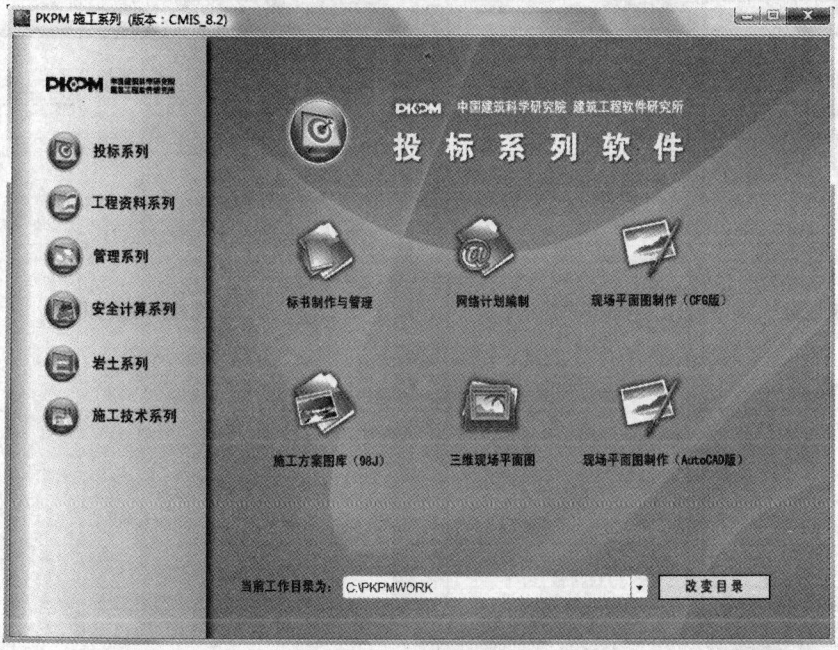

图12-21　PKPM投标系列软件启动界面

（一）标书制作与管理模块

1. 登录软件

单击图12-21中的"标书制作与管理"，即可登录软件。登录后，显示的主界面如图12-22所示。主界面由WORD菜单和模板列表区、工程操作区、文档内容显示区组成。

2. 软件简介

PKPM标书制作管理系统是针对建筑工程招投标，为了使用户能够快速、便捷地编制标书而开发的，它集标书制作与管理为一身，功能特点如下。

（1）提供标书全套文档编辑、管理、打印功能。

（2）根据投标所需内容，可从模板素材库、施工资料库、常用图库中，选取相关内容，任意组合，自动生成规范的标书及标书附件或施工组织设计。

（3）可导入PKPM施工系列其他模块生成的各种资源图表和施工网络计划图以及施工平面图等。

系统还提供了劳动力、材料计划表及人事资料和设备资料管理，方便更加准确地制作标书。

（二）网络计划编制模块

1. 软件登录

单击图12-21中的"网络计划编制"，即可登录软件。登录后，显示的主界面如图12-23所示。

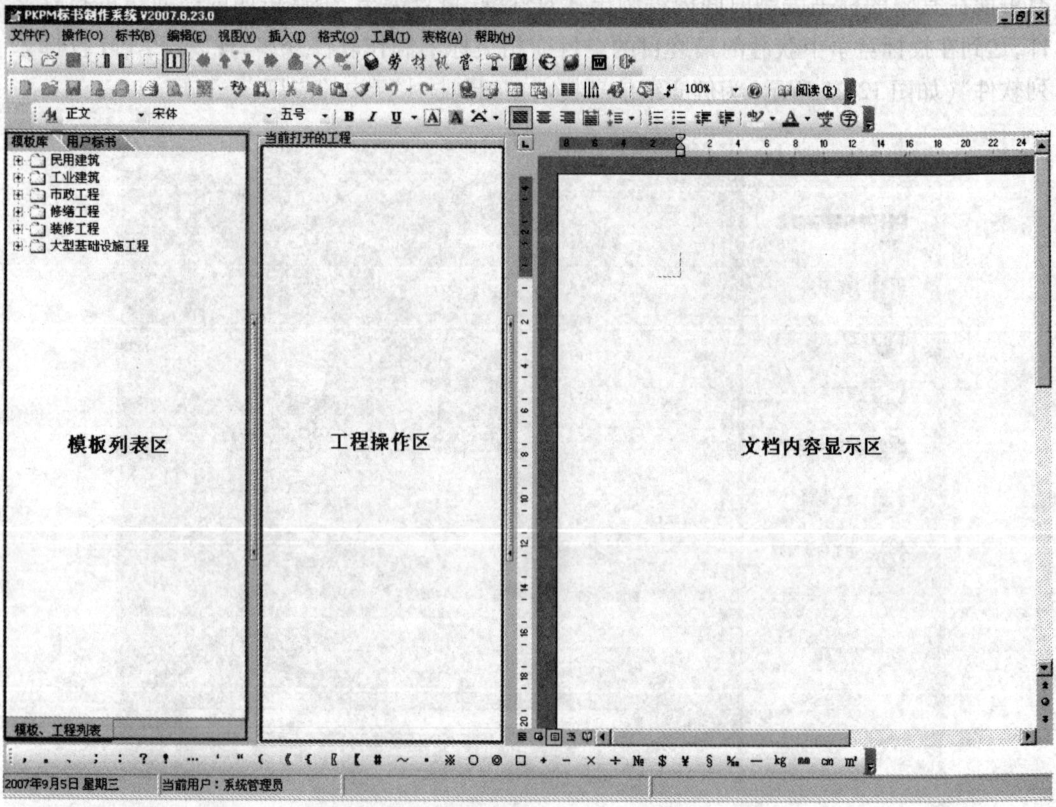

图 12-22 标书制作与管理模块界面

2. 软件简介

按照《工程网络计划技术规程》进行编制，可快捷、方便地直接绘制横道图（如图 12-24 所示）、双代号网络图（如图 12-25 所示）和单代号网络图（如图 12-26 所示），同时还提供了多种自动生成工程进度计划的方法，并能进行任意修改。软件提供 3 种图形之间真正的自由切换，能够快速生成投标、施工阶段所需的各种进度计划图、进度计划对比图和各种资源图、统计表。图形输出灵活多样，能够满足施工单位投暗标的严格需求。软件通过前锋线功能动态跟踪实际进度情况，方便及时发现进度偏差，并采取纠偏措施，是施工单位非常实用、有效的施工管理工具。

（三）现场平面图制作模块

1. 软件登录

施工现场平面图软件分为两个版本：中国建筑科学研究院软件所自主平台的 CFG 版和在 AutoCAD 平台上开发的 AutoCAD 版，如图 12-21 所示。现以 CFG 版为例做简单介绍。单击图 12-21 中的“现场平面图制作（CFG 版）”，即可登录软件。登录后，显示的主界面如图 12-27 所示。

2. 软件简介

建筑施工总平面布置图是根据已经确定的施工方法、施工进度计划、各项技术物资需用量计划等内容，通过必要的计算分析，按照一定的布置原则，考虑技术上可能和经济上合理，

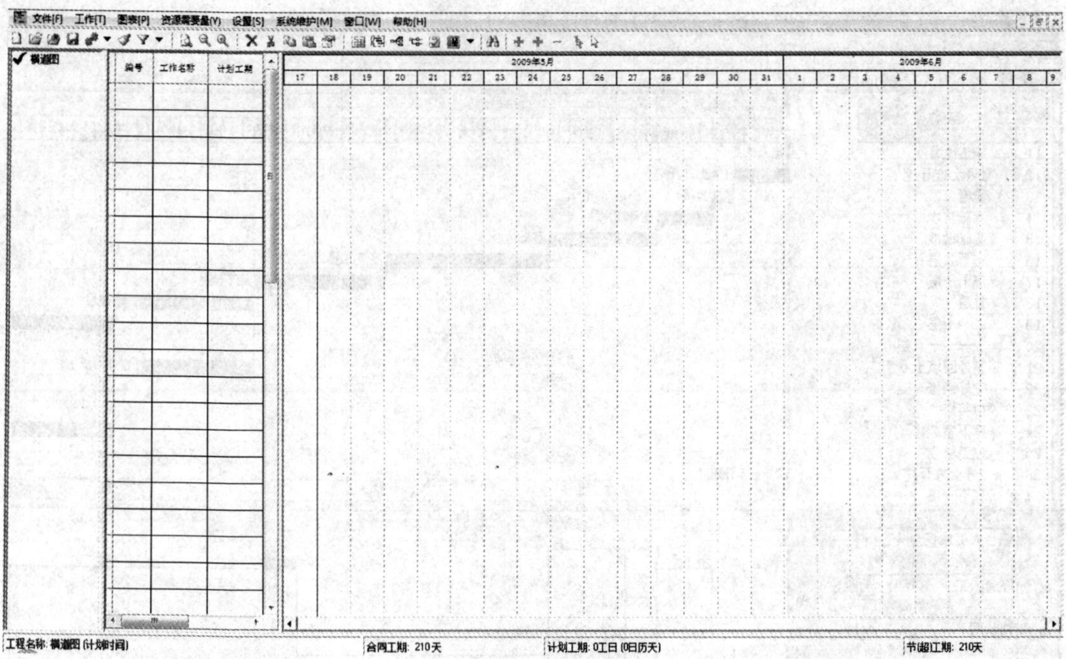

图 12-23　网络计划编制模块界面

将建筑物和设施等合理布置在平面图上。本软件提供的设计功能,包括从已有建筑生成建筑轮廊,建筑物布置、绘置道路和行道树、绘制围墙,绘制工程管线、仓库和加工厂,标注各种图例符号等。

(四)施工方案图库模块

单击图 12-21 中的“施工方案图库”,即可登录软件。

施工方案图库提供了施工组织设计、施工专项方案编制、技术交底及工程资料填写所需的大量施工详图、大样图、构造图及 98 J 全套图集,用户还可对图库进行增加、修改等维护管理。该软件也是设计单位绘制施工图的最佳助手。

(五)三维现场平面图

单击图 12-21 中的“三维现场平面图”,即可登录软件。

三维施工现场平面设计软件结合国内外通用图形平台的优点,能快速布置施工现场实物的三维造型,如围墙、大门、道路、基坑、建筑楼体、脚手架、护栏、建筑机械、材料等构件。软件提供了强大的渲染功能,并可以从任意方位真实地展现施工现场三维实景图。软件还提供了丰富的图库,并且能够与 DWG 文件、3DS 文件、PKPM 软件系列文件等实现无缝对接。本软件能够快速生成形象、美观的三维施工现场布置图,非常适合施工单位招投标和现场施工管理使用,如图 12 28 所示。

二、课堂实训

实训一　利用 PKPM 投标系列软件(或其他标书制作软件)编制技术标

1. 目的

让学生掌握利用软件编制技术标的方法。

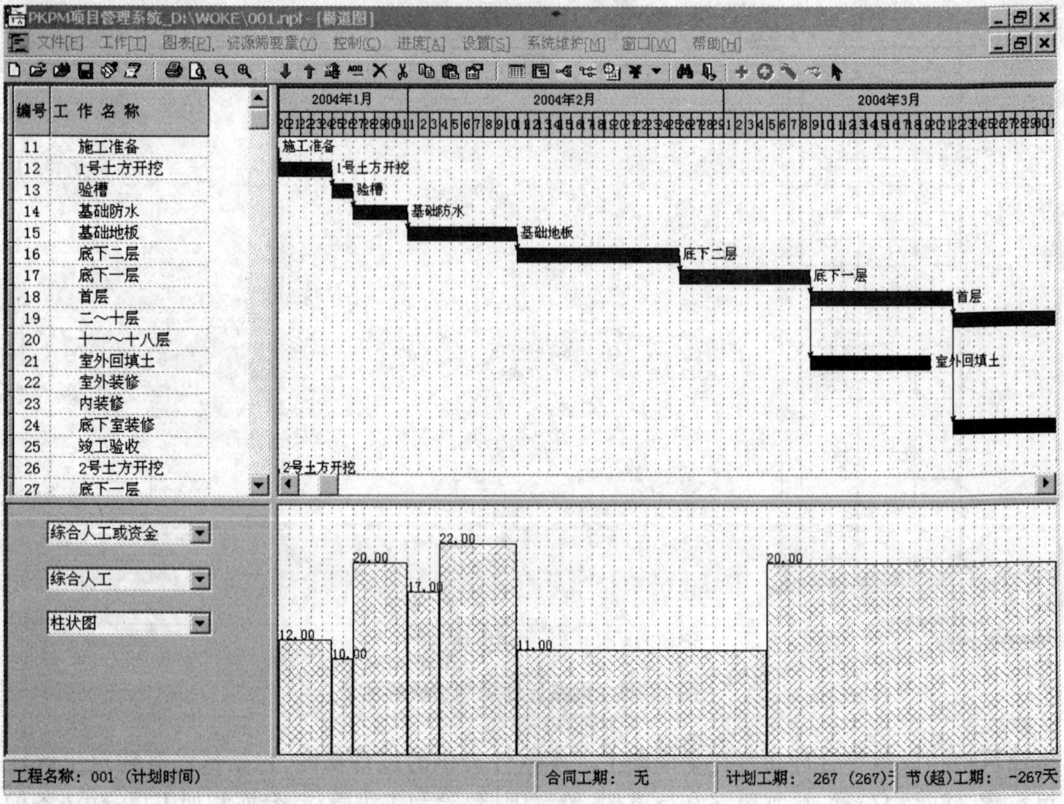

图 12-24 横道图编制系统

2. 环境要求

计算机实验室，需配置网络版 PKPM 施工软件（或其他标书制作软件）。

3. 能力标准及要求

通过练习掌握利用软件编制技术标的方法。

4. 步骤

(1)由指导教师提供原始资料（可以是一份手工制作的技术标）。

(2)根据以上内容，由学生利用投标系列软件编制技术标。

三、知识拓展

信息技术在施工管理中的应用

1. 基于计算机的信息技术与施工管理的关系

信息技术是企业利用科学方法对经营管理信息进行收集、储存、加工、处理，并辅助决策的技术的总称，而计算机技术是信息技术主要的、不可缺少的手段。显然，前者包含后者。就施工管理中推广信息技术而言，不仅仅是解决是否利用计算机技术的问题，还要解决如何利用的问题。同时，使用计算机的现代化施工管理，不仅可以快速、有效、自动而有系统地储存、修改、查找及处理大量的信息，而且能够对施工过程中因受各种自然及人为因素的影响而发生的施工进度、质量、成本进行跟踪管理。计算机技术的应用反映了信息技术的应用水平，而信息技术的应用提高了施工管理的水平。

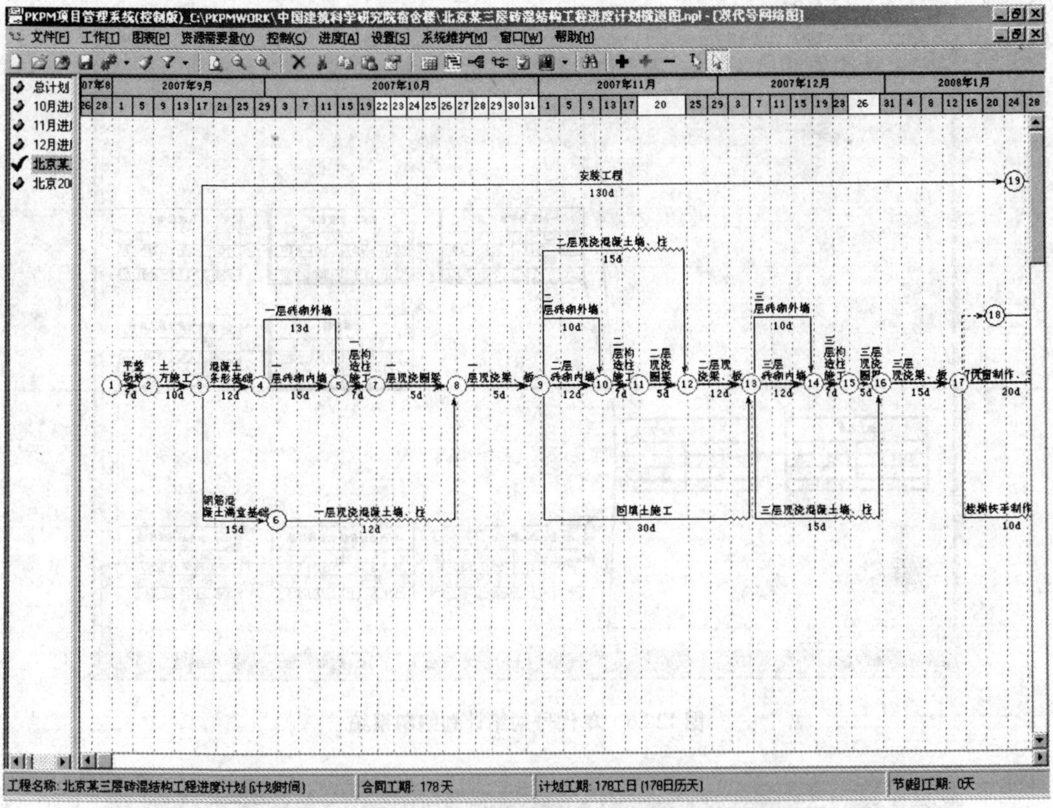

图 12-25　双代号网络计划编制系统

2. 施工管理中信息技术应用的现状

(1)在一定范围内应用了计算机技术和工具软件，提高了工作效率。在建筑施工中，较早地利用计算机技术进行各项计算作业和辅助管理工作，如办公自动化系统、招投标系统(工程量计算、投标报价、标书制作、施工平面图设计、造价计算、编制工程进度网络)、设计计算系统(深基坑支护设计、脚手架设计、模板设计、施工详图设计)、项目管理系统(项目成本、质量、进度管理、日常信息管理)等。

(2)在施工中推广应用以信息技术为特征的自动化控制技术，取得了较好的效果。如大体积混凝土施工质量控制、高层建筑垂直度控制、预拌混凝土上料自动控制、采用同步提升技术进行大型构件和设备的整体安装和整体爬升脚手架的提升、幕墙的生产与加工、建筑物沉降观测和工程测量、建筑材料检测数据采集等。

(3)信息技术的推广应用不但改善了建筑业的整体形象，提高了建筑业工作效率、技术水平和安全水平，使行业和企业的整体竞争力得到提升，同时，也使企业的生产成本和工作强度下降，工程质量得到保障。但是，总的来讲，目前建筑业应用信息技术提升传统产业的整体水平较低，存在着明显的局限与不足，主要表现在：①应用范围较窄，主要集中在项目施工的前期，如招投标、造价预算、施工组织设计，而在施工过程中的进度、质量、成本控制方面的应用较少，项目施工管理仍然主要靠管理人员的经验和处理能力，很不科学；②主要以单机版应用软件为主，单机操作，仅仅利用了计算机计算速度快的特点，没有形成网络，没有实

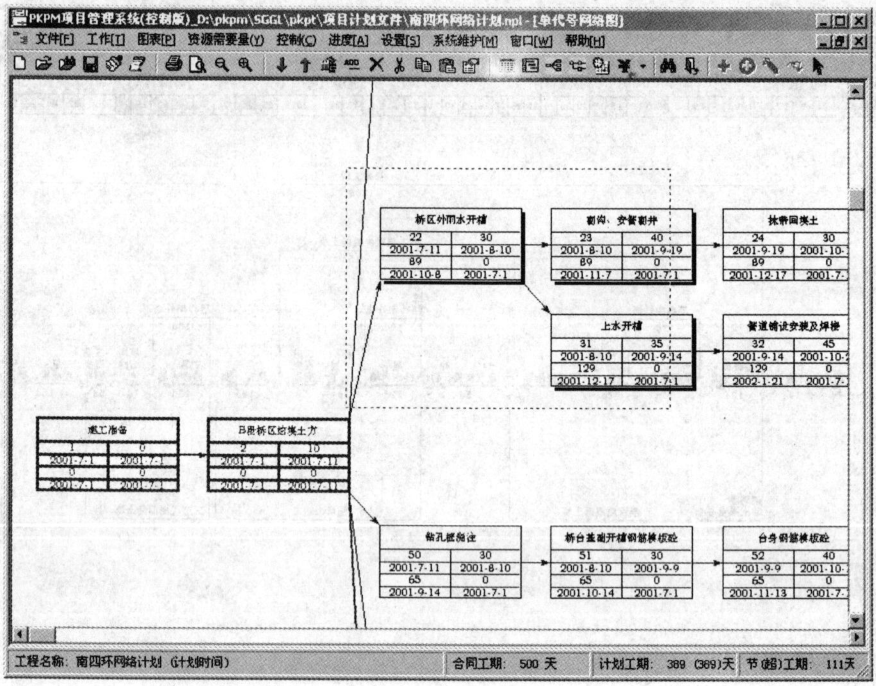

图 12-26　单代号网络计划编制系统

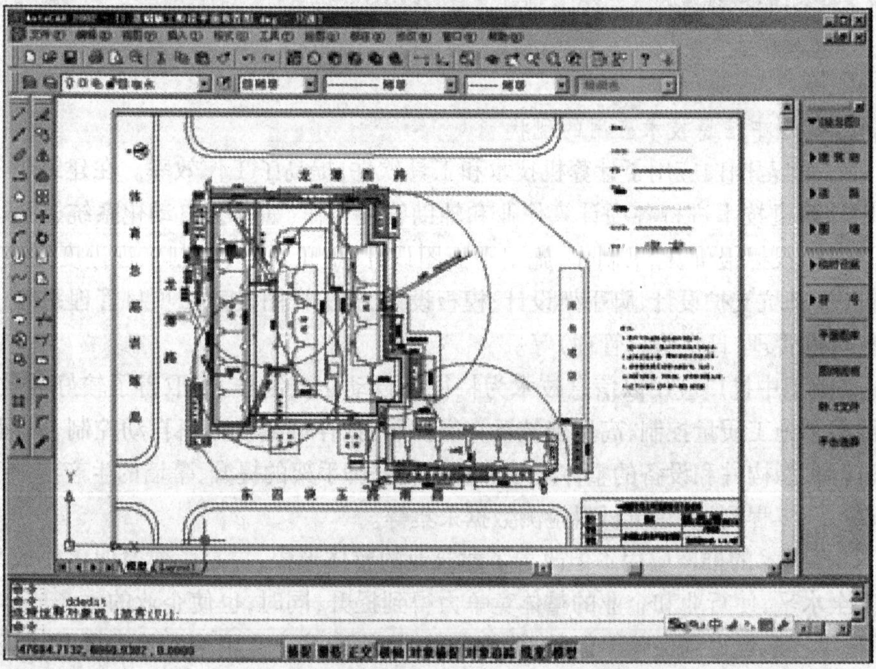

图 12-27　现场平面图制作(CFG 版)系统

现信息的共享和自动传递,效率较低;③企业未能充分利用 Internet 带来的便利,实现网上材料采购、招标,项目管理、信息交换、信息发布等,电子商务没有真正开展起来;④不论政府

图 12-28　三维现场平面图系统

网站还是商业网站，大都以信息发布为主，缺少工具类网络软件，缺少信息互动；⑤软件开发选题雷同，缺乏统筹规划，开发资金不足，而且多属低水平重复开发。

3. 国外信息技术应用的成功经验

(1)在日本，近年来大力推进建设项目全生命周期信息化，即 CALS/EC。其特点是：以建设项目的全生命周期为对象，信息全部实现电子化；利用因特网进行信息的提交、接收；所有电子化信息均储存在数据库实现共享、再利用。这达到了降低成本、提高质量、提高效率和增强建筑业竞争力的目的。

(2)在香港，主要应用有：设定通用的标准和发展通用的数据基础设施，便于参与建设业务者能以电子方式通信；采用因特网和电脑技术进行有效地获取和交换工程项目资料；利用电子方式进行工程图纸、资料管理及图纸审查管理；利用数码相机技术对现场施工情况进行适时动态管理；在施工现场人员的管理中采用"绿卡认证"(绿卡中包含有职员的基本情况以及就业、技能等信息)等。

4. 提高施工管理信息技术应用水平的对策

(1)企业应根据施工管理信息化的特点，制订战略计划，予以有效实施用信息化手段推进建设领域的工作，这不是赶时髦，更不是点缀，而是一个迫在眉睫的紧要问题，特别应加强在工程质量管理等方面的信息化建设。由此可见，利用信息技术改造建筑业成为大势所趋。而建筑企业的信息化程度，其核心主要体现在施工管理过程的信息技术应用水平。信息化施工的特征是：信息收集自动化(传感技术、IC 卡技术)、信息存储自动化(光盘存储、DBMS)、信息交换网络化(局域网、万维网)、信息检索工具化(DBMS、搜索引擎)、信息技术集成化(多媒体技术、专家系统)、信息利用科学化(基于数据的各种分析)、信息管理系统化(管理信息系统 MIS、主管支持系统 ESS 等)。企业应根据以上信息化的特征，结合施工管理的实际情况，制订战略计划，充分利用现代信息技术，逐步建立各类施工管理信息系统。

(2)在施工管理全过程广泛应用基于局域网、因特网的信息共享平台以及网上办公系统。现代建设项目规模大，参与单位人员多，而且往往涉及国内国外，建筑工程文件多(信函、通知、图纸、合同、进度报告、采购订单、检查申请和批准、设计变更记录等)，信息量大。传统的项目信息管理是以纸为载体，其传输方式是与传统的金字塔式管理体制相适应的径向沟通方式，这种方式层次多，效率低，费用高，极易因信息交流沟通失误造成损失。正如美国 BRICS-NET 公司的调查显示，项目成本中的 3% ~5% 是由于信息失误导致的，其中使用错误或过期图纸造成的占 30%。在美国，每年为了传递项目管理的文件和图纸而花在特快专递上的费用约5亿美元,项目成本中的1% ~2%都用于日常的印刷、复印和传真等。调查还显示,建设项目参与任何一方在竣工时所掌握的有用记录文件都不到总量的65%。在信息高速膨胀的今天,建筑企业管理必须充分利用信息技术。

(3)开发基于因特网(Internet)的各种应用系统。建筑企业运用信息技术的重点是开发应用以Internet为平台的项目信息管理系统,建立数据库和网络连接,实现网上投标、网上查询、网上会议、网上材料采购等。通过建立网上虚拟组织这一概念,变纵向信息交流方式为平行交流方式,提高效率和准确性,实现信息资源的共享,改进沟通与合作,提高决策的科学性和时效性。在施工阶段,利用以Internet为平台的项目管理信息系统和专项技术软件实现施工过程信息化管理,例如:项目经理可以在一天中的任何时候、任何地点召开虚拟的工作会议;项目组成员可以在任何时候、任何地点与相关的工程师交换资料信息,审阅施工质量,会签图纸和文件;施工现场管理人员可以通过掌上电脑将施工质量检测信息直接上传到公司本部进行评定。

(4)继续大力推进计算机辅助施工项目管理和工艺。控制软件的应用水平,当前要大力推进施工管理3个控制过程(进度、质量、成本)相关软件的应用,如:在进度控制方面,利用网络计划技术可以显示关键工作、机动时间、相互制约关系的特性,使用网络进度管理软件控制进度,根据施工进度及时进行资源调整和时间优化,适应施工现场多变的情况,目前这类软件已较为成熟;在质量控制方面,工程质量管理是施工管理中重要的一环,具有信息量大、综合性强、技术难度高的特点,利用质量管理软件与人手操作相比,其优越性非常突出,即处理时间短、结果可靠性高。质量管理软件系统可用于施工过程各阶段的质量控制和评定,包括各种质量评定报表的生成,各种质量评定曲线的绘制以及根据各种实测数据对分部分项工程质量等级进行评定,为质量管理人员对工程质量实施动态控制提供可靠的物质保证。在工艺控制软件方面,应进一步优化应用较为广泛的深基坑设计与计算、建筑施工模板设计、工程测量、大体积混凝土施工质量控制、大型构件吊装自动化控制、管线设备安装的三维效果设计等应用软件。

单元小结

在工程量清单、标底和投标报价编制过程中,可以用工程量计算软件计算清单工程量和定额工程量,用钢筋统计软件计算钢筋工程量,最后使用清单计价软件编制工程量清单和工程量清单报价。这可以大大提高工作效率,而且也减少了造价人员计算工程量的工作,可以利用更多的时间考虑投标决策。

技术标的编制工作量大且繁琐,投标时间却往往非常紧迫,即使是非常有经验的投标人有时也难免因疏漏而造成遗憾。借助于辅助投标软件,就有可能在有限的标书编制时间内编制出针对性强、重点突出、个性鲜明的高质量的投标文件,达到在投标竞争中获胜的最终目的。

在工程量清单计价模式下,由于市场价、管理费、利润的全面放开,实行企业自主报价,对招投标特别是评标带来新的要求,对清单综合单价、材料单价等项目评审的要求更规范、更严格,评审的工作量、难度均比以前大幅度增加,人工评标已不能适应工作的需要。因此,采用以电子标书技术为基础,运用科学的方法,通过计算机辅助,完成招投标、评定标工作显得尤为重要。使用计算机软件辅助评标可使评审过程变得更科学、更合理、更规范、更专业，并最大限度地避免评审过程中人为因素的影响，评标定标过程中更能充分体现建筑工程招标投标公开、公平、公正、择优的原则。而且利用计算机评标系统强大的计算功能，将评委从寻找简单计算错误的工作中解脱出来，充分发挥评委的专业技能，作出专业、公平、公正的评审，达到评标的最佳效果，充分保证了招标人和投标人的利益。

复习思考题

(1)结合本书所学知识，谈谈你对计算机在建筑工程招投标中的应用的认识。

(2)简述计算机辅助评标的流程。

(3)调查本地区建筑工程招标投标流程。

(4)你所使用的工程量计算软件的算量流程是怎样的？

(5)利用软件计算的结果需要核对吗？

参考文献

[1] 中华人民共和国建设部建筑市场管理司. 建设工程招标投标[M]. 北京:中国方正出版社,2004.

[2] 郭素芳. 建筑工程招投标与合同管理[M]. 北京:中央广播电视大学出版社,2006.

[3] 杨树清、武育秦. 工程招投标与合同管理[M]. 重庆:重庆大学出版社,2003.

[4] 高群,张素菲. 建设工程招投标与合同管理[M]. 北京:机械工业出版社,2007.

[5] 杨庆丰. 建筑工程招投标与合同管理[M]. 北京:机械工业出版社,2009.

[6] 工程建设项目施工招标投标办法. 国家计委、建设部、铁道部、交通部、信息产业部、水利部、中国民用航空总局审议通过,自 2003 年 5 月 1 日起施行.

[7] 中华人民共和国招标投标法. 自 2000 年 1 月 1 日起实施.

[8] 国家发展计划委员会计委令第 3 号. 工程建设项目招标范围和规模标准规定. 2000 年 5 月 1 日.

[9] 国家发改委、财政部、住建部、铁道部、交通部、信息产业部、水利部、民用航空总局、广播电影电视总局联合制定. 标准施工招标资格预审文件. 2008 年 5 月 1 日起施行.

[10] 标准施工招标文件. 国家发改委、财政部、建设部、铁道部、交通部、信息产业部、水利部、民用航空总局、广播电影电视总局联合制定,2008 年 5 月 1 日起施行.

[11] 全国造价工程师职执业资格考试培训教材编审委员会. 工程造价计价与控制[M]. 北京:中国计划出版社,2006.

[12] 全国造价工程师职执业资格考试培训教材编审委员会. 工程造价案例分析[M]. 北京:中国城市出版社,2006.

[13] 全国建筑业企业项目经理培训教材编写委员会. 工程招投标与合同管理[M]. 北京:中国建筑工业出版社,2007.

[14] 李希伦. 建设工程工程量清单计价编制实用手册[M]. 北京:中国计划出版社,2003.

[15] 黄伟典. 建设工程计量与计价[M]. 北京:中国环境科学出版社,2005.

[16] 陈大仁. 施工招投标工作中业主的选择和对策[J]. 基建优化,2004 年第 25 卷第 3 期.

[17] 任艳华、郭五中、王明利. 关于建设工程项目招投标问题的思考[J]. 科技信息,2008 年第 27 期.

[18] 郝林. 工程招投标原理[M]. 北京:中国电力出版社,2007.

[19] 毛林繁. 工程建设项目招标采购理论与实践[M].

[20] 陈正,涂群岚. 建筑工程招投标与合同管理实务[M]. 北京:电子工业出版社,2006.

[21] 危道军. 招投标与合同管理实务[M]. 北京:高等教育出版社,2005.

[22] 杨平. 工程合同管理[M]. 北京:人民交通出版社,2007.

[23] 刘元芳,李兆亮. 建设工程招标投标实用指南——实务与案例分析[M]. 北京:中国

建材工业出版社,2006.
[24] 朱永祥,陈茂明. 工程招投标与合同管理[M]. 武汉:武汉理工大学出版社,2007.
[25] 郝杰忠. 建筑工程施工项目招投标与合同管理[M]. 北京:机械工业出版社,2007.
[26] 王兆俊. 国际建筑工程项目索赔案例详解[M]. 北京:海洋出版社,2006.
[27] 刘钦. 工程招投标与合同管理[M]. 北京:高等教育出版社,2003.
[28] 孙加保,孙滨. 工程招投标与实例:施工、监理[M]. 哈尔滨:黑龙江科学技术出版社,2003.
[29] 陈正. 工程招投标与合同管理[M]. 南京:东南大学出版社,2005.
[30] 张志勇. 建设工程监理、造价、建造案例分析[M]. 北京:中国环境科学出版社,2004.
[31] 陈东佐. 建筑法规概论(第二版)[M]. 北京:中国建筑工业出版社,2005.
[32] 成虎、钱昆润. 建筑工程合同管理与索赔[M]. 江苏:东南大学出版社,1996.
[33] 刘钟莹. 建设工程招标投标[M]. 南京:东南大学出版社,2007.
[34] 胡文发. 工程招投标与案例[M]. 北京:化学工业出版社,2008.
[35] 张明轩. 建设工程招标代理一本通[M]. 武汉:华中科技大学出版社,2008.
[36] 顾祖惠. 工程项目招标实务[M]. 上海:同济大学出版社,2005.
[37] 顾祖惠. 工程项目招标投标相关法规知识[M]. 上海:同济大学出版社,2005.
[38] 王光炎. 建设工程招投标市场呼唤诚信[J]. 科技资讯,2007 年第 12 期.
[39] 程刚. 施工成本控制[J]. 科技创新导报,2007 年第 11 期.
[40] 苏海花. 施工合同中计量与支付条款约定[J]. 福建建筑,2010 年第 7 期.
[41] 苏海花. 探析建设工程变更条款的约定[J]. 安徽建筑,2010 年第 10 期.
[42] 朱小艳. 浅谈建筑施工企业的情感管理[J]. 山西建筑,2007 年第 1 期.
[43] 王志毅. GF—2013—0201 建设工程施工合同(示范文本)评注[M]. 北京:中国建材工业出版社,2013.
[44] 中华人民共和国住房和城乡建设部. 中华人民共和国质量监督检验检疫总局. 建设工程工程量清单计价规范 GB 50500—2013[M]. 北京:中国计划出版社,2013.